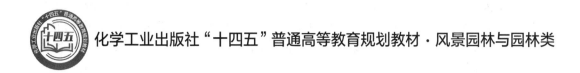

化学工业出版社"十四五"普通高等教育规划教材·风景园林与园林类

园林植物栽培养护学

牛立新　史倩倩　主编　　　张延龙　审

U0268318

化 学 工 业 出 版 社

·北京·

内 容 简 介

《园林植物栽培养护学》教材集园林植物栽植、养护理论和技术为一体，融入先进的栽培养护技术与理念，分为绪论和上下两篇，共 14 章。上篇为园林植物栽培养护理论，包括园林植物的生命周期和年发育周期、生长发育规律及其与环境因子的关系，园林植物生态配置与选择，园林植物栽植原理、整形修剪原理，园林植物土肥水管理；下篇为园林植物栽培养护技术和现代管理系统，包括园林植物栽植管理、整形修剪技术、特殊立地环境的园林植物栽植养护、古树名木的养护与管理、园林植物安全性管理及各种灾害防治、现代园林植物管理信息系统和园林植物栽培养护工具等内容。

本书可作为高等院校园林、风景园林、园艺、林学专业师生的教材，也可作为园林工作者的参考用书。

图书在版编目（CIP）数据

园林植物栽培养护学/牛立新，史倩倩主编. —北京：化学工业出版社，2024.7
ISBN 978-7-122-44989-4

Ⅰ.①园… Ⅱ.①牛… ②史… Ⅲ.①园林植物-观赏园艺 Ⅳ.①S688

中国国家版本馆 CIP 数据核字（2024）第 050232 号

责任编辑：尤彩霞　　　　　　　　文字编辑：李　雪
责任校对：李雨晴　　　　　　　　装帧设计：关　飞

出版发行：化学工业出版社
　　　　　（北京市东城区青年湖南街 13 号　邮政编码 100011）
印　　装：大厂聚鑫印刷有限责任公司
880mm×1230mm　1/16　印张 16¼　字数 501 千字
2024 年 10 月北京第 1 版第 1 次印刷

购书咨询：010-64518888　　　　　售后服务：010-64518899
网　　址：http://www.cip.com.cn
凡购买本书，如有缺损质量问题，本社销售中心负责调换。

定　　价：58.00 元

《园林植物栽培养护学》编写人员

主　　　编　牛立新　史倩倩

副　主　编　张庆雨　靳　磊

其他参编人员（按姓名拼音排序）

　　　　　　陈凌艳（福建农林大学）

　　　　　　陈　霞（浙江农林大学暨学院）

　　　　　　顾钊宇（中国农业大学）

　　　　　　韩美玲（山西农业大学）

　　　　　　韩卫民（石河子大学）

　　　　　　李　峰（青岛农业大学）

　　　　　　徐宗大（山东农业大学）

　　　　　　杨秀云（山西农业大学）

　　　　　　岳远征（南京林业大学）

　　　　　　张腾旬（西北农林科技大学）

　　　　　　朱向涛（浙江农林大学暨阳学院）

审　　　　　张延龙

前　言

园林植物是园林绿化中不可缺少的重要元素。园林植物的栽培养护方法与水平，是决定园林景观建设与维护的关键，直接影响园林对人类特殊重要功能的发挥。因此，学好园林植物栽培养护，对园林实践工作和科学研究工作有着重要的意义。

园林植物栽培养护学是讲解园林植物栽植、养护理论和技术的课程，需要先学习植物学、植物生理学、植物遗传学、生态学等专业基础课程，能为园林树木学、园艺学、园林艺术、园林设计等课程的学习打下基础，是一门综合性明显且实践性要求较高的课程，是现代园林学科的重要专业课程之一。

本教材集编者多年教学经验和近年科研成果，对园林植物栽培养护的原理和实践知识进行了全面、系统的阐述。编者来自不同地理性区域的院校，如西北农林科技大学、中国农业大学、南京林业大学、宁夏大学、石河子大学、山东农业大学等十所院校，均为长期活跃在教学一线的专业教师，教材内容基本反映了国内园林植物栽培学科的先进水平。

编写人员的具体分工如下：前言、绪论由牛立新编写；第 1 章、第 2 章由韩美玲编写；第 3 章由杨秀云编写；第 4 章由岳远征编写；第 5 章由徐宗大编写；第 6 章由顾钊宇、李峰编写；第 7 章由陈霞编写；第 8 章由韩卫民编写；第 9 章由李峰编写；第 10 章由靳磊编写；第 11 章由朱向涛编写；第 12 章由陈凌艳编写；第 13 章由史倩倩和张腾旬编写；第 14 章由张庆雨编写。全书由史倩倩统稿、配照及全稿校阅，张庆雨和张腾旬协助全稿校阅，牛立新教授最终定稿。此外，樊莲芝也参加了本教材部分插图的绘制工作。

本教材是在"西北农林科技大学 2024 年校级规划教材重点建设项目"及"西北农林科技大学 2023 年校级教育教学改革研究项目"的资助下完成的。

由于编者水平有限，参考资料难全，疏漏与不足之处在所难免，还需在教学实践中不断改进、完善，恳请使用本教材的师生及园林工作者提出宝贵意见。

编　者

2024 年 7 月于陕西杨凌

目　录

下　篇

绪 论

园林（landscape architecture）是园林建设者模拟自然而营建的人工空间环境，它可为停留或居住其间的人们提供社交、视觉美学享受、康养体验及生活便利等诸多功能，该空间环境主要由地形、水体、植物、建筑和道路等要素构成。园林是人类文明发展的产物，会伴随着人类文明进程发生不断演化与发展。

1. 园林植物栽培养护学的概念与主要内容

园林植物栽培养护学（landscape planting and maintenance science and technology）是一门以植物学、植物生理学、植物遗传学、生态学等为基础学科，以园林树木学、园艺学、园林艺术、园林设计、公共健康学、社会心理学等专业应用学科为应用基础，专注于园林植物栽培和养护方面的科学与技术问题，综合性明显且实践性要求较高的课程，是现代园林学科的重要专业课程之一。

园林植物的栽培（landscape planting and cultivation）主要是指对园林建设中各类园林植物的种植及培养，一般始于园林建设施工作业，成于园林景观达到设计预期目标的一个长期实践管理活动中。园林植物栽培的主要内容有园林植物栽培的基础理论和栽植技术两方面，包括什么时候栽，在什么地方栽，栽植前土壤的准备与预处理，栽植和排水处理等。栽植完成，便要对新栽植植物进行培养或栽植管理。栽培管理包括诸多重要的内容，如浇水、支撑、覆盖、施肥、修剪、病虫害防治、极端天气（冻害、干旱和雨涝）应对、防火、防风等各种措施。

园林景观养护（landscape maintenance）涉及园林植物养护的基础理论（植物整形修剪原理、特殊立地环境对植物影响、植物管理系统）、植物养护技术和植物养护机械装备等。其主要工作目标就是保持某一特殊园林场所的健康、清洁、安全和美观，一般涉及花园、庭院、公园、机关单位等附属园林设施。园林景观维护，既有艺术性的一面，也有复杂多样的各种机械与人工操作技艺。借助于各种园林知识、工具、附属补给品、机械和人工技艺，从事周年补充性的栽植、收割、定期除草、修剪和整形、施肥、灌溉、排水、地面覆盖、篱笆维护、草坪保养等专业性极强的内容，还有像除雪、道路维护、照明及园林附属设施的维护、家养动物（如各类宠物）及野生动物（鸟类、啮齿动物、爬行动物等）生存环境的营造等附属内容或工作活动。

园林景观养护中最主要的植物管理（vegetation management）内容，可能会因国家、地区、环境和文化差异而有所不同，但都要控制和消除不需要的非目标植物，包括杂草、灌木及乔木树冠的多余枝干等。针对输变电线区、铁路、公路街道干道，植物管理牵涉到电力安全、交通安全、火灾（如山火）、暴雨、泥石流灾害；如果对建筑周围进行植物管理，则涉及环境美学与安全。而针对医院园林环境，对消除有害动物（如蚊子、鼠害等）躲藏的植物场所又要给予特别的关注。不同园林植物景观场所的植物管理重点是不同的，在有关管理工作中，应当在深入细致调研后，制定出恰当的植物管理系统或管理策略。

2. 园林植物栽培养护学的重要性

随着时间的推移，园林景观各个要素总是或多或少地发生着变化，其中植物因素变化最为活跃。其表现今年和去年不一样，来年又和今年不一样，一年四季也不一样。面对园林植物丰富多样的变化，迫切需要园林工作者给予这些园林主角精细观察和细心养护照料。一方面，要按照园林景观最初规划设计要求，及时将变化的植物加以合理地改进引导，以符合园林师们的设计理念和要求；另一方面，养护工作又具有弥补最初设计者因考虑不足产生失误的重要作用。因此，就园林植物栽培养护的内容和任务看，园林植物栽培养护肩负着重要的使命，对园林建设和管理具有十分重要的作用。

3. 园林植物栽培养护学的发展历史

早期的园林栽培养护，显然还很难达到现今学科划分的标准和水平，但在园林发展历史长河中，人类无疑积累了大量的实践经验，这些经验被口口相传或以文字记载等各种形式保留下来。

(1) 我国园林植物栽培养护发展历史特点　一是历史悠久。如在成书大约 2500 年前的《诗经》中，就有《折柳樊圃》的记载，其中折柳当属篱笆这种早期乡村园林最初栽植的一种诗歌化的表述。

二是中国历代先贤们，通过他们的观察体悟，在其经典著述中留下了关于植物栽培养护方面珍贵的知识经验，以此给人们以深刻的启迪。

战国时期的孟子（约公元前 372—公元前 289 年）曰："牛山之木尝美矣，以其郊于大国也，斧斤伐之，可以为美乎？是其日夜之所息，雨露之所润，非无萌蘖之生焉，牛羊又从而牧之，是以若彼濯濯也。人见其濯濯也，以为未尝有材焉，此岂山之性也哉？虽存乎人者，岂无仁义之心哉？其所以放其良心者，亦犹斧斤之于木也，旦旦而伐之，可以为美乎？其日夜之所息，平旦之气，其好恶与人相近也者几希，则其旦昼之所为，有梏亡之矣。梏之反覆，则其夜气不足以存；夜气不足以存，则其违禽兽不远矣。人见其禽兽也，而以为未尝有才焉者，是岂人之情也哉？故苟得其养，无物不长；苟失其养，无物不消。孔子曰：'操则存，舍则亡；出入无时，莫知其乡。'惟心之谓与？"孟子虽并非表达植物栽培本意，但却暗示着对植物精心养护非常重要的真理。

唐代著名文学家柳宗元（773—819 年）在一篇散文《种树郭橐驼传》中的"凡植木之性，其本欲舒，其培欲平，其土欲故，其筑欲密"道出了树木栽植的要害。

明朝著名心学家王守仁（1472—1529 年）在他的《传习录》中，多处讲到养树喻人的细节："立志用功，如种树然。方其根芽，犹未有干；及其有干，尚未有枝；枝而后叶，叶而后花实。初种根时，只管栽培灌溉，勿作枝想，勿作叶想，勿作花想，勿作实想。悬想何益！但不忘栽培之功，怕没有枝叶花实？"心学家王守仁直接道出养树之根本思想。

三是历史上也有一些文人志士，他们充分发挥其喜好与特长，留下了丰富的园林植物栽培养护著述。如北魏末年贾思勰所著《齐民要术》中，就有专门的树篱栽植管理方法；宋朝欧阳修（1007—1072 年）著有《洛阳牡丹记》，王观（1035—1100 年）著有《扬州芍药谱》，陈思（1225—1264 年）著有《海棠谱》，周师厚（1031—1087 年）著有《洛阳花木记》等，较为细致地记述了宋朝时期重要园林植物种类的栽培管理要点，成为后人了解和认识有关植物栽培的珍贵史料。明代的王象晋（1561—1653 年）著有《群芳谱》，文震亨（1585—1645 年）著有《长物志》等，对于了解明朝时期园林植物栽培养护有着特殊的意义。

四是在我国古老园林的发展中，留下了众多历史园林，至今还有很多存活于世，历久弥新，成为不朽的历史经典。在我国大江南北，都留下了历史长短不一的古典园林景观，如陕西的黄帝陵、河北的承德避暑山庄、北京的颐和园、苏州的拙政园、山西的五台山风景名胜区等，这些历代园林景观遗存，也成为园林植物栽培历史不朽的标本和教科书。

五是改革开放以来，中国园林得到了井喷式的飞速发展。无论从数量和质量来看，都达到了历史新高；园林企业的规模和数量，也经历了前所未有的大发展。

(2) 西方园林植物栽培养护发展历史特点　西方园林同样有着悠久的历史，始见于文字记载在公元前 3500 年，考古遗址记载可在公元前 10000 年。

英国伦敦风景园林学会将西方风景园林史概括为如下历史阶段：

① 史前时期（prehistoric landscape architecture），这一时期能保留下的也就是一些园林石阵、墓葬地等，很难直接涉及园林植物。

② 古罗马和英国园林（roman and british landscape architecture）时期，大致在公元前一世纪，这一时期园林已经走向城市规划的网格化，庭院花园开始兴起，其中庞贝古城已经被发现了很多豪华庭院花园。

③ 中世纪园林阶段（medieval landscape architecture），到了公元 1000—1500 年，园林已经演变得较为复杂了，如人工湖的出现，用于狩猎的人工管理的森林以及用于观赏的小型花草园的出现。

④ 文艺复兴时期的园林（renaissance landscape architecture），这一时期在花园和城区的设计上，突显一定几何形状，也由此成为这一时期园林管理的主要特点。该时期城市广场设计大都源于古希腊广场和古罗马广场，著名的意大利文艺复兴艺术家 Leon Battista Alberti 在各种广场设计上，提出都应遵循长宽

之比为 3∶2，给人以几何精准的感觉。

⑤巴洛克风格（baroque landscape architecture）阶段，宽阔笔直的大街（或林荫大道）成为巴洛克园林与文艺复兴时期园林风格规划的最主要差别，流行始于欧洲 16～17 世纪。

⑥新古典园林（neoclassical landscape architecture）阶段，在 18～19 世纪期间，欧洲园林兴起了复兴古典的园林风格，以恢宏大气、几何形状的简约性为特点，以满足人们梦寐以求的和平、虔诚的原始简约生活状态，实现人与自然和谐相处，这在欧美流行很广。

⑦浪漫式园林（romantic landscape architecture）阶段，起始于 19 世纪的美国，应用园林设计的各种形式（公园、绿道等），让城市与乡村之间的过渡更加平缓，为城市人群提供身心健康和植物采集等教育提供方便。

⑧艺术与工艺园林（arts and crafts landscape architecture）阶段，主要是指城市中家庭花园式园林设计，使城市人能够享受田园式住宅，可以随心所欲地种植蔬菜以及看到外来甚至是野生植物，而这种理念最早又可追溯到文艺复兴早期。

⑨现代抽象园林（abstract modern landscape architecture）阶段，现代抽象园林是一些时髦的园林设计家所钟情的一类设计，但现实中拥有的人并不太多，因为其设计风格比较难以理解，甚至连设计师本人都不好讲清楚，也许正是其魅力所在。

⑩后现代抽象园林（postmodern post-abstract landscape architecture）阶段，受制于专业和用户的知识，依然处于早期发展阶段，但其发展前景可期，如已经出现像会讲故事的花园等。

至于西方园林植物栽植养护的具体历史，以草坪为例。公元前 354 年，罗马就有草坪的简短描述，即"草坪是公园中的小块绿地"。到了 13 世纪，欧洲草坪被用作打滚木球和板球的场地。后来，在美国产生了用禾草单播建立草坪的技术。早期的草坪管理，是通过放牧绵羊采食茎叶达到修剪草坪的目的。17～18 世纪，草坪在庭园中发挥了较大作用，在有关庭园著述中出现了草坪建立、管理的内容。18 世纪，有"不能用高草建植草坪"的记录。19 世纪，第一台内燃收割机应用于草坪修剪，从此结束了放牧绵羊来修剪草坪的历史。20 世纪末，美国有草坪 5000 多万个，高尔夫球场 1.2 万个，绿地 1 亿公顷，草坪几乎全部实现了机械修剪养护。

从西方草坪园林的发展养护历史不难看出，任何园林形式的养护都受制于时代演变，包括园林功能性的演变和技术性变革等。

4. 园林植物栽植养护学研究方向

园林植物栽培养护学主要研究方向如下：

（1）园林植物种质资源与育种研究 该研究方向主要涉及园林植物资源调查、收集、保存与评价研究，遗传机理分析和育种改良利用等。研究成果，可为园林植物栽培提供更加丰富多样的植物种类或品种，对丰富园林景观生物多样性有着重要作用，也为相关植物栽培管理提供理论依据。我国园林植物种类丰富多样，但很多园林植物至今研究很少，很多珍稀植物的栽培习性和繁殖方法迄今不明。

（2）园林植物栽培养护技术的研究 园林植物栽培养护技术贯穿于整个园林管理各个环节中，对诸多技术研究成果共同要求就是：提高园林管理效益，提升园林景观质量。目前需要继续深化研究的主要技术有自动化灌水技术、机械化施肥和修剪、病虫的机械化防治、生物防治、提高成活率的容器栽植技术、抗旱和抗寒技术及树体伤口愈合技术等。

（3）园林植物景观遗产资源的保护利用和历史文化研究 我国是园林植物景观遗产极为丰富多样的国家，长期以来关于这方面保护研究处于比较薄弱的地位。研究涉及古植物的保护与繁殖、园林历史遗址的考古发掘和历史景观的再现、重要园林遗址保护规范等方面。

（4）园林植物康养研究 是近些年来，针对人们面临的因各种困惑和生活压力所产生的亚健康等问题，寄希望于通过园林植物实现对人类康养为目标的研究。这方面的研究成果，可以更好地发挥园林景观对人类健康的疗愈功能，从而帮助我们更好地营造植物景观空间。

美国学者盖斯勒（Gesle）于 1992 年第一次提出了康复景观（therapeutic landscape）的概念，即认为康复景观是有益于恢复人们身心健康和维持健康快乐的地方、设施、建筑、场所及周围环境等，包含自然或人工景观。我国园林学者又提出了园林康养景观，并提出园林康养景观应当是建立在良好的生态环境基础之上，充分利用植物保健功效，力求人与植物间的和谐、平衡发展，以维护和保持大众的身心健康，服务于所有居民群体的园林环境景观。

5. 如何学习园林植物栽植养护学

第一，力求建立一个比较完备的学科基础知识体系。在学习园林植物栽培养护学过程中，要建立一套相对完备的理论基础知识体系，包括与植物密切相关的学科，如植物学、植物生理学、遗传学、育种学、气象学、土壤学、花卉学、园林树木学、园林苗圃学及植物病虫害学等；还有园林规划设计、园林艺术、社会心理学等园林专业知识和人文知识。这些学科基础知识掌握得越扎实丰富，对学习本课程帮助也就越大。

第二，在学习园林植物栽培养护学课程时，也需要注意牢固建立该课程应当涵盖的整个知识框架体系，充分认知不同章节结构知识之间的内在逻辑关系，以便获得园林植物栽培学知识的整体观。

第三，要重视实践教学的学习。特别要知道植物栽培养护中许多知识属于技艺的操作知识，需要反复实践。有些技能，需要在工作实践中终身不断地学习，秉承学无止境的精神。园林植物栽培养护中的很多工作，需要工匠精神，切忌当作一般粗活对待，要精益求精。营造一方园林精品，应当成为园林工作者的一种职业素养与操守。具体学习过程中，除了书本学习外，更应在实践中多学，可在各地走访实践中相互借鉴，多向经验丰富的老艺人请教学习。

第四，要密切关注园林发展的各种风格和流派。世界园林发展浩浩荡荡，当今世界的全球化影响越来越深，因此在园林植物栽培养护和学习中，除了系统掌握传统的科学管理技术，更应当学习并及时了解最新园林养护理念和设计理念，要有"古为今用，洋为中用"的思想，也要有营建维护各种不同园林风格的理论和技艺准备，在兼收并蓄的基础上，把开创富有特色的园林栽培养护工作作为自己工作或职业追求。

第五，要树立园林栽培养护的人本理念。学习中要充分了解相关人文知识，学会在公共园林养护中善于和大众进行沟通交流，把园林的先进理念普及到公众之中。如多向大众普及园林康养的知识、园林生物多样性知识等。

第六，要对园林发展前沿保持必要的警觉，要有与时俱进的精神追求。如目前一些西方国家在公共园林建设中，推行所谓的园林再野化（rewilding），就是极大限度地将一些人为的公共园林环境，恢复成具有原本野生环境的各种生态功能，这是对现代过度人工整齐划一的园林养护的一种挑战。对未来园林演化趋势，也要密切关注。

上 篇

第1章
园林植物的生命周期和年发育周期

园林植物是指适用于在城市园林绿地及风景区栽植的植物，包括草本和木本植物。园林植物的生长和发育是两个既相关又有区别的概念，特别是植物进入开花结实期后，常将两者连用。生长是一切生理代谢的基础，而发育是植物的性成熟，是细胞中质的变化。植物营养器官与生殖器官的反复转化叫发育周期，园林植物的发育周期大体分为生命周期和年发育周期。

1.1 园林植物的生命周期

植物生长是指植物在同化外界物质的过程中，通过细胞的分裂和个体体积增大，所形成的植物体积和重量的增加。由于季节和昼夜的变化，其生长表现为一定的间歇性，即随着季节和昼夜的变化而具有周期性的变化，这就是植物生长发育的周期性。

1.1.1 木本植物的生命周期

树木一生中生长发育的外部形态变化呈现出明显的阶段性。植物体从产生合子开始到个体死亡，会经过胚胎、幼年、青年、壮年、老年的变化，这种年龄阶段的变化过程称为"生物学年龄时期"，也称为"生命周期"（life cycle）。

在苗木繁殖过程中，可从母株上采取营养器官的一部分，采用无性繁殖方法（如扦插、嫁接、压条、分株等）形成新植株。这类植株是母株相应器官和组织发育的延续，叫作无性或营养繁殖个体，也称为营养繁殖树。营养繁殖树生命周期没有胚胎期和幼年期，或幼年期很短，主要经历青年期、壮年期和衰老期，各时期的特点及管理措施与实生树相应时期基本相同。因此本部分内容主要以实生树的生命周期为例，讲述木本植物的生命周期。

1.1.1.1 胚胎期

从卵细胞受精形成合子到种子发芽时为止称为胚胎期（embryonic phase）。可以分为前后两个阶段：前一阶段是从受精到种子形成。此阶段是在母株内，借助于母体预先形成的激素和其他复杂的代谢产物发育成胚，并进行营养积累，逐渐形成种子；后一阶段是种子脱离母体到开始萌发这一时期。前一阶段对植物的繁衍具有极大意义，种子的形成过程是植物体生命过程中最重要的时期。在这个时期，胚内将形成植物种的全部特性，这种特性将在以后由种子发育成植株时表现出来。种子在完全成熟脱离母体之后，即使处于适宜的环境条件下，一般也不发芽而呈现休眠状态。这种休眠状态实际上是在系统发育过程中形成的一种适应外界不良环境条件延续种子生存的特性。由于树种的不同和原产地的差异，休眠的长短也千差万别。例如，桃休眠期需 100～200 天，杏需 80～100 天，黄栌和千金榆需 120～150 天，核桃和女贞约需 60 天，黄金银花和桂香柳约需 90 天，桑、山荆子、沙棘等约需 30 天，也有少数树木种子无休眠期，如枇杷、柑橘、杨树和柳树等。

这一时期是种子形成的时期，如果天气冷、雨水过多或干旱等会造成种子质量低劣。栽培养护方面要给母树提供大量营养，防止土壤干旱或积水，并注意防寒。

1.1.1.2 幼年期

从种子萌发到植株第一次开花为幼年期（juvenile phase）。这一时期，树冠和根系的离心生长旺盛，光合作用面积迅速扩大，开始形成地上的树冠和骨干枝，逐步形成树体特有的结构。树高、冠幅、根系长度和根幅生长很快，同化物质积累增多，为营养生长转向生殖生长做好了形态和内部物质上准备。不同树种的幼年期时间长短不同，有的植物幼年期仅 1 年，如月季，而银杏、云杉、冷杉却高达 20～40 年。我国民间谚语"桃三、杏四、梨五年"，就是指这几种树木的幼年期长短。总之，生长迅速的木本植物幼年期短，生长缓慢的幼年期则长。另外，多数实生树不生长到一定年龄是不会开花的，如石榴、紫薇等，幼年期未结束时，不能进行成花诱导而开花。但这一时期可以被缩短。

另外，幼年期树木遗传性状尚未稳定，易受到外界环境的影响，可塑性较大，是定向育种的有利时期。该时期的栽培措施应加强土壤管理，充分供应肥水，促进营养器官健康而匀称地生长；轻修剪、多留枝条，使其根深叶茂，形成良好的树体结构，为制造和积累大量营养物质打基础。对于观花、观果的园林植物，当树冠长到适宜大小时，应设法促其生殖生长，可喷布适当的生长抑制物质，或适当环割、开张枝条的角度等促进花芽形成，提早观赏，缩短幼年期。园林绿化中，常用多年生大规格苗木、灌木栽植，其幼年期基本在苗圃度过，由于此时期植物体高度和体积上迅速增长，应注意培养树形，移植时修剪细小根，促发侧根，提高出圃后的定植成活率。行道树、庭荫树等用苗，应注意养干、养根和促冠，保证达到规定主干高度和一定的冠幅。

1.1.1.3 青年期

青年期（adolescence phase）是指树木生长经过幼年期达到一定的生理状态后，就获得了形成花芽的潜能，这一动态过程叫"性成熟"，也称为过渡阶段。进入性成熟（或成年）阶段的树木就能接受成花诱导（如环剥、使用生长调节剂），并形成花芽。开花是树木进入性成熟的最明显的特征。植株从第一次开花到大量开花之前，花朵、果实性状逐渐稳定为止为青年期，也称为过渡阶段。此时期是树木离心生长最快的时期，开花结果的数量逐年上升，但花和果实尚未达到本品种固有的标准性状。

青年期树木能年年开花结实，但数量较少。为了促进多开花结果，栽培养护过程中应给予良好的环境条件：①轻修剪。过重修剪会从整体上削弱树木的总生长量，减少光合产物的积累，同时又会在局部刺激部分枝条进行旺盛的营养生长，新梢生长较多，也会大量消耗储藏养分。故应当采取轻度修剪，在促进树木健壮生长的基础上促进开花。②合理施肥。对于生长过旺的树木，应多施磷、钾肥，少施氮肥，并适当控水，也可以使用适量的化学抑制物质，以缓和营养生长。相反，过弱的树木，增加肥水供应，促进树体生长。总之，在栽植养护过程中，加强肥水管理，花灌木合理整形修剪，调节植株长势，培养骨干枝和丰满优美的树形，为壮年期的大量开花打下基础。

1.1.1.4 壮年期

从植株大量开花结实时开始，到结实量大幅度下降，树冠外沿小枝出现干枯时为止为壮年期（post-adolescence phase）。这是观花和观果植物一生中最具观赏价值的时期。花果性状已经完全稳定，并充分反映出品种固有的性状，遗传保守性较强。苗木繁殖时应选用达到该时期的植株作母树最好。正常情况下，这个阶段，树木可通过发育的年循环而反复多次地开花结实，这个阶段经历的时间最长。如栗属、圆柏属中有的树木成年期可达 2000 年以上，侧柏属、雪松属可经历 3000 年以上，红杉甚至可超过 5000 年。这类树木个体发育时间特别长的原因在于其一生都在进行生长，连续不断地形成新的器官。甚至在几千年的古树上还可以发现几小时以前产生的新梢、嫩芽和幼根。但是木本植物达到成熟阶段以后，由于生理状况和环境因子可以控制花原基的形成与发育，也不一定每年都开花结实。对于栽培目的来讲，本期越长越好。

为了最大限度地延长壮年期，较长期地发挥观赏效益，要充分供应肥水，早施基肥，分期追肥，其次要合理修剪，使生长、结果和花芽分化达到稳定平衡状态。剪除病虫枝、老弱枝、重叠枝、下垂枝和干枯枝，以改善树冠通风透光条件。

树木在成年期的后期出现园林树木结实间隔期。隔年开花结果是果树和采种母树经常发生的现象，就是第一年结果多，第二年结果少，果树上称为"大小年现象"，如苹果树。造成隔年开花结果现象的原因很多，主要是营养和激素平衡问题，同时与外界环境条件（风、雨、雹和病虫害等）和栽培技术有密切关系。例如，果树今年花芽形成很正常，在翌年春天开花时遇到了暴风雨，花受到了损害，结果很少，成为小年，而下一年因前一年结的果少，消耗的营养少，营养物质积累多，又没有遇到不利的环境影响，所以结的果多，成为大年，大小年现象如果不加以解决，会形成恶性循环。

需要指出的是，结实间隔期并不是树木固有的特性，也不是必定的规律。因此，可通过加强营养、改善营养、水分、光照等环境条件，克服病虫害等自然灾害，协调树木的营养生长和开花结实的关系，以消除或减轻大小年现象，获得种实高产稳产。

1.1.1.5　衰老期

从骨干枝及骨干根逐步衰亡，生长显著减弱到植株死亡为止为衰老期（senescense phase）。这一时期，营养枝和结果母枝越来越少，植株生长势逐年下降，枝条细且生长量小，树体平衡遭到严重破坏，对不良环境抵抗力差，树皮剥落，病虫害严重，木质腐朽。花灌木截枝或截干，刺激萌芽更新，或砍伐重新栽植，古树名木采取复壮措施，如施肥、浇水、修剪等，尽可能延长其生命周期。

1.1.2　草本植物的生命周期

草本植物是指没有主茎，或虽有主茎但不具有木质部或仅为基部木质化的植物。由于草本花卉种类繁多，由种子到种子（或种球到种球）的生长发育过程所经历的时间有长有短，按此可将其分为一年生、二年生和多年生草本植物。

1.1.2.1　一年生草本植物

一年生草本植物（annuals）是指在一个生长季内完成全部生活史的园林植物，即从种子萌发到开花、结实、枯死的生长发育周期在当年完成，如金鸡菊、鸡冠花、凤仙花等。其生长发育过程可分为发芽期、幼苗期、营养生长期和开花结果期四个阶段。

（1）发芽期　从种子萌动至长出真叶为发芽。播种后，种子先吸水膨胀，酶活性变强，并将种子内贮藏物质分解成能被利用的简单有机物。随后胚根伸长形成幼根，胚芽出土，进入幼年期。这一时期生长需要的营养物质全部来自种子，种子完整、饱满与否直接影响发芽能力。同时，水分、温度、土壤通透性、覆土厚度等都是该时期能否实现苗齐、苗壮的影响因子。

（2）幼苗期　种子发芽以后，能够利用根系吸收营养和利用真叶进行光合作用即进入幼苗。园林植物幼苗生长的好坏，对成株有很大影响。这一时期幼苗生长迅速，代谢旺盛，虽然由于苗体较小，对水分及养分需求的总量不多，但其抗性较弱，管理要求严格，要注意水分、光照等合理供给。

（3）营养生长期　植物幼苗期后，有一个根、茎、叶等器官加速生长的营养生长期，为之后的开花、结实奠定营养基础。不同植物营养生长期的长短、出现时间均有较大差异，生产上既要保证水肥、病虫、光照等的合理管理，使其健壮而旺盛地进行营养生长，也要有针对性地利用生长调节剂、控制水肥等措施，防止植株徒长，以利于植物顺利进入下一时期。

（4）开花结果期　开花结果期是指植株现蕾到开花结果的时期，这一时期存在着营养生长和生殖生长并行的情况，前期根、茎、叶等营养器官迅速生长，同时不断开花结果。因此，存在着营养生长和生殖生长的矛盾。这一时期的管理要点是保证营养生长与生殖生长协调平衡发展。

1.1.2.2　二年生草本植物

二年生草本植物（biennials）通常在秋季播种，当年主要进行营养生长，越冬后第二年春夏季开花、结实、死亡，如二月兰、羽衣甘蓝、紫罗兰等。二年生草本植物需要经历低温过程，即春化作用，才能由营养生长过渡到生殖生长。生命过程可分为营养生长和生殖生长两个阶段。

(1) 营养生长阶段　营养生长阶段包括发芽期、幼苗期、旺盛生长期及其后的休眠期。在旺盛生长初期，叶片数不断增加，叶面积持续扩大。后期同化产物迅速向贮藏器官转移，使之膨大充实，形成叶球、肉质根、鳞茎，为以后开花结实奠定营养基础，随后进行短暂的休眠期。也有一些植物无生理休眠期，但由于低温、水分等环境条件限制，进入被动休眠的状态，一旦温度、水分、光照等条件变得适宜，它们即可发芽、生长、开花。

(2) 生殖生长阶段　花芽分化是植物由营养生长过渡到生殖生长的形态标志，一些植物在秋季营养生长后期已经开始进行花芽分化，之所以没有马上抽薹，是因为它们需要等到来年春季的高温和长日照条件才能抽薹。从现蕾开花到传粉、受精，是生殖生长的重要时期。此时期对温度、水分、光照等较为敏感，一旦环境不适就有可能造成落花。

1.1.2.3　多年生草本植物

多年生草本植物（perennial）是指经过一次播种或栽植以后，可以生活两年以上的草本植物。根据地上部分干枯与否可以将多年生草本植物分为两类。一类多年生草本植物的地下部分为多年生，形成宿根、鳞茎等变态器官，而地上部分在冬季来临时会枯萎死亡；第二年春季宿存的根重新发芽生长，进入下一个周期，年复一年，周而复始，如大丽花、玉簪、火炬花等。另外一类植物的地上部分和地下部分均为多年生，冬季时地上部分仍不枯死，并能多次开花、多次结实，如万年青、麦冬等。

园林植物的生命周期并非一成不变，生存环境发生变化，植物的生命周期也可能会发生较大变化。生产上利用一些栽培技术，人为地改变生存环境，可以改变植物的生命周期，以期更好地为园林绿化工作服务。如金鱼草、一串红、石竹等植物本身是多年生，而在北方地区为了使其具有较好的园林绿化效果，常作一年生植物栽培。

1.2　园林植物的年发育周期

1.2.1　园林植物年发育周期的意义

园林植物的年发育周期（简称年周期，annual cycle）是指园林植物在一年中随着环境条件的周期性变化，在形态上和生理上产生与之相适应的生长和发育的规律性变化。年周期是生命周期的组成部分，栽培管理年工作日历的制定是以植物的年生长发育规律为基础的。因此，研究园林植物的年生长发育规律对于植物造景和防护设计以及制定不同季节的栽培管理技术措施具有十分重要的意义。

园林植物在一年中，随着气候的季节性变化而发生的规律性萌芽、抽枝、展叶、开花、结实和落叶休眠等现象，称为物候（phenology）或物候现象；与之相适应的植物器官的动态时期称为生物气候学时期，简称物候期（phenophase）。不同物候期植物器官所表现出的外部特征则称为物候相。物候相的形成是植物长期适应环境的结果。通过物候相认识植物生理机能、形态发生的节律性变化及其与自然季节变化之间的规律，服务于园林植物栽培。

我国对物候观测与经验记录已有3000多年的历史。北魏贾思勰的《齐民要术》一书记录了通过物候观测，了解树木的生物学和生态学特性，直接用于农、林业生产的情况。该书在"种谷"的适宜季节中写道："二月三月种者为稙禾，四月五月种者为稚禾，二月上旬及麻菩杨生种者为上时，三月上旬及清明节、桃始花为中时，四月上旬及枣叶生、桑花落为下时。"

林奈（Carl von Linné，1707—1778 年）于 1750～1752 年在瑞典第一次组织全国 18 个物候观测网，历时 3 年，并于 1780 年第一次组织了全国物候观测网。1860 年在伦敦第一次通过了物候观测规程。我国从 1962 年起由中国科学院组织了中国物候观测网（Chinese Phenological Observation Network，CPON），统一全国物候观测记录表。通过定时定点多年物候观测，能掌握物候变动的周期，为天气预报和指导农林业生产部门制定栽培管理措施提供依据。

1.2.2 园林植物物候的特点与影响因素

1.2.2.1 树木物候的特点

(1) 树木的物候具有一定的顺序性和连续性　树木的物候具有顺序性和连续性是受树种遗传控制的。每一个物候期都是在前一个物候期通过的基础上进行，同时又为下一个物候期做好了准备。例如，萌芽、开花物候期是在芽分化的基础上发生，又为抽枝、展叶和开花做好了准备。不同树种，甚至不同品种，萌芽、展叶、开花的顺序是可以不同的。如连翘、紫荆、梅花和玉兰是先花后叶，而木槿、紫薇、合欢等是先叶后花。由于器官的变化是连续的，所以有些物候期之间的界限不明显，如萌芽、展叶和开花在一棵树上会同时出现。亚热带树木在同一时间内可以进入不同的物候期，有的开花的为开花物候期，有的结果的为果实发育物候期，彼此交错进行，出现重叠现象。

(2) 树木物候具有重演性　很多树种的一些物候现象一年中只出现一次。但由于环境条件变化而出现非节律性变化，如受害性的因子与人为因子的影响，可能造成器官发育的中止或异常，使一些树种在一年中出现非正常的重复。树木在秋初遇到不良的外界条件，如久旱突降暴雨、病虫害等或实施不正确的技术措施，如去叶施肥、浇水过多等，导致叶子脱落树木被迫进入休眠，而此时花芽已形成，以后再遇到适合发芽和开花的外部条件，就可能造成再次萌芽和开花。这就是常说的二次发芽或二次开花。这种由于环境条件的非节律变化而造成的重演性往往对绿化树木的生长不利。

根据某些植物具备的物候重演性，实际生产中可效法自然条件，进行催花。如果欲使"十一"期间丁香、山桃、榆叶梅等春季开花的树木开花，则可在 8 月下旬将这些植物的叶片剪去一半，9 月上旬将剩余的一半叶片全部剪除，并进行施肥、灌水等精细管理，则 9 月底或 10 月初可以开花。原理可能是因为叶片剪除后，脱落酸（ABA）的合成受阻，解除了对腋芽的抑制作用，于是在合适的气候条件下，芽就开始萌发、抽枝、展叶或开花、结果。

这里要指出的是，有很多树木，如茉莉、月季、米兰等有多次开花和多次生长现象，并未受到外界不良环境的危害。这种具有多次萌发和多次开花的习性是遗传因子决定的，不是物候期的重演现象。

(3) 树木的各个物候期可交错重叠，高峰相互错开　树木各个器官的形成和发育习性不同，所以，不同器官的同名物候期并不是在同一时间通过，具有重叠交错出现的特点。如同属于生长期，根和新梢开始或停止生长的时间并不相同，根的萌动期一般早于芽的萌动期。如温州蜜柑的根系生长与新梢生长交替进行，春、夏、秋梢停止生长之后，都出现一次根系生长高峰。苹果根系与新梢的生长高峰也是交替发生的。花芽分化与新梢生长的高峰也是错开的，大多数树木的花芽分化均在每次新梢停止生长之后，出现一次分化高峰。新梢生长往往抑制坐果和果实发育。通过摘心、环剥、喷抑制剂等技术措施抑制新梢生长，可以提高坐果率和促进果实生长高峰的出现。

有的树种可以同时进入不同的物候期，如油茶可以同时进入果实成熟期和开花期，人们称之为"抱子怀胎"。

1.2.2.2 影响树木物候期变化的因素

物候期受外界环境条件（温度、雨量、光照、风等气象因子和生态环境等）、树种、品种的制约，同时还受年份、海拔及栽培技术措施的影响。

(1) 同一地区，同样气候条件，树种不同，则物候期不同　不同树种的遗传特性不同，物候先后出现的顺序不同。如迎春和连翘在北京是 3 月中下旬或 4 月初开花；黄刺玫、紫荆则在 4 月下旬开花；紫薇、珍珠梅等在夏秋开花。梅花、蜡梅、紫荆、玉兰为先花后叶型，在早春开花；而紫薇、木槿等则是先叶后花，在夏季开花。在北京地区树木的开花基本上按以下的顺序进行：银芽柳、毛白杨、榆、山桃、侧柏、桧柏、玉兰、杏、桃、垂柳、绦柳、紫荆、紫丁香、胡桃、牡丹、白蜡、苹果、桑、紫藤、构树、栓皮栎、刺槐、苦楝、枣、板栗、合欢、梧桐、木槿、槐等。

(2) **同一树种，相同外界环境条件，品种不同，则物候期有差异** 在人为作用下，同一树种不同品种间的遗传特性不同，在形态上有差异，所以在物候变化方面也会不同。在北京地区，桃花中的'白桃'花期为4月上中旬，而'绯桃'花期则为4月下旬到5月初。在杭州地区，桂花中的'金桂'花期为9月下旬，而'银桂'花期在10月初或10月上旬。'四季桂''日香桂'一年中可多次开花。南山茶中的'早桃红'花期为12月至翌年1月，而'牡丹茶'花期则为2～3月。

(3) **相同树种或品种，地区不同，则物候期不同** 同树种、品种树木的物候阶段受当地温度的影响，而温度的周期变化又受制于不同地区纬度和经度的不同。同一树种在春天开花时间顺序是由南往北，秋天是由北往南。如梅花在武汉2月底或3月初开花，在无锡3月上旬开花，在青岛4月初开花，在北京4月上旬开花；又如，无花果是在温带和亚热带均可栽种的树木，在华北地区秋末落叶后有短期的休眠，生长期较短；而在亚热带地区落叶后很快长出新叶，比在华北地区生长期延长很多。

物候的东西差异，主要是由于气候的大陆性强弱不同。凡大陆性强的地方，冬季严寒夏季酷热；凡海洋性强的地方，则冬春较冷夏季较热。一般说来，我国是具有大陆性气候特征的国家，但东部沿海因受海洋影响而具海洋气候的特征。因此我国各种树木的始花期，内陆地区早，沿海地区迟，推迟的天数由春季到夏季逐渐减少。

综上，春季随着太阳北移，低纬度、西部地区物候早于高纬度、东部地区；秋季随着太阳南移，西北风刮起，低纬度、东部地区物候晚于高纬度、西部地区。

(4) **树种、品种地区都相同，海拔不同，物候期也不同** 一个地区，如果地形有很大起伏，海拔高度差异大，会引起植物物候的变化。一般来说，海拔每上升100m，植物的物候阶段在春天延迟4天；夏季树木的开花期则会延迟1～2天；在秋天则相反，会提早。例如，西安在洛阳的西部，纬度相近经度约相差3°，海拔高度比洛阳高280m，西安的紫荆始花期比洛阳迟13天，夏季西安刺槐盛花期比洛阳迟5天。因此春季开花的物候期低处早于高处，秋季落叶高处早于低处。故有"人间四月芳菲尽，山寺桃花始盛开"的佳句。

1.2.2.3 影响草本植物物候期变化的因素

草本植物的物候期也受环境因子（温度、光照、水分、土壤条件、大气 CO_2 浓度等）、地理位置、物种、品种等因素变化的影响。同时，植物会对环境条件的变化做出响应。有学者研究1981—2006年河北省8个国家农业气象观测站的草本植物物候观测资料和47个气象站的地面观测资料，发现随着全球气候变暖，河北省草本植物展叶始期总体呈提前趋势，春季气温对展叶始期的影响显著，河北省春季气温上升1℃，草本植物展叶始期提前4.1天。对北京市西北向城市化梯度上7种早春草本植物开花物候期进行观测与研究，发现越靠近城市中心区，温度和积温累计值越高，早春草本植物开花物候期出现时间越早，平均提前2～4天；但开花期持续时间与开花速率并不随城市化梯度发生明显变化。土壤水分条件对冬小麦根冠生长影响显著，且整个生育期干旱胁迫能使冬小麦生育期缩短5～8天。

1.2.3 园林植物的年周期

1.2.3.1 落叶树木的主要物候期

由于温带地区在一年中有明显的四季，所以温带落叶树木的物候季相变化尤为明显。落叶树木的年周期可明显地分为生长期和休眠期。即从春季开始萌芽生长，至秋季落叶前为生长期，其中成年树的生长期表现为营养生长和生殖生长两个方面。树木在落叶后，至次年萌芽前，为适应冬季低温等不利的环境条件，处于休眠状态，为休眠期。在生长期和休眠期之间，又各有一个过渡期，即从生长转入休眠期和从休眠转入生长期。这两个过渡时期历时虽短，但很重要。在这两个时期中，某些树木的抗寒、抗旱性和变化较大的外界条件之间，常出现不适应而发生危害的情况。这在大陆性气候地区，表现尤为明显。

（1）**萌芽期**　萌芽物候期从芽萌动膨大开始，经芽的萌发到叶展开为止，是休眠转入生长的过渡阶段。树木休眠的解除，通常以芽的萌发作为形态标志。树木由休眠转入生长，要求一定的温度、水分和营养物质。当有适合的温度和水分，经一定时间，树液开始流动，有些树种（如核桃、葡萄等）会出现明显的"伤流"。北方树种芽膨大所需的温度较低，当日平均气温稳定在3℃以上时，经一定时期，达到一定的累积温度即可。原产温暖地区的树木，其芽膨大所需的积温较高。花芽膨大所需积温比叶芽低。树体贮存养分充足时，芽膨大较早且整齐，进入生长期也快。树木在此期抗寒能力降低，遇到突然降温，萌动的花芽和枝干西南面易受冻害。干旱地区还易出现枯梢现象。

（2）**生长期**　生长期从树木萌芽生长至落叶，即包括整个生长季。这一时期在一年中所占的时间较长。在此期间，树木随季节变化，会发生极为明显的变化。如萌芽、抽枝展叶或开花、结实等，并形成许多新器官（如叶芽或花芽等）。

萌芽常作为树木生长开始的标志，其实根的生长比萌芽要早。不同树木在不同条件下每年萌芽次数不同。其中以越冬后的萌芽最为整齐，这与去年积累的营养物质贮藏和转化、为萌芽做了充分的物质准备有关。树木萌芽后抗寒力显著降低，对低温比较敏感。

每种树木在生长期中，都按其固定的物候顺序通过一系列的生命活动。不同树种通过各个物候的顺序不同。有些先萌花芽，而后展叶；也有的先萌叶芽，抽枝展叶，而后形成花芽并开花。此外，树木各物候期的开始、结束和持续时间的长短，也因树种和品种、环境条件和栽培技术而异。

（3）**落叶期**　落叶期从叶柄开始形成离层至叶片落尽或完全失绿为止。枝条成熟后的正常落叶是生长期结束并将进入休眠的形态标志，说明树木已做好了越冬的准备。秋季日照变短，气温降低是导致树木落叶进入休眠的主要因素。

温度下降是通过影响光合作用、蒸腾作用、呼吸作用等生理活动以及生长素和抑制剂的合成而影响叶片衰老和植物衰老的。光是生物合成的重要能源，它可影响植物的多种生理活动，包括生长素和抑制剂（如脱落酸）的合成而改变落叶期。如果用增加光照时间来延长正常日照的长度，即可推迟落叶期的到来。当接受的光照短于正常日照时，可使树木的落叶提早。如果用电灯光将日照延长到午夜，光盐肤木整个冬季都不落叶，翅盐肤木落叶可推迟3周。在武汉，路灯附近的二球悬铃木枝条，1月上旬还可保持叶片的绿色。此外，树木所处的环境发生变化，如干旱、寒潮、光化学烟雾、极端高温和病虫危害以及大气与土壤污染或因开花结实消耗营养过多，土壤水肥状况和树木光合产物不能及时补充等恶劣的条件下，都会引起非正常落叶，但在条件改善以后，有些树木在数日内又可发出新叶。

过早落叶影响树体营养物质的积累和组织的成熟；但该落叶时不落叶，树木还没有做好越冬准备，容易遭受冬季异常低温的危害。在华北，常见秋季温暖时树木推迟落叶而被突然袭来的寒潮冻死；树体的营养物质来不及转化储藏，也必然对翌年树木的生长和开花结果带来不利影响。

通常春天发芽早的树种，秋天落叶也早，但是萌芽迟的树种不一定落叶也迟。同一树种的幼小植株比壮龄植株和老龄植株落叶晚，新移栽的树木落叶早。

在树木栽植与养护中，应该抓住树木落叶物候期的生理特点，在生长后期停止施用氮肥，不要过多灌水，并多施磷、钾肥等，促进组织成熟，增加树体的抗寒性。在大量落叶时进行树木移栽可使伤口在年前愈合，第二年早发根，早生长。在落叶期开始时，对树干涂白、包裹和基部培土等，可防止形成层冻害。

（4）**休眠期**　休眠期是从秋季叶落尽或完全变色至树液流动，芽开始膨大为止的时期。树木休眠是在进化中为适应不良环境，如低温、高温、干旱等所表现出来的一种特性。正常的休眠有冬季、旱季和夏季休眠。树木夏季休眠一般只是某些器官的活动被迫休止，而不是表现为落叶。温带、亚热带的落叶树休眠，主要是对冬季低温所形成的适应性。休眠期是相对生长期而言的一个概念，从树体外部观察，休眠期落叶树地上部的叶片脱落，枝条变色成熟，冬芽成熟，没有任何生长发育的表现，而地下部的根系在适宜的情况下可能有微小的生长，因此休眠是生长发育暂时停顿的状态。

在休眠期中，树体内部仍然进行着各种生理活动，如呼吸，蒸腾，根的吸收、合成，芽的进一步分化，以及树体内的养分转化等，但这些活动比生长期要微弱得多。根据休眠期的生态表现和生理活动特性，可分为两个阶段，即自然休眠（生理休眠或长期休眠）和被迫休眠（短期休眠）阶段。

① 自然休眠　自然休眠是指树木器官本身生理特性或由树木遗传性所决定的休眠。它必须经历一定的低温条件才能顺利通过，否则即使给予适合树体活动的环境条件，也不能使之萌发生长。

自然休眠期的长短，与树木的原产地有关。大体上，原产于寒温带的落叶树通过自然休眠期要求 0～10℃条件下累积一定时数的温度；原产于暖温带的落叶树通过自然休眠期所需的温度稍高，在 5～15℃条件下累积一定时数的温度。具体还因树种、品种、生态类型、树龄、不同器官和组织而异。一般幼年树进入休眠晚于成年树，而解除休眠则早于成年树，这与幼树生活力强，活跃的分生组织比例大，表现出生长优势有关。一般小枝、细弱枝、形成的芽比主干、主枝休眠早，根颈部进入休眠晚，但解除休眠最早，故易受冻害。同一枝条的不同组织进入休眠期的时间不同，皮层和木质部较早，形成层最迟。所以进入初冬遇到严寒天气，形成层部分最易受冻害。然而，一旦形成层进入休眠后，比木质部和皮层的抗寒能力还强，因此隆冬树体的冻害多发生在木质部。

在秋冬季节，落叶树枝条能及时停止生长，按时成熟，生理活动逐渐减弱，内部组织已做好越冬准备，正常落叶以后就能顺利进入并通过自然休眠期。因此，凡是影响枝条停止生长和正常落叶的一切因素，都会对其能否顺利通过生理休眠期产生影响。

② 被迫休眠　被迫休眠是指通过自然休眠后，已经开始或完成了生长所需的准备，但因外界条件不适宜，使芽不能萌发而呈休眠状态。一旦条件合适，就会开始生长。自然休眠和被迫休眠从外观上不易辨别。树木在被迫休眠期间如遇回暖天气，可能已开始活动，这时易遭早春寒潮和晚霜的危害。如核果类树种的花芽冻害的现象和苹果幼树受低温、干旱而抽条的现象等。因此，在某些地区应采取延迟萌芽的措施，如树干涂白、灌水等使树体避免增温过速。冬春干旱的地区，灌水可延迟花期，减轻晚霜危害。

休眠期是树木生命活动最微弱的时期，在此期间栽植树木有利于成活；对衰弱树进行深挖切根有利于根系更新而影响下一个生长季的生长。因此，树木休眠期的开始和结束，对园林树木的栽植和养护有着重要的影响。

1.2.3.2　草本植物的主要物候期

草本植物的物候期主要分为营养生长和生殖生长。一、二年生植物的寿命较短，只生活一个生长季或跨年生活两个生长季，其年周期与生命周期相似，通常分为营养生长和生殖生长阶段。多年生植物分为落叶类和常绿类多年生植物。落叶类草本植物和一年生植物相似，一般要经历营养生长阶段和生殖生长阶段。草本植物的物候期可分为萌芽（返青）期、展叶期、开花期、成熟期、枯黄期。农业生产中禾本科作物的物候期有所不同，可分为出苗期、拔节期、抽雄期、成熟期。但由于草本植物种类繁多，物候期观察数据资源有限，因此物候期的划分并不统一。

1.2.4　园林植物的物候观测法

1.2.4.1　物候观测的目的与意义

园林植物的物候观测，除具有生物气候学方面的一般意义外，主要有以下目的：掌握树木的季相变化，为园林树木种植设计、选配树种、形成四季景观提供依据；为园林树木栽培提供生物学依据，以此确定栽植季节及树木周年养护管理措施。

1.2.4.2　物候观测的方法

在较大区域内众多人员参加物候观测时，首先应统一树木种类、主要项目（制定表格）、标准和记录方法，人员应统一培训。

(1) 观测目标与地点的选定

① 按统一规定的树种名单，从露地栽培或野生树木中选生长发育正常并已开花结实 3 年以上的树木。如果有许多株时，应选 3～5 株有代表性的作为观测对象。对雌雄异株的树木最好同时选有雄株和雌株，并分别记载。

② 观测植株选定后，应做好标记，并绘制平面位置图，存档。

（2）观测时间与方法

① 根据物候期的进程速度和记载的繁简确定观察间隔时间。萌芽至开花物候期一般每隔 2～3 天观察一次，生长季的其他时间，则可 5～7 天或更长时间观察一次；有的植物开花期短，需几个小时或一天观察一次；休眠期间隔的时间较长。

② 在详细的物候期观察中，有些项目的完成必须配合定期测量，如枝条的加长和加粗生长、果实体积的增加、叶片生长等应每隔 3～7 天测量一次，并画出曲线图，这样对园林植物的生长情况一目了然。有些项目的完成需定期取样观察。例如，花芽分化期应每隔 3～7 天取样做切片观察一次。还有的项目需要统计数字，如落果期调查，除日测外，应配合开花期和落花后的定期统计。

③ 物候期观测取样要注意地点、树龄、生长状况等方面的代表性。一般应选生长健壮的成年树木。植株在生长地要有代表性，观察株数可根据具体情况确定，一般每种 3～5 株。选择典型部位，挂牌标记，定期进行。

④ 应靠近植株观察各发育期，不可站在远处粗略估计和判断。可根据观测目的要求和项目特点，在保证不失时机的前提下，来决定间隔时间的长短。一天中一般宜在气温高的下午观测。

1.2.4.3 园林树木的物候观测项目及标准

应根据具体要求确定物候期观测记载项目的繁简，如果需要对某种树木进行具体详细的研究，则需要观测所有的物候期，同时对其所处的地形、地貌、气候、植被以及养护情况进行详细调查记载（表 1-1）。如果专题研究某种树的某个物候期（如开花期或萌芽、新梢生长和落叶物候期），则可分项详细调查记载各个物候期。

表 1-1　园林树木观测物候记录卡

观测单位：＿＿＿＿＿＿＿＿　　　　　　　　　　　　　　　　　　　　　　　　观测者：＿＿＿＿＿＿＿＿

编号	观测地点	省(自治区、直辖市)	县(区)	北纬	东经	海拔
生境	地形	土壤	同生植物	小气候	养护情况	

物候期	萌芽期			展叶期					开花期							果实发育期						新梢生长期								秋叶变色与脱落期						
	树液开始流动期	花芽膨大开始期	花芽开(绽)放期	叶芽膨大开始期	展叶开始期	展叶盛期	春色叶呈现期	春色叶变绿期	开花始期	开花盛期	开花末期	最佳观花起止日	二度开花期	二次梢开花期	三次梢开花期	幼果出现期	生理落果期	果实成熟期	果实开始脱落期	果实脱落末期	可供观果起止日	春梢生长期	春梢停长期	二次梢开始生长期	二次梢停长期	三次梢开始生长期	三次梢停长期	四次梢开始生长期	四次梢停长期	秋叶开始变色期	秋叶全部变色期	落叶开始期	落叶盛期	落叶末期	可供观赏秋色叶期	最佳观赏秋色叶期
树种																																				

观测物候应有统一的标准，这样得出的观测结果才不会混乱。

（1）萌芽期和展叶期

① 树液开始流动期　在树木休眠解除后芽开始萌动之前，温度适宜树木生长，地上部分与地下部分树液流动加快的时期。

② 叶芽膨大开始期　具芽鳞者，当芽鳞开始分离，侧面显露出浅色的线形或角形，为芽膨大始期。如繁果忍冬芽膨大始期发生在 3 月 29 日至 4 月 6 日。

③ 花芽开放（绽）期或显蕾期　当树木鳞芽裂开，芽顶部出现新鲜颜色的幼叶或花蕾顶部时，为芽开放（绽）期。如繁果忍冬芽开放期为 4 月 6 日至 4 月 10 日。

④ 展叶开始期　从芽苞伸出的卷曲或按叶脉折叠着的小叶，出现第一批有 1～2 片小叶平展时为准。如繁果忍冬展叶开始期为 4 月 7 日至 4 月 12 日。

⑤ 展叶盛期　阔叶树以其半数枝条上的小叶完全平展时为准。针叶类以新叶长度达老叶长度 1/2 时为准。如繁果忍冬展叶盛期为 4 月 12 日至 4 月 16 日。

⑥ 春色叶呈现期　以春季所展之新叶整体上开始呈现有一定观赏价值的特有色彩时为准。

⑦ 春色叶变绿期　以春叶特有色彩整体上消失为准，如由鲜绿转暗绿，或由各种红色转为绿色。

（2）开花期

① 开花始期　在选定观测的同种树上，见有一半以上植株有5%的花瓣完全展开时为开花始期。如繁果忍冬开花始期为5月4日至5月10日。

② 开花盛期　在观测树上见有50%以上的花蕾都展开花瓣或一半以上的柔荑花序松散下垂或散粉时，为开花盛期（盛花期）。如繁果忍冬开花盛期为5月10日至5月29日。

③ 开花末期　在观测树上残留约5%的花时，为开花末期。如繁果忍冬开花末期为5月24日至5月29日。

④ 多次开花期　一些一年一次春季开花的树木，如某些年份于夏秋间或初冬再度开花，应另行记录。另有一些树种，一年内能多次开花，有的有明显的间隔期，有的几乎连续。但从盛花上可以看出有几次高峰，也应分别予以记载。

（3）果实生长发育与落果期

① 幼果出现期　见子房开始膨大时，为幼果出现期。如繁果忍冬幼果出现期为5月21日至5月24日。

② 果实生长周期　选定幼果，每周测其纵、横径或体积，直到采收或成熟脱落为止。

③ 生理落果期　幼果开始膨大后出现较多数量幼果变黄脱落时为生理落果期。

④ 果实（种子）成熟期　当观测树上有50%的果实或种子变为本树种的成熟色时，为果实或种子成熟期，此时期采摘时果梗容易分离。如繁果忍冬果实成熟期为8月28日至9月3日。

⑤ 果实脱落期

a. 开始脱落期：成熟种子开始散布或连同果实脱落。

b. 脱落末期：成熟种子连同果实基本脱落完。但有些树木的果实和种子在当年始终留树上不脱落，应在"果实脱落末期"栏目中写上"宿存"，并在第二年记录表中记录下脱落的日期。

（4）新梢生长周期　由叶芽萌动开始，至枝条停止生长为止。新梢的生长分一次梢（春梢）、二次梢（夏梢或秋梢或副梢）和三次梢（秋梢）。

① 新梢开始生长期　选定的主枝一年生延长枝上顶部营养芽（叶芽）开放为一次梢开始生长期；一次梢顶部腋芽开放为二次梢开始生长期；三次以上梢开始生长期，其余类推。如繁果忍冬新梢开始生长期为4月7日至4月11日。

② 枝条生长周期　对选定枝上顶部梢定期观测其长度和粗度，以便确定伸长生长与粗生长的周期和生长快慢时期及特点。

③ 新梢停止生长期　以所观察的营养枝形成顶芽或梢端自枯不再生长为止。

（5）秋叶变色期与脱落期

① 秋叶开始变色期　当观测树木的全株叶片约有5%开始呈现为秋色叶时，为开始变色期。如鸡树条荚蒾秋叶开始变色期为9月23日至9月25日。

② 可供观赏秋色叶期　以部分（30%～50%）叶片所呈现的秋色叶，如鸡树条荚蒾可供观秋色叶期为9月下旬至10月下旬。

③ 秋叶全部变色期　全株所有的叶片完全变色时，为秋叶全部变色期。如鸡树条荚蒾秋叶全部变色期为10月12日至10月15日。

④ 落叶期

a. 落叶开始期：约有5%的叶子脱落时为落叶初期。如繁果忍冬落叶始期为10月13日至10月15日。

b. 落叶盛期：全株有30%～50%的叶片脱落时，为落叶盛期。如繁果忍冬落叶盛期为10月18日至10月20日。

c. 落叶末期：树上的叶子几乎全部（90%～95%）脱落为落叶末期。如繁果忍冬落叶末期为10月23日至11月1日。

1.2.4.4 草本植物的物候观测项目及标准

草本植物类型丰富，种类繁多，物候观测的项目和标准并不完全统一，本书中提到的物候观测项目及标准主要适用于观赏草本花卉。

（1）**萌芽返青期** 多年生和二年生草本植物具有地面芽和地下芽，一年生草本植物具有胚芽。当地面芽变为绿色，或地下芽、胚芽萌发出土时，就是草本植物的萌发期。如吉林伊通地区郁金香的萌芽期为 4 月 15 日至 4 月 19 日。

（2）**展叶期** 植株上开始展开小叶时，就进入展叶期。

① 展叶初期 植株上 25％叶片展现的时间。如吉林伊通地区郁金香的展叶初期为 4 月 16 日至 4 月 21 日。

② 展叶中期 50％ 叶片展现的日期。如吉林伊通地区郁金香的展叶中期为 4 月 17 日至 4 月 22 日。

③ 展叶盛期 75％ 叶片展现的日期。如吉林伊通地区郁金香的展叶盛期为 4 月 28 日至 5 月 21 日。

（3）**显蕾期** 当花蕾或花序开始出现时，就进入显蕾期。如吉林伊通地区郁金香的显蕾期为 4 月 29 日至 5 月 6 日。

（4）**开花期** 当植株上第一朵花开放，花瓣完全展开时，就进入了开花期。

① 初花期 5％花蕾开放的日期。如吉林伊通地区郁金香的初花期为 5 月 1 日至 5 月 11 日。

② 盛花期 75％花蕾开放的日期。如吉林伊通地区郁金香的盛花期为 5 月 6 日至 5 月 18 日。

③ 末花期 75％花朵凋谢的日期。如吉林伊通地区郁金香的末花期为 5 月 14 日至 5 月 25 日。

（5）**果熟期**

① 成熟开始期 当植株上的果实开始变为成熟初期的颜色时，就是成熟开始期。

② 全熟期 当植株上有 50％的果实成熟时，就是全熟期。

（6）**枯黄期** 指植物枯萎到次年返青前的这段时间，主要指多年生草本植物。

① 开始枯黄期 植株下部的基生叶开始枯黄。

② 普遍枯黄期 植株的叶达到一半枯黄。

在比较正规和准确的物候期观测中，还应对自然环境进行调查与测定。因为只有将植物的物候变化与自然环境条件的变化相联系，才能充分了解物候变化的规律。由于每年自然环境中的气象、土壤因子等都会有变化，所以物候观测至少要观察 3 年以上，才能得到正确的物候期记载结果。物候观测和气象观测一样，连续观测时间越长，其资料在分析时越有价值，所得结论越可靠，越能有效地指导生产管理和作出预报。

第2章
园林植物生长发育规律

树木是由多种不同器官组成的统一体。一株正常的树木，主要由树根、枝干（或藤木枝蔓）、树叶所组成，当达到一定树龄以后，还会有花、果、种子等。习惯上把树根称为地下部分，把枝干及其分枝形成的树冠（包括叶、花、果）称为地上部分，地上部分与地下部分交界处称为根颈。了解各器官的生长习性及其相关关系有利于深入地掌握和控制树木的生长发育。

2.1 根系生长发育

根是树木的重要器官，负责把植株固定在土壤之内，吸收水分、矿质养分和少量的有机物质以及储藏一部分养分，并能将无机养分合成为有机物质，如将无机氮转化成酰胺、氨基酸、蛋白质等。根还能合成某些特殊物质，如激素（细胞分裂素、赤霉素、生长素）和其他生理活性物质，对地上部分生长起调节作用。根具有输导功能，由根毛吸收的水分和无机盐通过根的维管组织输送到枝。叶制造的有机养料经过茎输送到根，以维持根系的生长和生活的需要。根的分泌物还能将土壤微生物吸引到根系分布区来，并通过微生物的活动将氮及其他元素的复杂有机化合物转变为根系易于吸收的类型。另外，还可以利用根系来繁殖和更新树体。

2.1.1 树木根系的分类

一株植物所有根的总体称为根系。正常情况下，树木根系生长在土壤中，但有少数树种，如榕树、红树、水松、薜荔、常春藤等，为适应特定环境的需要，常产生根的变态，在地面上形成支柱根、呼吸根、板根或吸附根等气生根，在园林观赏上也有一定的价值。

2.1.1.1 根系的起源分类

生产实践中常常根据根系发生的来源（繁殖方法）分为实生根系、茎源根系和根蘖根系（图 2-1）。

① 实生根系　实生繁殖和用实生砧木嫁接的树木的根系均为实生根系。特点是一般主根发达，根系较深，年龄发育阶段较轻，生活力较强，对外界环境有较强的适应能力；实生根系个体间的差异要比无性繁殖树木的根系大，但在嫁接情况下，会受到地上部接穗品种的影响。

② 茎源根系　根系来源于母体茎上的不定芽，这种根系称为茎源根系。特点是主根不明显，根系较浅；生理年龄较老，生命力相对较弱，但个体间比较一致。如用扦插、压条繁殖所形成的植株的根系，如悬铃木、杨树、月季、无花果扦插繁殖的根系；荔枝、白兰花高压繁殖的根系；香蕉、菠萝吸芽繁殖的根系等。

③ 根蘖根系　有的树种在根上能发生不定芽而形成根蘖，而后与母体分离形成单独的植株，如枣、石榴、桂花、银杏等分株繁殖成活的植株，其根系称为根蘖根系。根蘖根系的特点与茎源根系相似。

2.1.1.2 根系的形态分类

根据根系发育的形态特点分为直根系和须根系。

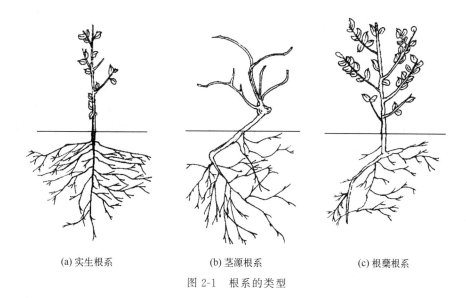

(a) 实生根系　　　　　(b) 茎源根系　　　　　(c) 根蘖根系

图 2-1　根系的类型

① 直根系　由胚胎发育产生的初生根及次生根组成，主根发达，较各级侧根粗壮而长，能明显地区分出主根和侧根，如麻栎、马尾松等。由扦插、压条等无性繁殖长成的树木，其根系由不定根组成，虽然没有真正的主根，但其中的一两条不定根往往发育粗壮，外表类似主根，具有直根的形态，习惯上也把这种根系看成直根系。

② 须根系　主根不发达或早期停止生长，由茎的基部形成许多粗细相似的不定根，这种根系称为须根系，如竹、棕榈等。

2.1.1.3　根系的结构分类

从树木根系结构来看，完整的根系包括主根、侧根、须根和根毛（图 2-2）。

① 主根由种子的胚根发育而成。

② 主根上面产生的各级较粗的大分支，统称侧根。生长粗大的主根和各级侧根构成树木根系的基本骨架，统称骨干根。这种根寿命长，主要起固本、输导和储藏养分的作用。

③ 须根是着生在主根、侧根上的细小根系，这种根短而细，一般寿命短，但却是根系最活跃的部分。根据须根的形态结构与功能，一般可分生长根、吸收根、疏导根。

④ 根毛是树木根系吸收养分和水分的主要部位，是须根吸收根上根毛区表皮细胞形成的管状突起物。特点是数量多、密度大，是树木根系吸收养分和水分的主要部位。

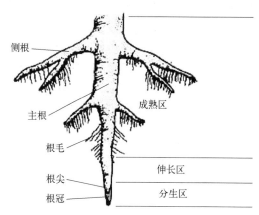

图 2-2　根系结构（引自马学强，2015）

2.1.2　树木根系在土壤中的分布

地球上的植物一旦发根，都有向下生长的特性，这是受地球引力的影响，也可说是植物的本能。各类根系在土壤中生长分布的方向不同，根据根系在土壤中生长的方向分为水平根和垂直根。根据树木根系在土壤中生长的深浅情况又分为深根性根系和浅根性根系。

2.1.2.1　根系的水平分布和垂直分布

水平根多数沿着土壤表层几乎呈平行状态向四周横向发展，它在土壤中分布的深度和范围依地区、土壤、树种、繁殖方式、砧木等不同而变化。根系的水平分布一般要超出树冠投影的范围，甚至可达到树冠的 2～3 倍。水平根分布范围的大小主要受环境中的土壤质地和养分状况影响，在深厚、黏紧、肥沃及水肥管理较好的土壤中，水平根系分布范围较小，分布区内的须根特别多。在干旱、瘠薄、疏松的土壤中，水平根可伸展到很远的地方，但须根稀少。水平根须根多，吸收功能强，对树木地上部的营养供应起着极为重要的作用。

垂直根是树木大体垂直向下生长的根系，其入土深度一般小于树高。垂直根的主要作用是固着树体、吸收土壤深层的水分和营养元素。树木的垂直根发育好，分布深，树木的固地性就好，抗风、抗旱、抗寒能力也强。根系入土深度取决于土层厚度及其理化特性，在土质疏松通气良好、水分养分充足的土壤中，垂直根发育较强；地下水位高或土壤下部有不透水层的情况下，根系向下发展会受到限制。

树木水平根与垂直根伸展范围的大小，决定着树木营养面积和吸收范围的大小。凡是根系伸展不到的地方，树木是很难吸收土壤水分和营养的。因此，只有根系伸展既广又深时，才能最有效地利用土壤水分与矿物质。

2.1.2.2　根系生长类型

树木根系受遗传特性的影响，在土壤中分布的深浅变异很大，可概括为两种基本类型，即深根性和浅根性。

深根性有一个明显的近乎垂直的主根深入土中，从主根上分出侧根向四周扩展，由上而下逐渐缩小。此类树种根系在通透性好且水分充足的土壤里分布较深，故又称为深根性树种，在松、栎类树种中最为常见，又如银杏、樟树、臭椿、柿树等。浅根性的树种没有明显的主根或主根不发达，大致以根颈为中心向地下各个方向辐射扩展，或由水平方向伸展的扁平根组成，主要分布在土壤的中上部，如杉木、冷杉、云杉、铁杉、槭树、水青冈以及一些耐水湿树种的根系，特别是在排水不良的土壤中更为常见。同一树种的不同变种、品种里也会出现深根性和浅根性，如乔化种和矮化种。

2.1.3　根颈、菌根及根瘤

2.1.3.1　根颈

根和茎的交接处称为根颈。因树木的繁殖类型不同，分为真根颈与假根颈。实生树是真根颈，由种子下胚轴发育成；营养繁殖的树为假根颈，由枝、茎生出不定根后演化而成。根颈是地上与地下交接处，是树体营养物质交流必经的通道。根颈具有进入休眠最迟、解除休眠最早的特点，对外界环境条件变化比较敏感，容易遭受冻害。根颈部分埋得过深或全部裸露，对树木生长发育均不利。

2.1.3.2　菌根

许多树木的根系常有菌根共生。菌根是非致病或轻微致病的菌根真菌，侵入幼根与根的生活细胞结合而产生的共生体。

菌根的菌丝体能形成较大的生理活性表面和较大的吸收面积，可以吸收更多的养分和水分，在土壤含水量低于萎蔫系数时，能从土壤中吸收水分，又能分解腐殖质，并分泌生长素和酶，促进根系活动和活化树木生理功能。菌根菌还能产生抗性物质，排除菌根周围的微生物，菌壳也可成为防止病原菌侵入的机械组织。菌根的生长一方面要从寄主树木根系中吸取糖类、维生素、氨基酸和生长促进物质；另一方面，对树木的营养和根的保护起着有益的作用，寄主和菌根菌通过物质交换形成互惠互利的关系。

2.1.3.3　根瘤

一些植物的根与微生物共生形成根瘤，这些根瘤具有固氮作用。

豆科植物的根瘤是一种称为根菌的细菌（革兰氏染色阴性菌）从根毛侵入，而后发育形成的瘤状物。菌体内产生豆血红蛋白和固氮酶进行固氮，并将固氮产物——氨输送到寄主地上部分，供给寄主合成蛋白质之用。豆科植物与根瘤菌的共生不但能供应豆科植物本身需要的氮素，而且还可以增加土壤的氮肥，这就是在实际生产中种植豆科植物作为绿肥改良土壤的原因。迄今为止，已知约有 1200 种豆科植物具有固氮作用，在农业上利用的还不到 50 种。木本豆科植物中的紫穗槐、槐树、合欢、金合欢、皂荚、紫藤、胡枝子、紫荆、锦鸡儿等都能形成根瘤。

研究表明，一些非豆科植物如桦木科、木麻黄科、鼠李科、胡颓子科、杨梅科、蔷薇科等科中的许多种以及裸子植物的苏铁、罗汉松等植物也形成根瘤，具有固氮能力，有的种类已应用于固沙和改良土壤。与非豆科植物共生的固氮菌多为放线菌类，有些放线菌根植物固氮效率很高，固定的氮量与豆科植物几乎相近。据测定的资料表明，桤木与放线菌的共生结合体在森林内每年可为地表土壤积累氮素 $61\sim157$ kg/hm^2。在红桤木的纯林中，每年的固氮量竟高达 $325kg/hm^2$；成年的木麻黄每年约可固定氮素 $58kg/hm^2$。

2.1.4 影响根系生长的因素

2.1.4.1 土壤温度

树种不同，开始发根所需要的土温很不一致，一般原产于温带寒地的落叶树木所需要的温度低；而原产于热带、亚热带树种所需要的温度较高。根的生长都有最适合的上、下限温度。温度过高过低对根系生长都不利，甚至造成伤害。由于土壤不同深度的土温随季节而变化，分布在不同土层中的根系活动也不同。以中国中部地区为例，早春土壤化冻后，地表 30cm 以内的土壤上升较快，温度也适宜，表层根系活动较强烈；夏季表层土温过高。30cm 以下土层温度较适合，中层根系较活跃。90cm 以下土层，周年温度变化小，根系往往常年都能生长，所以冬季根的活动以下层为主。上述土壤层次范围又因地区、土类而异。

2.1.4.2 土壤湿度

土壤湿度与根系生长也有密切关系。土壤含水量达最大持水量的 $60\%\sim80\%$ 时，最适宜根系生长，过干易促使根木质化和发生自疏；过湿能抑制根的呼吸作用，造成停长或腐烂死亡。可见选栽树木需要根据其喜干、湿程度，正确进行灌水和排水。

2.1.4.3 土壤通气

土壤通气对根系生长影响很大。通气良好处的根系密度大、分枝多、须根量大。通气不良处发根少，生长慢或停止，易引起树木生长不良和早衰。城市由于铺设路面多、市政工程施工夯实以及人流踩踏频繁，土壤紧实，影响根系的穿透和发展；内外气体不易交换，引起有害气体（如 CO_2 等）的累积中毒，影响菌根繁衍和树木的吸收。土壤水分过多也影响土壤通气，从而影响根系的生长。

2.1.4.4 土壤营养

在一般土壤条件下，其养分状况不至于使根系处于完全不能生长的程度，所以土壤营养一般不成为限制因素，但可影响根系的质量，如发达程度、细根密度、生长时间的长短。根有趋肥性，有机肥有利于树木发生吸收根；适当施无机肥对根的生长有好处。施氮肥通过叶的光合作用能增加有机营养及生长激素，来促进发根；磷和微量元素（硼、锰等）对根的生长都有良好的影响。但如果在土壤通气不良的条件下，有些元素会转变成有害的离子（如铁、锰会被还原为二价的铁离子和锰离子），提高了土壤溶液的浓度，使根受害。

2.1.4.5 树体内的有机营养

根的生长与发挥功能依赖于地上部所供应的碳水化合物。土壤条件好时，根的总量取决于树体有机养分的多少。叶受害或结实过多，根的生长就受阻碍，即使施肥，一时作用也不大，需保叶或通过疏果来改善。

此外，土壤类型、土壤厚度、母岩分化状况及地下水位高低，对根系的生长与分布都有密切关系。

2.1.5 根的年周期活动动态

根系的伸长生长在一年中是有周期性的。根的生长周期与地上部不同。其生长又与地上密切相关，而且往往交错进行，情况比较复杂。一般根系生长要求温度比萌芽低，因此春季根开始生长比地上部早。亚热带树种（如柑橘）根系活动要求温度较高，如种在冬春较寒冷的地区，由于春季气温上升快，也会出现先萌芽后发根的情况。一般春季根开始生长后，即出现第一个生长高峰。这与生长程度、发根数量与树体贮藏营养水平有关。然后是地上部开始迅速生长，而根系生长趋于缓慢。当地上部生长趋于停止时，根系生长出现一个大高峰。其强度大，发根多。落叶前根系生长还可能有小高峰。一年中，树根生长出现高峰的次数和强度，与树种、年龄等有关。据研究，苹果小树一年有上述3次高峰；大树虽也有3次，但萌芽前出现的第1次高峰不明显。柿子树原产于暖地，北移后，一年内根的生长只有1次高峰。在华北地区，松属树木（据对油松观察），根系生长差不多与地上部同时开始，在雨季前土壤干热期前则有停顿。由于先长枝，后生针叶，其营养积累主要集中在生长季的后半期。雨季开始后（8月）根生长特别旺盛，一直可延续至11月份。也有些树种，根系的生长一年内可能有好几个生长高峰。侧柏幼苗的根一年内也可有多次生长。根在年周期中的生长动态，取决于树木种类、砧穗组合、当年地上部生长和结实状况，同时还与土壤的温度、水分、通气及无机营养状况等密切相关。因此树木根系生长高峰、低峰的出现，是上述因素综合作用的结果。但在一定时期内，有一个因素起主导作用。树体的有机养分与内源激素的累积状况是根系生长的内因，而夏季高温干旱和冬季低温是促使根系生长低潮的外因。在整个冬季虽然树木枝芽进入休眠，但根并未完全停止活动。这种情况因树种而异。松柏类一般秋冬停止生长，阔叶树冬季常在粗度上有缓慢生长。生长季节，根系在一昼夜内的生长也有动态变化，例如，据对葡萄和李树根的观察，夜间的生长量和发根数多于白天。

2.1.6　根系的生命周期

树木根系生命周期的变化与地上部有相似的特点，经历着发生、发展与衰亡的过程，并逐年与地上部分的生长保持着一定的比例关系。不同类别树木以一定的发根方式（侧生式或二叉式）进行生长。幼树期根系生长很快，一般都超过地上部的生长速度。树木幼年期根系领先生长的年限因树种而异。随着树龄增加，根系生长速度趋于缓慢，并逐年与地上部分的生长保持着一定的比例关系。在整个生命中，根系始终发生局部的自梳与更新。吸收根的死亡现象，从根系开始生长一段时间后就发生，逐渐木栓化。外表变为褐色，逐渐失去吸收功能；有的轴根演变成输导作用的输导根，有的则死亡。至于须根，自身也有一个小周期，从形成到壮大直至衰亡有一定规律，一般只有数年的寿命。须根的死亡，起初发生在低级次的骨干根上，其后发生在高级次的骨干根上，以致较粗骨干根的后部出现光秃现象。

根系的生长发育，很大程度受土壤环境的影响，各树种、品种根系生长的深度和广度是有限的，受地上部生长状况和土壤环境条件所影响。待根系生长，达到最大幅度后，也发生向心更新。由于受土壤环境影响，更新不那么规则，常出现大根季节性间歇死亡现象。更新所发生的新根，仍按上述规律生长和更新，最后随树体衰老而逐渐缩小。有些树种进入老年后常发生水平根基部的隆起。

2.2　枝芽生长发育与树体骨架的形成

除了少数树木具有地下茎或根状茎外，茎是植物体地上部分的重要营养器官。植物的枝茎起源于芽，又制造了大量的芽。枝茎可以联系地上、地下各组织器官，形成庞大的分枝系统，连同茂密的叶丛，构成完整的树冠结构，主要起着支撑、联系、运输、储藏、分生、更新等作用。树体树干系统及所形成的树形，取决于枝芽特性，芽抽枝，枝生芽，两者关系极为密切。了解树木的枝芽特性，对整形修剪有重要意义。

2.2.1　芽的分类与特性

芽是多年生植物为适应不良环境和延续生命活动而形成的一种重要器官，是树体各器官的原始体。芽与种子有相似的特点，在适宜的条件下，可以形成新的植株。

2.2.1.1 定芽与不定芽

树木的顶芽、腋芽或潜伏芽（树木最基本的几个芽或上部的某些副芽往往暂时不萌发而呈潜伏状态）的发生均有一定的位置，称为定芽（normal bud）。

在根插、重剪或老龄的枝、干上常出现一些位置不确定的芽，称为不定芽（adventitious bud）。不定芽常用作更新或调整树形。老树更新依赖于枝、干上的潜伏芽。若潜伏芽寿命短，则可利用不定芽萌发的枝条来进行更新。

2.2.1.2 芽的特性

（1）**芽序** 定芽在枝上按一定规律排列的顺序称为芽序。因为芽多着生于叶腋间，所以芽序与叶序相同。不同树种的芽序不同；多数树木的互生芽序为2/5式，即相邻芽在茎周相距144°处着生；也有的树木的芽序为1/2式，即相邻芽在茎周相距180°处着生，如葡萄［图2-3（a）］和板栗。有些树木的芽序，也因枝条类型、树龄和生长势而有所变化。如板栗旺盛生长时，芽序变为2/5式；又如枣树的一次枝为2/5式，二次枝为1/2式。有些树木为对生芽序，即每节芽相对而生，相邻两对芽交互相垂直，如丁香［图2-3（b）］、洋白蜡、油橄榄等。有些树木为轮生芽序，即其芽在枝上呈轮生排列，如夹竹桃、盆架树、雪松、油松、灯台树等。有些树木的花序，也因枝条类型、树龄和生长势有所变化。

(a) 葡萄1/2芽序　　　　　　　　　　　(b) 丁香芽序

图2-3　芽序

（2）**萌芽力与成枝力** 各种树木与品种叶芽的萌发能力不同。有些较强，如松属的许多种、紫薇、小叶女贞、桃等；有些较弱，如梧桐、栀子花、核桃、苹果和梨的某些品种等。母枝上芽的萌发能力，叫萌芽力；常用萌芽数占该枝芽总数的百分率来表示，所以又称萌芽率。枝条上部叶芽萌发后，并不是全部都抽发成长枝。母枝上的芽具有能抽发长枝的能力，叫成枝力。

（3）**芽的早熟性与晚熟性** 已形成的芽，需经一定的低温时期来解除休眠。到次年春才能萌发的芽，叫作晚熟性芽。有些树木生长季早期形成的芽，当年就能萌发（如桃等），有的多达2~4次梢，具有这种特性的芽，叫早熟性芽。这类树木当年即可形成小树的样子。其中也有些树木，芽虽具早熟性，但不受刺激一般不萌发；当因病虫害等自然伤害和人为修剪、摘叶时才会萌发。

（4）**芽的异质性** 由于芽形成时，随枝叶生长时的内部营养状况和外界环境条件的不同，使处在同一枝上不同部位的芽存在着大小、饱满程度等差异的现象，称为"芽的异质性"。枝条基部的芽，多在展雏叶时形成。这一时期，因叶面积小、气温低，故芽瘦小，且常成为"隐芽"。其后，叶面积增大，气温也高，光合效率高，芽的发育状况得到改善；到枝条缓慢生长期后，叶片光合累积养分多，能形成充实的饱满芽。有些树木（如苹果、梨等）的长枝有春梢、秋梢，即一次枝春季生长后，于夏季停长，于秋季温湿度适宜时，顶芽又萌发成秋梢，秋梢一般组织不充实，在冬寒地区易受冻害。如果长枝生长延迟至秋后，由于气温降低，梢端往往不能形成新芽。

许多树木达到一定年龄后，所发新梢顶端会自然枯亡（如板栗、柿、杏、柳、丁香等），或顶芽自动脱落（如柑橘类）。某些灌木和丛木，中下部的芽反而比上部的芽生长得好，萌生的枝势也强。

（5）**芽的潜伏力**　树木枝条基部芽或上部的某些副芽，在一般情况下不萌发而呈潜伏状态。当枝条受到某种刺激（上部或近旁受损，失去部分枝叶时）或树冠外围枝处于衰弱状态时，能由潜伏芽发生新梢的能力，称为芽的潜伏力，也称潜伏芽的寿命。芽潜伏力的强弱与树木地上部能否更新复壮有关。有些树种芽的潜伏力弱，如桃的隐芽，越冬后潜伏一年多，多数就失去萌发力，仅个别的隐芽能维持10年以上，因此不利于更新复壮，即使萌发，何处萌枝也难以预料。而仁果类果树、柑橘、杨梅、板栗、核桃、柿子、梅、银杏、槐等树种，其芽的潜伏力则较强或很强，有利于树冠更新复壮。芽的潜伏力也受营养条件的影响，营养条件好的隐芽，寿命就长。

2.2.2　枝茎习性

2.2.2.1　枝的生长类型

茎的生长方向与根相反，是背地性的，多数是垂直向上生长，也有呈水平或下垂生长的。茎枝除有顶端的加长和形成层活动的加粗生长外，禾本科的竹类，还具有居间生长的特性。竹笋在春夏就是以这种方式生长的，所以生长特快。树木依枝茎生长习性可分以下3类。

（1）**直立生长**　茎杆以明显的背地性垂直于地面，枝直立或斜生，多数树木都是如此，如杨树、刺槐。在直立茎的树木中，也有些变异类型，以枝的伸展方向可分为紧抱型、开张型、下垂型、龙游（扭旋或曲折）型，如龙爪槐属于龙游型等。

（2）**攀缘生长**　茎长得细长柔软，自身不能直立，但能缠绕或具有适应攀附其他物体的器官（如卷须、吸盘、吸附气根、钩刺等），借它物为支柱，向上生长。在园林上，把具缠绕茎和攀缘茎的木本植物，统称为木质藤本，简称藤木，如紫藤、凌霄等。

（3）**匍匐生长**　茎蔓细长，自身不能直立，又无攀附器官的藤木或无直立主干之灌木，常匍匐于地生长。在热带雨林中，有些藤木如绳索状，趴伏或呈不规则的小球状铺于地面。匍匐灌木，如偃柏、铺地柏等。攀缘藤木，在无物可攀时，也只能匍匐于地生长，如扶芳藤。这种生长类型的植物，在园林中常用作地被植物。

2.2.2.2　分枝方式

树木除少数种不分枝（如棕榈科的许多种）外，一般有三大分枝式（图2-4）如下。

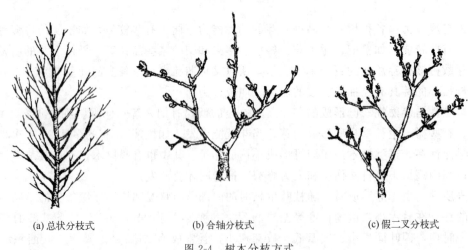

(a) 总状分枝式　　　　　(b) 合轴分枝式　　　　　(c) 假二叉分枝式

图2-4　树木分枝方式

（1）**总状分枝（单轴分枝）式**（racemose branching）　主茎的顶芽生长始终占优势，能形成通直的主干或主蔓。主茎的腋芽形成侧枝，侧枝又以同样方式形成次级侧枝。各级分枝生长一直处于劣势，结果使植物形成塔状形（锥体），如银杏、水杉、松柏类、杨、水青冈等。这种分枝式以裸子植物为最多。

（2）**合轴分枝式**（sympodial branching） 主干的顶芽发育到一定阶段后，生长变得缓慢、死亡或形成花芽，由其下方的一个腋芽代替原有的顶芽继续生长形成新枝，以后新枝的顶芽又停止生长，再由它下方的腋芽发育，如此反复，就形成了曲折的主轴。合轴分枝式的植株上部或树冠呈开展状态，既提高了支持和承受能力，又使枝叶繁茂。这有利于通风透光，有效扩大光合面积和促进花芽形成，因而是丰产的株形，也是较为进化的分枝方式。大多数被子植物具有这种分枝方式，如成年的桃、杏、李、榆、柳、核桃、苹果、梨等。

（3）**假二叉分枝式**（false dichotomy branching） 具对生芽的植物，顶芽生长到一定程度后，发生自枯或分化为花芽，由其下对生芽同时萌枝生长所接替，形成叉状侧枝，以后如此反复。但它和由顶端分生组织一分为二的二叉分枝（dichotomy branching）不同，只是外形相似，因此称为"假二叉分枝"。这种分枝式实际上是合轴分枝的另一种形式，在被子植物中较普遍，如丁香、梓树、泡桐等。

事实上，树木的分枝方式不是一成不变的。许多树木年幼时呈总状分枝，生长到一定树龄后，就逐渐变为合轴或假二叉分枝。因而在幼、青年树上，可见到两种不同的分枝方式，如一些果树幼年期主要为单轴分枝，到生殖阶段才出现合轴分枝。

2.2.2.3　顶端优势

一个近于直立的枝条，其顶端的芽能抽生最强的新梢，而侧芽所抽生的枝，其生长势（常以长度表示）多呈自上而下递减的趋势，最下部的一些芽则不萌发。如果去掉顶芽或上部芽，即可促使下部腋芽和潜伏芽的萌发。这种顶部分生组织或茎尖对其下芽萌发力的抑制作用，叫作"顶端优势"（或先端优势，apical dominance）。因为它是枝条背地性生长的极性表现，所以表现为强极性。顶端优势也表现在分枝角度上，枝自上而下开张；如去除先端对角度的控制效应，则所发侧枝又呈垂直生长。另外也表现在树木中心干生长势要比同龄主枝强；树冠上部枝比下部的强。一般乔木都有较强的顶端优势，越是乔化的树种，其顶端优势也越强，反之则弱。

2.2.2.4　干性与层性

树木中心干的强弱和维持时间的长短，简称为"干性"。顶端优势明显的树种，中心干强而持久。凡中心干坚硬，能长期处于优势生长者，叫干性强。这是乔木的共性，即枝干的中轴部分比侧生部分具有明显的相对优势。

由于顶端优势和不同部位芽的质量差异，使强壮的一年生枝的着生部位比较集中。这种现象在幼树期历年重现，使主枝在中心干上的分布或二级枝在主枝上的分布，形成明显的层次，称之为"层性"。层性是顶端优势和芽的异质性共同作用的结果。一般顶端优势强而成枝力弱的树种层性明显。此类乔木中心干上的顶芽（或伪顶芽）萌发成一强壮中心干的延长枝和几个较壮的主枝及少量细弱侧生枝；基部的芽多不萌发，而成为隐芽。同样在主枝上，以与中心干上相似的方式，先端萌生较壮的主枝延长枝和萌生几个自先端至基部长势递减的侧生枝。其中有些能变成次级骨干枝；有些较弱枝，生长停止早，节间短，单位长度叶面积大，生长消耗少，累积营养物多，因而易成花，成为树冠中的开花、结实部分。多数树种的枝条基部，或多或少都有些未萌发的隐芽。

从整个树冠来看，在中干和骨干枝上几个生长势较强的枝条和几个生长弱的枝条以及几个隐芽一组组地交互排列，就形成了骨干枝分布的成层现象。有些树种的层性，一开始就很明显，如油松等；而有些树种则随树龄增大，弱枝衰亡，层性逐渐明显起来，如苹果、梨等。

具有层性的树冠，有利于通风透光。但层性又随中心干的生长优势和保持年代而变化。树木进入壮年之后，中心干的优势减弱或失去优势，层性也就消失。不同树种的层性和干性强弱不同。裸子植物中的银杏、松属的某些种以及灯台树、枇杷、核桃、杉木、长山核桃等层性最为明显。而柑橘、桃等由于顶端优势弱，层性与干性均不明显。顶端优势强弱与保持年代长短，表现为层性明显与否。干性强弱是构成树冠骨架的重要生物学依据。干性与层性对研究园林树形及其演变和整形修剪，都有重要意义。

2.2.3　枝的生长

树木每年以新梢生长来不断扩大树冠，新梢生长包括加长生长和加粗生长这两个方面。一年内枝条生长达到的粗度与长度，称为"年生长量"；在一定时间内，枝条加长和加粗生长的快慢，称为"生长势"。生长量和生长势是衡量树木生长强弱和某些生命活动状况的常用指标，也是栽培措施是否得当的判断依据之一。

2.2.3.1 枝的加长生长

枝的加长生长指新梢的延长生长。由一个叶芽发展成为生长枝，并不是匀速的，而是按"慢-快-慢"这一规律生长的。新梢的生长可划分为以下3个时期。

(1) 开始生长期 叶芽幼叶伸出芽外，随之节间伸长，幼叶分离。此期生长主要依靠树体贮藏营养。新梢开始生长慢，节间较短，所展之叶为前期形成的芽内幼叶原始体发育而成，故又称"叶簇期"。其叶面积小，叶形与以后长成的差别较大，叶脉较稀疏，寿命短，易枯黄；其叶腋内形成的芽也多是发育较差的潜伏芽。

(2) 旺盛生长期 通常从开始生长期后随着叶片的增加很快就进入旺盛生长期。所形成的节间逐渐变长，所形成的叶具有该树种或品种的代表性；叶较大，寿命长，含叶绿素多，有很高的同化能力。此期叶腋所形成的芽较饱满；有些树种在这一段枝上还能形成腋花芽。此期的生长由利用贮藏营养转为利用当年的同化营养为主。故春梢生长势强弱与贮藏营养水平以及此期的肥、水条件有关。此期对水分要求严格，如水不足，则会出现提早停止生长的"早象"，通常果树栽培上称这一时期为"新梢需水临界期"。

(3) 缓慢与停止生长期 新梢生长量变小，节间缩短，有些树种叶变小，寿命较短。新梢自基部而向先端逐渐木质化，最后形成顶芽或自枯而停长。枝条停止生长早晚因树种、品种部位及环境条件而异，与进入休眠早晚相同。具早熟性芽的树种，在生长季节长的地区，一年有2~4次的生长。北方树种停长早于南方树种；同树同品种停长早晚，因年龄、健康状况、枝芽所处部位而不同；幼年树结束生长晚，成年树早；花、果木的短果枝或花束状果枝结束生长早；一般外围枝比内部枝晚，但徒长枝结束最晚。土壤养分缺乏，透气不良，干旱均能使枝条提早1~2个月结束生长；氮肥多、灌水足或夏季降水过多均能延迟，尤以根系较浅的幼树表现最为明显。在栽培中应根据目的（作庭荫树还是矮化作桩景材料）合理调节光、温、肥、水，来控制新梢的生长时期和生长量。

2.2.3.2 枝的加粗生长

树干及各级枝的加粗生长都是形成层细胞分裂、分化、增大的结果。在新梢伸长生长的同时，也进行加粗生长，但加粗生长高峰会稍微晚于加长生长，停止也较晚。新梢由下而上增粗。形成层活动的时期、强度依枝生长周期、树龄、生理状况、部位及外界温度、水分等条件而异。落叶树形成层的活动稍晚于萌芽。春季萌芽开始时，在最接近萌芽处的母枝形成层活动最早，并由上而下，开始微弱增粗。此后随着新梢的不断生长，形成层的活动也持续进行。新梢生长越旺盛，则形成层活动也越强烈，且时间长。秋季由于叶片积累大量光合产物，因而枝干明显加粗。级次越低的骨干枝，加粗的高峰越晚，加粗量越大。每发一次枝，树就增粗一次。因此，有些一年多次发枝的树木，一圈年轮，并不是一年粗生长的真正年轮。树木春季形成层活动所需的养分，主要靠去年的贮藏营养。一年生实生苗的粗生长高峰靠中后期；二年生以后所发的新梢提前。幼树形成层活动停止较晚，而老树较早。同一树上新梢形成层活动开始和结束均较老枝早。大枝和主干的形成层活动，自上而下逐渐停止，而以根颈结束最晚。健康树较受病虫害的树活动时间要长。

2.3 叶片生长与叶幕形成

2.3.1 叶片的形成

叶片是由叶芽中前一年形成的叶原基发展起来的。其大小与前一年或前一生长时期形成叶原基时的树体营养和当年叶片生长日数、迅速生长期的长短有关。单个叶片的大小自展到叶面积停止增加，不同树种、品种和不同枝梢是不一样的。梨和苹果外围的长梢上，春梢段基部叶和秋梢叶生长期都较短，叶均小。而旺盛生长期形成的叶片生长时间较长，则叶大。短梢叶片除基部发育时间短外，其上叶片大体比较接近。因此，不同部位和不同叶龄的叶片，其光合能力不一样。初展之幼嫩叶，由于叶组织量少，叶绿素浓度低，光合产量低。随叶龄增加，叶面积增大，生理上处于活跃状态，光合效能大大提高，直到达到一定的成熟度为止，然后随叶片的衰老而降低。展叶后在一定时期内光合能力很强；常绿树也以当年的新叶光合能力为最强。

由于叶片出现的时期有先后，同一树上就有各种不同叶龄的叶片，并处于不同发育时期。总的说来，在春季，叶芽萌动生长，此时枝梢处于开始生长阶段，基部先展之叶的生理活动较活跃。随枝的伸长，活跃中心不断向上转移，而基部叶渐趋衰老。

2.3.2 叶幕的形成

叶幕是针对叶在树冠内集中分布区而言。它是树冠叶面积总量的反映。园林树木的叶幕随树龄、整形、栽培的目的与方式不同，叶幕形成和体积也不相同。幼年树由于分枝尚少，内膛小枝存在，内外见光，叶片充满树冠；其树冠的形状和体积也就是叶幕的形状和体积。自然生长无中心干的成年树，叶幕与树冠体积并不一致，其枝叶一般集中在树冠表面，叶幕往往仅限冠表较薄的一层，多呈弯月形叶幕。具中心干的成年树，多呈圆头形；老年多呈钟形叶幕。具体依树种而异。成林栽植树的叶幕，顶部呈平面形或立体波浪形。为结合花、果生产的树木，多经人工整剪使其充分利用光能，或为避开架空线的行道树，常见有杯状整形的杯状叶幕如桃树和架空线下的悬铃木、槐等；用层状整形的，就形成分层形叶幕；按圆头形整的呈圆头形、半圆形叶幕。

藤木叶幕随攀附的构筑物体形而异。落叶树木叶幕在年周期中有明显的季节变化。其叶幕的形成规律也是初期慢、中期快、后期又慢，即按"慢-快-慢"这种"S"形动态曲线式过程而形成。叶幕形成的速度与强度，因树种和品种、环境条件和栽培技术的不同而不同。一般幼龄树，长势强，或以抽生长枝为主的树种或品种，其叶幕形成时期较长，出现高峰晚；树势弱、年龄大或短枝型品种，其叶幕形成与其高峰到来早。如桃以抽长枝为主，叶幕高峰形成较晚。其树冠叶面积增长最快是在长枝旺长之后；而梨和苹果的成年树以短枝为主，其树冠叶面积增长最快是在短枝停长期，故其叶幕形成早，高峰出现也早。

落叶树木的叶幕，从春天发叶到秋季落叶，大致能保持5～10个月的生活期；而常绿树木，由于叶片的生存期长，多半可达一年以上，而且老叶多在新叶形成之后逐渐脱落，故其叶幕比较稳定。对于为花果生产的落叶树木来说，较理想的叶面积生长动态，以前期增长快，后期适合的叶面积保持期长，并要防止过早下降。

2.4 花的形成与开花

2.4.1 花芽的分化

花在园林树木观赏中具有很重要的地位，要达到花繁、果丰的目标，或在绿化中促进花期提前或采取抑制手段拖延花期，都需要首先了解树木花芽的分化规律及特点。对于园林绿化来说，掌握花芽分化的规律，促进花、果类树木的花芽形成和提高花芽分化质量，是满足花期景观效果的主要基础，对增加园林美化效果具有很重要的意义。

植物的生长点既可以分化为叶芽，也可以分化为花芽。这种生长点是由叶芽状态开始向花芽状态转变的过程，称为"花芽分化"。也有指包括花芽形成全过程，即从生长点顶端变得平坦，四周下陷开始起，逐渐分化为萼片、花瓣、雄蕊、雌蕊以及整个花蕾或花序原始体的全过程，称为"花芽形成"。由叶芽生长点的细胞组织形态转变为花芽生长点的组织形态过程，称为"形态分化"。在出现形态分化之前，生长点内部由叶芽的生理状态（代谢方式）转向形成花芽的"生理状态"（用解剖方法观察不到）的过程称为生理分化。因此，树木花芽分化概念有狭义和广义之说，狭义的花芽分化是指形态分化；广义的花芽分化，包括生理分化、形态分化、花器的形成与完善直至性细胞的形成。

2.4.1.1 花芽分化的过程

花芽分化一般分为生理分化期、形态分化期和性细胞形成期 3 个分化期，由于树种遗传特性不同，因此树种间的花芽分化时期具有很大差异。

(1) 生理分化期 此时期是芽内生长点的叶芽生理状态向分化花芽的生理状态变化的过程，这是花芽能否得以分化的关键时期，此时植物体内各种营养物质的积累状况、内源激素的比例状况等方面的调节都已为形成花芽做好准备。据研究，生理分化期在形态分化期前 1～7 周。由于生理分化期是花芽分化的关键时期，且又难以确定，故以形态分化期为依据，称生理分化期为分化临界期。

(2) 花芽形态分化期 此时期是花芽分化具有形态变化发育的时期。形态分化期的长短取决于树种、分化类型等因素。这个时期，根据花或花序的各个器官原始体形成划分为以下 5 个时期：

① 分化初期 是芽内生长点由叶芽形态转向花芽形态的最初阶段，往往因树种不同而稍有不同。一般是由芽内突起的生长点逐渐肥厚变形，顶端高起形成半球形状，四周下陷，从形态上和叶芽生长点有着明显区别，从细胞组织形态上改变了芽的发育方向，是判断花芽分化的形态标志，利用解剖方法可以确定。但此时花芽分化不稳定，如果内外条件不具备，可能会出现可逆变化，退回叶芽状态。

② 萼片形成期 下陷四周产生突起物，形成萼片原始体，到此阶段才可以肯定为花芽，以后的发展是不可逆的发展。

③ 花瓣形成期 在萼片原始体内侧产生突出体，即为花瓣原始体。

④ 雄蕊形成期 在花瓣原始体内侧产生的突起物即为雄蕊原始体。

⑤ 雌蕊形成期 在花瓣原始体的中心底部产生的突起物，即为雌蕊原始体。

(3) 性细胞形成期 当年进行一次或多次花芽分化并开花的树木，花芽的性细胞都在年内较高温度的时期形成。夏秋分化型的树木经过夏秋花芽分化后，经冬春一定时期的低温（温带树种 0～10℃，暖温带树种 5～15℃）累积条件，形成花器并进一步分化完善，随着第二年春季气温逐渐升高，直到开花前，整个性细胞形成才完成。此时，性细胞器官的形成受树体营养状况影响，条件差会发生退化，影响花芽质量，引起大量落花落果。因此，在花前和花后及时追肥灌水，对提高坐果率有一定影响。

2.4.1.2 花芽分化的类型

花芽分化开始时期和延续时间的长短，对环境条件的要求，因树种与品种、地区、年龄等的不同而不同。根据不同树种花芽分化的特点，花芽分化的类型可以分为以下 4 种。

(1) 夏秋分化型 绝大多数早春和春夏之间开花的观花树木，它们都是于前一年夏秋（6～8 月）间开始分化花芽，并延迟至 9～10 月间完成花器分化的主要部分。如海棠、榆叶梅、樱花、迎春、连翘、紫藤、泡桐、丁香、牡丹等，以及常绿树种中的枇杷、杨梅、杜鹃等。但也有些树种，如板栗、柿子分化较晚，在秋天只能形成花原始体，需要延续更长的时间才能完成花器分化。

(2) 冬春分化型 原产于暖地的某些树种，一般秋梢停止生长后，至第二年春季萌芽前，即于当年 11 月至次年 4 月间，花芽逐渐分化与形成，如龙眼、荔枝等。柑橘类的橘、柑、柚等一般从 12 月至次年春天分化花芽，其分化时间较短，并连续进行。此类型中，有些延迟到年初才开始分化，而在冬季较寒冷的地区，如浙江、四川等地有提前分化的趋势。

(3) 当年分化型 许多夏秋开花的树木，都是在当年新梢上形成花芽并开花，不需要经过低温，如木槿、紫薇、珍珠梅、荆条等。

(4) 多次分化型 在一年中能多次抽梢，每抽一次梢就分化一次花芽并开花的树木，如月季、四季橘、西洋梨中的三季梨等。此类树木中，春季第一次开花的花芽有些可能是去年形成的，各次分化交错发生，没有明显的停止期。

此外，还有不定期分化型，原产于热带的乔性草本植物，如香蕉、番木瓜等。香蕉花芽分化需展叶后，达到一定数量的叶片才能进行。

2.4.1.3 影响树木花芽分化的因素

花芽分化受树木本身遗传特性、生理活动及各个器官之间关系的影响，各种因素都有可能抑制花芽分化。

(1) 影响花芽分化的内因

① 花芽分化的基本内在条件 芽内生长点细胞必须处于分裂又不过旺的状态。形成顶花芽的新梢必须处于停止加长生长或处于缓慢生长状态，才能进入花芽的生理分化状态；而形成腋花芽的枝条必须处于缓慢生长状态，即在生理分化状态下生长点细胞不仅进行一系列的生理生化变化，还必须进行活跃的细胞分裂才能形成结构上完全不同的新的细胞组织，即花原基。正在进行旺盛生长的新梢或已进入休眠的芽是不能进行花芽分化的。

营养物质的供应是花芽形成的物质基础。由简单的叶芽转变为复杂的花芽，需有比建成叶芽更丰富的结构物质，以及在花芽形态建成中所需的能源、能量储藏和转化物质。近百年来，不同学者提出了以下几种学说：碳氮比学说认为细胞中氮的含量占优势，促进生长，碳水化合物稍占优势时有利于花芽分化；细胞液浓度学说认为细胞分生组织进行分裂的同时，细胞液的浓度增高，才能形成花芽；氮代谢的方向学说认为氮的代谢转向蛋白质合成时，才能形成花芽；成花激素学说认为叶中制造某种成花物质，输送到芽中使花芽分化。究竟是什么成花物质，至今尚未明确，有人认为它是一种激素，是花芽形成的关键，有的则认为是多种激素水平的综合影响。

内源激素的调节是花芽形成的前提。花芽分化需要激素启动与促进，与花芽分化相适应的营养物质积累等也直接或间接与激素有关，如内源激素中的生长素（IAA）、赤霉素（GA）、细胞分裂素（CTK）、脱落酸（ABA）和乙烯（ethylene）等，还有在树体内进行物质调节和转化的酶类。

遗传物质是花芽分化的关键。在花芽分化中起决定作用的脱氧核糖核酸（DNA）和核糖核酸（RNA），影响芽的代谢方式和发育的方向。

② 树木各器官对花芽分化的影响

a. 枝叶生长与花芽分化。枝叶的营养生长对花芽分化的影响在不同的时期不相同，既有抑制分化的时候，也有促进分化的时候。叶片是植物有机物质的加工厂，叶量的多少对树体内有机营养物质的积累起着非常重要的作用，能够影响花芽分化。只有生长健壮的枝条，才能扩大叶面积，制造足够的有机营养物质，奠定形成花芽的物质基础；否则比叶芽复杂的花芽分化就不可能完成。国内外的研究结果一致认为，绝大多数树种的花芽分化都是在新梢生长趋于缓和或停止生长后开始的。这是由于新梢停止生长前后，树体的有机物开始由生长消耗为主转为生产积累占优势，给花芽分化提供了有利条件。如果树木的枝叶仍处于旺盛的营养生长之中，有机物质仍处于消耗过程或积累很少，即使处在花芽分化期，由于树体有机物质的不足，同样无法进行花芽分化。由此可见，枝条在营养生长中消耗营养物质，这种消耗促进枝叶量的增加，也是对花芽分化的投资，只有扩大枝条空间，才能扩大叶面积，促进光合生产和有机物质的积累，促进花芽分化，增加花芽分化的数量；但消耗过量，始终满足不了花芽分化的物质条件，从而抑制花芽分化。同时，枝叶生长的过程中除了对营养物质消耗外，还通过内源激素对花芽分化产生影响。新梢顶端（茎尖）是生长素的主要合成部位。生长素不断地刺激生长点分化幼叶，并通过加强呼吸、促进节间伸长和输导组织的分化；幼叶是赤霉素的主要合成部位之一，赤霉素刺激生长素活化，与生长素共同促进节间生长，加速淀粉分解，为新生长提供充足营养，这种作用不断消耗营养物质，影响了营养物质积累，抑制花芽分化。成熟叶片产生脱落酸对赤霉素产生拮抗作用，导致生长素和赤霉素的水平降低，并抑制淀粉酶生成。促进淀粉合成、积累，有利于枝梢充实、根系生长和花芽分化。随着老熟叶片量的增加，脱落酸的作用增加，新梢、幼叶停止生长、分化，营养物质进一步积累，花芽分化才能进行。总之，良好的枝叶生长能为花芽分化打下坚实的物质基础，如果没有这个基础，花芽分化的质与量都会受到影响。

b. 根系生长与花芽分化。根系生长（尤其是吸收根的生长）与花芽分化有明显的正相关。这一现象与根系在生长过程中吸收水分、养分量加大有关，也与其合成蛋白质和细胞分裂素有关系。茎尖虽也能合成细胞分裂素，但少于吸收根。当枝叶量处于最大量时，也是光合作用、蒸腾作用最强的时候，根系只有不断生长，才有利于树体蒸腾，促进光合作用，有利于营养物质积累，有利于花芽分化。细胞分裂素大量合成也是花芽分化的物质基础。

c. 花、果与花芽分化。花、果是树的生殖器官，也是消耗器官，在开花中和幼果生长过程中消耗树体生产、积累的营养物质。幼果具有很强的竞争力，在生长过程中，对附近新梢的生长、根系的生长都有抑制作用，抑制营养物质的积累和花芽分化。幼果种胚在生长阶段产生大量的赤霉素、生长素促进果实生长，抑制花芽分化；而到果实采收前一段时间（1～3周），种胚停止发育，生长素与赤霉素水平下降，果实的竞争能力下降，使花芽分化形成高峰期。

d. 总之，枝、叶、花、果、根在生长期中的不同状况综合对花芽分化产生影响。枝、叶、花、果均在生长过程中时，对花芽分化产生抑制，而当新梢停长，叶面积形成后，则起促进作用，但对果实仍起抑制作用。此时既要给花芽分化提供物质条件，又要保持果实的生长，必须保持足够的叶量。

(2) 影响花芽分化的外界因素 外界因素随着气候、季节发生变化，并且可以刺激树木内部因素变化，启动有关的开花基因，促使开花基因指导形成有利于花芽分化的基本物质，如特异蛋白质，促使花芽的生理分化和形态分化。

① 光照 光照对树木花芽分化的影响是多方面的，不但可以通过对温度变化的影响，以及对土壤微生物活动的影响，间接地影响花芽分化，而且也通过影响树木光合作用和蒸腾作用，造成树体内有机物质的形成、积累，体内细胞质浓度以及内源激素的平衡发生变化进而影响花芽分化。光对树木花芽分化的影响主要是光量、光照时间和光质等方面。经试验，在绿地里种植的许多绿化树种对光周期变化并不敏感，其表现很迟钝，但都对光照强度要求较高，如苹果、柑橘各为不同日照植物，苹果为长日照植物，柑橘类为短日照植物，但都对光照强度要求较高，苹果在花芽分化期如遇 10 天以上的阴雨天，即会降低分化率；温州蜜橘从当年 12 月 1 日到第二年树体 3 月 17 日用草帘覆盖遮阳，花芽仅为对照的 1/2。一些松树和柏树对光也有一定量的要求，葡萄在强光下有较大量的花芽分化。

② 温度 温度是树木进行光合作用、蒸腾作用、根系的吸收、内源激素的合成和活化等一系列生理活动过程中关键的影响因素，并以此间接影响花芽分化。苹果花芽开始分化期的平均温度大约在 20℃，分化盛期在 6～9 月，平均温度稳定在 20℃ 以上，最适宜温度在 22～30℃ 之间。在秋季，温度降到 10～20℃ 时，分化减缓，而当气温降到 10℃ 以下时，分化停滞。葡萄花芽分化受温度影响，主要表现在芽内分化的花数与叶芽状态转向花芽状态的前 3 周温度高低有关，13℃ 时少量分化，30～35℃ 时分化增到很大的量。

一些林木树种如水青冈、松属、落叶松属和黄杉属等的花芽分化都与夏天温度的升高呈正相关。夏秋进行花芽分化的花木如杜鹃、山茶、桃、樱花、紫藤等在 6～9 月份较高的气温下完成花芽分化，而冬春进行花芽分化的树木如柑橘类、油橄榄等热带树种，则需要在有较低生活温度条件下进行花芽分化，如油橄榄要求冬季低温在 7℃ 以下，否则较难成花。

③ 水分 水分是植物体生长、生理活动中不可缺少的因素。但是，无论哪种树木花芽分化期的水分过多，均不利于花芽分化。适度干旱有利于树木花芽形成，如在新梢生长季对梅花适当减少灌水，能使新梢停长，花芽密集，甚至枝条下部也能成花。因此控制对植物的水分供给，尤其是在花芽分化临界期前，短期适度控制水分（60% 左右的田间水量），可达到控制营养生长、促进花芽分化的作用，这是园林绿化中经常采用的一种促花的手段。对于这种控制水分促进成花的原因有不同的解释：有人认为在花芽分化时期进行控水，抑制新梢的生长，使其停长或不徒长，有利于树体营养物质的积累，促成花芽分化；有的认为适度缺水，造成生长点细胞液浓度提高而有利于成花；也有人认为，缺水能增加氨基酸，尤其是精氨酸的含量，有利于成花。水多可提高植物体内氮的含量，不利于成花。缺水除了以上作用外，也会影响内源激素的平衡，在缺水植物中，体内脱落酸含量较高，有抑制赤霉素和淀粉酶的作用，促进淀粉累积，有利于成花。

④ 养分 不同矿质养分对树木的生长发育有不同影响。施用大量氮素对花原基的发育具有强烈影响。

树木缺乏氮素时，限制叶组织的生长，同样不利于成花诱导。氮肥对有些树木雌花、雄花比例有影响，如能促进各种松和一些被子植物的树种形成雌花，但对松树雄花发育的影响小，甚至有副作用。施用不同形态的氮素会产生不同效果，如铵态氮（如硫酸铵）施予苹果树，花芽分化数量多于硝态氮。而对于北美黄杉，硝态氮可促进成花，铵态氮则对成花没有影响。虽然氮的效果被广泛肯定，但其在花芽分化中的确切作用目前没有真正弄清楚。关于施氮的最适时间、与其他元素最佳配比还有待于深入研究。

磷对树木成花作用因树种而异，苹果施磷肥后增加成花，而对樱桃、梨、桃、李、杜鹃等无反应。在成花中，磷与氮一样，产生什么样的作用很难确定。缺铜可使苹果、梨的成花量减少，苹果枝条灰分中钙的含量与成花量呈正相关，钙、镁的缺乏造成柳杉成花不足。总之，大多数元素相当缺乏时，不利于成花。可以肯定，营养物质在树体内相互作用对成花也很重要。

⑤ 栽培技术对花芽分化的影响　在栽培中，采取综合措施（如挖大穴、用大苗、施大肥）促水平根系发展，扩大树冠，加速养分积累。然后采取转化措施（开张角度或挖平，行环剥）促其早成花，搞好周年管理，加强肥水，防治病虫，合理疏花、疏果来调节养分分配，减少消耗，使树体形成足够的花芽。另外，也可利用矮化砧木和生长延缓剂来促进成花。

2.4.1.4　花芽分化的特点

树木的花芽分化虽因树种类别而有很大的差别，但各种树木在花芽分化期都有以下特点。

(1) 分化临界期　各种树木从生长点转为花芽形态分化之前，必然都有一个生理分化阶段。在此阶段，生长点细胞原生质对内外因素有高度的敏感性，处于易改变的不稳定时期。因此，生理分化期也称花芽分化临界期，是花芽分化的关键时期。花芽分化临界期因树种、品种而异，如苹果于花后 2～5 周，柑橘于果熟采收前后。

(2) 花芽分化的长期性　大多数树木的花芽分化，以全树而论是分期分批陆续进行的，这与各生长点在树体各部位枝上所处的内外条件和营养生长停止时间有密切关系。不同的品种间差别也很大。有的从 5 月中旬开始生理分化，到 8 月下旬为分化盛期，到 12 月初仍有 10%～20% 的芽处于分化初期态，甚至到翌年 2～3 月间还有 5% 左右的芽仍处在分化初期状态。这种现象说明，树木在落叶后，在暖温带可以利用储藏养分进行花芽分化，因而分化是长期的。

(3) 花芽分化的相对集中性和相对稳定性　各种树木花芽分化的开始期和盛期（相对集中期）在不同年份有差别，但并不悬殊。以果树为例，苹果在 6～9 月份，桃在 7～8 月份，柑橘在 12 月至次年 2 月份。花芽分化的相对集中性和相对稳定性与稳定的气候条件和物候期有密切关系。多数树木是在新梢（春、夏、秋梢）停长后，为花芽分化高峰。

(4) 形成花芽所需时间因树种和品种而异　从生理分化到雌蕊形成所需时间，因树种、品种而不同。苹果需 1.5～4 个月，甜橙需 4 个月，芦柑需半个月。梅花的形态分化从 7 月上中旬至 8 月下旬花瓣形成；牡丹 6 月下旬至 8 月中旬为分化期。

(5) 花芽分化早晚因条件而异　树木花芽分化时期不是固定不变的。一般幼树比成年树晚，旺树比弱树晚，同一树上短枝、中长枝及长枝上腋花芽形成依次较晚。一般停长早的枝分化早，但花芽分化多少与枝长短无关。"大年"时新梢停长早，但因结实多，会使花芽分化推迟。

2.4.1.5　控制花芽分化的途径

在了解树木花芽分化规律和条件的基础上，可综合运用各项栽培技术措施与外界环境条件，调节植物体各器官间生长发育关系，来促进或控制植物的花芽分化。如适地适树繁殖技术措施，嫁接与砧木的选择，整形修剪、水肥管理及生长调节剂的使用等。

在利用栽培措施控制花芽分化时须注意以下几个关键问题：要了解树种的开花类别和花芽分化时期及分化特点，确定管理技术措施的使用；抓住花芽分化临界期，适时采取措施控制花芽分化；根据不同类别树木的花芽分化与外界因子的关系，利用满足与控制外界条件来达到控制花芽分化的目的；根据树木不同年龄时期、不同树势、不同枝条生长状况与花芽分化关系采取措施协调花芽的分化；使用生长调节剂来调控花芽分化。

对于任何开花结果的树种，要抓住"分化临界期"这一分化的关键时期，重点加强肥水管理，适当使用生长调节，在全年管护过程中还可通过修剪协调树木长势。生长调节剂种类繁多，对树木生长发育的作用也不同，如赤霉素对苹果、梨、樱桃、杏、葡萄、柑橘、杜鹃等能促进生长、抑制成花；阿拉、矮壮素、乙烯利等能促进苹果成花，阿拉、矮壮素还可促进柑橘、梨和杜鹃成花。

2.4.2 树木的开花

当花中的雄蕊和雌蕊发育成熟，或两者之一达到成熟，花萼、花冠展开，露出雌、雄蕊，这一现象称为"开花"。在园林生产实践中，"开花"的概念有着更广泛的含义。例如，裸子植物的孢子球"球花"和某些观赏植物的有色苞片或叶片的展现，都称为"开花"。开花是大多数有花植物性成熟的标志，也是大多数树种成年树体年年出现的重要物候现象。许多被子植物的乔木、灌木、藤木的花都有很高的观赏价值，在每年一定季节中发挥着很好的园林观赏效果。树木花开得好坏，直接关系到园林种植设计美化的效果。了解开花的规律，对提高树木观赏效果及花期的养护技术有很重要的意义。

2.4.2.1 树木的开花习性

树木开花的习性是植物在长期生长发育过程中形成的一种比较稳定的习性。从内在因素方面看，开花习性在很大程度上由花序结构决定，此外花芽分化程度上的差异也对开花习性产生影响。在园林绿化中，利用开花习性可提高绿地的景观效果。

(1) 开花的顺序性

① 不同树种的开花时期。供观花的园林树木种类很多，由于受其遗传性和环境的影响，在一个地区内一般都有比较稳定的开花时期。除在特殊小气候环境外，同一地区各种树木每年开花期相互之间有一定的顺序性。如在南京地区的树木，一般每年按下列顺序开放：梅花、柳树、杨树、玉兰、樱花、桃树、紫荆、紫藤、刺槐、合欢、梧桐、木槿、槐树等。

② 同一树种不同品种开花时间早晚不同。在同一地区，同一树种不同品种间开花有一定的顺序性。例如，南京地区的梅花不同品种间的开花顺序可相差 1 个月左右的时间。凡品种较多的花木，按花期都可分为早花、中花、晚花 3 类。

③ 雌雄同株和雌雄异株树木花的开放。雌、雄花既有同时开的，也有雌花先开，或雄花先开的。凡长期实生繁殖的树木，如核桃，常有这几种类型混杂的现象。

④ 同株树不同部位枝条花序的开放。同一树体上不同部位枝条开花早晚不同，一般短花枝先开放，长花枝和腋花芽后开。向阳面比背阴面的外围枝先开。同一花序开花早晚也不同。具伞形总状花序的苹果，其顶花先开；而具伞房花序的梨，则基部边花先开；柔荑花序于基部先开。

(2) 开花的类别

① 先花后叶类　此类树木在春季萌动前已完成花器分化，花芽萌动不久即开花，先开花后长叶，如银芽柳、迎春、连翘、紫荆、日本晚樱等。

② 花叶同放类　此类树木花器也是在萌动前完成分化。开花和展叶几乎同时进行，如先花后叶类中榆叶梅、桃与紫藤中的某些开花较晚的品种与类型。此外，多数能在短枝上形成混合芽的树种也属此类，如苹果、海棠、核桃等。混合芽虽先抽枝展叶而后开花，但多数短枝抽生时间短，很快见花，此类开花较前类稍晚。

③ 先叶后花类　此类树木如葡萄、柿子、枣等，是由上一年形成的混合芽抽生相当长的新梢，于新梢上开花。加上萌芽要求的气温高，故萌芽晚，开花也晚。先叶后花类中，多数树木的花器是在当年生长的新梢上形成并完成分化的，一般在夏秋开花，属开花最迟的一类。如木槿、紫薇、凌霄、槐、桂花、荆条等。有些能延迟到初冬，如枇杷、油茶、茶树等。

(3) 花期延续时间　树木花期长短因类别、地理位置、气候条件不同而异。不同种类和品种的园林树木在同一地区的花期延续时间差别很大。如在南京，开花短的 6~7 天（丁香 6 天，金桂 7 天），长的可达 100~240 天（茉莉开花 110 天，六月雪开花 117 天，月季开花可达 240 天左右）。不同类别树木开花还有季节特点。春季和初夏开花的树木多在前一年的夏季就开始进行花芽分化，于秋冬季或早春完成，到春天一旦温度适合就陆续开花，一般花期相对短而整齐；夏秋开花者多在多年生枝上分化花芽，分化有早有晚，开花也就不一致，加上个体间差异大，因而花期较长。

同种树因树体营养、环境而异。青壮年树比衰老树的开花期长而整齐。树体营养状况好，开花延续时间长。在不同小气候条件下，开花期长短不同，树荫下、大树北面、楼北条件下的花期长。开花期因天气状况而异，花期遇冷凉潮湿天气可以延长，而遇到干旱高温天气则缩短。开花期也因海拔高度而异，高山地区随着地势增高花期延长，这与海拔增高、气温下降有关。如在高山地带，苹果花期可达1个月。

（4）每年开花次数 因树种与品种而异，多数树种每年只开一次花，但有些树种或栽培品种一年内有多次开花的习性，如茉莉花、月季、四季桂、佛手、柠檬、葡萄等。而热带植物中有些种类几乎终年开花，如可可、桉树、柠檬等。

原产于温带和亚热带地区的绝大多数树种一年只开一次花，但有时能发生再次开花的现象，常见的有桃、杏、连翘等，偶见玉兰、紫藤等。树木再次开花有两种情况：一种是花芽发育不完全或因树体营养不足，部分花芽延迟到春末夏初才开，这种现象时常发生在梨或苹果某些品种的老树上；另一种是秋季发生再次开花现象，这是典型的再度开花。为与一年两次开花习性相区别，用"再度开花"这个术语是比较确切的。这种一年再度开花现象，既可能由"不良条件"引起，也可能由"条件的改善"而引起，还可能由这两种条件的交替变化引起。

树木再度开花，对一般园林树木影响不大，有时候还可加以利用。此类现象多用在国庆花坛摆放上，人为措施将所需花木如碧桃、连翘、榆叶梅、丁香等在8月底9月初摘去全树叶片，并追施肥水，到国庆节时即可成花。但由于花芽分化不一致，再度开花不及春季开花繁茂。园林绿化中种植的花木不宜出现这种现象，一是树木的物候变化是反映景观动态的主要因素，再度开花不能反映植物真正的景观效果；二是再度开花提前萌发了来年的花芽，造成树体营养大量消耗，又往往不能结果（果实不能成熟或果实品质差），并不利于越冬，因而会大大影响第二年树木开花的数量和效果。因此，树木养护时要采取预防病虫、排涝、防旱的措施。

2.4.2.2 开花与温度的关系

开花期出现时间的早晚，因树种、品种和环境条件而异，特别与气温有密切关系，各种树木开花的适宜温度不同。桃开花期的日平均温度为10.3℃，苹果与樱桃为11.4～11.8℃，枇杷为13.3℃，油茶为11～17℃，柑橘为17℃左右。但是开花与日平均温度的关系只是影响植物开花早晚的一个方面。越来越多的研究证明，从芽膨大到始花期间的生物学有效积温是开花的重要指标。例如，在吉林延边地区，苹果、梨的生物学零度为6℃，此期间的有效积温为99.4～117.6℃，即从芽膨大开始要积累100～118℃的有效积温，苹果、梨才能开花。在河北昌黎地区，葡萄的生物学零度为10℃，玫瑰香葡萄品种从萌芽到始花的有效积温为297.1℃，龙眼品种为334.9℃，天气越暖，达到相应的有效积温日数越短，越能提前开花。

由于花期迟早与温度有密切关系，因此任何引起温度变化的地理因素或小气候条件都会导致花期的提前或推后。

2.5 果实的生长发育

树木果实是园林绿地树木美化中的一个重要器官，通常利用果的奇（奇特、奇趣）、丰（丰收效果）、巨（巨型）、色（艳丽）以提高树木的观赏价值。在树木养护中，需要掌握果实的生长发育规律，通过一定的栽植养护措施，才能达到所需的景观效果。

2.5.1　授粉和受精

树木开花后，花药开裂，成熟的花粉通过媒介到达雌蕊柱头上的过程称为授粉，花粉萌发形成花粉管伸入胚囊，精子和卵子结合过程称为受精。影响树木授粉、受精主要有以下几个因素。

2.5.1.1　授粉媒介

木本植物中有很多是风媒花，靠风将花粉从雄花传送到雌花柱头上，如松柏类、杨柳科、壳斗科、桦木、悬铃木、核桃、榆树等。有的是虫媒花，靠昆虫将花的花粉传送到雌花柱头上，如大多数花木及果树、泡桐、油桐、椴树、白蜡树等。树木授粉的媒介并非绝对风媒或虫媒。有些虫媒花树木也可以借风力传播，有些风媒花树开花时，昆虫的光顾也可起到授粉作用。

2.5.1.2　授粉选择

树木在自然生存中，对授粉有不同的适应性。同一朵花或同一植株（同一无性系树木）的雄蕊花粉落到雌蕊柱头上，称为"自花授粉"。通过"自花授粉"并结果实的称为"自花结实"，自花授粉结实后无种子称为"自花不育"。大多数蝶形花科植物，如桃、杏的品种，部分李、樱桃品种和具有完全花的葡萄等都是"自花授粉"树种。不同植株间的传粉称为"异花授粉"，异花授粉的树木有雌雄异株授粉的杨、柳、银杏等；有雌雄异熟的核桃、柑橘、油梨、荔枝等，雄蕊、雌蕊成熟的早晚不同，有利于异花授粉；雌蕊、雄蕊不等长，影响自花授粉和结实，多为异花授粉；雄蕊柱头对花粉的选择也影响传粉。

2.5.1.3　树体营养状况、环境条件对授粉受精的影响

树体营养是影响授粉受精的主要内因，氮素不足会导致花粉管生长缓慢；硼对花粉萌发和受精有作用，有利于花粉管伸长；钙有利于花粉管的生长；磷能提高坐果率。花期中喷施磷、氮、硼肥有利于授粉受精。

环境状况变化影响树木授粉受精的质量。温度是影响授粉的重要因素。不同树种授粉最适宜的温度不同，苹果 10～25℃，葡萄要求在 20℃以上。温度不足，花粉管伸长慢，甚至花粉管未到珠心时胚囊已失去功能，不利于受精。过低温度能使花粉、胚囊冻死。如低温期过长，会造成开花慢而叶生长加快，因而消耗过多养分不利于胚囊的发育与受精；而且低温也不利于昆虫授粉，一般蜜蜂活动需要 15℃以上的温度。

阴雨潮湿不利于传粉，花粉不易散发，并极易失去活力。雨水还会冲掉柱头上的黏液；微风有利于风媒花传粉，大风使柱头干燥蒙尘，花粉难以发芽，而且大风影响昆虫的授粉活动。

2.5.2　坐果与落果

经过授粉受精后，雌花的子房膨大发育成果实，在生产上称为坐果。发育的子房在授粉受精后，才能促使子房内形成激素后继续生长，花粉中含有少量生长素，如赤霉素和芸苔素（类似赤霉素的物质），花粉管在花柱中伸出时，促进形成激素的酶系统活化，而且受精后的胚乳，也能合成生长素、赤霉素。子房中激素含量高，有利于调运营养物质并促进基因活化，有利于坐果。但授粉受精后，并不是所有树木都能坐果结实。事实上，坐果数比开花数要少得多，能最终成熟的果实则更少。原因是开花后，一部分未能授粉、受精的花脱落了，另一部分虽已经授粉、受精，但因营养不良或其他原因产生脱落，这种现象称为"落花落果"。

树木落花落果的原因很多，一是花器在结构上有缺陷，如雌蕊发育不全，胚珠退化；二是树体营养状况不良，果实激素含量不足；三是气候变化，如土壤干旱，温度过高或过低，光照不足；四是病虫害对果实的伤害等都会导致落花落果，影响果实成熟期的观赏效果。此外，果实间的挤压，大风、暴雨、冰雹也是造成落果的因素。

2.5.3　防止落花落果的措施

对于观果树木来说，果量不足，就达不到所需的景观效果，故在栽植养护中需要有针对性地采取措

施，提高坐果率。

（1）**加强土、肥、水管理及树木管理与养护，改善树体营养状况**　加强土、肥、水管理，促进树木的光合生产，提高树体营养物质的积累，提高花芽质量，有利于受精坐果。由于树体营养不良，如能分期追肥，合理浇水，可以明显减少落果。

加强树体管理，通过合理修剪，调整树木营养生长与生殖生长的关系，使叶、果保持一定比例，调节树冠通风透光条件，新梢生长量过大时，可及时通过处理副梢、摘心控制营养生长，减少营养消耗，提高坐果率。

（2）**创造授粉、坐果的条件**　授粉、受精不良是落花、落果的主要原因之一，因此应创造良好的授粉条件，提高坐果率。异花授粉的园林树木，可适当布置授粉树，在适当的地段还可放蜂帮助授粉；在天气干旱的花期里，可以通过喷水提高坐果率。如河北省枣农在花期里，给枣树早晨、傍晚喷清水，能增产 14.5%。

有些树木出现落花落果的原因是营养生长过旺，新梢营养生长消耗大，导致坐果时营养不足而落果，可以利用环剥、刻伤的方法调节树体营养状况，一般操作在花前或花期中进行，如枣、柿树等通过环剥和刻伤，分别提高坐果率 50%～70% 和 100% 左右。

2.6　园林植物各器官生长发育的相关性

树木是结构与功能均较复杂和完善的有机体，是在与外界环境进行不断斗争中生存和发展的。树木自身各部分之间以及生长发育的各阶段或过程之间，既存在相互联系、相互依赖、相互调节的关系，也存在相互制约、相互对立的关系。这种相互对立与统一的关系，就构成了树木生长发育的整体性。研究树木的整体性，有助于更全面、综合地认识树木生长发育的规律，以指导生产实践。园林树木生长发育的整体性，主要表现在植物的一部分器官会对另一部分器官的生长发育起到调节效果，这种关系被称为相关效应或相关性。相关性的出现，主要是由于树木体内营养物质的供求关系和激素等调节物质的作用。相关性一般表现在相互抑制或相互促进两个方面。最普遍的相关性现象，包括地上部分与地下部分、营养生长与生殖生长、各器官之间的相关性等。

2.6.1　地上部分与地下部分的相关性

在正常情况下，树木地上部分与地下部分之间为一种相互促进、相互协调的关系。以水分、营养物质和激素的双向供求为纽带，将两部分有机地联系起来。因此，地上部分与地下部分之间，必须保持良好的协调和平衡关系，才能确保整个植株的健康发育。人们常说的"根深叶茂""根靠叶养，叶靠根长"等俗语就精练地概括了树木地上部分与地下部分之间密切的相关性。树木的地上部分与地下部分表现出很好的协调性，如许多树木根系的旺盛生长时间与枝、叶的旺盛生长期相互错开，根在早春季节，比地上部分先萌动生长，有的树木的根还能在夜间生长，这样就缓和了其在水分、养分方面的供求矛盾。在生长量上，树冠与根系也常保持一定的比例，不少树木的根系分布范围与树冠基本一致，但根系的垂直伸长一般小于树高；有些树种幼苗的苗高，常与主根长度呈线性相关。总之，保持或恢复地上部分与地下部分之间养分与水分的正常平衡，树木才能正常生活和生长发育。所以，在移栽树木时，若对根系损伤太大，树木吸收能力显著下降，则必须对地上部分进行重修剪；反之可轻剪或不剪，以保持原有树形和尽快发挥观赏效果。

2.6.2　各器官的相关性

（1）**顶芽与侧芽**　幼树、青年树木的顶芽通常生长较旺，侧芽相对较弱和生长缓慢，表现出明显的顶端优势。除去顶芽，则优势位置下移，促进较多的侧芽萌发，有利于扩大树冠；去掉侧芽则可保持顶端优势。生产实践中，可根据不同的栽培目的，利用修剪措施来调控树势和树形。

（2）**根端与侧根** 根的顶端生长对侧根的形成有抑制作用。切断主根先端，有利于促进侧根生长；切断侧根，可多发侧生须根，对实生苗多次移植，有利于出圃后的移栽成活，就是这个道理。对壮老龄树深翻改土，切断一些一定粗度的固着根，有利于促发须根、吸收根，以增强树势、更新复壮。

（3）**果与枝** 正在发育的果实争夺养分较多，对营养枝的生长、花芽分化有抑制作用。其作用范围虽有一定的局限性，但如果结实过多，就会对全树的长势和花芽分化起抑制作用，并出现开花结实的"大小年"现象。其中，种子所产生的激素抑制附近枝条的花芽分化更为明显。

（4）**树高与直径** 通常树木树干直径的开始生长时间落后于树高生长，但生长期较树高生长期要长。一些树木的加高生长与加粗生长能相互促进，但由于顶端优势的影响，往往加高生长或多或少会抑制加粗生长。

（5）**营养器官与生殖器官** 营养器官与生殖器官的形成都需要光合产物，而生殖器官所需的营养物质由营养器官所供给。扩大营养器官的健壮生长是达到多开花、多结实的前提，但营养器官的扩大本身也要消耗大量养分，因此常与生殖器官的生长发育出现养分的竞争。这两者在养分供求上，表现出十分复杂的关系。

利用树木各部分的相关现象可以调节树体的生长发育，但必须注意，树木各部分的相关现象是随条件而变化的，即在一定条件下是起促进作用的，而超出一定范围后就有可能变成相互抑制了，如茎叶徒长时，就会抑制根系的生长。所以利用相关性来调节树木的生长发育时，必须根据具体情况灵活掌握。

2.6.3 营养生长与生殖生长的相关性

这种相关性主要表现在枝叶生长、果实发育和花芽分化与产量之间的相关性上。这是因为树木的营养器官和生殖器官虽然在生理功能上有区别，但它们形成时都需要大量的光合产物。生殖器官所需要的营养物质是营养器官供应的，所以生殖器官的正常生长发育是与营养器官的正常生长发育密切相关的。生殖器官的正常生长发育表现在花芽分化的数量、质量以及花、果的数量和质量上；而营养器官的正常生长发育表现在树体的增长状况，如树木的增高、干周的加粗、新梢的生长量以及枝叶的增加等。通过观察证明，在一定限度内，树体的增长与花果的产量是呈正相关的。

因此，良好的营养生长是生殖器官正常发育的基础。树木营养器官的发达是开花结实丰盛、稳定的前提，但营养器官的扩大，本身也要消耗大量养分，因此常出现两类器官竞争养分的矛盾。

枝条生长过弱或过旺或停止生长晚，均会造成树木营养积累不足，运往生殖器官的养分减少，导致果实发育不良，或造成落花落果，或影响花芽分化。一切不良的气候、土壤条件和不当的栽培措施，如干旱或长期阴雨、光照不足、施肥灌水不当（时间不适宜或过多过少）、修剪不合理等，都会使树木营养生长不良，进而影响生殖器官的生长发育。反之，开花结实过量，消耗营养过多，也会削弱营养器官的生长，使树体衰弱，影响来年的花芽分化，从而形成开花结果的"大小年"现象。所以在整形修剪中，常在加强肥水管理的基础上，对花芽和叶芽的去留保持适当的比例，以调节两者养分需求的矛盾。由此看来，虽然生殖生长与营养生长偶尔呈正相关，但多数情况下是呈负相关的。

第3章
园林植物的生长发育与环境因子

环境是园林植物生长发育所有外界自然条件的总和，园林植物的生长发育除受遗传特性影响外，还与各种外界环境因子的综合作用有关。环境因子是构成环境的主要组成部分，而其中对园林植物生长发育过程产生直接影响的环境因子称为主要环境因子，主要环境因子包括土壤因子、水分因子、光照因子、温度因子和空气因子；对园林植物生长发育过程产生间接影响的环境因子可称为其他环境因子，包括地形地势和生物因子等。正是这些复杂多样的因子相互组合共同构成了一个完整的生态环境。

植物生存条件的各个因子并不是孤立的，它们之间既相互联系，又相互制约，各个环境因子对植物的影响也不是等同的，其中总有一个或若干个因子起主导作用。只有掌握环境因子与园林植物生长发育之间的关系，才能根据植物的生长特性创造适宜的环境条件，并制定合理的栽培措施，促进园林植物正常生长发育，达到美化环境、增强观赏价值的目的。

3.1　主要环境因子

3.1.1　光照

光照是植物光合作用赖以生存的必要条件，是植物制造有机物质的能量源泉，没有阳光就没有绿色植物，植物就不能进行光合作用，就不能生长发育。

太阳辐射能按波长顺序排列称为太阳辐射光谱。根据波长区域不同，光可分为可见光和不可见光两部分（图 3-1）。光质（光的组成）指具有不同波长的太阳光的成分。太阳光谱可以分为紫外辐射（ultraviolet，UV<370nm）、可见光或光合有效辐射（PAR，380～770nm），其中有紫光（370～435nm）、蓝光（435～490nm）、绿光（490～575nm）、黄光（575～595nm）、橙光（595～626nm）、红光（626～760nm）、红外辐射（760～800nm）三大部分。

太阳辐射通过大气层而投射到地球表面上的波段，其中被植物色素吸收具有生理活性的波段称为光合

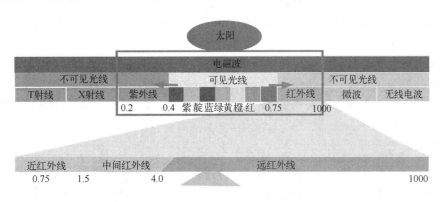

图 3-1　太阳辐射光谱（单位：μm）

有效辐射（photosynthetically active radiation，PAR）。在不受其他环境因子（如温度、水分等）限制的条件下，植被冠层的光合作用一般随着 PAR 的增加而增强。

3.1.1.1　光照强度

光照强度是指单位面积上所接受可见光的能量，简称"照度"，单位为勒克斯（lx）。现在为了适于光合作用研究，采用光合量子通量密度，单位为 $\mu mol /(m \cdot s)$。

光照强度依地理位置、地势高低、云量及雨量等的不同而呈规律性变化。随纬度的增加而减弱，随海拔的升高而增强。1 年之中，以夏季光照最强，冬季光照最弱；1 天之中，以中午光照最强，早晚光照最弱。

(1) 光照强度对园林植物生长的影响　园林植物生长速度与它们的光合作用强度密切相关。光合作用的强度在很大程度上受到光照强度的制约，在其他生态因子都适宜的条件下，光合作用合成的能量物质恰好抵消呼吸作用的消耗时的光照强度称为光补偿点（light compensation point），光补偿点以下，植物便停止生长。如林冠下的植物，有时会因光照不足，叶片和嫩枝枯萎。光照强度超过了补偿点而继续增加时，光合作用的强度就成比例地增加，植物生长随之加快，即长高长粗。但当光照强度增加到一定程度时，光合作用强度的增加就逐渐减缓，最后达到一定限度，不再随光照强度的增加而增加，这时达到了光饱和点（light saturation point），即光合作用的积累物质达到最大。植物生长一般需要 18000～20000lx 的光照强度。

根据不同园林植物对光照强度的反应不同，可将其分为以下 3 类。

① 阳性植物（喜光植物）　此类植物须在较强的光照下才能生长良好，在荫蔽和弱光条件下生长发育不良。多数露地一二年生园林植物及宿根植物、仙人掌科等多浆植物类，松属、柳属、白桦、刺槐、紫薇、臭椿等树木均属此类。

② 阴性植物（喜阴植物）　此类植物不能忍受强烈的直射光线，需在适度荫蔽环境下才能生长良好。如蕨类植物、兰科、苦苣苔科、凤梨科、姜科、天南星科及秋海棠植物，云杉、冷杉、红豆杉等树木均为阴性植物。利用此特性，生产上常常合理密植或适当间套作，以提高产量，改善品质。

③ 中性植物（耐阴植物）　此类植物对光照强度的要求介于上述两者之间，或对日照强度不甚敏感。通常喜欢日光充足的环境，但在稍荫蔽的环境也能正常生长。如萱草、桔梗类等。中性植物又可分为中性偏喜光植物、中性稍耐阴植物和中性耐阴性强的植物。中性偏喜光植物如榆属、朴属、榉属、樱花、枫杨等；中性稍耐阴植物如珍珠梅属、槐树、木荷、圆柏、七叶树、元宝枫、五角枫等；中性耐阴性强的植物如冷杉属、云杉属、建柏属、铁杉属、粗榧属、红豆杉属、椴属、荚蒾属、杜英、八角金盘、常春藤、八仙花、山茶、桃叶珊瑚、枸骨、海桐、忍冬、杜鹃花、棣棠等。

(2) 光照强度与叶色和花色的关系　观叶类园林植物中，有些园林植物的叶片中常呈现出黄、橙、红等多种颜色，有的甚至呈现出色斑，这是由于叶绿体内所含色素物质不同，并在不同的光照条件下所产生的效果。如红桑、红枫、南天竹的叶片在强光下叶黄素合成得多些，而弱光下胡萝卜素合成得多。因此，它们的叶片呈现出由黄到橙再到红的不同颜色。

紫红色的花是由于花青素的存在而形成的，而花青素必须在强光下才能产生，在散射光下不易产生。花青素产生的原因，除受强光照的影响外，还与光的波长和温度有关。光照强度对矮牵牛等园林植物的花色有明显影响，如蓝、白复色的矮牵牛，其蓝色部分和白色部分的比例变化不仅受温度影响，而且与光照强度和光照持续时间有关。

(3) 光照强度与叶片形态特征、生理变化特征的关系　在一定光照强度范围内，增强光照强度有利于植物发育及茎、叶生物量的积累；例如曼陀罗叶片厚度、栅栏组织厚度、海绵组织厚度及气孔密度、气孔指数均随着光照强度的增强而增加。光照强度的差异可使植物叶片发生形态特征和生理生化特征方面的分化，见表 3-1。

3.1.1.2　日照长度

日照长度是指一天之中从日出到日落的太阳照射时间。一年之中不同季节昼夜日照时数不同，这种昼夜长短交替变化的规律称光周期。光周期现象是植物对昼夜光暗循环格局的反应。根据植物对日照长短反应不同，可将园林植物分 3 类。

表 3-1　树木阳生叶与阴生叶的区别

	特征	阳生叶	阴生叶
形态特征	叶片	较厚	较薄
	叶肉层	较多,栅栏组织发达	较少,栅栏组织不发达
	角质层	较厚	较薄
	叶脉	较密	较疏
	气孔分布	较密	较稀
生理生化特征	叶绿素	较少	较多
	可溶性蛋白	较多	较少
	光补偿点、光饱和点	高	低
	光抑制	无	有
	暗呼吸速率	较强	较弱
	RuBP 羧化酶	较多	较少

① 长日照植物（long-day plant）　这类植物在其生长过程中，需要有一段时间每天有较长的光照时数（通常 12～14h 及以上）才能形成花芽开花。在这段时间内，光照时间越长，开花越早，否则不开花或延迟开花。如唐菖蒲、满天星、紫罗兰等。

② 短日照植物（short-day plant）　这类植物在生长过程中，需要一段时间内每天的光照时数在 12h 以下或每日连续黑暗时数在 12h 以上，才能诱导花芽分化，促进开花结实。在较长的日照下不开花或延迟开花。常见的有苍耳、牵牛、菊花等。

③ 日中性植物（intermediate-day length plant）　这类植物经过一段营养生长后，只要其他条件适宜就能开花结实，日照长短对其开花无明显影响。

研究并掌握了园林植物的光周期反应，就可以通过人工控制光照时间来促进或抑制植物的开花、生长和休眠。

3.1.1.3　光质

不同波长的光对植物生长发育的作用不同。植物同化作用吸收最多的是红光，其次为黄光。红光不仅有利于植物碳水化合物的合成，还能加速长日照植物的发育；相反蓝紫光则加速短日照植物发育，并促进蛋白质和有机酸的合成，短波的蓝紫光和紫外线能抑制节间伸长，促进多发侧枝和芽分化，且有助于花色素和维生素的合成。因此，高山及高海拔地区因紫外线较强，所以高山园林植物色彩更加浓艳果色更加艳丽，品质更佳。红外线是不可见光，它是一种热线，被地面吸收后可转变为热能，能提高地温和气温，供园林植物生长发育所需的热量。

3.1.1.4　光的调节

园林植物育苗时，温室内的光照强度调节可以使用遮阳网和电灯补光。目前作为补光的光源有白炽灯（incandescent iamp）、荧光灯（fluorescent lamp）、高压水银荧光灯（high pressure mercury lamp）、高压钠灯（high pressure sodium lamp）等。光照长短的调节可以使用黑布或黑塑料布遮光减少日照时间。用电灯延长日照时间。光质可通过选用不同的温室覆盖物来调节。室外光线调节比较困难，主要通过选择具体位置来满足园林植物对不同光照条件的需要。室内植物也主要通过选择不同的光照条件位置，结合灯光照明灯进行调节。

3.1.2　温度

3.1.2.1　园林植物对温度的要求

温度是影响园林植物生长发育最重要的环境因素之一。各种园林植物对温度都有一定的要求，即最低温度、最适温度及最高温度，称为三基点温度，不同种类的园林植物，由于原产地气候类型不同，因此其三基点温度也不同（表 3-2）。

按对温度需求不同，园林植物可分为 3 类。

表 3-2　常见植物种类的温度三基点

植物种类		最低温度/℃	最适温度/℃	最高温度/℃
草本植物	热带 C₄ 植物	5～7	35～45	50～60
	C₃ 植物	-2～0	20～30	40～50
	温带阳性植物	-2～0	20～30	45～50
	阴性植物	-2～0	10～20	40～45
	景天酸代谢途径(CAM)植物	-2～0	5～15	25～30
木本植物	春天开花植物和高山植物	-7～2	10～20	30～40
	热带和亚热带常绿植物	0～5	25～30	45～50
	干旱地区硬叶乔木和灌木	-5～1	15～35	42～55
	温带冬季落叶乔木	-3～1	15～25	40～45
	常绿针叶乔木	-5～3	10～25	35～42

① 耐寒性植物　一般能耐 0℃ 以下的温度，其中一部分种类能耐 -10～-5℃ 的低温。在我国除高寒地区以外的地带可以露地越冬。绿化树木如落叶松、冷杉等均属此类。

② 半耐寒性植物　耐寒力介于耐寒性与不耐寒性植物之间。

③ 不耐寒性植物　一般不能忍受 0℃ 以下的温度，其中一部分种类甚至不能忍受 5℃ 左右的温度，在这样的温度下则停止生长或死亡。

3.1.2.2　园林植物适宜的温周期

温度并不是一成不变的，而是呈周期性变化，称为温周期。有季节性变化及昼夜变化的节律性。

(1) 温度的年周期变化　我国大部分地区属于温带，春、夏、秋、冬四季分明，一般春、秋季气温在 10～22℃ 之间，夏季平均气温在 25℃，冬季气温在 0～10℃ 之间。对于原产于温带地区的植物，一般表现为春季发芽，夏季旺盛生长，秋季生长缓慢，冬季进入休眠的特性。

(2) 气温日较差　一天之中，最高气温出现在 14～15 时，最低气温出现在日出前后，二者之差称为气温日较差。

植物对温度昼夜变化节律的反应称为温周期现象。气温日较差影响着园林植物的生长发育。白天气温高，有利于植物进行光合作用以及制造有机物；夜间气温低，可减少呼吸消耗，使有机物质的积累加快。因此，气温日较差大则有利于植物的生长发育。为使植物生长迅速，白天温度应在植物光合作用最佳温度范围内，但不同植物适宜的昼夜温差范围不同。通常热带植物昼夜温差应在 3～6℃；温带植物昼夜温差在 5～7℃；而沙漠植物则要相差 10℃ 以上。

3.1.2.3　有效积温

各种园林植物都有其生长的最低温度。当温度高于其下限温度时，它才能生长发育，才能完成其生活周期。通常把高于一定温度的日平均温度总量称为积温。园林植物在某个或整个生育期内的有效温度总和，称为有效积温。如一般落叶树种的生物学起始温度为 6～10℃，常绿果树为 10～15℃。

计算公式如下：

$$K = (X - X_0)Y$$

式中　K——有效积温；

　　　X——某时期的平均温度；

　　　X_0——该植物开始生长发育的温度，即生物学零度；

　　　Y——该期天数。

例如，某种园林植物从出苗到开花、发育的下限温度为 0℃，需要经历 600℃ 的积温才开花，如果日平均温度为 15℃，则需要经历 40 天才能开花；若日平均温度为 20℃，则需经历 30 天才能开花。

生物学零度是指植物生长活动的下限温度。温带植物生物学零度一般为 5℃、亚热带植物为 10℃、热带植物为 18℃。

3.1.2.4　温度对花芽分化和发育的影响

植物种类不同，花芽分化和发育所要求的最适温度也不同，可分为两种类型。

（1）**高温条件下花芽分化**　许多花木类如杜鹃花、山茶花、梅花、桃、樱花、紫藤等均于 6～8 月气温升至 25℃以上时进行花芽分化，入秋后进入休眠，经过一定的低温期后结束或打破休眠而开花。

（2）**低温条件下花芽分化**　有些植物在开花之前需要一定时期的低温刺激，这种经过一定的低温阶段才能开花的过程称为春化阶段。秋播的二年生园林植物需 0～10℃才能进行花芽分化。如金鱼草、金盏花、三色堇、虞美人等。原产于温带的中北部地区以及高山地区的园林植物，花芽分化多在 20℃以下的较凉爽的气候条件下进行。如八仙花、卡特兰属、石斛属的某些种类在 13℃和短日照条件下可促进花芽分化。

早春气温对园林植物萌芽、开花有很大影响，温度上升快开花提早，花期缩短，花粉发芽一般以 20～25℃为宜。温度对果实品质、色泽和成熟期有较大的影响。一般温度较高，果实含糖量高，成熟较早，但色泽稍差，含酸量低。温度低则含糖量少，含酸量高，色泽艳丽，成熟期推迟。

温度是影响花色的主要环境因素之一，许多园林植物均会随着温度的升高和光照的减弱，使花色变淡。例如，落地生根属的一些品种在高温和弱光下所开的花，几乎不着色，或者花色变淡。

3.1.2.5　季节性变温与物候

自然界中的生物和非生物受气候和其他环境因素的影响而出现的现象称为物候。植物因长期适应于季节性的变化，形成的一定的生长发育节律称为物候期（phenophase）。温周期现象指植物对温度昼夜变化节律的反应。

乔木或灌木物候期特征主要表现为如下 15 个时期：芽膨大开始期—芽开放期—开始展叶期—展叶盛期—花蕾或花序出现期—开花始期—开花盛期—开花末期—第二次开花期—果实和种子成熟期—果实和种子脱落期—新梢开始生长期—新梢停止生长期—秋叶变色期—落叶期。

草本植物物候特征主要表现为如下 9 个发育时期：萌动期—展叶期—花蕾或花序出现期—开花期—果实或种子成活期—果实脱落开始期—种子散布期—秋季第二次开花期—黄枯期。

3.1.2.6　高温及低温胁迫

（1）**高温胁迫**　当园林植物生长发育期环境温度超过其正常生长发育所需温度的上限时，引起蒸腾作用加强、水分平衡失调，轻者发生萎蔫或永久萎蔫（干枯）。如夏季高温≥35℃。同时影响园林植物光合作用和呼吸作用，一般植物光合作用最适温度为 20～30℃，呼吸作用最适温度为 30～40℃。高温使植物光合作用下降而呼吸作用增强，同化物积累减少，植物表现萎蔫、灼伤，甚至枯死。

土温较高首先影响根系生长，进而影响园林植物的正常生长发育。一般土温高常伴随缺水，造成根系木栓化程度加快，根系缺水而缓慢生长甚至停长。此外，高温还影响花粉发芽及花粉管的伸长，导致落花落果严重。

（2）**低温胁迫**　低温和骤然降温对园林植物危害比高温更严重，分为冷害和冻害。

① 冷害（寒害）　园林植物在 0℃以上的低温下受到伤害。原产于热带的喜温植物如香石竹、天竺葵等在 10℃以下温度时，就会受到冷害，轻度表现凋萎，严重时死亡。

② 冻害　温度下降到 0℃以下，植物体内水分结冰产生的伤害，常见有霜冻，特别是早霜和晚霜的危害。

不同园林植物或同种园林植物在不同的生长季节及栽培条件下对低温的适应性不同，因而抗寒性也不同。一般处于休眠期的植物抗寒性增强，如落叶果树在休眠期地上部可忍耐 −30～−25℃的低温。但若正常生长季节遇到 0～5℃低温就会发生低温伤害。此外，利用自然低温或人工方法进行抗寒锻炼可有效提高植物抗寒性。如香石竹、仙客来等育苗期间加强抗寒锻炼，提高幼苗抗寒性，促进定植后缓苗，是生产上常用的方法，还可在苗圃周围营造防风林或防风障，以及灌溉、熏烟、覆盖等都可起到抗寒的作用。

3.1.3　水

水是园林植物的重要组成成分（含水量 60%～80%），也是植物进行光合作用的原料，同时也是维持植株体内物质分配、代谢和运输的重要因素。

植物健康生长发育需要植物体内达到吸收的水分和消耗的水分之间的平衡。植物只有在吸水、输导、蒸腾三方面的比例适当时，才能维持植株体内水分平衡。植物体内水分运输过程为土壤→植物根系→茎→叶片→大气。植物具备自我调节水分的能力。水分充足时气孔开张、水分和空气畅通，缺水时气孔关闭，减少水分消耗。当土壤水分严重不足或大气干旱持续时间长时，蒸腾大于根系吸水，破坏植物体内水分平衡，植物萎蔫，进一步失水时，植物永久萎蔫。

3.1.3.1 园林植物对水分的要求

(1) **土壤湿度** 通常用土壤含水量的百分数表示，即以田间持水量的 $60\%\sim70\%$ 为宜。土壤湿度是大多数园林植物所需水分的主要来源，也是组成园林植物根系环境的重要因子之一，它不仅本身提供植物需要的水分，还能影响土壤空气含量和土壤微生物活动，从而影响根系的发育、分布和代谢，如根对水分和养分的吸收、根呼吸等。健康苗壮的根系和正常的根系生理代谢是园林植物地上部分正常生长发育的基础。

(2) **空气湿度** 不同园林植物生长需要的空气相对湿度不同，一般为 $65\%\sim80\%$。园林植物不同生长发育阶段对空气湿度的要求不同，一般来说，在营养生长阶段对湿度要求大，开花期要求低，结实和种子发育期要求低。不同园林植物对空气湿度的要求不同。原产于干旱、沙漠地区的仙人掌类园林植物要求空气湿度小，而原产于热带雨林的观叶植物要求空气湿度大。湿生植物、附生植物、一些蕨类植物、苔藓植物、苦苣苔科、凤梨科、食虫植物及气生兰类在原生境中附生于树的枝干，生长于岩壁上、石缝中，吸收湿润的云雾水分，对空气湿度要求大。这些园林植物向温带及山下低海拔处引种时，其成活的主导因子就是保持一定的空气湿度，否则极易死亡。

3.1.3.2 园林植物不同生育期和水分的关系

园林植物不同生育期对水分的需求量不同。

(1) **种子萌芽期** 需充足的水分，有利于胚根和胚芽萌发。

(2) **幼苗期** 根系弱小，在土壤中分布浅，抗旱力弱，须经常保持土壤湿润。但水分过多，易徒长。生产上育苗常采取适当蹲苗，即适当控制水分，增强幼苗抗性。但注意不要过度控水，形成"小老苗"。

(3) **旺盛生长期** 此期需充足的水分，促进抽梢形成树冠骨架，但如果水分过多，植株叶片会出现发黄或徒长等现象。

(4) **开花结果期** 要求较低的空气湿度和较高的土壤含水量。一方面满足开花与传粉所需空气湿度；另一方面充足的水分有利于果实发育。

(5) **果实和种子成熟期** 要求水分较少，空气干燥，提高果实品质和种子质量。

(6) **休眠期** 控制浇水，以防烂根，使植物完成休眠。

3.1.3.3 园林植物对水分胁迫的适应

水分胁迫（water stress）指植物水分散失超过水分吸收，使植物组织含水量下降、膨压降低、正常代谢失调的现象。

植物对水分不足的适应表现在 3 个方面：①植物的避旱性，指植物以种子或孢子阶段避开严重的干旱胁迫以完成生命周期；②高水势延迟脱水，保持水分的吸收，减少水分的损失；③低水势忍耐脱水，保持膨压，原生质忍耐脱水。

植物对水分过剩的适应表现在 2 个方面：①植物的避涝性，根系生长表面化，形成通气组织，形成有氧根际；②植物的耐涝性，通过调节呼吸代谢和植物激素来增强适应性。

根据植物对水分的生态适应将园林植物分为水生植物和陆生植物两类。

(1) **水生植物** 水生植物细胞具有很强的渗透调节能力，特别是生活在咸水环境中的植物，具有发达的通气组织，植物机械组织不发达甚至退化，植物有弹性和抗扭曲能力，水下的叶片多分裂呈带状、丝状，而且很薄。包括沉水植物、浮水植物和挺水植物。

① 沉水植物　植株沉没水下，典型的水生植物，如金鱼藻、狸藻、黑藻等。

② 浮水植物　叶片漂浮在水面，气孔分布在叶的上面，维管束和机械组织不发达，茎疏松多孔，根漂浮或伸入水底，如睡莲、王莲等。

③ 挺水植物　植物体大部分挺出水面，直立挺拔，根系浅，如荷花、香蒲、芦苇等。

（2）陆生植物　陆生植物分为湿生植物、中生植物和旱生植物。

① 湿生植物　在潮湿环境中生长，不能忍受较长时间的水分不足，根系不发达，通气组织发达。如枫杨、垂柳、秋海棠、马蹄莲、龟背竹等。

② 中生植物　生长在水分条件适中环境中的植物，具有完整保持水分平衡的结构和功能，如油松、侧柏、桑树、紫穗槐、月季、茉莉等。

③ 旱生植物　生长在干旱环境中，能长期耐受干旱环境，且能维持水分平衡，多分布在干热草原和荒漠区。

根据园林植物对干旱胁迫的适应将树种进行耐旱性分级。①耐旱力最强的树种，即能耐受 2 个月以上的高温和干旱、未采取抗旱措施仍能正常生长的树种，如雪松、黑松、垂柳、旱柳、构树、小檗等。②耐旱力较强的树种，能耐受 2 个月干旱高温，未采取措施树木生长缓慢、有落叶和枯梢现象，如马尾松、油松、侧柏、圆柏、毛白杨、朴树、榉树等。③耐旱力中等的树种，能耐受 2 个月以上的干旱高温，树木不死亡，但有严重的落叶枯梢现象，如罗汉松、胡桃、杜仲等。④耐旱力较弱的树种，耐受高温干旱 1 个月不致死亡，但有严重的落叶枯梢现象，如华山松、鹅掌楸、玉兰等。⑤耐旱力最弱的树种，干旱 1 个月左右树木死亡，如银杏、杉木、水杉等。

园林植物对于水分过多的响应不同，分为以下 5 个等级。①耐淹力最强的树种，能耐受长期（3 个月以上）的深水浸淹，水退后生长发育正常或略衰弱，如垂柳、龙爪柳、紫穗槐等。②耐淹力较强的树种，能耐较长时间深水浸淹，水退后生长衰弱，如榉树、枫香、悬铃木、白蜡等。③耐淹力中等的树种，能耐较短时期（1～2 个月）的水淹、水退后生长衰弱，难恢复，如侧柏、圆柏、广玉兰、丝棉木等。④耐淹力较弱的树种，能耐受 2～3 周短期水淹，超过即萎蔫，长势衰弱，如罗汉松、花椒、刺槐、连翘等。⑤耐淹力最弱的树种，1 周左右就枯萎，如马尾松、女贞、楸树、栾树等。

3.1.3.4　水质对园林植物的影响

园林植物对水质要求较高，以 pH6.0～7.0 为宜，自来水应在水池中放置一段时间，使自来水中的氯气散发掉，否则氯与土中的钠结合产生盐，影响园林植物生长。其他如工厂排出的废水、生活污水等严重受污染的水更不能用来灌溉园林植物。

3.1.4　空气

园林植物生长发育过程受气体成分的影响，其中氧气和二氧化碳是必不可少的，在正常环境中，空气成分主要是氧气（21％）、二氧化碳（0.03％）、氮气（78％）和微量的其他气体。

3.1.4.1　氧气（O_2）

植物生命各时期都需要氧气进行呼吸作用，释放能量，维持生命活动。大气中的氧气，主要来自植物光合作用，少部分来自大气层的光解作用，即紫外线分解大气外层的水汽放出氧。氧气是植物呼吸的必需物质，种子萌发有氧的参与，动植物残体分解也离不开氧。在土壤板结处播种通常会发芽不好，就是土壤缺氧的缘故。植物根系需进行有氧呼吸，如果栽植地长期积水，会严重影响植物的生长发育。

3.1.4.2　二氧化碳（CO_2）

大气圈是二氧化碳的主要蓄库，大气中的二氧化碳主要来源于煤、化石燃料的燃烧及生物的呼吸和微生物的分解作用。CO_2 是植物光合作用的主要原料，CO_2 含量与光合强度有关，当二氧化碳含量在 0.001％～0.008％时，光合作用急剧下降，甚至停止。空气中二氧化碳含量提高 10～20 倍或达 0.1％时，光合作用有规律增加。植物吸收二氧化碳途径除气孔外，根部也能吸收。为提高光合效率，提倡 CO_2 施肥，此法对人畜无害。植物对 CO_2 的需要以开花期和幼果期为多，土壤中 CO_2 含量过高，也会导致植物根系窒息或者中毒死亡。

3.1.4.3　氮气（N_2）

氮是构成生命物质（蛋白质）的最基本成分。植物氮主要来源于硝态氮、氨态氮——生物固氮、雷电、火山爆发、生物分解等自然途径。在一定范围内，增施氮素能促进植物生长。氮过多，大量氮沉积在陆地和水生生态系统中促使全球变暖，增加大气污染。

3.1.4.4　风

风是由空气流动形成的，可帮助园林植物授粉和传播种子。例如，兰科、杜鹃花科、杨柳科等植物种子借助风来传播；银杏、松、云杉等植物花粉也靠风传播。但风并不都是良性的，有时会表现为台风、海潮风等危害树木。各种树木的抗风力差别很大，可分为以下几级：

① 抗风力强的树种　马尾松、黑松、圆柏、榉树、胡桃、白榆、乌桕、樱桃、枣树、葡萄、朴、栗、槐树、梅树、樟树、麻栎、河柳、台湾相思、大麻黄、柠檬桉、假槟榔、南洋杉、竹类及柑橘类等。

② 抗风力中等的树种　侧柏、龙柏、杉木、柳杉、檫木、楝树、苦槠、枫杨、银杏、重阳木、榔榆、枫香树、凤凰木、桑、梨、柿、桃、杏、花红、合欢、紫薇、木绣球、长山核桃、旱柳等。

③ 抗风力弱受害较大的树种　大叶桉、榕树、雪松、木棉、悬铃木、梧桐、加杨、钻天杨、泡桐、垂柳、刺槐、杨梅、枇杷、苹果等。

3.1.4.5　空气污染

空气污染的种类分为颗粒状污染物和气态污染物。颗粒状污染物主要包括降尘、飘尘、粉尘、烟尘等，气态污染物主要有硫氧化物、氮氧化物、碳氧化物、碳氢化物等。对植物生长和发育构成危害的气体主要有二氧化硫、氟化氢、氯气、一氧化碳、氯化氢、硫化氢及臭氧等。二氧化硫对园林植物的伤害，首先是从叶片气孔周围细胞开始，然后逐渐扩散到海绵组织，进而危害栅栏组织，使细胞叶绿体破坏，组织脱水并坏死。其外表的症状是：受害初期叶脉之间出现许多褐色斑点；受害严重时，叶脉也呈黄褐色或白色。氟化氢主要危害园林植物的幼芽或幼叶，首先在叶尖和叶脉出现斑点，然后向内扩散，严重时会造成植株萎蔫，绿色消失，变成深褐色，还可导致植株矮化、早期落叶、落花或不结实。氯气对园林植物的危害，最典型的是在叶脉之间产生不规则的白色及浅褐色的坏死斑点、斑块，受害初期叶片呈水渍状，严重时变成褐色、卷缩和逐渐脱落。因此，我国不同地区进行园林绿化时，多选用抗污能力较强的树种。我国不同地区抗污树种见表3-3。

表 3-3　我国不同地区抗污树种

有毒气体	抗性	北部地区 （包括华北、东北、西北）	中部地区	南部地区 （包括华南及西南部分地区）
二氧化硫 （SO_2）	强	构树、皂荚、华北卫矛、榆树、白蜡、沙枣、柽柳、旱柳、侧柏、小叶黄杨、枣、刺槐	大叶黄杨、海桐、蚊母树、棕榈、青冈、夹竹桃、小叶黄杨、石栎、灰柯、构树、无花果、凤尾兰、枳、枳橙、甜橙、柑橘、金橘、大叶冬青、山茶、厚皮香、冬青、枸骨、胡颓子、樟叶槭、女贞、小叶女贞、白杜、广玉兰	夹竹桃、棕榈、构树、印度榕、樟叶槭、楝、扁桃、牡丹、广玉兰、细叶榕
	较强	梧桐、白杜、槐、合欢、麻栎、紫藤、板栗、杉松、柿、山楂、桧柏、白皮松、华山松、云杉、杜松	珊瑚树、梧桐、朴、桑、槐、玉兰、木槿、鹅掌楸、紫穗槐、刺槐、紫藤、麻栎、合欢、泡桐、樟、梓、紫薇、板栗、石楠、石榴、柿、罗汉松、侧柏、楝、白蜡、乌桕、榆、桂花、栀子、龙柏、皂荚、枣	菩提榕、桑、鹰爪、番石榴、银桦、人心果、蝴蝶果、蓝桉、黄槿、蒲桃、卵果榄仁、黄葛榕、红果仔、米仔兰、波罗蜜、石栗、香樟、海桐

有毒气体	抗性	北部地区 (包括华北、东北、西北)	中部地区	南部地区 (包括华南及西南部分地区)
氯气 (Cl₂)	强	构树、皂荚、榆、白蜡、沙枣、桎树、侧柏、杜松、枣、五叶地锦、地锦、紫薇	大叶黄杨、青冈、龙柏、蚊母树、棕榈、枳、枳橙、夹竹桃、小叶黄杨、山茶、木槿、海桐、凤尾兰、构树、无花果、白杜、胡颓子、柑橘、枸骨、广玉兰	夹竹桃、构树、棕榈、槠叶槭、印度榕、松叶牡丹、广玉兰
	较强	梧桐、白杜、槐、合欢、板栗、刺槐、银杏、华北卫矛、杉松、桧柏、云杉	珊瑚树、梧桐、女贞、小叶女贞、泡桐、桑、麻栎、板栗、玉兰、紫薇、朴、楸、梓、石榴、合欢、罗汉松、榆、皂荚、刺槐、栀子、槐	高山榕、细叶榕、菩提树、桑、黄槿、蒲桃、石栗、人心果、番石榴、木麻黄、米仔兰、蓝桉、蒲葵、蝴蝶果、黄葛树、鹰爪、扁桃、银桦、桂花
氟化氢 (HF)	强	构树、皂荚、华北卫矛、榆、白蜡、沙枣、桎树、云杉、侧柏、杜松、枣、五叶地锦	大叶黄杨、蚊母树、海桐、棕榈、构树、夹竹桃、枳、枳橙、广玉兰、青冈、无花果、柑橘、凤尾兰、小叶黄杨、山茶、油茶、茶、白杜	夹竹桃、棕榈、构树、广玉兰、桑、银桦、蓝桉
	较强	梧桐、白杜、槐、桧柏、刺槐、杉松、紫藤、构树、华北卫矛、榆、沙枣、桎树、槐、刺槐	珊瑚树、女贞、小叶女贞、紫薇、皂荚、朴、桑、龙柏、樟、榆、楸、梓、玉兰、刺槐、泡桐、梧桐、垂柳、罗汉松、乌桕、石榴、白蜡、小叶黄杨、无花果、大叶黄杨、构树、凤尾兰	

3.1.5　土壤

土壤是岩石圈表面能够生长植物的疏松表层，为植物生长提供必需的矿质元素和水分，是一定时期内气候水文因素与生物过程对岩石表层作用的产物。土壤的形成和演变受自然条件和社会条件的共同影响。土壤是园林植物生长发育的物质基础，植物所需的水分和养分主要来自土壤。同时土壤支撑着园林植物树体保持直立状态。土壤的水、肥、气、热、酸碱度等直接影响着植物生长发育，尤其影响根系的生长发育及其机能。同时植物生命活动又反作用于土壤性质，改变土壤肥力。因此，研究土壤与园林植物的互作关系，对促进园林植物生长发育及土壤质量提升等具有重要的意义。

3.1.5.1　土壤的物理性质

（1）**土壤质地**　土壤质地对水分的渗入、移动速度、持水量、通气性、土壤温度、土壤吸收能力、土壤生物活动等物理、化学和生物性质都有很大影响，直接影响植物的生长分布。土壤中粗细不同的颗粒所占比例不同，构成不同的土壤质地，有沙土、壤土、黏土等。

①沙土　以沙土为代表，也包括缺少黏力的其他轻质土壤（粗骨土、沙壤），它们都有一个松散的土壤固相骨架，沙粒很多而黏粒很少，粒间孔隙大，降水和灌溉水容易渗入，内部排水快，但蓄水量少而蒸发失水强烈，水汽由大孔隙扩散至土表而散失。沙质土的毛管孔隙较粗，毛管水上升高度小。沙质土的养分少，又因缺少黏粒和有机质使得保肥性弱，速效肥料易随雨水和灌溉水流失。沙质土含水少，热容量比黏质土小。白天接受太阳辐射且增温快，夜间散热快且降温也快，因而昼夜温差大。沙质土通气好，好气微生物活动强烈，有机质迅速分解并释放出养分，使农作物早发，但有机质累积难，其含量常较低。

②壤土　指土壤颗粒组成中黏粒、粉粒、沙粒含量适中的土壤，颗粒大小在0.02～0.2mm之间。质地介于黏土和沙土之间，兼有黏土和沙土的优点，通气透水、保水保温性能都较好，耐旱耐涝，抗逆性强，适种性广，是较为理想的土壤，其耕性优良，适种的植物种类多。

③黏土　此类土壤的细粒（尤其是黏粒）含量高而粗粒（沙粒、粗粉粒）含量极低，常呈紧实黏结的固相骨架。粒间孔隙数目比沙质土多但甚为狭小，有大量非活性孔（被束缚水占据）阻止毛管水移动，雨水和灌溉水难以下渗而排水困难。黏质土含矿质养分，尤其是钾、钙等盐基离子丰富而且有机质含量较高。它们对带正电荷的离子态养分（如 NH_4^+、K^+、Ca^{2+}）有强大的吸附能力，使其不致被雨水和灌溉

水淋洗损失。黏质土的孔细而往往为水占据通气不畅，好气性微生物活动受到抑制，有机质分解缓慢，腐殖质与黏粒结合紧密、难以分解而容易积累，所以黏质土的保肥能力强。黏质土蓄水多，热容量大，昼夜温度变幅较小。

（2）**土壤结构**　包括颗粒结构（排列状况、孔隙度大小、团粒状况、团粒稳定性）和土层结构。

土壤颗粒结构通常分为微团粒结构、团粒结构、块状结构、核状结构、柱状结构、片状结构等，其中团粒结构的土壤最适合植物生长。团粒结构一般由土壤中的腐殖质把矿质颗粒互相黏结成直径为 $0.25\sim10mm$ 的小团块而形成。具团粒结构的土壤能较好协调土壤中水、肥、气、热之间的矛盾，保水、保肥能力好。

土层结构指土壤剖面上不同土层组成的情况。其性质与地理纬度、气候和植被类型密切相关。土层厚度直接影响土壤养分和水分状况，从而影响园林植物根系的分布和根系吸收养分、水分的范围。不同园林植物需不同土层厚度，一般乔木绿化树种要求土层较深，其根系分布越深，越能稳定地吸收土壤中的养分和水分，这样树体生长健壮，结果良好，寿命长，对不良环境的抵抗力强。

（3）**土壤水分与空气**　土壤水分主要来自降水、降雪和灌溉。土壤水分的功能主要是供植物根系吸收利用，直接影响土壤中各种盐类溶解、物质转化、有机质分解。土壤有效水分含量常作为土壤水分状况的一个重要指标，指可被植物吸收利用的水分含量，是田间持水量与萎蔫系数之差。田间持水量指土壤含水量饱和时土壤中水分的含量。萎蔫系数指植物对水分的最低需求量。土壤水分不足或过量对于园林植物的生长发育都会产生影响。土壤水分不足时好气性微生物氧化强烈，有机质消耗增加，导致营养缺乏。土壤水分过量导致营养物质流失，嫌气性微生物缺氧分解，产生大量还原物和有机酸，抑制植物根系生长。

土壤空气主要来源于大气，少部分来源于土壤的生化过程。土壤空气中氧气含量远比大气的低，二氧化碳含量比大气中高出几十倍甚至几百倍。土壤通气状况影响微生物的种类、数量和活动情况，进而影响植物的营养状况。不同植物对土壤通气性的要求不同。容气量在 10% 以上时，植物能很好生长。

（4）**土壤温度**　土壤温度变化规律主要有周期性的日变化和年变化、空间上的垂直变化、土表温度一般大于大气温度。温度影响园林植物种子萌发。土壤温度通过影响矿物的风化、溶解度、养分离子的扩散、土壤微生物的活动、土壤中养分的释放和有效性等进而影响园林植物的生长和发育。

3.1.5.2　土壤的化学性质

（1）**土壤酸碱度**　土壤酸碱度是指土壤溶液的酸碱程度，用 pH 值表示。一般土壤酸碱度分为 5 级标准：强酸性（pH＜5.0）、酸性（pH5.0～6.5）、中性（pH6.5～7.5）、碱性（pH7.5～8.5）、强碱性（pH＞8.5）。土壤酸碱度与植物营养有密切关系，通过影响矿质盐分的溶解度和微生物的活动而影响养分的有效性。

不同园林植物由于原产地土壤条件不同，其适宜的土壤酸碱度范围不同。根据植物对土壤酸碱度的适应性不同，将园林植物分为酸性土植物、中性土植物和碱性土植物。①酸性土植物在 pH＜6.5 情况下生长良好，如杜鹃花、山茶、油茶、马尾松、石楠、油桐、栀子花、红松和大多数棕榈科植物等。②中性土植物在 pH6.5～7.5 范围内生长良好，包括大部分的园林植物。③碱性土植物在 pH＞7.5 生长良好，如柽柳、紫穗槐、沙棘、侧柏、刺槐、杠柳等。园林树木中耐盐碱的树种有柽柳、白榆、加杨、小叶杨、桑、旱柳、枸杞、楝树、臭椿、刺槐、紫穗槐、白刺花、黑松、皂荚、槐、白蜡、杜梨、乌桕、合欢、枣、桲叶槭、杏、钻天杨、胡杨、君迁子、侧柏、黑松等。

（2）**土壤矿质元素**　目前已确定 16 种元素为植物生长发育所必需，称为必要元素或必需元素。其中需求量较大的 9 种元素称为大量元素：C、H、O、N、P、K、S、Ca、Mg；微量元素 7 种：Fe、B、Cu、Zn、Mn、Cl、Mo。C 来源于大气中的二氧化碳。H、O 来源于水。N 部分来源于大气，其他都来自土壤。必需元素中除 C、H、O、N，全部为矿质元素，但 N 的施用方式与矿质元素相同，它们主要通过植物根系吸收。植物所需的无机元素来自于矿物质和有机质的矿物分解。还有一些元素，对某些植物生长有利，并能部分代替某些必需元素的作用，减缓其缺乏症，称为有利元素，有钴（Co）、钠（Na）、硒（Se）、硅（Si）、镓（Ga）、钒（V）。钴对共生固氮细菌是必要的，钠对一些盐生植物有利，硒有类似于硫的作用，硅能改善一些禾谷类植物的生长等。

植物对土壤养分具有选择性吸收和富集能力，植物灰分的组成成分反映了植物生长环境的地球化学特点。当土壤中养分不足时，植物会出现受害症状，根据症状判别土壤中矿质养分的丰亏情况。

(3) 土壤有机质 土壤有机质主要是动植物残体的腐烂分解物质和新的合成物质。包括腐殖质和非腐殖质。腐殖质是土壤微生物分解有机质后，重新合成的具有相对稳定性的多聚体化合物，主要是胡敏酸和富里酸，是较难分解的凝胶，呈黑色或棕色，具有很强的保肥保水能力。非腐殖质是未分解的动植物残体和部分分解的动植物组织，主要是糖类及含氮、硫、磷等的化合物，占有机质总量的 $10\% \sim 15\%$。

不同植物对土壤养分的需求不同，分为耐瘠薄植物和喜肥植物。耐瘠薄植物指对土壤中养分要求不严格或能在土壤养分含量低的情况下正常生长的植物，如马尾松、构树、酸枣、小檗、小叶鼠李、锦鸡儿、丁香、合欢和月季等。喜肥植物是对土壤中的养分要求严格，营养缺乏就会影响植物的正常生长发育，如云杉、夹竹桃、玉兰、梧桐和胡桃等。

3.1.5.3 土壤生物与园林植物

(1) 土壤微生物 土壤微生物指土壤中肉眼无法辨认的微小生命有机体，包括细菌、真菌、放线菌、藻类、原生动物五大类群。土壤微生物对土壤的形成和发育、有机质的矿化和腐殖化、养分的转化和循环、氮素的生物固氮、植物的根部营养等都有重大影响。

(2) 土壤动物 土壤动物指在土壤中度过全部或部分生活史的动物，包括土壤脊椎动物、土壤节肢动物、土壤环节动物和土壤线虫等。通过动物的取食、排泄、挖掘和其他活动对土壤有机物机械粉碎、纤维素和木质素的分解、土壤疏松及土壤结构改良具有重要作用。

(3) 植物根系 根系从土壤中吸收水分和养分，通过分泌和脱落将有机物质和无机物质释放到土壤中去。根系分泌物有200多种，其中糖类和氨基酸类的分泌量最大，根系分泌物是微生物的优质养料，可以促进微生物活动。土壤中根系作用最为强烈的土壤范围称为根际（rhizosphere），植物根系与土壤的交界面，距根表面$1 \sim 4mm$的范围。在根际范围内表现出明显的根际效应（rhizosphere effect），即根际土壤微生物的数量和活性均明显提高。

根系分泌的大量多糖成分黏液，加强了根系与不规则土壤表面的连接，促进根表面-黏胶层-土壤颗粒之间的水分运输和离子交换，有利于植物对养分和水分的吸收。根系对土壤的作用主要表现在：增加了土壤的有机质含量，改善通气性，产生根际效应；根际土壤有机质的矿化和腐殖化作用增强，有机态氮、磷、硫养分释放；微生物分泌低分子的有机酸，增加了金属元素和磷的有效性；固氮微生物的数量增加，生物固氮作用增强；根际微生物合成植物激素和抗生素，刺激植物生长，增强其抗病性；微生物分泌物和微生物分解有机质的产物可直接对岩石矿物分离；根系分泌物产生的化感作用影响植物和土壤生物的生长；提高土壤的抗冲刷和抗侵蚀能力。

3.1.5.4 城市土壤与园林植物

城市绿地土壤是在人为活动长期干扰的城市特殊背景下而形成的，表现特殊的理化性质。城市绿地土壤表现为土壤紧实度增加、透水透气性差，原有的生物化学循环过程受到部分破坏，自然消减能力下降，污染加重。自20世纪末，全球范围内对城市土壤的关注逐渐增多，对城市土壤肥力、有机质含量、微生物和动物群落、重金属污染、土壤呼吸变化与土地利用类型的关系进行了较多的研究。随着对城市土壤特征的认识，关于如何改良或修复城市土壤成为研究的热点之一。

植物影响土壤性质主要通过2个方面：一是根系的物理作用，根系在生长过程中能使土体破碎及根系死亡分解，可以增加土壤孔隙度，改善土壤物理结构；二是地上部掉落物、根系死亡残体、根系分泌物的物理和化学作用，能增加土壤有机质的积累，提高土壤肥力。由于植物自身生物学特性的差异，不同植物其凋落物和分泌物的质和量不同，因而影响植物改良土壤的实际效果。分析不同园林植物对土壤性质的作用对于应用园林植物改善城市绿地土壤质量有着重要的指导意义。

不同树种改善土壤物理性质的差异主要与树种凋落物输入量、化学组成及分解程度的差异有关。通常来讲，落叶阔叶林的凋落物输入量远高于常绿阔叶林和针叶林，且更容易被微生物分解，其凋落物的易分解性既改善了土壤孔隙的结构，分解形成的腐殖质也增加了土壤表层的渗透性，加速了水分的渗入，而针叶树种凋落物大多富含木质素、酚类化合物等难降解组分，更难被分解，从而导致土壤物理结构的不同。

不同植物因凋落物和根系分泌物的不同而影响土壤中有机物质和养分的归还，进而影响土壤的酸碱度、质地和结构等，导致林下土壤质量差异明显。研究表明，针叶树种在改善土壤化学性质的作用方面优于阔叶树种。其中凋落物本身的性质是关键性因素，针叶树种中树叶树脂含量高、难分解，而阔叶树树叶相对薄、分解快，且一般情况下阔叶树生长需要的养分量更大，从土壤中吸收养分多，因此使得阔叶树下土壤有机质积累少、养分含量较低。而针叶因难分解且在土壤中长期累积，使得土壤养分含量更高。

3.2 其他环境因子

3.2.1 地形因子

地形是影响园林植物生长发育的间接因子，不同的地势海拔高度、坡向与坡度等对气候环境条件的影响，间接作用于植物的生长发育过程。主要包括栽植地区的海拔高度、土壤表面的起伏、坡向和坡度等。

3.2.1.1 海拔

海拔是影响植物生长发育的重要外界环境因素之一，通过影响光照、温度、湿度等因子影响植物的分布。气温随海拔升高而降低；降雨量随海拔升高而增加；海拔升高则日照增强。海拔变化可影响植物的生长发育、物质代谢、功能结构等，也影响植物叶片的比叶面积、气孔密度、光合效率和叶片含氮量等。同种植物在高山生长比平地种植生长缓慢而矮小，叶小而密集，保护组织发达，发芽迟，封顶早，花色较鲜艳。

(1) 海拔高度的变化对植物叶片内部结构的影响　随着海拔高度由低到高，植物叶片内部结构亦发生变化。有些植物叶片随着海拔高度的增加逐渐加厚栅栏组织细胞层数；有些植物叶片随着海拔高度的增加叶肉细胞间隙加大形成发达的通气组织；有的植物在叶表皮上的角质层随着海拔高度的增加而加厚，柔毛增多，表皮细胞中出现可着色的内含物等。植物叶片结构上的这些特征及其变化与环境条件的变化是相一致的，是环境选择植物、植物适应环境的结果。

(2) 海拔高度与植物叶面积　随着海拔升高，昼夜温差增大，植物的叶面积也存在一定的变化，在高海拔地区，紫外线是决定很多植物分布的一个重要因子，如强光可减少对叶干物质量的投入，缩小叶面积，同时为缓和因强光而导致的水分胁迫，减少因蒸腾速率增加造成的水分亏缺。

(3) 植物群落与海拔高度的关系　植物群落是共同生活在某一特定环境中的所有植物种群的总和。同一群落内的各个种群之间以及它们与环境之间存在相互依存的关系。具体表现为具有该群落自己的植物种类组成、外貌结构、季节动态和生理分布特征。阳光、温度和水是影响植物群落发生变化的重要因素。例如，在海洋里，随着深度的增加，光线逐渐减弱，在不同的水层中分布着不同的植物群落，自上而下依次是绿藻群落、褐藻群落和红藻群落。又如在珠穆朗玛峰南坡，从山脚到山顶，随着海拔高度的上升，温度逐渐下降，植物群落也发生连续的变化，自下而上依次为常绿阔叶林、针叶阔叶混交林、针叶林、高山灌丛、高山草甸等。由此可见，植物群落随着海拔的上升而发生变化的主要原因是受温度下降的影响。

3.2.1.2 坡向与坡度

(1) 坡向　不同方位山坡的气候因子有很大差异，例如南坡光照强，土温和气温高，土壤较干旱，而北坡正好相反。所以在自然状态下，往往同一树种垂直分布，南坡高于北坡。在北方，由于降水量少，所以土壤的水分状况对树木生长影响较大。在北坡由于水分状况相对南坡好，植被繁茂，可生长乔木，甚至一些阳性树种亦生于阴坡或半阴坡；在南坡由于水分状况差，所以仅能生长一些耐旱的灌木和草本植物，但是在雨量充沛的南方则阳坡的植被生长非常繁茂。此外，不同的坡向对树木冻害、旱害等亦有很大影响。

（2）**坡度** 坡度的缓急、地势的陡峭起伏等，不但会形成小气候的变化而且对水土的流失与积聚都有很大影响，因此可直接或间接地影响植物的生长和分布。

坡度通常可分为5级，即平坦地为<5°以下，缓坡为16°～150°，中坡为26°～35°，急坡为36°～45°，险坡为45°以上。在坡面上水流的速度与坡度及坡长成正比，而流速愈快、径流量愈大时，冲刷掉的土壤量也愈大。因此坡度影响地表径流和排水状况，也直接改变土壤厚度和土壤含水量。一般在缓坡上，土壤肥沃，排水良好，对植物生长有利；而在陡峭的山坡上，土层薄，石砾含量高，植物生长差。山谷的宽窄与深浅以及走向变化影响树木的生长状况。

不同种类树木由于对各种生态因子的要求不同，因此它们的垂直分布都各有其"生态最适带"。因此山地园林在不同的地形地势条件下，配置植物时，应充分考虑地形地势造成的光、温、水、土等的差异，结合植物的生态特性，合理配置植物，以形成符合自然的植被景观。

3.2.2 生物因子

生物因子可分为动物因子、植物因子和土壤微生物。生物因子对植物生长的影响既有取食、致病、伤害等直接作用，也有一定的间接作用，如践踏导致土壤紧实，土壤微生物和土壤动物活动导致土壤变得疏松等。园林绿地除了园林植物以外，还有许多其他植物、动物和微生物，它们之间相互制约、相互依存。研究植物与植物之间，植物与动物之间的相互关系，对促进园林植物生长发育有很重要的意义。

3.2.2.1 动物因子

动物对园林植物生长发育的影响较大，这里的动物主要指危害园林植物的虫害。如蛀干类害虫天牛、吉丁虫等；危害幼嫩枝叶花果实的害虫如蚜虫、潜叶蛾、凤蝶、螨类、介壳虫等。

目前国内外已成功分离和合成一些昆虫绝育剂、引诱剂、拒食剂、避忌剂等。这些制剂本身不能直接杀死害虫。如绝育剂可造成害虫绝育，迫使某些害虫在一定区域内数量减少，以达到控制害虫种群的目的。

3.2.2.2 植物因子

植物的相克相生作用，又称化感作用，指一种植物（供体植物）通过对其环境释放的化感作用物质对另一种植物或其自身产生直接或间接、有利或有害的效应。

（1）**相克** 例如，桧柏和海棠、苹果等树木要间隔远距离种植，近距离种植很易导致植物爆发锈病，冬季病原菌在柏树上越冬，春季会传播到海棠树上为害，秋天又会以孢子形式再回到柏树，形成了植物锈病的闭环，很难根除。黑胡桃不能与松树、苹果、马铃薯、番茄、紫花苜蓿及各种草本植物栽植在一起，而能与悬钩子共生。苹果树行间种马铃薯、芹菜、胡麻、燕麦、苜蓿等植物，苹果树的生长会受到抑制，因为马铃薯的分泌物能降低苹果根部和枝条的含氧量，使其发育受阻；但苹果园种南瓜可使南瓜增产。刺槐、丁香、薄荷、月桂等能分泌大量的芳香物质，对某些邻近植物有抑制作用。榆树与栎树、白桦不能间种。松树与云杉不能间种。银桦幼苗根部如与壮龄树接触，幼苗死亡。风信子、稠李抑制某些植物的生长。丁香与铃兰、水仙与铃兰、丁香与紫罗兰不能混种。甘蓝与芹菜不能混种。如果把果树种在各种园林植物旁边，各种花就会凋谢。桃树与茶树不能间种，否则茶树枝叶枯萎；桃树周围亦不能种植杉树，否则不能成材。松树不能与接骨木生长在一起。

（2）**相生** 例如，黑接骨木对云杉根系分布扩展有利。皂荚、白蜡树与七里香在一起，可促进种间结合。黑果红瑞木与白蜡树在一起有促进作用。葡萄园种紫罗兰，结出的葡萄香味更浓。核桃与山楂间种可以互相促进，山楂的产量比单种高。牡丹与芍药间种，能明显促进牡丹生长。

3.2.2.3 土壤微生物

（1）**土壤微生物可以为植物生长提供营养元素** 对于土壤微生物的作用，普遍的了解是固氮作用，而发挥固氮作用的土壤微生物通称为固氮菌，这类菌吸收空气中的惰性氮元素，然后，通过自身独特的结构将其转化为植物生长可以利用的氮元素。例如甘蔗中的拜叶林克氏菌等。

除去氮元素以外，土壤微生物还主要为植物生长提供铁元素、磷元素、钾元素等。实际上土壤中所存在的大量矿物质都是难以溶解的，而土壤中存在的丰富微生物可以将部分难溶矿物进行分解，使其分解产生钾、磷元素等，丰富的钾元素和磷元素使植物更好生长。此外，土壤微生物通过自身的新陈代谢会产生植物生长可利用的特殊物质，即植物激素，而这些植物激素对于植物生长有着极大的促进作用。

（2）**土壤微生物可以保护植物生长环境**　土壤微生物种类众多，不同土壤微生物对于环境的适应能力也不同。土壤微生物可对部分土壤有机污染物进行降解，使其转变成为不影响植物生长的无机物。土壤微生物也可以有效地将无机污染物转化为没有污染的物质，土壤微生物可以通过多种作用保护植物的土壤生长环境。

除此之外，土壤微生物还可以对植物根部形成有效保护圈，当植物根部产生时，土壤微生物也会迅速地在植物根部周围生长形成一个黏质层，从而使植物根部生长在一个相对稳定的生态环境中，并且有效隔绝外部虫害，有效保护植物的土壤生长环境。

（3）**土壤微生物与植物共同进化、共同生长**　土壤微生物实际上与植物的生长是相辅相成的，土壤微生物在土壤中吸收植物根部的有机物，通过分解等作用获取自身生长所需要的基本元素，同时，在分解过程中与其他物质共同形成了有机质，这对于植物生长而言其作用是不可忽视的。当然，在土壤这一生长环境之中，土壤微生物与植物的联系是一直都存在的，植物的残木渣被土壤微生物获取后通过土壤微生物酶的作用逐渐形成微生物原生质，从而有效促进植物生长。真菌与植物的根部共同生长、共同进化，从而形成了一个有机的生长联合体，两种生物的相互作用可以提高彼此的生存能力，提高了土壤环境的适应能力，真菌的存在提高了植物的生长抗逆性，植物也同样作用于真菌，从而实现了两者的共同生长。

无论是土壤、水分、光照、温度、空气等主要环境因子和地形地势、生物因子等其他环境因子都直接对园林植物的生长发育产生影响。根据园林环境的实际情况进行植物种类的选择，才能充分发挥环境的作用，促进园林植物的健康生长和发育。因此，如何在适宜的环境内种植适宜的园林植物，成为现阶段园林行业的研究重点之一，需要不断展开探讨，并积极分析讨论结果并加以应用，从根本上为园林植物健康生长发育提供保障。

3.2.3　人为因子

园林植物在生产过程中的栽培措施影响园林植物的生长发育。如整形修剪、生长调节剂的使用等直接作用于植物，更多的是通过改变其他环境条件对园林植物生长产生间接的影响，如耕作、施肥、除草、灌溉等措施。

3.3　环境因子的综合作用

3.3.1　环境因子对园林植物生长发育的作用机制

环境因子之间相互影响，且随着时空不断变化，共同作用于园林植物的生长发育。对于植物生长发育的影响效应表现出综合性、主次性、阶段性、不可替代性和可调和性。

3.3.1.1　环境因子的综合效应

环境因子之间相互关联、相互制约，其中任何一个因子发生改变，都将导致其他因子发生相应的变化。环境对植物生长的影响是其生态因子综合作用的结果。如土壤水分含量的变化会导致土壤温度、通气性等的变化，进一步影响土壤微生物活动、土壤养分有效性等。

3.3.1.2　环境因子的主次效应和阶段效应

虽然植物的生长发育受环境因子综合作用，但在一定外界条件下，在植物生长发育的某个阶段，有一个或数个因子会起到主导性作用，是影响植物发育的关键因子。比如早春植物萌发期大气和土壤温度是影响其是否萌发的关键因子，植物生长旺期土壤养分和水分的供应成为限制其生长的主导因子。

在植物不同发育阶段，主要因子和次要因子可能发生转换。如在速生期充足的水肥供应促进植物的生长，在晚秋植物硬化期提供大量的水肥，对植物的硬化和营养物质积累是个阻力。

3.3.1.3 环境因子的不可替代性

各环境因子的作用不是等价的，都同等重要，不可或缺，缺少其中任何一个因子都可能导致植物生长失调，且任何一个因子的缺失都不可能通过增加另外一个因子来代替。如当植物缺少光照时，再优越的水肥条件也无法促进植物生长。

3.3.1.4 环境因子的可调和性

在一定条件下，某一因子在量上的不足可以通过增减其他因子而得到缓解，获得相似的生理生态效应。如适度增加大气二氧化碳浓度可以在一定程度上补偿由于光照强度减弱所导致的光合速率下降的问题。

3.3.2 环境因子作用方式假说

3.3.2.1 最小因子定律

最小因子定律最早是由德国化学家利比希于1840年提出的，植物生长不是受需要量大的营养物质的影响，而是受那些处于最低量的营养物质成分的影响。利比希最小因子定律只有在严格稳定状态下，即在物质和能量的输入和输出处于平衡状态时才能应用。应用该定律时，必须要考虑各种因子之间的关系。如果有一种营养物质的数量很多或容易吸收，它就会影响到数量短缺的那种营养物质的利用率。

利比希最小因子定律对土壤肥料科学的发展有着重要的指导作用。利比希在研究时注意到，农民生产的农产品被大量销往城市，这实际上是把农产品在形成时从土壤中吸收的养分运走了，而以施肥形式归还给土壤的，只剩秸秆、秕糠所含的物质。因此，土壤所支出的物质没有完全得到补充。他发现，植物中的磷大部分存在于籽实中，秸秆里则很少。由于籽实被大量输往城市，所以土壤最先出现的是磷的衰竭。他认为，农田里普遍缺磷，磷成了最小因子，应当注意施用磷肥，以期使磷的输入与输出保持平衡，维持农田的正常生产力。他在当时提出了"归还学说"，对当时的西欧农业起到了划时代的推动作用，也使磷肥工业很快发展起来，在短短20年中西欧的小麦产量增长了1倍。

3.3.2.2 耐受性定律

在最小因子定律的基础上，美国生态学家谢尔福德提出了耐受性定律。生物对每一种生态因子都有耐受的上限和下限，上下限之间就是生物对这种生态因子的耐受范围。生态幅指物种对生态因子适应范围的大小（图3-2）。

E. P. Odum 在1973年对耐受性定律进行了补充：①植物对生态因子的耐性范围不同；②不同种生物对同一生态因子的耐性范围不同；③同一生物在不同的生长发育阶段对生态因子的耐性范围不同；④由于生态因子的相互作用，当某个生态因子不是处在适宜状态时，则生物对其他一些生态因子的耐性范围将会缩小；⑤同一生物种内的不同类型，长期生活在不同的

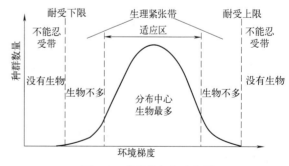

图3-2 耐受性定律示意图

生态环境条件下，对多个生态因子会形成有差异的耐性范围，即产生生态型的分化。

第4章
园林植物生态配置与选择

园林绿化景观的观赏效果与艺术水平的高低，很大程度上取决于园林植物的选择与配置。一个好的园林绿化，需要在了解各种园林植物的生长发育规律和立地条件之后，合理地进行植物选配。随着生态学研究的不断深入，园林植物配置已不再单独追求景观效果，而是要通过丰富的植物类别以及科学的配置方法，满足景观功能的同时突出对生态环境的保护，实现植物景观的长期稳定，实现人与自然的和谐发展。

4.1 园林植物的生态配置

园林植物生态配置是指利用乔、灌、藤及草本等植物通过艺术创造充分发挥植物本身形体、色彩、线条等自然美学要素，创造植物景观，以供人们欣赏，使植物既能与环境很好地适应和融合，又能与其他植物达到良好的协调关系，最大限度地发挥植物群体的生态效应。随着科学技术和人类欣赏能力的提高，如何在有限的空间里进行合理的配置，既遵循科学规律，又满足人们对于自然和美学的追求，已经成为植物生态配置亟待解决的问题。

4.1.1 园林植物的种间关系

种间关系（interspecific relationship）指的是在某一时期内的植物群落中不同物种之间的相互关系，是不同物种之间相互联系、相互影响的体现，并决定了整个植物群落的形态特征和整体功能。自然群落内各种植物之间的关系是极其复杂且矛盾的，种间关系主要分为正相关关系、中性关系以及竞争关系。由于不同植物间生态位的竞争，产生了生态位挤压，因此也形成了多种多样的植物景观。探究园林植物群落中不同物种之间的种间关系可以更合理地安排绿化用地及园林植物的选用与配置，使得植物景观能更好地维持生态系统的长期稳定性，在满足人们日常观赏及游憩需要的同时，促进人类社会与自然的和谐、共生和发展。

4.1.1.1 互利共生

互利共生（mutualistic symbiosis）指的是双方相互依赖，彼此有利，如果彼此分开，则双方或者一方不能独立生存；数量上两种生物同时增加，同时减少，呈现出"同生共死"的同步性变化。菌根是植物之间互利共生关系的常见形式，是土壤中某些真菌与植物根的共生体，大都具有酸溶、酶解的能力。菌根可以帮助与之共生的植物从土壤中吸收和累积水分与营养元素、促进植物对不良环境因子的抗性，如抗涝、抗旱、抗病虫害、抗盐碱、耐受重金属胁迫等。栗、鹅耳枥、松树、苏铁、山毛榉、桦木、水青冈、胡桃、椴树等均有外生菌根；兰科、白蜡、雪松、茶、红豆杉、杨树、杜鹃、槭树、桑、葡萄、李、柏、柑橘等均有内生菌根。

4.1.1.2 寄生

寄生（parasitism）指的是对寄主不利、对寄生生物有利的相互关系，如果两者分开，则寄生生物会失去良好的生长条件而无法存活，而寄主会获得更有利的生存条件而长势更佳。寄生植物一般可分为全寄生植物和半寄生植物。全寄生植物的叶已退化，没有足够的叶绿素，不能正常进行光合作用，导管和筛管等器官与寄主植物相连，从寄主植物体内吸收水分、无机盐和营养元素。全寄生植物常见于绿篱、绿墙以及孤立乔木上，如菟丝子属常寄生在豆科、唇形科甚至单子叶植物上。半寄生植物有足够的叶绿素以进行正常的光合作用，但根大多已退化，如无根藤、独脚金等，导管直接与寄主植物相连，从寄主植物体内吸收水分、无机盐和营养元素。因此，一株树体可形成不同的枝叶、不同色彩的寄生植物景观。

4.1.1.3 附生

附生（epiphytism）植物的根系不直接与土壤接触，其根群附着在其他树的枝干上生长，但不从中吸收养分，以空气中的水汽及树干上有限的腐殖质为生。附生植物的种类多种多样，如蕨类植物、兰科、桑科、苦苣苔科、杜鹃花科、天南星科植物等。这些附生植物的根系往往具有特殊的组织，如更加易于汲取水分的气根，或在叶片及枝干上有特殊的储水组织，或叶簇集成鸟巢状借以收集水分、腐叶土和有机质。作为热带雨林的标志性植物之一，附生植物是园艺栽培的常见材料，在园林绿化中加以模拟应用，可以增加景观的多样性和植物群落的层次性，提高园林绿化的生态效益，配置出独特而多样的植物景观，在千篇一律的城市造景中带给观赏者耳目一新之感。

4.1.1.4 连生

连生（mutuality）指的是相互作用中对双方均有促进作用，但没有这种作用各方仍然能够继续稳定生长的现象，如植物群落中同种或不同种植物枝干或根系合生在一起，形成连理枝或根。植物之间的连生关系能显著增强树体的抗风能力，苏联植物学家尤诺维多夫指出，欧洲松、山杨、西伯利亚松、麻栎、榆树、落叶松、西伯利亚山荆子、欧洲云杉、尖叶槭、常春藤等植物的根系均存在连生现象。在我国许多著名风景区或古老的寺院内也常保留着一些连理树，如北京天坛公园槐柏合抱生长、广东省肇庆市鼎湖山的龙眼和木棉合抱生长等，被人们称为"握手树""友谊树"，具有一定的历史文化意义。

4.1.1.5 竞争

自然植物群落内种类繁多，一些对环境因子要求相同的植物种类，就会表现出相互竞争（competition）关系，数量上呈现出"你死我活"的同步性变化，一般生态需求越接近的不同物种种间竞争越激烈。竞争是塑造植物形态、生活史以及植物群落结构和动态的主要动力之一，可将其区分为资源、干扰、分摊以及争夺等不同性质的竞争类型。机械关系是植物之间竞争关系的主要表现形式，尤其以热带雨林中的缠绕藤本和绞杀植物最为突出，如油麻藤、绞藤、鸭脚木属、酸草属及鹅掌柴属的一些种类常与其他树种产生的激烈竞争。热带雨林中榕属植物号称绞杀植物，它们的种子多被鸟类或其他动物带到棕榈、铁杉等易于榕树生长的树干上，等到发芽后最初凭借卷须附生于树干，随后逐渐生长出网状根系紧紧缠绕住支柱植物，从空气中汲取水分和营养物质，并不断向下扩展，直到根系与地表土壤接触变为正常根系，绞杀者逐渐自主生长，与被绞杀植物争夺养料和水分，成为既附生又自主的半附生植物。在长时间的竞争后，绞杀植物会牢牢阻断被绞杀植物的水分和营养物质的供给，被绞杀植物因营养和水分不足逐渐死去，形成独特的植物景观。

4.1.1.6 化学抑制

化学抑制（chemical inhibition）指的是某些植物能分泌一些化学物质用于抑制别种植物在其周围生长的现象。如黑胡桃根系会分泌胡桃酮，使得周围草本植物的生长受到抑制；灌木鼠尾草的叶片能分泌大量桉树脑、樟脑等萜烯类物质，此类物质可透过角质层，进入植物种子和幼苗，对附近一年生植物的发芽和生长产生毒害，使得灌木鼠尾草植株附近 1～2m 处不生长草本植物，甚至抑制周围 6～10m 内草本植物的正常生长。因此在进行园林植物景观配置时，应考虑植物不同物种之间是否存在化学抑制，以保证园林植物景观效果的正常呈现。

4.1.2 园林植物的生态配置原则

园林植物是造景中不可缺少的要素，园林植物生态配置的好坏直接决定了园林的景观效果。因此，在植物配置时必须要遵循基本的原则，采用科学的手段和方法，构建生态景观。园林植物生态配置需要遵循的基本原则如下。

4.1.2.1　科学性原则

园林植物生态配置的科学性指的是园林植物配置必须尊重自然规律，各种园林植物的生长习性存在差异，如果在植物配置时不考虑植物生长发育的相关规律，往往很难形成预期的景观效果。

(1)　尊重植物自身的生长习性　植物作为生命有机体，有其自身的生长发育规律，在一生中要经历"种子—幼苗—成年—衰老—死亡"的生命周期。不同发育阶段，其体量、形态等特征是不一样的。植物在一年生长发育中，也会随着环境的季节性变化而发生萌芽、抽枝、展叶、开花、结实、落叶及休眠等规律性变化，不同季节的观赏特征是不一样的。只有准确地把握植物的生长发育规律，才能正确地实现植物的选择和配置。

首先，要合理选择慢生树种（slow-growing tree species）和速生树种（fast-growing tree species）。园林空间景物的特点是随时间变化而变化的，这就要求在进行植物配置的时候，既要考虑目前的园林效果，又要考虑长远的效果，以保持园林景观的相对稳定性。在植物配置时，应该合理地安排速生树种和慢生树种的比例。速生树种能够在较短时间里形成一定的景观效果，对于追求高效的现代园林来说无疑是不错的选择，但是速生树种也存在着一些不足的地方，比如寿命短、衰减快等。与之相反，慢生树种寿命较长，但生长缓慢，短期内不能形成绿化效果，但是寿命长，景观效果持久。因此，在植物配置时，要根据实际情况选择不同的植物。例如：如果想要行道树快速形成遮阴效果，就要选择速生、易移植、耐修剪的树种；而在游园、公园、庭院的绿地中，可以适当地选择长寿慢生树种。

其次，植物的季相变化是园林植物配置环节中必须要考虑的因素。只有合理搭配落叶树与常绿树，才能形成三季有花、四季有绿的景观效果，使人们能够感受到景观的时序性变化。落叶树在一年的生长发育过程中比常绿树更能展示季相变化，可用来丰富绿地的四季景色，提升游人的观赏体验，此外落叶乔木还兼有绿量大、寿命长、生态效益高等优点。而常绿植物四季常绿，能很好弥补北方园林中落叶植物冬季景观不足的问题。为了创造多彩的园林景观，除了落叶乔木之外，还应适量地选择一定数量的常绿乔木和灌木，尤其对于冬季景观，常绿植物的作用更为重要。

此外，要充分发挥植物群落的景观效果，还应该在平面上有合理的种植密度，以使植物有足够的生长空间，从而形成较为稳定的群体结构。从长远考虑，应该根据成年树木树冠大小来决定种植的距离，但是在栽植后较长时间里难以满足绿化效果。若想在近期内取得较好的效果，可以适当缩小种植间距，几年后再间移。当然，不考虑成本的话，还可以全都选用大树栽植，栽后效果马上就能体现。

(2)　遵循群落的生态学规律　在植物景观中，几乎不会出现单独物种的情况，往往是多种植物生长于同一环境中。因此，种间竞争是普遍存在的，有些植物之间还会产生拮抗作用，所以必须处理好种间关系，减少植物间的相互竞争，避免有他感作用的植被栽种在一起，形成结构合理、功能健全、种群稳定的复层群落结构，从而取得长期的效果。最好的配置是师法自然，模仿自然界的群落结构，将乔木、灌木和草本植物有机结合起来。这样配置的群落可以有效地增加城市绿量，更好地发挥生态功能。植物是园林中有生命的要素，必然存在个体和群体如何与环境间相互适配而良好生存与生长的问题。因此，应在了解植物生物学特性和生态习性的基础上，根据植物群落生态学原理合理配置植物。在种间关系处理上，主要应考虑植物的高矮、耐阴性、根的深浅性、种间相互作用等几个方面，力求不同植物的和谐共存，形成稳定的植物群落，从而发挥出最大的生态效益。

4.1.2.2　功能性原则

园林植物的生态配置要从不同的园林绿地类型和功能区划出发，选择合适的植物进行不同风格的配置，以体现设计意图，满足园林功能。植物配置的种类和形式与绿地使用类型密切相关，植物的生态配置如果不符合该地的使用功能，就很难达到预期效果。园林植物主要功能包括美化功能、改善和保护环境的功能、生产功能。在配置时，必须先明确哪种功能为主要功能，并最好能够兼顾其他功能。如城市综合性公园，需要满足多种功能，应有浓荫蔽日、姿态优美的孤植树和赏花观果的花灌木，要有供游人活动的疏林草地，以及安静休闲的密林；行道树以遮阳减尘、美化市容和组织交通为主要功能，因此配置时多选择冠大荫浓的树种，配置方式上采用规则式的列植；工厂区的植物配置，以防护为主要功能，要选择抗性强的植物。

4.1.2.3　艺术性原则

生态园林不是简单的植物堆砌，也不是单纯的再现自然景观，而是各生态群落在审美基础上的艺术创造。一个优秀的园林植物景观，应当是科学性与艺术性的高度统一，应当遵循基本的美学原则，巧妙利用植物形体、线条、色彩、质地进行构图，符合多样统一原则、对比与调和原则、均衡与动势原则、节奏和韵律原则、比例与尺度原则、主体与从属原则。

造景设计时不仅要求植物的搭配符合形式美，还应该具有一定的意境美，一花一叶皆有景，一草一木皆含情。古典文学绘画的诗情画意对园林植物配置起着深远影响，利用文学、历史典故对植物配置进行意境上的创造，能够使园林生动起来。

因此，在进行植物配置时，要熟练掌握各种植物材料的观赏特性和造景功能，并对整个群落的植物配置效果整体把握，根据美学原理和植物的文化内涵进行合理配置。使植物在生长周期中"纳千顷之汪洋，收四时之烂漫"，达到"体现无穷之态，招摇不尽之春"的效果。

4.1.2.4　多样性原则

植物景观的多样性包括物种及品种的多样性、造景形式的多样性。城市园林中由于地理条件的制约，导致植物群落单一，物种种类少，形成的生态群落结构很脆弱，其结果是草坪退化，树木病虫害增加，从而影响景观效果并导致养护成本增加。要营造丰富多样的植物景观，维持生态园林稳定协调发展，必须依赖于植物物种及品种的多样性，只有达到物种及品种的多样性，才能形成稳定的植物群落，满足人们不同的审美需求，实现真正意义上的可持续发展；另外，只有达到造景形式的多样性，才能形成丰富多彩、引人入胜的园林景观。从物种多样性的角度，既要突出重点，以显示基调的特色，又要注重尽量配置较多的种类和品种，以显示人工自然中蕴藏的植物多样性。从造景形式多样性的角度，除了一般的园林造景以外，城市森林、垂直绿化、屋顶花园、地被植物等多种造景形式都应当重视。

4.1.2.5　适用性原则

适用性原则主要包括两个方面：一方面是要满足植物的生态要求，即植物配置必须符合"适地适树"的原则，即根据立地条件选择合适的植物，或者通过引种驯化或改变立地生长条件，使植物能成活和正常生长。园林植物不仅有乔木、灌木、藤本、草本之别，在各种园林植物生长发育过程中，对光照、温度、土壤、水分、空气等环境因子也都有不同程度的要求。因此在配置时要充分考虑立地条件和植物的生态习性和生物学特性，以此确定选择何种植物，从而形成预期的景观效果。例如，我国幅员辽阔，南北的气候差异明显，在不同的地域进行园林植物栽植时，要准确把握各种园林植物的生长习性和适应能力，选择适宜此地区的植物，如对于一些地下水位高，盐碱土多，土质不良的地区，要着重选择抗涝、耐盐树种，此类树种可选用绒毛白蜡、柽柳、紫穗槐、杜梨、雪柳、西府海棠、枸杞、柳树、沙枣、沙棘及玫瑰等。

另一方面是要满足园林造景的功能要求，园林植物的配置必须与园林的总体布局一致，与环境相协调，即"因地制宜"，因而不同的地形地貌、不同的绿地类型、不同的景观和景点对园林树木的要求不同，如在规则式园林、大门、主干道、整形广场附近多采用对植、列植等规则式植物造景方法，而在自然山水园的草坪、水畔多利用植物的自然姿态进行自然式造景。

在适地适树、因地制宜的原则下，合理选配植物种类，尽量选择乡土植物作为主要植物。由于乡土植物是在本地长期生存并保留下来的树种，早已适应了当地的土壤、气候条件，从而保证了植物的成活率。此外乡土植物还能彰显当地文化、节约生产成本，对生态、经济、社会效益起着不可替代的作用。

4.1.3　园林植物的配置方式

园林植物配置指的是园林植物的搭配样式或排列方式，但并不是简单的排列组合，而是要根据所使用的植物材料和具体的使用场景进行配置。园林植物的平面配置形式有规则式、自然式和混合式之分：规则式配置是指按照固定的方式排列，大多数配置具有明显的株行距和轴线关系，有整齐、庄严之感；自然式配置则是模仿大自然的植物群落进行配置，没有严格的方式排列，可以形成自然、灵活的景观效果；混合式配置则是将规则式与自然式结合使用。而根据园林植物配置所使用的材料不同进行划分，可将植物配置方式分为乔灌木配置形式、花卉配置形式、草坪地被配置形式、攀缘植物配置形式等类型。

4.1.3.1　乔木与灌木的配置形式

(1) 孤植　在一个较为开阔的空间，远离其他景物单独种植一株称为孤植（specimen planting, isolated planting）。孤植是表现单株栽植效果的配置形式，也称为园景树、独赏树或标本树。孤植树多作为主景树存在，往往位于视线的焦点，能够吸引游客视线，有强烈的标志性、导向性和装饰作用。孤植树并不是要孤立存在，而是要与其他景物发生联系，构成统一的整体。孤植树的构图位置应放在突出位置，常配置于大草坪、林中空旷地。在古典园林中，假山旁、池边、道路转弯处也常配置孤植树，力求与周围环境相调和。

孤植树主要欣赏树木的个体姿态、色彩或者文化美，能够形成独立景观。因此多选择株形高大、树冠开展、树姿优美的树种，如雪松、南洋杉、樟树、榕树、木棉、柠檬桉；或树冠开展、枝叶优雅、线条宜人的树种，如鸡爪槭、鹅掌楸、洋白蜡；或花果美丽、色彩斑斓的观花赏果树种，如樱花、玉兰、木瓜。

(2) 对植　两株或两丛相似或相同的树，按照一定的轴线关系，使其互相呼应的配置形式称为对植（opposite planting, coupled planting）。对植多用于园门、建筑物入口、广场两旁、桥头、假山登道等视觉突然收窄的空间，对植可以用来烘托主景，也可以形成配景、夹景。例如，桥头两旁的对植能增强桥梁构图上的稳定感；公园门口对植两棵体量相近的树木，可以对园门及其周围的景物起到引导作用。对植分为对称对植和拟对称对植。对称对植要求植株形态、大小相同，彼此关于轴线严格对称。在拟对称对植中，并不要求树木的形态大小完全一致，栽植时只需注意体量均衡，动势要向构图的中轴线集中，相互呼应，给人以活泼的感觉。

对植树种一般选择整齐优美、生长缓慢的树种，常绿树为主。但很多花色优美的树种也适于对植。

(3) 列植　列植（linear planting）是指乔木或灌木按一定株行距成行成排栽种，或称为带植。有单列、双列、多列等类型。多用于道路两旁、城市广场、大型建筑周围、防护林带、水边种植等。列植一般作为背景或起到隔离的作用，宜选用树冠体形比较整齐的树种，形成的景观比较整齐、单纯、气势大。此外，如果间隔狭窄，树冠紧密，还可起到夹景的效果。列植应用最多的是道路两旁，道路一般都有中轴线，最适宜采取列植的配置方式，行道树列植宜选用树冠形体比较整齐一致的种类。株距与行距的大小应视树的种类和所需要遮阴的郁闭程度而定，完全种植乔木，或将乔木与灌木交替种植皆可。

列植宜选用树冠体形比较整齐、枝叶繁茂、根系深、污染小的同种树种。常用树种中，大乔木有银杏、油松、圆柏、柳杉、国槐、白蜡、元宝枫、毛白杨、合欢、悬铃木、榕树、臭椿、垂柳等；小乔木和灌木有小叶黄杨、红瑞木、丁香、西府海棠、玫瑰、木槿等。

(4) 丛植　丛植（clump planting）是将二、三株至十几株同种或异种的树木按照一定的构图方式组合在一起，形成疏林草地的景观效果。丛植的树木既可以用来表现个体美，又具有整体美，丛植是自然式园林中普遍使用的一种方法。树丛可布置在大草坪中央、土丘、岛屿等地，作为主景或草坪边缘、水边点缀；也可布置在园林绿地出入口、路叉和弯曲道路的部分，诱导游人按设计路线欣赏园林景色；可作为雕像背景，烘托景观主题，丰富景观层次，活跃园林气氛。

自然式丛植的植物品种可以相同，也可以不同，植物的规格、形态、姿势尽量要有所差异，按照美学构图原则进行植物的组合搭配。一方面，对于树木的大小、姿态、色彩等都要认真选配，要符合多样统一的原则；另一方面，还应该注意植物的株行距、种间关系设置，既要尽快达到观赏要求，又要满足植物生长的需要。例如，以遮阴为主要目的的树丛常选用乔木，并多用单一树种，如香樟、朴树、榉树、国槐，树丛下也可适当配置耐阴花灌木。

(5) 群植　群植（group planting, mass planting）指成片种植同种或多种树木，常由二十株至上百株树种成群配置，是为了模拟自然界树群景观，树群可以分为单纯树群和混交树群。单纯树群由一个树种构成；混交树群是树群的主要形式，常常以一两种乔木为主体，混搭其他树种。群植主要表现树木较大规模的群体美，通常作为构图的主景之一或配景。群植树群一般应用于近林缘的开阔草坪、宽阔的林中空地、水中小岛、土丘或缓坡地以及开阔的水滨地段等具有足够观赏视距的环境空间。树群主立面的前方要留出足够宽敞的活动空间，以便游人欣赏。

群植在功能和配置上与丛植类似，但不同的是，树群是一个多层的复杂结构。因此树群应该从整体上考虑各植物之间的搭配以及植物与环境之间的关系，如乔木层多为喜光树种且树冠姿态优美，树群冠际线要富于变化；亚乔木层为弱喜光树种或中性树种，最好开花繁茂或具有艳丽的叶色；灌木层多为半阴性或耐阴树种，以花灌木为主，适当点缀常绿灌木，草本植物应以管理粗放的多年生花卉为主。

(6) 林植 林植（forest planting）是指大面积、大规模的成带、成林状的配置方式，形成林地和森林景观，主要起防护、隔离的作用，多用于防护林、大型公园和风景区。林植一般以乔木为主，有林带、密林和疏林等形式，而从植物组成上分，又有纯林和混交林的区别，景观各异。林植时应注意林冠线的变化、疏林与密林的变化、林中树木的选择与搭配、群体内及群体与环境间的关系，以及按照园林休憩游览的要求留有一定大小的林间空地等设施。

(7) 篱植 用灌木或小乔木以近距离的株行距密植，栽成单行或双行，紧密结合的规则的配置形式称为绿篱（hedge），也叫植篱或生篱，是西方园林中常采用的一种手法。篱植具有保护、防范、遮蔽、装饰、组织空间、作为背景等功能。因而其选择的树种可修剪成各种造型，并能相互组合，从而提高观赏效果和艺术价值。

绿篱树种一般选用萌芽力强、成枝力强、耐修剪、生长缓慢、耐阴力强、抗逆性强等特征的植物。其中依高度可以分为矮篱、中篱、高篱、绿墙等；依使用功能又可分为花篱、常绿篱、果篱、彩叶篱、刺篱等。

4.1.3.2 花卉的配置形式

花卉是园林植物造景的基本素材之一，具有种类繁多、色彩丰富艳丽、生产周期短、布置方便、更换容易、花期易于控制等优点，因此在园林中广泛应用。与乔木和灌木不同，草本花卉更具有亲人性，可作观赏和重点装饰、色彩构图之用，在烘托气氛、基础装饰、分隔屏障、组织交通等方面有着独特的景观效果。草本花卉主要配置形式分为花坛、花池、花台、花境、花群、花丛等。

(1) 花丛与花群 花丛（flower cluster）与花群（flower group）是指根据花卉植株的高矮和冠幅大小的不同，将数目不等的花卉植株成丛或成群配置，以显示华丽色彩为主，极富自然之趣。花丛可以作为园林中局部区域的点缀，是自然式花卉配置最基本单位，常见于路旁、林下、草地、水畔、台阶旁、景石旁；花群主要欣赏的是花卉的群体效果，一般配置在林缘、草坪、山坡、水边。花丛与花群在配置时，要呈现一种自然状态，降低人工痕迹，选择花卉种类不能太多，要主次分明。

(2) 花境 花境（flower border）是模拟自然界林地边缘地带多种野花交错生长的状态的一种配置形式。花境外形呈带状，或直或曲，是沿长轴方向上的连续动态构图；其内部花卉的配置呈自然式斑块混交，立面上高低错落，自由变化。因此，花境是一种规则式向自然式过渡的形式，是用来表现植物个体特有的自然美以及它们之间相互组合的群落美的形式。花境广泛应用于建筑基础环境、庭院、道路旁、水畔、草坪等环境造景。植物选择以多年生花卉为主，亦可配置点缀花灌木、山石、园林小品等。

(3) 花坛 花坛（flower bed）是在几何形轮廓的种植床内，种植以草花为主的各种观赏植物，运用植物的群体效果来体现图案纹样或观赏盛花景观的一种配置形式。由于花坛花卉要种在规则式的栽植床中，因此属于规则式配置方式。常见于人流量大且有展示需求的地方，如道路交叉口、广场、公园出入口等人流或车流聚集地等。在花坛配置时，同一个花坛内花卉颜色不宜超过3种，以强调花坛特征、提升观赏效果。

以花坛表现主题内容不同进行分类是对花坛最基本的分类方法，可分为花丛花坛（盛花花坛）、模纹花坛、标题花坛、装饰物花坛、立体造型花坛、混合花坛和造景花坛。

(4) 花池与花台 花池（flower pond）与花台（raised flower bed）是在特定种植池内栽植花卉的配置形式。花池与花台较花坛而言，配置形式更加灵活，可以结合树池进行配置，丰富树木下层的植物景观；或者结合地形，在坡面或台阶处实现绿化功能。花池与花台的植物配置应该根据具体景观效果进行搭配，以满足场地的需要，既可以采用规则式种植也可以模拟自然配置。

4.1.3.3 其他类型园林植物的配置

(1) **草坪与地被植物配置** 草坪（lawn）是指用多年生矮小草本植物进行密植，并经人工修剪平整的人工绿地。草坪是园林景观中重要的组成部分，不仅有独特的生态习性，而且有独特的景观效果。草坪植物根据生态类型分为冷季型草坪和暖季型草坪。大面积的草坪可以作为主景，而且草坪能与各种类型植物密切结合，形成不同类型的景观空间。如在草坪边缘或内部种植一些成片栽植的草本花卉形成缀花草地，极富野趣；草坪还可以与乔木、灌木、草花形成具有层次感的封闭空间；或者将草坪与图案式花坛或修剪整齐的灌木图案进行组合，应用于规则式园林中，以求得严肃、整齐之感。

除了用于观赏游憩，草坪还可用于运动、固土护坡和保护自然等多种配置，足球场、高尔夫球场和网球场等各类体育活动一般需要草坪；机场、河岸、湖岸、路侧护坡和交通岛等大量应用草坪进行绿化，它们可统一称为固土护坡草坪。当然，实际的草坪经常是多功能的，这种多功能既可能表现在一地多用上，也可能表现在一块草坪有多个功能区。

地被植物（ground cover plant）配置指利用植株矮小的园林植物覆盖地面从而形成景观的一种配置方式。地被植物配置本身就具有一定的观赏价值，能被用在乔木、灌木基部，从而形成美丽的林下地被景观，丰富群落结构。此外，在坡地上使用地被植物能有效防止雨水冲刷，减少水土流失，对于生态防护具有重要的意义。

(2) **垂直绿化** 攀缘植物在垂直绿化（vertical greening）中扮演着非常重要的作用。在这些植物中，有的用吸盘或卷须攀缘而上，有的垂挂覆地，用蔓茎、美丽的枝叶和花朵组成景观。许多植物除观叶外还可以观花，有的藤本植物还散发芳香。利用藤本植物发展垂直绿化或屋顶绿化，可提高绿化质量，改善和保护环境。根据环境特点、建筑物的类型、绿化的功能要求，结合植物的生态习性、气候变化、观赏特点，藤本植物的应用主要分为以下几种形式：附壁式、篱垣式、棚架式、垂挂式、立柱式等。此外，还可以通过使用各种栽培设施，营造立体景观效果。常见的栽培设施有立体花坛、悬挂花箱、花柱、花篮、花钵、花槽等。

(3) **专类园** 专类园（specialized garden）是指在一定的区域内配置同一类或同一主题的观赏植物，用以游赏、研究或科学普及。不同使用功能的专类园有不同的植物配置方式，有根据植物亲缘关系配置的花园，将不同科、属或品种的植物按照分类学或栽培学进行配置，一般侧重植物品种收集和科学知识展示，选用的植物往往栽培品种丰富，观赏价值高，如牡丹园、梅花园、山茶园、丁香园、蔷薇园等；还有根据植物的生境进行配置的专类园，在配置时要尽量模拟自然条件下的植物配置，如岩生植物专类园、水生植物专类园、沙漠植物专类园等；此外，也包括根据植物的观赏特性，用来满足各种主题功能或活动的主题花园，有芳香园、百果园等。

4.2 园林植物选择

4.2.1 园林植物选择的基本原则

(1) **适地适树** 在进行城市景观营造的过程中，园林绿化所采用的树种的生物学特性应与当地环境协调一致，针对当地不同的气候、水文、土壤、人文等立地条件确定与之相适应的植物种类，做到适地适树、适地适花。

中国很早就认识到适地适树在植树造林中的重要性。如西汉刘安《淮南子》中说的"欲知地道，物其树"指出了树木生长与自然条件的密切关系。北魏贾思勰在《齐民要术》中对此有进一步的阐述："地势有良薄，山泽有异宜。顺天时，量地利，则用力少而成功多，任情返道，劳而无获。"精辟地说明了适地适树的意义和重要性。园林植物的选择不但要适合环境需要，还要考虑到美观适用，风景的美观性、植物的成活率都决定园林景观最后的效果，既要选用不同层次，不同色彩的乔、灌、草相结合，花期合理搭配，达到绿化效果，又要使立地和树种相适应，最大程度发挥园林植物的生态效益。

（2）以乡土树种为主，适当引进外来树种　选择园林树木要满足其生态学要求，要充分考虑植物的地带性分布及特点。乡土树种（native tree species）不仅适应当地气候，容易成活、抗性强、易于养护管理，而且其营造的景观绿化效果也是独具特色，是乡土文化、乡土情结、风俗风貌的复现和表达。因此，科学合理选用乡土树种对于构建植物景观、改善城市文化氛围具有重要意义。如北方的柳树、榆树、杨树、扶芳藤、白蜡、国槐和南方的香樟、桂花、大叶女贞等，不仅呈现不同绿化景观效果，而且也体现了不同地区的人物精神风貌。

为了丰富城市绿化树种的多样性，还应适当引入外来树种。外来树种的独特观赏性可满足人们对园林植物"求奇、求新、求异"的审美心理需求，具有丰富的景观多样性。如1983年从德国引入的金叶女贞，如今已经成为我国城市绿化中重要的彩叶树种；原产于北美东部的广玉兰，现在也是我国城市常见的优良观叶、观花树种。

（3）选择抗性强的植物　抗性树种是指对不良立地环境条件具有较强的适应能力、忍耐能力或抗御能力的树种，如抗寒、抗旱、耐瘠薄、耐水涝、抗盐碱、抗风沙、抗病虫、抗环境污染等。城市园林绿地多数情况下立地条件较差，选择抗性强的植物作为城市的主体树种，可增强城市的绿化效益，在厂矿企业绿化中尤甚。常见的抗性植物主要有白皮松、杜松、垂柳、旱柳、银杏、枫杨、龟背竹、美人蕉、狗牙根、结缕草等。因此，在进行城市绿化的过程中，要根据需要进行科学的植物选择与配置，选择树干通直、树姿端庄、树形优美、枝繁叶茂、冠大荫浓、花艳芳香的抗性树种，这样才能最有效地利用生活因子和其他空间环境资源，最有效地发挥绿地的生态效益、景观效益和社会效益，形成"千姿百态、五彩缤纷"的绿化效果。

（4）满足各种绿地的特定功能要求　要根据不同的绿地类型合理选择绿化植物，营造出不同开敞度的植物空间，满足人们游玩和不同程度心理安全的需要。如儿童游乐区及人流集中区域不宜种植带刺、有毒、飘絮、有浆果的植物，阻隔空间用的植物应选择不宜接近的植物，而供观赏的植物则不能对人体及环境有危害。侧重于庇荫游憩的绿地，应选择冠大荫浓、枝繁叶茂的园林植物；侧重于观赏的绿地，应多选择色、香、姿、韵均佳或具有独特观赏特性的植物；侧重于吸收有害气体、改善周边环境的绿地，应选择抗污染能力强、管理简单粗放的植物。为了体现烈士陵园的纪念性质，必须营造庄严安静的气氛，在选择绿化苗木的种类时，必须选择冠形整齐、意味着万古流芳的青松翠柏。搭配方式也应该多采用规则搭配下的对植和行列式栽培。总之，绿化选择的苗木花草必须最大限度地满足园区绿地的实用功能和防护功能要求，结合形态美观、色彩、风韵、季相变化的景观特色，促进绿地植物景观的多样化。

（5）兼顾经济功能　经济功能指的是以适当的经济投入，在设计施工和养护管理等环节上开源节流，从而获得绿化景观、经济和社会效益最大化。为了达到这一目的，应科学合理地安排植物的种间关系，避免不同物种之间生长不良导致最终景观效果不佳，妥善结合生产，注重改善环境质量的植物配置方式，达到美学、生产和净化防护功能的统一。某些园林植物也具有一定的经济功能，如桂花含多种香料物质，可用于食用或提取香料制桂花浸膏，可用于制作食品、化妆品，可制糕点、糖果，并可酿酒，还具有一定的药用价值，可化痰止咳，用于风湿筋骨疼痛。根据景观功能的需求，可将具有食用、药用等经济植物与旅游活动相结合，拓宽园林景观的附加值，提升园林景观的多元化。

（6）植物种类及搭配方式多样化　我国植物种类多而丰富，姿态万千的植物在风景园林设计中的搭配方式也多种多样，为保证营造的植物景观不仅具有良好的观赏价值及稳定的植物群落，在所选择的植物能够保持良好的生长状态的基础上，要尽可能选择更多种类的植物来进行园林植物配置，遵循植物多样性原则。此外，在选择多种多样的植物进行植物搭配时，还要根据每种植物的生态习性及形态特征，科学合理地对植物进行搭配，根据植物的不同种类、不同株形株高、不同质地质感、不同色彩及季节性等差异性，在营造出令人欣赏的植物景观的同时，还能保证植物的良好生长状态，并方便后期园林工作人员对植物的维护和修剪，从而使植物景观发挥美化功能的同时，最终实现其本身的生态功能。例如广场绿地是园林景观的一部分，广场的植物配置不仅要考虑其能稳定地发挥生态作用，更要长远考虑，为了保持整齐美观，易于打理，就要考虑耐久性和群落性的特点，选择这样的植物，可以减弱广场活动的噪声，降温除尘，给市民营造一个良好的活动空间。

（7）**长远考虑植物的生长发育与园林应用**　植物是有生命的，其形态特征及对环境的适应能力会随着植物的生长周期逐渐变化，从而使同一种植物在不同的生长阶段也有不同的园林应用方式。乔灌木中，一般速生树易衰老、寿命短，慢生树见效慢，但寿命较长，而草本植物通常生长周期较短。因此，只有合理搭配，才能达到近期与远期景观相结合的目的，做到有计划地、分期分批地使慢生树取代速生树。例如，为了较短时间内达到较好的绿化效果，可以先种植速生树和草本植物，后期采用慢生树种取代速生树种的方法。在进行植物景观的营造时，还要考虑植物的不同生长阶段所呈现的外貌特征对自身生长发育及植物群落的影响，如初期植物种植过密导致植物生长过程中相互拥挤的现象，对景观的良好呈现及群落结构的稳定性都有影响。

（8）**坚持以人为本**　在具体的植物景观营造的过程中，植物的选择要始终秉持以人为本的原则，以人的各种感官体验为出发点，选择合适的植物种类进行搭配，使之满足人们的各种感官艺术享受，在心理和生理上提升对园林植物景观的满意度。另外，还要注重部分植物特有的生理结构，要考虑部分观赏者的生理过敏反应，在植物配置时要尽量避免使用这些植物。

（9）**考虑植物的文化性与园林意境**　某些植物具有特殊的文化性，可以借助园林植物景观彰显城市历史文化，结合城市风情、文化传承的特点，对城市景观进行有效设计，体现出对当地历史文化的有效延续和传承，较好地将当地民俗风情、传统文化、历史文物等元素融入其中，使之具有丰富的文化内涵和底蕴。受儒家思想的影响，我国古典园林中经常运用具有文化内涵的植物，如"岁寒三友"——松、竹、梅，通过这些植物的合理配置，形成雅致的园林空间。中国园林还注重对植物的全方位欣赏，不仅注重色、香、形、姿、韵的观赏特征，还注重与光影、声响等结合的全方位欣赏，可以将植物与其他造园要素相结合，创造出富有意境的园林植物景观，如水中倒影的运用，经合理的配置和艺术构图，可以欣赏到"疏影横斜水清浅，暗香浮动月黄昏"的意境。

4.2.2　适地适树的途径

适地适树就是绿化树种的生物学特性与绿化地的生态环境条件（立地条件）相适应。在植物栽植时，要保证其能良好生长，发挥稳定的生态效益及美学价值，必须以适地适树为前提，而植物栽植后是否达到适地适树的要求，又必须以符合各种绿地的特定功能为指标。遵循适地适树的原则，为了使"树"与"地"相互适应，有两条基本途径可供选择：一是选择途径，即根据特定的立地条件的特性选择适宜的绿化树种，或根据树种的不同生态习性选择适宜的绿化用地，是适地适树的首选途径。二是改良途径，即通过各种方法改良树种的某些特性，使树适地，或通过另一些方法改善立地条件的种植环境，使地适树。

（1）**选择途径**　选择途径包括两方面：选树适地或选地适树。

通过选择途径达到适地适树的要求，首先必须要摸清"地"的各种条件和"树"的生物学特性。在树种栽植前，可以通过某一树种的地理分布范围、天然林及人工林的生长状况等一系列调查研究来掌握树种的生物学特性，或分析绿化环境的气候条件、土壤条件等环境因子来选择合适的绿化树种或立地条件。

（2）**改良途径**　改良途径包括两方面：改地适树或改树适地。

改地适树通过施肥、整地、灌溉、改良土壤的理化性质等措施来打造适宜树木生长的绿化环境，使树与地达到和谐统一。例如通过灌溉施肥，使原来干旱的土壤逐渐适合树木的生长，再如通过整地、改良土壤的理化性质等措施打造适宜树木生长的小气候环境，使树木在微环境下健康生长。

改树适地是在某些特定的立地条件下，当树的某些特性在立地条件下不能正常生长时，可以通过选种、育种及引种驯化等技术措施来改变树种的某些生物学特性，使彼此能相互适应。如增强树种的耐寒性、抗碱性、耐旱性等特性，可以使树木在寒冷、盐碱化、干旱性的绿化造林地块上茁壮生长。

上述的选择途径和改良途径是相互配合、相得益彰的。在一定的技术和自然规律条件下，改地和改树程度都是有限的，而且需要消耗大量的人力、物力及财力。因此选择途径对于适地适树有着不可替代的作用。

4.2.3 各类园林植物的选择

4.2.3.1 独赏树

独赏树又称孤植树、园景树，是指在园林中适宜孤植，作为园林局部景观的中心景物，能够独立成景的树种。独赏树是园林景观中视线的焦点，因此要求树木高大雄伟，树形优美，树冠开阔宽大，或具有特殊的观赏价值，且寿命较长。

独赏树可以是常绿树，如雪松、南洋杉等树形壮美的树种，也可以是落叶树，如银杏、鹅掌楸等秋色叶树种；通常也会选用开花壮观的树种，如白玉兰、蓝花楹等。

4.2.3.2 庭荫树

庭荫树又称绿荫树，是栽植在园林绿地中，以形成绿荫供游人纳凉为主要目的，兼顾观赏功能的树种。庭荫树的选择应以冠大荫浓者为佳，要求树体高大、主干通直，能为游人提供足够的林下空间用以休息和娱乐；具有一定观花、观果、观叶等观赏特性；生长快速，稳定，寿命较长；抗病虫害，抗逆性强。

树种的选择还应考虑不同景区的特色，讲究常绿树与落叶树相结合，为游人创设一年四季皆宜的户外活动场所。常用的庭荫树有油松、白皮松、樟树、合欢、银杏、槐、白蜡、梧桐、七叶树、榕树等。

4.2.3.3 行道树

行道树是指栽植在道路两侧，为车辆、行人提供遮阳，美化街景的树木。由于城市街道环境条件的特殊性，行道树在树种选择上首先要求生命力强健，耐移植，耐修剪，抗污染能力强；在此基础上选择主干端直，分枝点高，冠大荫浓，生长快速，寿命长，不会产生飞毛、飞絮、落果等污染的树种。

行道树是城乡绿化的骨干，能统一城乡景观，体现独特的城市风貌与道路景观。不同地域的行道树多选择具有当地特色的乡土树种，如北京市常用国槐、白蜡、毛白杨等树种，南京市应用雪松、银杏、香樟作为行道树较多，而位于热带地区的海南则常用加拿利海枣、榕树等作为行道树。

4.2.3.4 花果树

在园林中，以观赏它们的花、叶、果实为主的树种是花果树，此类树种常常花朵美丽，树叶异色或异形，果实颜色艳丽。花果树种类繁多，用途广泛，是园林中必不可少的绿化材料。花果树既可以在园林中独立成景，也可以与园林中其他构筑物相配合，起到点景、对比、烘托的作用。

常用的花果树有棠棣、迎春、碧桃、丁香、紫薇、木槿、夹竹桃、南天竹等。在选择花果树时应考虑设计意图及自然环境限制，选择合适的植物。

4.2.3.5 绿篱树

绿篱又称为植篱或树篱，是在城市绿地或园林中起分隔空间、屏障视线、衬托景物和防范功能的树种。绿篱树种应选择耐阴、耐修剪、分枝多、植株紧凑、生长缓慢的植物。

按栽植形式绿篱可分为规则式和自然式；按高度可分为高篱、中篱、矮篱；按观赏特性可分为花篱、果篱、彩篱、刺篱。常用作花篱的植物有连翘、棠棣，用作果篱的植物有火棘，用作彩篱的植物有变叶木、红花檵木，用作刺篱的植物有枸骨等。

4.2.3.6 垂直绿化树

垂直绿化树指在城市或园林中通过缠绕、吸附、攀缘等方式，对墙面、棚架或树干进行垂直绿化的植物。这类植物以藤本为主，占地少而绿化面积大。在增加环境绿量、提高绿化指数、改善生态环境方面有着积极作用。

适用于墙面绿化的植物有爬山虎，适用于墙垣绿化的植物有凌霄，适用于棚架绿化的植物有紫藤、葡萄，薜荔、络石常用于山石的垂直绿化。

4.2.3.7 地被植物

地被植物指在园林中既可用于对裸露地面或斜坡进行覆盖，也可用于林下空间的填充的树种。在园林绿化中，地被植物的高度不应超过 50cm，常选择植株紧凑、低矮的小灌木或者木质化程度不高的藤本植物。要求植株低矮，枝干水平延伸能力强，萌芽、分枝能力强，枝叶稠密，在短期内能够快速覆盖地面，形成良好的景观效果和生态效益。

常作为优良地被树被选择的灌木有平枝栒子、铺地柏、叉子圆柏等，藤本植物有地锦、常春藤、扶芳藤等。一些低矮的竹类，如菲白竹、菲黄竹、鹅毛竹也常用作地被植物成片栽植。

4.2.3.8 树丛与景观林带

树丛是指以2～20株植物做不规则近距离组合种植，具有整体效果的园林树木群体景观。树丛是形成林型景观的基础。景观林带组合原则与树丛一样，以带状为表现形式，可以是单纯林，也可以是混交林。景观林带不仅可以划分空间，作为背景，而且具有防风、滞尘、降噪等生态效益。

根据林带的功能可分为城郊防护林带、环境保护林带和风景林带。

① 城郊防护林带　城郊防护林以防风、防洪、防尘作为主要功能。在树种选择上要求生长快、萌蘖性强，具有深根性、耐水淹的特点，冠形浓密，如杨、柳、柽柳、乌桕、枫杨等。滨海地区的防护林树种选择要更侧重于抗盐碱性强、耐水淹、固沙能力强的树种，例如桉树、黑松、木麻黄等。

② 环境保护林带　是以保健为主要目的，设置在疗养院、社区或工矿附近的林带。这类树种需要有较强的抗污染能力，能够吸收污染气体并且能挥发杀菌物质，净化空气。松树、冬青、刺槐、女贞、夹竹桃、臭椿、苦楝、柳树、构树、悬铃木等是常用的树种。

③ 风景林带　风景林带侧重于发挥植物的景观效益，为城市提供景色优美的游憩场所。风景林带树种选择发叶早、落叶晚的落叶树或者四季常青的常绿树，要求树种姿态优美，色泽鲜明，有花果可赏者为佳。例如雪松、香樟、银杏、桂花等。

4.2.3.9 盆栽和地栽的桩景树

盆景艺术源于中国，是将景缩于盆中，达到更高的审美境界。盆景可以分为山石盆景和树桩盆景两大类。山石盆景以石为主，植物作为点缀；树桩盆景简称桩景，是以树木为主，有的以山石作为点缀，也有的单独一株或几株植物。

盆景树种的选择以生长缓慢、萌芽力强、耐修剪、耐造型、容易成活、寿命长为基本要求，尤以盘根错节、姿态古朴优美、枝叶细密、叶色或果色艳丽者为佳。随着需求的发展，树桩盆景不仅仅是栽在盆中供室内案头观赏用，而且也包括栽植在庭院绿地上，经艺术加工过的体量较大的造型树。此类树种的选择要求与盆栽的桩景树要求基本一致。

目前我国较多使用的盆栽桩景树为华山松、日本五针松、罗汉松、圆柏、刺柏、榔榆、黄杨、六月雪、鸡爪槭、贴梗海棠、西府海棠、梅花等；地栽的桩景树以榕树、紫薇、罗汉松、五针松、银杏、榆树、蚊母树等作为常用树种。

4.2.3.10 室内绿化植物

室内绿化植物指耐阴性强、观赏价值高，适用于室内盆栽观赏的植物。这类植物对室内散射光环境有较强的承受力，能适应室内通风不良、空气湿度不适等条件，且在陈设较长的时间的情况下仍能维持正常的生长状态。

这类植物一般以蕨类植物、天南星科、棕榈科植物为主，如龟背竹、花叶万年青、红掌、散尾葵、棕竹等。

4.3 不同城市绿地类型下园林植物的选择与配置

4.3.1 城市绿地类型的环境特点

4.3.1.1 道路绿地的环境特点

道路构成城市的基本骨架，是城市功能分区的重要依据，对于城市的正常运作有着不可替代的作用。

城市道路的建设必然会带来交通的污染，产生各种有害气体及噪声，使道路绿地周围的环境具有空气污染严重、噪声大、灰尘多、气温高等特点，对道路绿地上植物的生长产生不利的影响。道路的硬质地面会威胁植物的根系生长，造成植物根环束的现象，阻止营养的循环运输，严重时造成植物的死亡。

4.3.1.2　广场绿地的环境特点

广场绿地是城市中的公共活动场所，以游憩、聚会、纪念等为主要功能的开放性绿地。广场一般硬质地面较多，侵占植物的有效生长空间，同时广场地面的平面辐射热与广场上建筑物和构筑物的立面辐射热，使其气温明显高于周围其他环境。由于广场上游人众多，可能造成植物的人为损害，使植物生长受阻。

4.3.1.3　机场绿地的环境特点

机场绿地对于处理机场与邻近地区之间的相互影响有着不可替代的作用。飞机发动时发动机的排放物质造成空气的污染，空气中弥漫各种有害气体和有害的悬浮物质微粒，对于人体健康及动植物的生长产生不利影响。同时飞机发动机遗漏的燃料、污水排放等可能会污染周围的土壤及水源，破坏植物的正常呼吸及代谢功能。飞机场的大量硬质地面产生剧烈的辐射热，影响植物的正常生长，严重时会灼伤植物。

4.3.1.4　居住区绿地的环境特点

居住区绿地与人们的日常生活密切联系，人流较为集中，使用人群一般是老人、儿童和青少年，绿地使用对于不同人群有不同的特点，植物配置时要充分考虑人群活动的多样性。居住区绿地在房屋建造时对土壤有一定的破坏，而且大多数雨水通过下水道流走，不能被土壤吸收，从而导致土壤贫瘠，立地环境恶劣。居住区生活设施多样，导致管线密集，对植物的选择和配置造成一定影响。此外，居住区楼房林立，对于光照和空气流通造成一定阻碍，在一定程度上也会影响植物生长。

4.3.2　道路绿地园林植物选择与配置

城市道路绿化已经成为一张城市"名片"，体现着一个城市的风土人情和地域特色。因此，必须要经过科学合理的设计，在各种不同性质、等级和类别的道路绿地上配置植物，以达到改善环境、辅助交通、美化环境、创造宜人活动空间的目的。

4.3.2.1　城市主干道

城市主干道是贯穿整个城市的枢纽，是连接城市各重要部分的脉络，并能将整个城市进行空间划分。城市主干道的道路绿化是城市绿地系统的重要组成部分，应以满足交通功能为主，兼顾美化和生态防护功能。城市道路的景观模式分为一板两带式、两板三带式、三板四带式、四板五带式。根据道路绿带的不同位置，大致分为行道树绿带、分车绿带、路缘绿带。

(1) 行道树绿带　行道树绿带，它关系着整条道路绿色空间的展示，关系着城市整体形象的体现，能够增添城市的魅力，并且是城市生态系统中不可分割的一部分。行道树绿带的配置形式有两种：一种是种植池式，即利用树池进行植物配置，在配置时要充分满足植物的生长需求，并且不妨碍交通，对于高于地面的种植池，可以考虑在树池里种植草本花卉、藤本等植物，丰富植物景观；另一种是种植带式，即在人行道与车行道之间留出一条绿化带。依照不同的宽度，绿化带可以种植一到多行乔木，或者搭配成乔、灌、藤复合群落。

行道树绿带植物选择中，乔木是主角，主要起着遮阴和美化及防护的作用。由于城市街道的环境条件一般比较差，要选择那些耐瘠薄、抗污染、耐损伤、抗病虫害、根系较深、不怕暴晒、抗逆性强的树种，一般以乡土树种为主，也可选用已经长期适应当地气候和环境的外来树种。其次，行道树还应能方便行人和车辆行驶，植物选择时，要求主干通直，分枝点高，冠大荫浓，萌芽力强，耐修剪，基部不易发生萌蘖，落叶期短而集中，大苗移植易于成活。符合行道树要求的树种非常多，常用的行道树有悬铃木、银杏、国槐、毛白杨、白蜡、梧桐、银白杨、圆冠榆、白榆、旱柳、樟树、榉树、七叶树、重阳木、小叶榕、蒲葵、大王椰等，也可以选择观花乔木，如合欢、广玉兰、蓝花楹、凤凰木、洋紫荆、木棉等。

对于花灌木和地被的选择，乔木下层的花灌木选择耐阴或耐半阴的品种，地被以能在当地露地越冬的品种为主，树池中的草本植物选择抗寒、抗旱、管理粗放的品种，一般选择一、二年生花卉或宿根花卉，并且要设计出1~2个可替换品种，如用白车轴草、红花酢浆草替换部分草坪，选用八宝景天、鸢尾、萱草等花叶兼美的宿根植物，达到很好的效果，还可选择藤本植物，如常春藤、五叶地锦。

（2）**分车绿带**　分车绿带指在划分车行道分隔带上进行绿化的方式，也称为绿色隔离带。植物配置时根据不同的搭配形式可以形成不同风格效果。可以将耐修剪的小乔木、灌木修剪成一定的造型，或将乔、灌木按照一定的株行距排列种植，形成规则式篱植，通过利用植物在高度、体量、色彩、质感上的对比，营造规整、秩序的空间效果。或在宽度较大的分车绿带中，将乔、灌、地被进行自然式搭配，营造小型群落景观，丰富季相变化。此种搭配可以打破以往注重乔灌密集种植，形成块状镶嵌，只突出空间大色块而群落结构单一、景观过于僵硬的局面。另外，也可以将乔、灌木经过修剪，搭配成一定的几何图案，营造模纹花坛式样的效果。

分车绿带中，常见的是一些耐修剪的绿篱植物，如大叶黄杨、金叶女贞、紫叶小檗、红花檵木、海桐、石楠等，以及观花、观果植物如珍珠梅、丁香、碧桃、石榴、锦带花、金银木、木槿、紫叶李、胡颓子、紫荆、美人梅、火棘、蜡梅、蚊母树、木芙蓉、结香等，边缘部分可用麦冬、三色堇、矮牵牛等地被植物，对于宽度可以满足种植乔木要求的绿带，按照行道树绿带中乔木选择的原则即可。

（3）**路侧绿带**　路侧绿带指的是在道路侧方，设置在人行道与道路红线之间的绿带。路侧绿带保持人行道景观的连续性和完整性，与行道树绿带和分车绿带形成统一的道路绿化体系。毗邻建筑的基础绿化可以软化硬质线条，保护建筑内部环境及人员活动不受外界干扰。路侧绿带的植物配置取决于绿带宽度，当宽度小于4m时，可选择低矮的花灌木修剪成一定造型或配置成模纹花带进行装点，对于建筑的基础绿地，避免选择高大乔木而影响建筑的采光和通风；宽度在4~8m，可选择乔、灌、地被搭配，让大乔木靠近人行道一侧，与行道树形成林荫；宽度大于8m时，可以设计成开放式绿地，内设游步道和休闲设施，植物配置更为灵活，供行人进入游憩，营造街边休闲绿地，若条件允许，还可与周边地块结合，形成街边小游园。

路侧绿化与车行道的距离相对远些，受其干扰小，可绿化的区域和范围更宽泛，可选择的植物种类更多。除要满足行道树绿化的选择条件外，可增加花灌木、草本地被的比例，使之与行人更亲近，也更能用色彩和季相变化去丰富城市道路空间。

4.3.2.2　步行街

城市步行街是以人为主体的环境，是户外休闲的一种，因而在进行植物配置时，也要和其他生活设施一样，从人的角度出发，以人为本，尽量满足人们各方面的需求，这样才能使植物景观较长时间地保留下来，而不会因为设置不当导致行人破坏。另外，也要考虑植物对环境条件的需求，根据不同的环境选择不同的植物种类，保证植物的成活率。根据步行街使用性质不同，可分为商业步行街和游憩步行街两种。商业步行街位于各种商业活动的聚集地，往往位于城市繁华区域；游憩步行街以观览、游玩为主，往往位于风景优美的区域。

（1）**商业步行街**　城市商业街对土地的利用要节约、高效。在植物配置上，要将美观和实用相结合，尽量创造多功能的植物景观。例如可在花坛的池边设置靠背，为行人提供座椅；也可在座椅的旁边种植花草，如在凳子间留下种植槽，种上小型蔓生植物。由于土地有限，在植物选择上以小型花草为主，可布置小型花坛、花钵、花箱，对景观空间进行点缀。这些小型花坛、花钵可使公众产生美感，缩短人的社交距离，密切人际关系，增添生活情趣。或设置花架、花廊、花柱、花球等各种立体植物景观形式，利用藤本花卉或攀缘植物，形成从地面到空间的立体装饰效果。在较宽阔的商业步行街上可以利用树池或花台种植树冠大荫浓的乔木或开花绚丽的花灌木、草本花卉。

（2）**游憩步行街**　游憩步行街主要是为居民提供一个自然幽静的空间。它对土地的限制不是很严格，因而可以选择多种植物材料进行配置。充分利用不同的乔、灌、草、花等，为人们营造一个绿树成荫、鸟语花香的世界。如果城市中有良好的景观条件，可根据这些天然景色设置步行道，选择合适的植物加以美化，使人们在游山玩水之时欣赏植物之美。这种植物配置和街道及自然景观综合起来考虑，组成一个整体景观。

4.3.2.3 公园道路绿化

园林道路是公园的重要组成部分之一，它承担着引导游人、连接各区等方面的功能，是游人对公园最直观的感受，公园道路绿化的优劣，直接影响行人游玩体验的好坏，按其作用及性质的不同，可分为主要道路、次要道路和游步小道等。

(1) 主要道路　园林主路是沟通各功能区的主要道路，往往设计成环路，一般宽4~6m，游人量大、平坦笔直的主路两旁常采用规则式配置，多选用树干通直、枝叶浓密的乔木，如圆柏、龙柏、悬铃木、槐树、樟树、梧桐、榉树等，或植以观花类乔木或秋色叶植物，如玉兰、合欢、栾树、银杏、槭树、枫香、五角枫等，并以花灌木、宿根花卉等作为下层植物，以丰富植物层次。但要注意上层植物的郁闭度是否会超过下层植物，所以在下层植物选择时，应尽量选择耐阴品种。主路前方有漂亮的建筑作对景时，两旁的植物可以密植、对植形成夹景，使道路成为甬道，以突出建筑主景。甬道植物多以常绿树为主，如侧柏、圆柏、龙柏、油松、罗汉松、女贞、石楠等，园林主路的入口处，也常常以规则式配置。

自然的园路旁不宜成排、成行种植，而应该以自然式配置为宜，避免给人一种机械、呆板的感觉。植物配置多以乔灌木自然散植于路边或乔灌木群植于路旁，或置草坪、花地、灌木丛、树丛及孤植树，以求变化形成更自然的植物群落。游人沿路漫游可经过大草坪，亦可在林下小憩或穿行于花丛中；以水面为中心的园林，主路多沿水面曲折延伸，依地势布置成自然式；若在路旁微地形隆起处配置复层混交的人工群落，最得自然之趣。如南京地区选用三球悬铃木、枫香树、桂花、银杏、柳树、香樟树、黄山栾树、南京椴等作上层乔木；用红叶李、紫薇、红枫等作小乔木；棠棣、木香、杜鹃、十大功劳、丁香、锦带花作为灌木；下置八角金盘、二月兰、麦冬、沿阶草、玉簪、紫萼等喜阴植物。主路两边如要设置供游人休息的座椅，则座椅附近应种植高大的落叶、阔叶、庭荫树以利于遮阴。

(2) 次要道路　次要道路是主路的一级分支，连接主路，且是各区内的主要道路，宽度一般在2~4m。次要道路的布置既要利于便捷地联系各区，沿路又要有一定的景色可观。在进行次要道路景观设计时，沿路在视觉上应有疏有密、有高有低、有遮有敞，可以沿路布置树丛、灌丛、花境去美化道路，也可选用多树种组合配置，但要切记主次分明，以防杂乱。如在青翠欲滴、三五成群的塔柏路边，点缀几棵紫叶李或合欢，再配以石块和不同造型的地被酢浆草，会使自然的园路顿然升色。也可以利用各区的景色去丰富道路景观。有些地段可以尽量选一种树种组织植物景观，与周围环境相结合，突出一路一景特色景观，形成富有特色的园路，如昆明圆通公园的西府海棠路。

(3) 游步小道　游步小道分布于全园各处，是全园风景变化最细腻、最能体现公园游憩功能的园路，尤以安静休息区为最多，一般宽度在1~2m，有些公园为增添游览乐趣还不足1m。游步小道两旁的植物应最接近自然状态，时常路边会设置一些小巧的园林建筑、石桌、坐凳、游戏设施等园林小品供游人休息和游乐。由于小路路面窄，有时只需在观赏面种植乔灌木，就可以达到遮阴与观赏的目的。游步小道可沿水布置，也可蜿蜒伸入密林，或穿过广阔的疏林草坪，又可靠近湿地边界，游步道要依据在园林中的不同位置，因地制宜地选择植物配置形式，如湿地中的游步道就以耐水湿的乔、灌木为主；水中的游步道则以浮水、挺水植物为主，提供近距离观赏。

4.3.2.4 高速公路

高速公路的植物配置不仅可以美化道路景观，为旅客带来轻松愉快的旅途，还具有减轻驾驶员的疲劳、防眩光等作用，以保障交通安全。高速公路的植物景观由中央隔离绿化带、边坡绿化和互通绿化等组成。

(1) 中央隔离带　中央隔离带是高速公路绿化重要的组成部分，设在两条对行的车道之间。隔离带内还可种植修剪整齐、具有丰富视觉韵律感的大色块模纹绿带或间植多种形态的开花植被使景观富于变化，防止视觉疲劳，但绿带中选择的植物品种不宜过多，色彩搭配不宜过艳，形式不宜复杂，重复频率不宜太高，节奏感也不宜太强烈，防止影响交通安全。植物选择时注意以下几点。

① 树冠太大或植株过高的树种不宜选用，避免干扰司机的视线，防止被强风吹断影响交通安全。中央隔离带树高一般控制在 1.5m 左右，单株控制在 1.8m 左右，篱植控制在 1.2m，单株 1.5m。

② 采用抗逆强的植物。由于高速路具有环境恶劣、土层较浅、土壤条件差、养护困难等现实情况，因此应选择具备抗风沙、抗高温、抗污染、抗干旱、抗贫瘠的树种，如紫穗槐、海桐、大叶黄杨等。

③ 常绿植物优先，要利用植物遮挡迎面车辆的眩光，要保证四季都能起到防眩光作用，因此以种植常绿植物为宜，例如侧柏、圆柏、大叶黄杨、海桐、石楠等。

④ 选用枝小叶密植物，能够有效地防止眩晕，如紫穗槐、石楠、海桐、火棘、连翘。

此外，适当选择彩叶植物能维持较长时间的观赏效果，采用一些富有野趣的地被花卉，也带有别样的风味。

(2) 边坡绿化 边坡绿化的主要目的是固土护坡、防止冲刷、确保边坡和路基的稳定性，其次要改善和美化沿线的环境。其植物配置应尽量不破坏自然地形、地貌和植被，一般选择根系发达、易于成活、便于管理、兼顾景观效果的植物物种，一些没有土壤的岩石边坡可采用生态包的方式进行绿化。针对硬质护坡造成的视觉污染，应尽量柔化和美化坡面。选择上：

① 以乡土植物为主，外来引种为辅；

② 以耐旱耐贫瘠植物为主；

③ 以种子繁殖的种类为主，无性繁殖种类为辅；

④ 对于区域环境改善、景观效果好的野生植物，可任其自由生长，形成更富生态野趣的景观；

⑤ 以草本地被植物为主，藤本、小灌木为辅。

乔木树冠高，根系深，会提高坡面负载，尤其在有风的天气，易造成坡面的不稳定，从而对坡面造成破坏，同时对司机的视野有阻碍作用，所以不建议在边坡栽植乔木。现今国内外常采用灌木、草本地被与藤本相结合的栽植方式，能够有效减少成本，提高植被覆盖率，防止群落发生衰退。藤本植物也越来越多地应用于边坡绿化中，它们生长迅速、攀附能力强、适应能力好，常用于岩石边坡或土石混合边坡的垂直绿化。

(3) 互通绿化 互通立交区绿地位于高速公路的交叉口，最容易成为人们视觉上的焦点，是高速路绿化景观的重要节点，其配置形式主要有两种：一种是大型的模纹图案，花灌木根据不同的线条造型种植，形成大气简洁的植物景观，还可融入地方文化元素，提升高速路景观品位；另一种是苗圃景观模式，人工植物群落按乔、灌、草的种植形式种植，密度相对较高，在发挥其生态和景观功能的同时，还兼顾了经济功能，为高速路绿化养护提供了所需的苗木。

4.3.3 广场绿地园林植物选择与配置

广场用地是以游憩、纪念、集会和避险等功能为一体的城市公共活动场地。根据《城市绿地分类标准》(CJJ/T 85—2017)，广场用地的绿地占地比例宜≥35％且＜65％。不同类型的广场由于其主要的用途不同，在植物的选择与配置上各有侧重。

4.3.3.1 集会广场

集会广场具有一定的政治意义，一般位于城市的市中心或区中心，广场周围是市政府等其他行政管理建筑或公共建筑。集会广场一般呈对称布局，标志性建筑在景观轴线上。在平时，集会广场作为市民提供休息、游览的户外场所，需要时可以举行集会活动。因此，其植物景观的配置应具有严整、雄伟的特点，常采用矩阵式种植树木和模纹花坛。集会广场以大面积的硬质场地作为中心，在主席台、观礼台等重要建筑周围以对称式布局配置常绿植物；节日时，以时令花卉作为点缀或在广场入口、中心设立节日花坛。

4.3.3.2 纪念广场

纪念广场是为了纪念具有历史意义的人或事物而修建的，主要用于开展纪念性的活动，供人瞻仰、游览。纪念广场突出表现某一纪念建筑或纪念雕塑，因此在植物选择与配置上需要注重纪念性氛围的营造，以体现严肃的主题思想。植物在布置形式上以规则式、对称式为主，种类不宜繁杂，多选用色彩浓重的常绿树，通过重复的形式出现，以强调庄严、肃穆的气氛。常常用松、柏、女贞、杜鹃等作为植物材料，不仅能够烘托氛围，而且蕴含永垂不朽、流芳百世的文化内涵。

4.3.3.3 休闲及娱乐广场

休闲及娱乐广场是居民进行休息、游玩、交流、演出及展览等各种各样文娱活动的场所，位置选择较灵活，常常设置在居住区内、街道旁等贴近居民生活，便于居民使用的地方，能更好体现公众的参与性。休闲及娱乐广场氛围轻松愉快，它可以是无主题、片段式的，因此在植物的配置与选择上也更加灵活、自由。在满足植物基本生长条件的基础上，可以根据广场自身特点选择植物材料，进行个性化的设计，使得在植物配置层面上展现广场的可识别性。一般来说，休闲及娱乐广场常常使用开花植物以花坛或花丛的形式来营造轻松欢乐的氛围，若想创设一个安静的休息空间，则可以偏于广场一侧，种植高大乔木或者设立花架种植藤本植物来为游人提供舒适的空间。

4.3.3.4 商业广场

商业广场是最常见的广场类型之一，它常常设立在商务贸易、餐饮娱乐设施集中的街区，不仅具有商务贸易、展销购物的功能，而且讲求游憩休闲、社会交往的空间，为在商业区进行购物后的人们提供一个户外休闲场所。商业广场的植物配置需要考虑不同空间的环境组合，要考虑植物在功能上的需求。例如，广场上的行道树以遮阴功能为主，植物材料选择冠大荫浓的落叶树种；广场上休息的人们还会有观景需求，植物的配置则以植物组团、植物雕塑、花丛花坛为佳。此外，立体化的植物配置在寸土寸金的商业区进行运用可以有效地提高绿化率，改善商业广场环境。

4.3.4 机场绿地园林植物选择与配置

机场作为城市对外展示区域形象的窗口，在进行植物景观配置时，应将区域文化融合在机场景观中，以满足绿地总体布局、功能要求与景观效果为主，融合景观文化和风土人情，使其成为传播艺术文化和展现城市形象的重要载体。机场绿地与其他公共绿地不同，具有如下特点：①机场远离市中心，周边多为农村和小城市，自然资源丰富；②机场规模较大，建设初期可绿化用地较多；③机场绿地服务对象复杂，需满足不同类型使用人群的需求；④安全问题是机场绿化设计的首要问题，在树种选择上要充分考虑净空限高、鸟类等影响飞行安全的因素；⑤机场建筑体量庞大，形式多样，在烘托建筑、协调强化建筑功能上对绿化有着更高的要求。

在机场绿化设计中，需要树立"以人为本"和"可持续发展"的绿地景观设计理念。在绿地整体规划上主要通过群植、丛植、林植等方式营造出气势雄伟的植物景观，降低机场运行时对周边环境造成的污染，改善机场区域小气候，凸显生态功能，体现生态美和整体美。在局部设计上，充分利用地形地貌、水体、道路等现有资源条件，强调以植物造景为主，运用园林艺术手法，营造出体现地方特色和文化气息、功能各异的景观空间，满足机场不同使用者的审美要求以及正常功能需要，凸显景观功能和社会功能。

机场绿化主要包括站前广场绿地、建筑周围绿地和进场道路绿地，以旅客航站楼内外作为绿化美化的重点。机场绿地的园林植物选择与配置首先要体现安全性原则。保障飞行安全，防止鸟类对飞机正常运行的干扰是机场绿化的首要目的，因此在进行植物选择时，应避免使用浆果植物、种子植物、易发生虫害的植物以及蜜源植物等，如日本女贞、樱花、红瑞木、小檗、卫矛等，均应谨慎使用。园林植物高度需符合净空要求，以保障飞机运行时的视线要求，在围界两侧5m范围内不得种植乔灌木，围界周围选择分枝低矮、生长缓慢、抗逆性强、管理简单粗放的乔灌木或常绿针叶树种作为防护绿带，进场道路两侧的行道树树冠不宜搭接，以确保飞行区围界技防设施发挥作用。在进行植物配置时，也可以选择一些具有防火、防风特性的植物，形成天然的防火屏障，如冬青、枸骨、香椿、元宝枫、黄连木等。机场覆盖的地被植物应选择生长缓慢、抗性强的耐阴地被或草坪，如常春藤、地锦、珍珠梅、棣棠、中华结缕草、麦冬等，并应及时喷洒化学药剂，避免鸟类聚集。其次，机场绿地的园林植物选择与配置应体现地方特色，在不影响机场安全性的前提下，提高植物种类的多样性（diversity），加强驯化引种（domestication introduction）工作，选用适应当地气候条件的外来植物，加强对当地本土资源的开发利用，选择能够抵御道路交通等复杂环境条件的优良品种，丰富植物群落结构的多样性，兼顾植物群落的季相变化，尝试引种一些色彩和季相变化较为明显的树种及彩叶植物，如银杏、元宝枫、黄栌、碧桃、榆叶梅、连翘等，在不同的季节营造出绚丽多彩的景观效果。

4.3.5 居住区绿地园林植物选择与配置

居住区绿地是与人们日常生活最密切相关的绿地，是人们使用频率最高的绿地类型。居住区绿地的植物选择与配置会直接影响到居住区的环境水平与景观效果，进而影响到居民的生活质量。根据不同的使用类型，居住区绿地的分类主要分为公共绿地、配套公共建筑所属绿地、宅旁绿地以及道路绿地等。

4.3.5.1 公共绿地

公共绿地包括中心绿地、组团绿地、儿童游乐场、小游园和屋顶绿化等，主要是为居民提供户外休憩、活动和娱乐的场所，因此，植物的选择和配置应遵循以人为本的原则，合理布局，最大限度地满足居民多种活动需要，充分发挥种植模式生态效益，创造优美的自然环境和丰富的活动场地。居住区绿化植物的选择与配置须考虑以下几方面因素：首先，植物的选择应考虑与绿地内花架、树池、桌凳、景墙等设施的协调；其次，植物配置上讲究色彩漂亮、姿态优美、花繁叶茂、形式多变、细致耐用，做到三季有花，四季常绿；最后，以多层次复层植物群落为种植原则，留出大量活动空间，以丰富植物季相变化来创造休闲宜人的空间景观及生态环境。

4.3.5.2 配套公共建筑所属绿地

这类绿地不仅需要满足所属单位对其功能、特点的要求，而且应结合周围环境，发挥其作为居住区绿地组成部分的重要作用。配套公共建筑所属绿地与居住区其他绿地相邻布置，可以通过精巧低矮的花围墙，使绿化空间相互渗透、相互增景、扩大绿色视野。公共建筑与住宅之间应设置隔离绿地，多用乔木和灌木构成浓密的绿色屏障，以保持居住区的安静。居住区内的垃圾站、锅炉房、变电站、变电箱等欠美观地区可用灌木或乔木加以隐蔽。停车场也是现代居住区必备的公共设施之一，通常可以在周围配置乔灌木，形成分隔带，车场内可以配置乔木，营造遮阴效果，地面铺装可以采用植草砖，减弱大面积硬质路面的生硬感。

4.3.5.3 宅旁绿地

宅旁绿地要满足居民就近休息、交往等活动，需要具有降温、增湿、安全防护等功能。在植物配置过程中，既要保证景观通透，又要保证楼间通风，一般采用自然式栽植，并利用植物群落中不同层次的植物配置，构成丰富的季相变化及景观序列。同时可以考虑提供鸟瞰效果，利用花境形成观赏图案，使高层俯视也有良好的景观效果。另外，要考虑建筑物对空间的围合及建筑物的朝向。例如，建筑物围合能够形成优于一般地段的小气候，为小区植物安全越冬提供了优越的生存条件。

4.3.5.4 道路绿地

居住区道路能将居住区各类用地联系起来，使小区风格统一，是反映小区绿化面貌的重要部分。植物配置上应体现不同于城市道路的气氛，选择不同于城市街道的行道树，可采用乔木、灌木、花境和草坪相结合的方式，营造轻松活泼的居所环境。植物多选择枝叶繁茂的乔木和开花繁密的花灌木或具有叶色变化的树种，还可利用色彩艳丽的草本花卉，丰富居住地的植物景观，同时要避免选用刺多和味道怪异的植物。

第5章
园林植物的栽植

园林植物的栽植是形成园林绿地的基础，通常是指以园林种植设计图为依据，将不同类型的园林植物种植在相应的位置上。园林植物的栽植要体现植物配置的科学性和艺术性，栽植质量的好坏将直接影响植物栽植后的生长状况和景观效果。

5.1 园林植物栽植成活原理

园林植物的栽植（即绿化施工）不是简单的"种树栽花"，而是一个前后衔接的系统工程，其目的是保证栽植的园林植物能够成活并正常生长，从而达到预期的景观效果和生态效益。通常来讲，园林植物的栽植包括起苗、运输、种植及成活期的养护四个环节，任何一个环节出现问题都会影响植物的成活和后续的生长。只有掌握了园林植物栽植成活的原理，才能在绿化施工的各个环节采取相应措施以提高栽植的成活率。

5.1.1 栽植的概念

园林植物栽植（planting）是指将园林植物从一个地点移动到另一地点，并使其继续健康生长的操作过程。对于地栽的园林树木，栽植包括起苗、运输、种植及成活期养护四个环节；对于容器苗和大部分花卉，栽植往往只包括运输、种植和成活期养护三个环节。

起苗即将被栽植的园林树木从土壤中带根挖出的操作，分为裸根起苗和带土球起苗两种方式。对挖出的苗木进行处理和包装、运到栽植场地的过程即为苗木运输。

种植是园林植物栽植的核心环节，分为定植、假植和移植三种类型。

（1）**定植**（permanent planting） 将园林植物按照设计要求种植在预定位置、不再移动称为定植。定植是利用各种不同类型的园林植物形成园林绿地的过程，是园林绿化施工的关键步骤。

（2）**假植**（temporary planting） 假植是苗木起苗分级后，短时间将苗木根系埋在湿润的土中，临时采取的保护苗木根系的措施。假植分为临时假植和越冬假植两种类型。临时假植的时间一般较短（不超过20天），多用于苗木运到施工现场而又无法立即种植的情况。此时可选择背阴、排水良好的地方挖假植沟，将苗木成捆排列在沟内，用湿土覆盖根系和苗茎下部并踩实，以防透风失水；若只假植3～5天，只需将苗木根部浸水后用湿土遮盖即可。越冬假植适用于苗圃秋季为腾地需要出圃或绿化施工提前囤苗。在土壤封冻前，选择排水良好、土壤疏松、背阴、背风、便于管理且不影响来春作业的地段开假植沟进行越冬假植。

（3）**移植**（transplantation） 将苗木种植在一处，经过几年生长后还要再次移动称为移植。移植通常是园林苗圃在大苗培育过程中，为扩大生长空间、促进苗木侧须根生长而采取的栽培措施。此外，绿化施工时会将规格较小的苗木进行密植；随着苗木生长、空间逐渐拥挤，需要对过密的苗木进行移植以维持景观效果。

园林树木的成活期是指树木栽植后的2～3年，这一时期是树木萌生新根、重新建立树体内代谢平衡的关键时期。处于成活期的树木需要进行及时、合理的养护管理，采取各种措施保证树木成活，为后期健康生长、形成良好景观效果奠定基础。

5.1.2 栽植成活的原理

植物在长期的进化过程中，形成了对当地生态因子和气候条件的要求和适应，即形成了一定的生态习性。当栽植地的立地条件能够满足园林植物的生态需求时，园林植物栽植后能够成活并健康生长，达到预期的景观效果和生态效益；当栽植地的立地条件不能满足园林植物的生态需求时，则栽植后难以成活，或者即使成活，也无法达到预期的效果。因此，要保证园林植物栽植成活，必须要满足其生态需求。此外，正常生长的园林植物地上部分与地下部分达到了一定的比例和平衡，其体内的新陈代谢尤其是水分代谢处于相对稳定的状态。只有当栽植后的植物重新达到了以水分代谢为核心的代谢平衡，植物才能正常生长。所以除生态学原理外，园林植物栽植成活还要考虑生物学原理。

5.1.2.1 生态学原理

任何植物都有适宜生存的环境，只有立地环境条件能够满足植物的生态需求，植物才能成活并生长。园林植物栽植成活的生态学原理即要保证栽植地的生态条件与园林树木的生态习性相适应，即适地适树。适地适树是进行园林植物配置和种植设计必须遵循的基本原则，是园林植物能够栽植成活和健康生长的基础。

5.1.2.2 生物学原理

园林植物栽植成活的生物学原理即植物新陈代谢平衡原理，其中又以水分的代谢平衡最为关键。水分是植物一切生命活动的基础，只有当植物体内水分处于代谢平衡状态时，植物才能存活。以园林树木为例，在树木栽植之前，其体内的代谢处于动态平衡的状态：树木地下部分与地上部分维持适宜的比例；根系与土壤密接，吸收根数量多，根系吸收的水分和叶片、枝干等散失的水分基本相等，树木处于正常生长的状态。树木起挖时，根的数量大量减少，尤其是处于外围的吸收根几乎全部丢失，根系与土壤密接的状态也被破坏，造成根系吸收水分和养分的能力大大降低；相应地，地上部分获得的水分和养分也大量减少。在随后的运输过程中，枝叶蒸腾作用仍在进行，而根系吸收的水分极少（土球苗）或几乎无法吸收水分（裸根苗），导致树体失水进一步加重。树木栽植后，尽管根系埋入土中并获得足够的水分供应，但因根系与土壤密接及萌生新的吸收根仍需一定的时间，根系吸收水分的能力无法在短时间内恢复。由此可见，在整个栽植过程中，树木体内的水分代谢都处于入不敷出的状态，这严重影响了树木的生命活动，甚至会造成树木死亡。因此，如何在栽植过程中维持和恢复树体以水分为主的代谢平衡是栽植成活的关键。这种平衡关系的维持和恢复除与起苗、运输、栽植和栽后管理这四个主要环节的技术直接有关外，还与影响生根和蒸腾的内外因素如树种根系的再生能力、苗木质量、苗龄、栽植季节都有密切关系。

5.1.3 保证栽植成活的关键措施

根据园林植物栽植成活的原理，要保证园林植物栽植的成活，在栽植时一方面要处理好园林植物的生态习性与立地条件的关系，另一方面要采取措施保证树体内水分代谢的平衡。

① 尽可能做到"适地适树"。适地适树是保证园林植物栽植成活的前提条件，也是园林植物栽植时首先要考虑的原则。

② 缩短栽植过程中"起、运、栽"的时间，防止苗木过度失水。起苗后，苗木根系基本吸收不到水分，但枝叶仍在散失水分，时间越长散失水分越多，苗木栽植的成活率越低。研究表明，随着油茶存放时间的延长，其失水率升高；当失水率达到30%时，栽植成活率只有6.7%（表5-1，图5-1）；杨树根系含水量每下降1%，其成活率下降2.8%。因此，在园林植物栽植过程中，要做到"随起、随运、随栽"，以尽量减少水分损失。

表 5-1　油茶存放时间对失水程度的影响（张四七，2011）

项目		失水率		
存放时间		7h	14h	21h
存放方式	裸根存放	23.23%	32.14%	36.06%
	塑料袋包装	9.83%	16.49%	19.38%
	假植存放	6.39%	9.05%	10.33%

③ 栽植过程中多带根系、保护根系、促发新根。起苗时，在适宜的情况下尽可能扩大起挖范围以多带根系；在整个操作过程中采取保护根系的措施如蘸浆、包扎、湿润物覆盖等；将起挖时损伤的根系伤口剪平、涂抹生长素等，以减少水分散失，促进新根萌发。

④ 栽植时做到根土密接，栽后灌水。栽植时要将土踩实以保证根系与土壤颗粒紧密接触，栽后尽快灌水。这样做的目的是保证根系周围有充足的水分，便于根系吸收水分以补充树体的水分损失。需

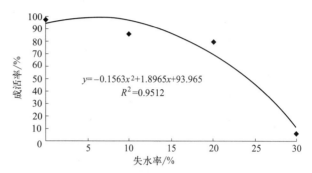

图 5-1　油茶失水率与栽植成活率的关系（张四七，2011）

要注意的是水量过多或土壤板结会造成根系缺氧而窒息或者腐烂，因此灌水时灌足即可，不能有积水；若土壤板结严重需要及时中耕松土。

⑤ 修剪树冠。修剪树冠的目的是减少枝叶量、降低蒸腾作用从而减少水分损失。修剪程度因树种、树体大小、栽植季节而异，有时为了景观效果或保持树形无法进行较大程度修剪时，可以摘除部分叶片，以达到降低蒸腾的目的。

5.2　园林植物的栽植技术

在园林绿化施工过程中，园林花卉的栽植较为简单，通常是把花苗从营养钵中取出栽植到地里或者将种球直接栽入土中；园林树木的栽植相对比较复杂，涉及的环节多、技术要求也高。

5.2.1　栽植季节

园林树木栽植时，需要综合考虑栽植地的气候及土壤条件的变化、树木的生长生理活动变化以及花费的人力、物力等因素来确定栽植季节。根据树木栽植成活的原理，植树的适宜时期应是树木蒸腾量较小，有利于树木损伤根系的恢复及发根，保证树体水分代谢平衡的时期。因此，在四季明显的地区以秋冬落叶后到春季萌芽前的休眠期（春、秋）最适宜，此时树体内储存的营养丰富、土温适宜根系生长、气温低蒸腾弱、根系有一个生长高峰，栽植成活率最高。随着栽植技术的发展和新技术、新方法的应用，现在一年四季都可以进行园林树木的栽植且保证较高的栽植成活率。

5.2.1.1　春季栽植

春季栽植在土壤解冻后至树木发芽前进行。此时土温回升，解冻后的土壤湿润、透气，根系开始恢复生长、易发新根；而地上部分仍处于休眠状态，蒸腾作用弱，水分散失少。栽植后的树木先生根、后发芽，树体内水分和养分状况好，栽植成活率高。我国大部分地区都适宜在春季进行植树，尤其是冬季寒冷的地区，春季栽植的树木不需要采取防寒措施，可以节省人力物力。大多数树种都适宜在春季进行栽植，而不耐寒树种和肉质根树种春季栽植成活率明显高于秋季。

春季栽植的不利条件是适宜栽植的时间短，一般只有 2～4 周的时间，易造成人力短缺、施工繁忙。

此外，北方部分地区春季气温回升快，根系来不及恢复地上部分就迅速发芽，会出现根系吸水不足的情况，降低了栽植成活率。因此，春栽要尽量提早，土壤解冻就可以进行栽植。清代《知本提纲》中的"春栽宜早，迟则叶生"说的就是这个道理。此外，要合理安排栽植顺序，参考树木的物候期，萌芽早的树种先栽，萌芽晚的树种后栽。

5.2.1.2 夏季栽植

夏季气温高，树木生长旺盛，蒸腾作用强，根系需要吸收大量的水分以满足地上部分的需要。此时若进行栽植，损伤的根系难以满足地上部分水分的需要；加之温度高，根系愈合慢且不易产生新根，导致成活率低。夏季通常不进行栽植，若因工期等原因需要在夏季进行绿化施工时，最好选择在雨季进行栽植；而一些冬春干旱、夏季雨水多的地区可在夏季进行栽植。

夏季栽植要保证成活率，需要注意以下几点：①尽量将松、柏类常绿针叶树在夏季栽植，选择春梢停止生长的树木栽植。②夏季栽植阔叶树可适当重剪树冠或多摘除叶片，以降低树体蒸腾作用，减少水分散失。③带土球移植，保证树木根系的吸水能力。④运输和栽植过程中做好树体保湿，可采取湿苫布覆盖树冠、树干缠草绳、土球覆盖等措施。⑤选择阴天降雨、空气湿度大时进行栽植，最好在雨季来临前、第一场透地雨后栽植。⑥栽植后配合养护措施，如树冠喷水、遮阴、喷抗蒸腾剂等，以降低蒸腾作用，提高栽植成活率。此外，夏季栽植还可以采用容器苗进行施工以获得较高的栽植成活率。

5.2.1.3 秋季栽植

秋季栽植的时间通常在树木落叶后至土壤封冻前。秋季树木地上部分进入休眠状态，蒸腾作用弱；而地下根系仍在生长，很多树种的根系在秋季有一次生长小高峰，栽植后易发新根，有利于成活。树木经过一年的生长，树体内积累了充足的养分，也利于根系的愈合和生长。此外，秋季栽植的树木经过一个冬季，根系与土壤接触紧密，来年春天无需缓苗即可正常生长。另外，秋季从树木落叶后至土壤封冻前都可栽植，甚至有些树种在大量落叶时即可栽植，栽植时间跨度大，有利于合理安排人力和完成大量的栽植任务。当然，秋季栽植也有一定的局限性。一些不耐寒、髓中空、有伤流、肉质根树种不宜秋栽；寒冷地区秋季栽植的树木易发生冻害或风害，需选择耐寒的树种秋栽或入冬前做好防寒措施。

秋季栽植适用于冬季较温暖地区树木的栽植，而华北、西北地区只有耐寒、耐旱树种才可以在秋季进行栽植。在适宜秋季栽植的地区，一些早春开花树种、针叶树秋季栽植成活率较高且不影响来年开花。但秋季栽植需要掌握好栽植时间，不宜过早也不宜过晚。过早则枝条木质化不完全，栽植后枝条失水多，树易干枯死亡；过晚则土壤冻结，损伤的根不易愈合，不产生新根，影响成活。

5.2.1.4 冬季栽植

冬季我国大部分地区气温低，根系受损后难以恢复且不萌生新根，而地上部分仍有微弱的蒸腾作用，容易造成树体内水分失衡；在起苗、运输过程中，根系也易受冻。此外，冬季枝条较脆，栽植操作过程中枝叶容易折断，苗木受损严重。因此，我国大部分地区不宜在冬季进行树木栽植。

在冬季温暖、土壤不冻结或冻结时间短且气候比较湿润的华南、华东南可以进行冬季栽植。而冬季寒冷的东北和华北北部地区则可在冬季采用冻土球法栽植。在土壤冻结5～10cm时挖沟起苗（此时土壤下层未冻），挖好四周，但不要切断树木主根；放置一夜，让土球自然冻结或洒水促进土球冻结；待土球冻结后，切断主根起苗、运输。这种方式省去了打包的过程，可以节省人力和物力，适合于寒冷地区松树类树木的栽植。

我国关于植树有句谚语："种树无时，莫教树知，多留宿土，刘除陈枝。"只要能做到"莫教树知"，即保证树体的代谢活动正常进行，一年四季都可以进行树木的栽植；而在树木栽植时，多保留根系或者带土球移植，对树冠进行修剪，是保证栽植成活率的重要措施。在园林绿化施工过程中，树木栽植人员应该根据栽植地的气候特点、栽植树木的生理生态特性及栽植技术水平的高低合理选择栽植季节，并采取多种措施来提高树木栽植的成活率。

5.2.2 栽植方式

园林树木的栽植分为裸根栽植和带土球栽植两种方式。在栽植时，可以根据栽植季节、苗木种类、苗木规格、当地气候条件等选择合适的栽植方法。

5.2.2.1 裸根栽植

裸根栽植即栽植的苗木根系裸露，仅保留基部宿土。这种栽植方式适宜大多数落叶树种和常绿树的小苗，多用于春季栽植和秋季栽植。裸根栽植操作简单、运输方便，可以节省人力物力，在适宜的情况下应优先采用。

裸根栽植的关键是保护树木的根系。起苗时尽可能多带侧根和须根；起苗后对根系进行修剪，将起苗过程中损伤的根系剪平，去除过长的骨干根、腐烂根和病根；及时蘸浆，以减少根系水分散失并提供水分；运输前用塑料膜等对根系进行包扎；运输过程中用湿苫布或湿帘覆盖保湿。

裸根苗运输到栽植现场后要及时栽植，不能立即栽植的需蘸浆后假植。

5.2.2.2 带土球栽植

带土球栽植的树木所带须根多，在起苗、运输和栽植过程中土球能较好地保护根系并为根系提供一定水分，因而栽植成活率较裸根栽植高；但其操作过程复杂、费工，运输和栽植不便，栽植成本较高。带土球栽植适于常绿树、裸根栽植难以成活的落叶树、大树以及生长季栽植。

带土球栽植关键是要保证土球不开裂。起苗时要做好打包工作，土球小且树木须根多、土质较黏不易散坨的可以简易包扎；土球大、土质松散的需要打腰箍并用橘子包的方式打包。在装车和卸车过程中要同时吊提树干和土球，并注意土球上不能站人或放重物。栽植时拆除包扎材料后土球不要再移动。

5.2.3 园林树木栽植技术

5.2.3.1 栽植前的准备工作

园林树木栽植前，需要进行一系列的准备工作，以保证栽植工作能顺利进行。栽植前的准备工作包括对设计意图和工程概况的了解、现场踏查、制定施工方案、施工现场清理、苗木准备等。

(1) 了解设计意图和工程概况 施工单位在接到绿化施工任务后，首先要与设计单位和主管部门沟通，拿到设计单位全部设计资料，明确图纸上的内容，了解设计目的、意图、要营造的意境以及对工程绿化效果的要求。此外还需要了解设计中的难点与亮点、近期需要达到的目标，以便在施工中很好地体现。

其次，需要了解整个绿化工程的概况。包括：①树木栽植及其他工程（道路、水体、山石、各种园林设施）的施工范围和工程量。②施工期限，需要明确全部工程总的施工期限及各单项工程尤其是栽植工程的开工、竣工日期；尽量保证栽植工程的不同类型树木在最适栽植时间内完成。③工程投资，包括主管部门批准的投资额度和设计预算的定额依据。④施工现场的地上与地下情况。地上需了解地形、地貌及地物情况，地下需了解管线、电缆及地下设施的分布等。⑤定点、放线的依据，一般采用施工现场永久性固定位作为定点放线的基准点。⑥工程材料的来源，主要是苗木出圃地点、时间、苗木质量、规格等。⑦机械和运输条件等。

(2) 现场踏查 项目负责人和技术人员必须亲自到现场，按照设计图纸和说明书对现场进行踏查。主要对以下方面进行现场勘查：

① 现场地物 主要核查绿化施工现场的建筑、道路、树木及其他设施的分布、数量等，确定其去留；对需要拆迁或伐移的需要明确手续办理方式。

② 土壤情况 对栽植地的土壤厚度、质地等情况进行核对，确定是否需要换土、客土量、好土来源及渣土去向等。

③ 核对栽植范围、定点放线的依据、水电及交通情况。栽植范围需明确，定点放线依据固定可靠；现场是否有水源和电源，如果没有该如何解决；是否可以通行车辆及是否需要开通道路等。

④ 定出植物材料假植与存放地点，施工期间生活设施（食堂、厕所、宿舍等）设置地点并在平面图上标明。

(3) 制定施工方案 施工方案又称施工计划或施工设计，是根据工程规划设计制定的、对工程任务的全面计划安排。施工方案由施工单位负责人制定或委托技术人员制定，其主要内容包括工程概况、组织机构、进度安排、劳力计划、材料与工具供应计划、施工预算、技术质量管理措施、绘制施工平面图、文明施工和安全生产的措施等。

施工方案需确定栽植工程主要技术项目，包括定点放线方法、挖穴规格、换土来源及客土量、运苗方法、假植地点及方法、种植顺序、修剪方法、树木支撑方法、灌水方式、现场清理等。

（4）施工现场清理和整地　对施工现场进行清理，对有碍绿化施工的障碍物进行拆迁清除，对现有的、影响栽植的树木进行伐除或移植。

根据设计要求整理地形并对现场土壤进行整理。若采用机械整地，必须明确地下管线的分布情况，以免施工破坏地下管线。对土壤进行深翻熟化（熟土 30～40cm，荒地 60～80cm），以增加孔隙度、蓄水保墒、通气，施有机肥；若土壤为盐碱性土需进行客土；去除土壤中的灰渣、水泥块、石灰等杂物，少量砖头瓦块及木块可保留；精细地段（如种植草坪）翻地、过筛、耙平反复 2～3 次，并进行土壤消毒。整地需在栽植前三个月进行，最好让整理之后的土地经过一个雨季。

若施工现场水、电及道路交通条件不完善，可结合整地接通水、电、铺设道路。

（5）苗木准备　苗木的规格、苗龄、质量、繁殖方式、苗木来源等因素直接影响树木栽植的成活率和之后的绿化效果及养护成本，因此在栽植前需选择好苗木并进行订购。

苗木选择时应遵循的原则：①根据设计要求和不同用途选择苗木。如行道树要求树干通直、分枝高度一致，主干高度＞3m，树冠丰满，个体之间高度差异＜50cm；庭荫树需要树冠大而开阔，枝下高＞2m；孤植树要求树形美观，具有较高的个体美；用作绿篱的苗木分枝点低、枝叶丰满、树冠大小和高度基本一致等。②保证景观效果前提下，尽量选择处于幼年、青年阶段的苗木。树木的年龄对栽植成活率有很大的影响，年龄越小栽植成活率越高。处于幼年和青年期苗木根系范围小，须根多，起苗对根系损伤小；营养生长旺盛，可塑性强，对环境适应能力强。成年期苗木观赏效果好，但其根系分布较深，须根大多远离根颈；为保证成活率往往需要带土球移栽，起、运、栽及养护技术要求高，栽植养护成本也高。③保证苗木质量。苗木质量的好坏同样影响栽植成活率及绿化效果。高质量苗木通常具有如下特点：根系发达，侧、须根多；枝分布均匀，冠丰满、匀称；针叶树有顶芽；无病虫害、机械损伤。④优先选用当地苗圃培育的苗木。根据来源，苗木可以分为当地苗木和外地苗木。在选择时，要遵循就近采购原则，且尽量选择苗圃培育的苗木。当地苗圃气候与栽植地一致，更容易栽植成活；苗圃的苗木在培育过程中需要进行多次移栽，苗木须根多，栽植成活率高。若需要从外地购买苗木，则应保证购买地的气候条件与栽植地接近。

苗木选择完成后，需要及时签订购苗合同，合同中需明确所购苗木种类、规格、数量、供苗时间；起苗、包扎、运输和有关检疫要求；预付款及付款的方式、时间、数量；双方的保证和制约条件等。

5.2.3.2　定点放线

根据种植设计图，以设计提供的标准点或固定建筑物、构筑物为依据，按比例将栽植树木的种植点落实到地面，这一过程即为定点放线。定点放线要做到位置准确、标记明显，这就要求在操作过程中严格按照设计图纸进行定点放线，用白灰标明树穴（标中心）或树槽（标边线），精确定点用木桩进行标记。

园林树木栽植的定点放线分为规则式与自然式两种。规则式栽植的定点放线适用于行道树或成片整齐栽植，要求位置准确、横平竖直、整齐美观。放线时通常以固定设施如路、桥、建筑物等为依据定出行线位置，一般每 10 棵树钉一标桩（需注意的是行位桩不要钉在种植穴范围内，以免施工挖掉）；再以行位标桩为准，测定株距，定每株树位置。在对行道树进行定点放线时，如果道路有固定路牙则以路牙内侧为准，若道路无固定路牙则以路面中心线为准。自然式栽植的定点放线可以采用仪器定点法、网格法、交会法定点等。

（1）仪器定点法　仪器定点法即利用经纬仪或小平板仪以原有基点或固定物为标准点，根据种植设计图的比例和位置，定出每株树的位置。这种方法适用于范围较大、测量基点准确的情况，其优点是定位准确。

（2）网格法　网格法是先在图纸上做网格，再在施工地放出方格网，按方格中纵横坐标定点确定每株树的位置。这种方法适用于范围大、地势平坦的绿地或树木配置复杂绿地，其优点是定位较为准确且不需要太多仪器设备。

（3）**交会法定点** 交会法定点是先在图纸上找出两个固定点（基点或固定物），量出需定点树木到两点的距离；然后从栽植现场相应两点出发，按比例放大尺寸，量两条线长度，两线交点为该树种植点。此种方法适用于栽植范围比较小、现场标志与设计图相符合的情况，其优点是操作简便，但最好由两个人合作进行。

树丛的定点放线可以用白灰划定范围的边线，定出主景树的位置，其他树木目测定点；片林绿地的单株或带状栽植树木需逐一定点。

园林树木在栽植时要遵循有关规定，保证树木与建筑、架空线、地下管线及其他设施的距离。若在定点放线时发现设计图纸的种植点不符合相关规定要求时，应及时与设计部门沟通变更设计或按规定执行。

5.2.3.3 挖种植穴

（1）**挖穴要求** ① 位置要准确　开挖前以定植点为圆心，穴规格的 1/2 为半径画圆做标记，沿标记向外挖，将种植穴范围挖出后再继续深挖。

② 大小按规格　种植穴的大小根据苗木规格来确定，通常比树木根系或土球直径加大 20～30cm。

③ 操作按规程　挖种植穴时要垂直向下挖，保证穴上下口径大小一致，避免"锅底"形或"V"形。将上层疏松的表土和下层坚实的心土分别堆放并拣出石块等阻碍根系生长的杂物。

（2）**挖穴方法** 挖穴有手工操作和机械操作两种方法。

① 手工操作　沿定点标记圆的外侧向下垂直挖掘到规定的深度（切忌一开始就将定点的白灰点挖掉或将木桩扔掉）；将坑底刨松、整平。栽植裸根苗的穴底刨松后最好在中央堆个小土丘，以利树根舒展。挖完后，将定点用的木桩放在坑内，以利散苗时核对。山坡上挖穴时，可先将斜坡整成一个小平台，然后在平台上挖穴，深度以下沿为准。

② 机械操作　挖种植穴可用的机械种类很多，必须选择规格合格的机械。操作时，轴心一定要对准定点位置，挖至规定深度，整平坑底，必要时可加以人工辅助修整。

注意事项：在新填土方处挖穴时，应将穴底适当踩实。当土质不好时，应加大种植穴的规格；遇到炉渣、石灰渣、混凝土等对树木生长不利的障碍物时，应将树穴直径加大 1～2 倍、清除障碍物并换好土。挖穴时发现管道、电缆等，应停止操作，及时联系有关部门解决。挖穴完成后，需由监理或有关人员按规格核对验收，不合格的树穴需要返工。

5.2.3.4 起苗与包扎

起苗是园林树木栽植过程中非常重要的一个环节，起苗质量的好坏直接影响到树木栽植的成活率。园林树木的起苗分裸根起苗和带土球起苗两种方式，在实际操作中，应根据树木种类、树木年龄、栽植季节、气候条件、养护管理水平等选择合适的起苗方式。

（1）**起苗前的准备工作**

① 选苗　也称号苗，即施工方技术人员或苗木采购员到苗圃选择苗木并做好标记。选苗时，除满足设计需要的苗木规格、树形外，还要注意选择根系发达、生长健壮、无病虫害和机械损伤的苗木。对选定的苗木用油漆、系绳、挂牌等方式进行标记，以免掘错；同时标记光温敏感树种的生长方位，以便栽植时与原方位一致。树木的选苗数量要多于计划数量，以补充栽植过程中损坏的苗木。

② 浇水　当土壤较干时，需提前 3～5 天浇水，以利于掘苗和少伤根。

③ 修剪　起苗前可对树木进行适当修剪，去除病弱枝、枯枝、过密枝及扰乱树形的枝条，以便于起苗、运输，也可减少水分散失利于成活。

④ 拢冠　对于侧枝低矮的常绿树（如雪松）、灌丛较大或带刺灌木（如玫瑰、黄刺玫等），需用草绳将树冠捆拢以便于操作和运输。拢冠时需注意松紧适度，不要损伤枝条。

⑤ 工具和现场准备　准备起苗用的工具，如镐、铲、草绳、蒲包等；对起苗现场的乱苗及杂物进行清理，便于起苗操作。

（2）**起苗方法**

① 裸根起苗　裸根起苗操作简单、运输方便，用到的工具和材料少，可以节省人力物力；但根系易

失水、须根也会受到损伤，栽植成活率较带土球起苗低。多数落叶树以及一些常绿树的小苗都可以裸根起苗。

操作方法：以树干为中心，4～6倍胸径为半径画圆；沿圆外围垂直下挖，切断侧根；从一侧向中心掏底，轻摇树干，查找主根或粗根方位，切断主根和粗根；将苗木放倒，拍打去除外围土块，保留宿土；对劈裂或受伤的根系进行修剪，及时运走或假植。

裸根起苗过程中需注意保护大根不劈裂，并尽量多保留须根；保持根系湿润，起苗后应立即打包装车运走或假植；苗木挖出后，用原土将苗坑回填平整。

② 带土球起苗 带土球起苗可以在起苗时保留更多的须根，根系处于土壤的保护中也可以保持较多的水分，因而栽植成活率更高；但起苗操作费工，运输困难，起苗成本更高。带土球起苗适用于树木反季节栽植、常绿树和名贵树种的栽植以及大树移植。

操作方法：先拢冠以便于操作；然后以树干为圆心，3～5倍胸径为半径画圆，圆内即为土球范围。铲除圆内表层5～10cm的散土，以减轻土球重量，并利于包扎；注意不要伤害表面根系。沿圆外围垂直向下挖沟，沟宽60～80cm；遇到细根用铁锹斩断，直径3cm以上的则需锯断；不可踩、撞土球边沿，一直挖到规定的土球深度（通常为土球横径的2/3）。修整土球，使其呈上大下小的"苹果形"并保证表面平整，以便于后续操作。土球四周修整后，由底圈向内掏挖，称作"掏底"。对于直径小于50cm的土球，可以将底土掏空，以便将土球抱出坑外打包；土质松散及规格较大的土球，应在掏底之前先"打腰箍"，之后再掏底并在坑内打包。

土球苗视情况进行包扎，若土球小（＜30cm）且土质紧实、运输距离近则不需包扎或用草绳等包扎材料简单缠绕几圈即可；土球直径大于30cm时则需要包扎。

③ 土球包扎 土球常用草绳、蒲包等材料进行包扎，在使用前需用水浸湿，以增强韧性防止断裂；这些材料易腐烂，当打包不太密时可以不用拆除直接栽植。也可用塑料捆扎绳（啤酒绳）、布条等进行打包，但需在栽植前视情况拆除部分包裹物。

a. 打腰箍 打腰箍也叫"系腰绳"，即用草绳在土球中部紧密横绕几道，缠绕的高度通常为土球高度的1/5～1/4，草绳间不留空隙、不重叠，最后一圈将绳头压在该圈下面，收紧后切断。打腰箍之前可以先用蒲包将土球包裹起来以保护土球。较小的土球可以直接用草绳纵向缠绕捆扎而不需要打腰箍；直径超过50cm或土质松散的土球则需要先打腰箍，即在土球挖至一半高度时打腰箍，之后再进行掏底和纵向捆扎。有时也会在土球纵向捆扎之后再打腰箍，此时需要将腰绳和纵向草绳穿连起来系紧，以防腰绳滑落。

b. 土球纵向捆扎 纵向捆扎时首先将草绳等在树干基部系紧，然后沿土球与垂直方向稍斜角（约30°）向下缠绕草绳，绕过土球底部后再向对面上方缠绕，绕过树干基部后继续倾斜向下缠绕；缠绕时需边拉边用木棒等敲草绳，使草绳稍嵌入土，每道草绳间隔8cm左右，直至捆完整个土球，最后在树干基部收尾捆牢。当土球直径＜40cm时，用一道草绳捆一遍，称"单股单轴"；土球较大时（土球直径大于40cm，小于1m），用一道草绳沿同一方向捆二遍，称"单股双轴"；土球直径超过1m时，用两道草绳沿同一方向捆二遍，称"双股双轴"。

c. 封底 在坑内打包的土球，在打好腰箍和纵向捆扎后，轻轻将苗木推倒，用蒲包、草绳将土球底包严捆好，称为"封底"。

封底时，先在坑的一边（计划推倒的方向）挖一小沟，系紧封底草绳，将蒲包插入草绳将土球底部露土之处盖严。然后将苗朝挖沟方向推倒，用封底草绳与对面的纵向草绳交错捆牢即可。

常用的土球打包方式有"橘子包""井字包"和"五角包"（图5-2），它们的不同之处在于土球纵向捆扎的缠绕方式不同。其中"橘子包"包扎最为结实，适宜土质较松、运输距离远、土球大、树木珍贵等情况，"井字包"和"五角包"则适宜运输距离近、土质坚硬、土球较小等情况。

5.2.3.5 苗木运输与假植

起苗后应立即装车、将苗木运输到施工现场，需要特别注意在装、运、卸的过程中保护好树体。苗木运到施工现场若无法立即栽植需要进行假植，以维持树体水分代谢平衡。

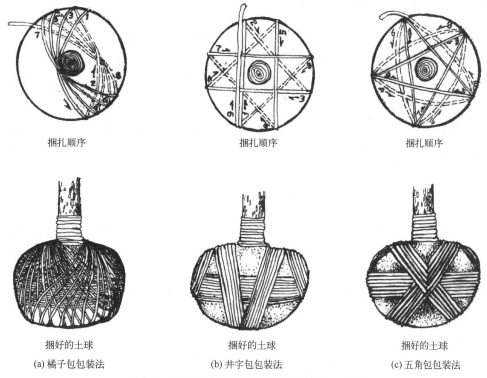

| 捆扎顺序 | 捆扎顺序 | 捆扎顺序 |

| 捆好的土球 | 捆好的土球 | 捆好的土球 |
| (a) 橘子包包装法 | (b) 井字包包装法 | (c) 五角包包装法 |

图 5-2　不同土球打包方式（引自成仿云，2012）

(1) 苗木运输

① 苗木核查　装车前需对苗木进行核查，主要核实苗木种类或品种是否正确、规格是否符合要求；检查苗木质量，剔除损伤苗、病虫害苗并补足数量。

② 苗木装车　裸根苗在装车时应对根系蘸浆后用塑料布、油纸等进行包裹，以补充水分并保护根系。装车前在车底铺垫蒲包、草袋等以防碰撞。装车时按照根系向前，树梢向后，顺序码放；适当拢冠，保证树梢不拖地；装完车根部用苫布盖严，用绳捆牢。

土球苗装车时，苗高不足 2m 的可以竖放，苗高超过 2m 的则需斜放或平放，土球朝前、树梢朝后，并用木架把树冠架稳，确保行车时树梢不拖地。土球直径大于 20cm 的苗木只装一层，小土球可以码放 2～3 层；需码放紧密，防止运输过程中摇晃滚落。土球上不允许站人或放置重物。

③ 运输过程　苗木运输须提前办好检疫证，并由专人押运。短途运输时中途不要休息，直接将苗木运到施工现场。长途行车，应洒水淋湿树根，休息时选阴凉处停车，防止风吹日晒。运输途中经常检查苗木状态和苫布是否掀起。

④ 苗木卸车　苗木运到施工现场后应及时卸车。裸根苗应按顺序取苗，要轻拿轻放，不能乱抽，不能整车推下。土球苗卸车时不得提拉树干，小土球用双手抱球；较大土球可将滑板斜搭在车厢上，将土球移至滑板上，顺势慢慢滑下；大土球苗要用吊车装卸。

(2) 施工地苗木假植　苗木运输到施工现场之后应立即栽植，当受某些因素影响无法立即栽植时，需对苗木进行假植。裸根苗若当天栽不完，可以在根部喷水，然后用湿苫布或草帘覆盖；若需要存放 3～5 天则用湿土覆盖根部，并注意检查喷水；若需长期假植，则需挖沟假植：选择离栽植地点近又不影响施工的背风处挖沟，沟的深度和宽度根据苗木根系大小和数量而定，将苗木逐棵单行倾斜放置在沟内，树梢顺应当地风向，用细土将根系埋实、防止悬空，最后浇水保湿，依此一排排假植。

土球苗当天不栽植需往土球上洒水或盖细土、稻草；1～2 天内栽不完则将土球集中放好，沿外围培土；若需长时间囤放，则土球间隙也需填土。常绿树在假植期间还应经常向树体喷水。

5.2.3.6　栽植前的修剪

树木在栽植前须对树冠进行修剪，以减少树体水分散失，提高栽植成活率。目前部分工程要求栽植全冠苗，这类工程所用苗木在起苗前一般不进行修剪，待进场甲方或监理核验后，在栽植前进行适当修剪。

树木栽植前修剪的基本原则是遵循原树的基本特点和树形，不可违背其自然生长的规律。如顶端优势强的树种通常是高大挺拔的树形，这就需要在修剪时仍保持其顶端优势、保护好树木顶尖，继续维持其挺拔的树形；而顶端优势弱的树种通常是卵圆形、馒头形、圆球形等树形，在修剪时可以疏除部分枝条，但仍要维持原树形的圆整性。

(1) **落叶乔木类的修剪**　有中央领导干的树种（玉兰、银杏等），继续保持领导枝的优势；中干不明显的树种（槐、柳等），选择比较直立的枝条代替领导枝，修剪控制竞争侧生枝；有主干无中干的树种，可在主干上保留几个主枝，其余疏除。

(2) **常绿乔木类的修剪**　常绿乔木类一般只剪除病虫枝、枯死枝、衰弱枝及过密的轮生枝等，修剪时需注意不要破坏原有树形。

(3) **灌木类的修剪**　带土球及已完成花芽分化的春花树种少修剪，仅疏除枯枝和病虫害枝；当年成花的树种可以短截、疏剪以更新枝条；枝条茂盛的灌丛修剪成内高外低、外密内疏的株形；根蘖发达的灌丛多疏老枝，以利于更新。

此外，对于为了维持树形和景观效果无法进行修剪的树木，可以采取摘叶、喷抗蒸腾剂、树体周围喷雾等方式来减少水分散失、提高栽植成活率。

5.2.3.7　栽植（定植）

施工现场园林树木的栽植即为定植，栽植质量的好坏直接影响到树木的成活和景观效果的呈现。在栽植前应核对苗木种类、规格及树穴位置，以保证按照设计图纸进行栽植。

(1) **配苗与散苗**　配苗即将购置的苗木按大小规格进一步分级，使相邻株在栽植后趋近一致，形成良好的景观效果。虽然园林苗木都是按照一定的规格进行购买，但不同株之间仍会存在一些差异，配苗将规格更为接近的苗木栽植在一起，以便形成统一的景观。如行道树在栽植前进行配苗，可以使相邻株株高和胸径更为接近，从而保证了景观的一致性。

散苗是将苗木按照设计规定散放在相应的坑内或坑旁，即"对号入座"。散苗时，裸根苗放种植穴内，土球苗放在种植穴旁。要轻拿轻放，防止土球苗的土球散开，保护裸根苗根系和植株不受损伤。散苗要按图散苗，仔细核对，以保证位置准确。在假植沟内取苗后要及时封土保护剩余苗木。

(2) **栽植**

① **裸根苗栽植**　栽植前检查树穴大小和深度与根系是否相符，对不合适的树穴进行修整。坑内填入表土或肥土10～20cm，培成锥形土堆，保证根系放入树穴后分布舒展，防止窝根。扶直树干后开始填土，填土至穴高1/3后，轻轻将树体稍上下提动或晃动树干（大规格苗木），使土壤从根缝间自然下落，一方面使根系舒展，另一方面使根系与土壤密接；踩实。继续分层（20～30cm）填土并踩实；填土至根颈部位，踩实；沿种植穴外围筑10～15cm高灌水堰。如果土壤过于黏重，不宜踩得太紧，否则通气不良，影响树木生长。

② **土球苗栽植**　土球苗栽植前同样需要检查树穴深度与土球高度是否相符，对不合适的树穴挖深或填土，并踏实穴底土壤。土球置于穴中，使根颈与地面平齐；雪松、广玉兰、银杏等忌水湿树种，根颈稍高于地面。树冠丰满面，朝向观赏方向。剪开包装材料，不易腐烂的包装材料需取出，草绳等易腐烂包扎物，稀少可不解除，量多需剪除一部分。需要注意的是拆除包装后不要再移动树干与土球，否则根土容易分离影响栽植成活。分层填土（20～30cm），踏实或用木棍捣实，以保证坑内土壤与土球结合紧密，但夯实时注意不要砸碎土球。做好灌水堰（图5-3）。

5.2.3.8　栽植后的养护

(1) **支撑**　树木栽植后种植穴内土壤松软，尤其是浇水后土壤沉降，树体极易倾斜倒伏，因此胸径5cm以上乔木大苗栽后需立支柱支撑。支柱支撑可以防止新栽树木被风吹倒和人为伤害，也可以防止根系动摇，影响根系恢复生长。

(a) 树穴处理(填土)
(b) 土球苗入穴
(c) 去除包裹物

(d) 分层填土
(e) 分层填土踏实
(f) 筑灌水堰

图 5-3　土球苗栽植技术

支撑可以用竹竿、钢管、木棍、钢丝及缆绳等材料，形式有单支柱式、"门"字形支柱（扁担式）、三角形支柱式、"井"字形支柱式、四支柱式、连排网络式、牵索式固定等（图 5-4），可以根据具体情况选择合适的支撑方式。

(a)门字形支柱
(b)四支柱式
(c)连排网络式
(d)牵索式

图 5-4　园林树木栽植后的支撑形式

（2）**浇水**　树木栽植后 24h 内需浇第一遍水，这次浇水的作用是使根系与土壤紧密接触，因此也称作"定根水"。定根水需浇透，且最好在浇水前就做好支撑，以防止浇水后土壤松软沉降造成树木倒伏。后续浇水视天气、土壤情况和树种而定，如天气干旱、土壤保水性差或树木蒸腾量大时应增加浇水频率，黏性土壤或肉质根树种需少浇水。

5.2.4　草本植物栽植技术

园林绿地中的草本植物包括观花草本和观叶草本（含草坪），即狭义的"园林花卉"。根据其生活周期可以分为一年生花卉、二年生花卉和多年生花卉；其中多年生花卉又分为宿根花卉和球根花卉。园林绿地中花卉的栽植包括露地直接栽植（播种繁殖的花卉通常称作露地直播）和容器苗栽植两种方式。

5.2.4.1　露地直接栽植

露地直接栽植即将一二年生花卉的种子、宿根花卉的根及球根直接播种或栽植到园林绿地土壤里的过程。露地直接栽植适宜大部分宿根花卉和球根花卉，部分发芽率高、适应性强的一二年生花卉也适宜露地直播。

（1）**栽植时间** 露地直接栽植的时间根据花卉种类和栽植地的气候确定。一年生花卉和春植球根类花卉在春季播种和栽植，南方一般在2月下旬到3月上旬，北方在3月下旬到4月上旬；二年生花卉和秋植球根类花卉在秋季播种和栽植，南方地区通常在10月上中旬，北方地区在9月中下旬。宿根花卉春季和秋季皆可栽植，但早春开花的种类通常秋季栽植，土壤封冻前覆土以防寒越冬。

（2）**整地与放线** 整地可以改善土壤结构，提高土壤透气性和保水性，促进土壤熟化，也有利于微生物活动，促进土壤有机质分解，增强肥力。草花播种或栽植前的整地还应根据设计要求整理地形，并对场地上的垃圾及土壤中的碎石、断根等进行清理。

一二年生花卉的生长周期短且根系分布较浅，整地深度30cm即可；宿根花卉栽植后通常要生长3～5年甚至更长时间，整地深度一般40～50cm；球根花卉每年需要采收和更换的种类整地深度同一二年生花卉，不需更换的种类整地深度同宿根花卉。

大面积场地整地可以用机械进行翻耕，小面积场地多用铁锹进行人工翻地；翻耕之后要及时将土块打碎、耙平，以利于播种和栽植。

整地后根据种植设计图进行定点放线，园林绿地中的花卉通常布置成带状或大的色块，放线时用白灰划定播种或栽植范围即可；花卉栽植时往往需要栽植多个品种，放线时需要明确不同品种的栽植位置。

（3）**播种与栽植** 易发芽、苗期适应性强的一二年生花卉可采用露地直播的方式进行播种。播种前先灌底水，待水下渗后播种。大粒种子或成年期冠幅较大的花卉采用点播，小粒种子及冠幅较小的花卉采用撒播，撒种后覆盖一层细土，覆土厚度一般为种子直径的两倍。为保墒和提高地温，可在播种床上覆盖塑料薄膜或草帘，待发芽后逐渐去掉覆盖物。露地播种苗苗期需精细管理，要及时进行浇水、间苗、补苗、除草等工作。

宿根花卉和球根花卉以露地直接栽植为主，通常在休眠期进行。栽植时根据设计要求确定株行距，呈"品"字形栽植。宿根花卉栽植时，根系需舒展，分层填土压实，并使穴面与地面基本相平或略低。球根花卉栽植深度多为球根高的2～3倍，但花卉种类不同栽植深度也不同，如百合需深栽，其栽植深度为球根高度的4倍以上，而石蒜、葱莲等覆土至球根顶部1～2cm即可。宿根花卉和球根花卉栽植后应立即浇水，若秋季栽植最好在栽植后覆盖一层草帘、秸秆、锯末等，以提高温度、促进生根。

5.2.4.2 容器苗栽植

容器苗栽植指先在温室、大棚等设施中进行花卉育苗，待开花后将其从容器中移出、栽植于园林绿地的方法。与露地直接播种或栽植相比，其绿化见效快、栽植成活率高、养护管理简单，逐渐成为一二年生花卉及部分多年生花卉主要的栽植方式。尤其适用于施工期限短、要求迅速形成景观的情况。

容器苗栽植不受季节限制，春季至秋季均可栽植。其栽植步骤较为简单，将植株从穴盘或营养钵中取出直接栽植于放线之后的场地即可，需要注意的是脱盆时要防止根系土球散坨。通常边挖坑、边栽植，可一手握苗一手挖坑，当坑直径和深度大于花卉土球时，将土球放于坑中，两手培土、摁实。栽植深度为土面与土球表面平齐或稍高于土球表面，栽植后浇水。培土要均匀，保证土球与土壤紧密接触；注意不要损伤茎叶。

5.2.4.3 草坪建植

草坪建植可以采用种子直播的方式，也可以铺植草皮。

草坪直播根据当地温度条件确定播种时间，冷季型草坪草发芽适宜温度为15～25℃，多在春季播种；暖季型草坪草发芽温度为20～35℃，在夏季播种。播种前先整地，然后根据种子千粒重、发芽率、组合配方（混播草坪）和建植地的立地条件等确定播种量，保证建成后的草坪密度为1～2株/cm²。播种可以人工撒播或用播种机撒播，要保证种子撒播均匀。播种后可以采取两种方法进行处理：一种是播种后轻耙，使种子均匀埋入土壤中，土壤覆盖种子0.5～2cm；另一种是播种后不覆土，直接碾压或人工踩踏，使种子与土壤紧密结合。前一种方法覆土后也需用碾子轻轻镇压一遍，以使种子与土壤密接。镇压后用草帘、无纺布等覆盖保温保湿，促进种子萌发。播种后要保持坪床湿润，利用喷灌少量多次浇水。待60%种子发芽后，去除覆盖物。

草皮铺植可根据施工期限灵活安排，但冷季型草皮在春季或秋季铺植、暖季型草皮在初夏铺植最好。铺植时，应拉线定位，保证铺植的草坪平、整、齐；相邻两块草皮间留2～3cm的间隙，用土或沙将缝隙填满。铺植后需镇压，若草坪面积比较小，可用铁锹拍打；若面积比较大，用碌子或滚筒车进行碾压，使草皮与土壤紧密接触。镇压后立即浇透水。

5.3 成活期的养护管理

俗话说"三分种，七分养"，栽植后的养护管理直接影响到园林植物能否成活及能否恢复正常生长，尤其是成活期的养护管理更是至关重要。园林苗木的成活期是指栽植后的2～3年，这一时期养护管理的目的是保证植物成活以及维持植物正常的生长发育。

5.3.1 水分管理

根据植物栽植成活的原理，只有植物达到了以水分为主的代谢平衡才能成活，因此栽植后的水分管理是植物能否栽植成活的关键。

新栽植的树木根系受损、吸水能力减弱，在日常养护管理过程中要注意及时浇水，尤其是在干旱季节要增加浇水次数。浇水要均匀、浇足、浇透；避免水流过急冲刷土壤，造成根系裸露；浇水后检查树木是否倾倒，若有倾倒需及时扶正培土；水渗尽后要及时封堰，待土表干燥后松土、填缝。土壤积水或土表板结会造成根系缺氧，影响新根萌发和生长，甚至造成烂根。因此在浇水后要及时封堰，以防下雨导致根系周围土壤积水；地势低洼处要提前挖好排水沟，雨季注意排水；黏重土壤或易板结土壤在雨后和浇水后要及时松土，以确保土壤透气性。

除适当浇水外，对于常绿树和在生长季栽植的树木，还可以采取树体喷水的方式来补充水分、降低蒸腾失水。喷水要求细而均匀，喷及树体地上部分和周围的空间，为树体营造湿润的小气候环境；若用草绳包裹树干，可将草绳一并喷湿，但需要注意根际周围不要有积水。此外，还可以在树冠上悬挂微喷喷头进行喷雾（图5-5），既可以为树冠补充水分，又可以提高树体周围空气湿度、降低树木蒸腾作用。

图 5-5　树冠悬挂微喷喷头

5.3.2　树干包裹

对于常绿树、皮孔较大的落叶树及大规格苗木需要进行树体包裹，即用草绳、蒲包、麻布片等保温、保湿性能好的材料将树体主干和主枝严密包裹起来。树体包裹的作用主要有：①使枝干保持湿润，减少枝干水分散失；②调节枝干温度，减少夏季高温和冬季低温对枝干的伤害；③避免强光直射和风吹可能造成的树皮和枝干损伤；④减少蛀虫、病菌侵染；⑤冬季防止动物啃食树皮。

树干包裹通常在树木定植之后进行，对于一些大规格的树木也可在起苗后、栽植前进行。包裹时要用草绳等将主干和较粗壮的分枝全部包裹起来，相邻两道草绳之间不留空隙；定植后包裹较高的枝条时，要用人字梯，不可将梯子直接倚靠到树干上；冬季为了保温，会在草绳外再包裹一层塑料薄膜，这层塑料膜需在来年春天树木萌芽前去除；所有包裹材料在树木栽植成活一年后解除。

5.3.3　遮阴与防寒

高温干燥季节为降低温度、减少树木蒸腾失水，可以对大规格树木及生长季栽植的树木搭遮阴棚。孤植树或栽植距离较远的散点植树木按株搭建；成行、成片栽植的树木可用钢管整体搭建骨架，上覆遮阳网。要做到全冠遮阴，荫棚上方及四周与树冠保持约 0.5m 距离，以利于棚内空气流动，并防止树冠日灼危害。通常选择遮阳度在 70% 左右的遮阳网搭建荫棚，使树木可以接受一定程度的阳光进行光合作用。树木成活后根据树木生长和天气情况，逐步去掉遮阴物。

树木栽植后的 1～2 年由于根系受伤、养分积累不足导致枝条木质化程度低、耐寒性变差，因此冬季寒冷地区在冬季到来前需根据树木特点采取相应的防寒措施，如搭风障、树体包裹、培土、覆盖等。此外，在树木生长后期，要停施氮肥、控制浇水，增施磷、钾肥，以提高树体的木质化程度，增强其自身抗寒能力。

5.3.4　中耕除草与施肥

土壤透气不良会影响新根的形成和生长，应经常中耕松土以改善土壤气体条件，促发新根。松土不宜过深，以免伤及新根。杂草或其他植物会与树木争夺阳光和土壤中的水、肥、气，藤本植物还会缠绕在树上，均应及时除去。除下来的杂草可以覆盖在树盘上，起到减少土壤水分蒸发的作用。

树木栽植后根系处于恢复阶段，吸收养分的能力弱，此时可以采取喷施叶面肥的方式为树体补充矿质营养。通常喷施尿素、磷酸二氢钾或植物营养液，每 7～10 天喷施 1 次，连喷 4～5 次。

5.3.5　喷洒抗蒸腾剂

蒸腾作用是树木散失水分最主要的途径，降低树木的蒸腾失水可以大大提高树木栽植的成活率。抗蒸腾剂可以有效降低植物叶片的蒸腾作用，从而将更多的水分保留在树体内。目前抗蒸腾剂主要有成膜型抗蒸腾剂、代谢型抗蒸腾剂和反射型抗蒸腾剂三种，其中前两种应用较为广泛。成膜型抗蒸腾剂有效成分为高分子化合物，喷洒后在叶面形成一层薄膜，减少了通过气孔扩散到空气中的水分，从而降低蒸腾作用。这类抗蒸腾剂如 Wilt-Pruf 目前已应用到园林树木栽植中。代谢型抗蒸腾剂能使气孔关闭或减小气孔开度从而抑制蒸腾作用，如山西省林业科学研究院研制的 TCP 植物蒸腾抑制剂就是代谢型抗蒸腾剂，研究表明，它可以显著提高 5 个树种在荒山造林时裸根栽植的成活率（平均成活率提高了 24.0%；其中油松提高幅度最大为 46.2%）。在生长季及干旱季节对栽植后的树木喷洒合适的抗蒸腾剂，以降低其蒸腾作用可以有效减少枝叶水分散失，显著提高栽植成活率。

5.3.6　树木成活调查与补植

在养护期内，还需对树木成活情况进行调查。调查的目的一是为了对死亡的树木及时进行补植，以免影响景观效果；二是分析树木生长不良或死亡的原因，总结经验与教训，为今后的工作提供指导。

树木栽植后一个月进行第一次调查，发现有死亡的树木及时补植。有些树木栽植后根系吸收功能没有恢复，但枝干及根内贮存的水分和养分可以供应芽及嫩叶生长而呈现出"成活"状态，最后常常死亡，这种现象称为"假活"。因此需要经过一段时间生长后再进行第二次成活调查，以防止"假活"现象。春季栽植的树木在秋末、秋季栽植的树木在来年春天进行第二次调查，发现有死亡的树木进行补植。补植的树木应选用原来树种，规格、形态与已成活的树木相近似，以保证景观的协调性。

第6章
园林植物的整形修剪概述

园林植物整形修剪贯穿于植物应用和生长的全过程，有着严格技术流程和技术要求，俗话说"树不修不直"。想要修剪好必须深入了解植物生长习性和园林植物应用状况。尤其是树木，在树木成形后，为维持和发展既定树形，需要通过枝芽的去留来调节树木器官的数量、性质、年龄及分布上的协调关系，促进树木均衡生长。修剪工作还包括对长期放任生长树木的树形改造。

6.1 园林植物整形修剪目的和意义

6.1.1 园林植物整形修剪的重要性

整形修剪就是在植物生长前期（幼年期）构建所需树形，成型后在植物应用时维持树形所进行的操作。整形修剪是园林植物栽培中应用最广、最重要的栽培措施之一。传统的修剪只是对植物部分的器官或组织进行疏删，调整生长发育或调整树形，利于观赏或提高花果产量和品质，很少从整体进行规划，很少科学地考虑修剪的后期反应。不合理不科学的修剪会使修剪变成一个重复繁琐的操作过程，不利于植物的健壮生长，不利于植物充分发挥功能作用。

园林植物中的草本植物——园林花卉，由于其生长年限相对较短，整形修剪比较简单。其中一年生花卉除盆栽外基本不用修剪；多年生花卉大多在春季萌芽或秋季落叶（生长停止）后进行修剪，一般只进行密度调整。木本植物——园林树木则修剪比较复杂，要根据其生长时期、树木种类、应用状况和生长季节进行，修剪的方法也多变。

6.1.2 园林植物整形修剪的目的

园林植物的整形修剪在园林应用中是十分必要的，主要达到以下目的。

(1) 保证植物的健壮生长 植物枝条的更新演替是植物正常生长所进行的生理活动。更新枝条有的变为生长枝继续生长，有的死亡需剪掉。植物受外力的折枝、断枝、病虫枝，也需要随见随剪。去掉不合理的枝条可以通风透光，提高生长势或防治病虫害，提高抗逆性，减少病虫害，促使树木健康生长。栽植时去掉部分枝条可以提高成活率。但修剪时一定要注意修剪量，修剪量过大容易造成有效叶面积减少，营养物质积累过少，长势减弱，易滋生病虫害。另外，修剪量过大容易引起植体内部幼嫩组织或树皮暴露在阳光下暴晒，发生日灼伤害。平时生长期修剪时，一般以去掉小枝条留大枝为主，而且修剪量不大。

(2) 培养良好的形体或控制形体的大小 形体是植物应用最重要的内容之一。植物的形状和大小直接决定景观作用和景观层次。植物形体是植物景观设计优先考虑的条件之一，外形选择后，在应用中需要保持或维持外形和大小，这对发挥景观效果至关重要，要维持植物外形和大小就要通过整形修剪来达到。

景观配置的要求：树木必须修剪控制树体大小，调控树体结构形成合理的树冠结构，满足特殊的栽培要求。控制树体生长，增强景观效果，调节枝干方向，创造树木的艺术造型。

草本植物形体小、外形要求不严格，萌芽更新速度快，所以修剪比较简单。木本植物由于种类多，应用目的不一，生长速度差异大，修剪需要根据具体情况灵活选用各种修剪方法。

（3）**保障人身和财产安全**　草本植物形体比较矮小，对人身财产影响比较小，但木本植物体量大影响比较大。主要表现为以下几方面：脱落或下垂的枝条对行人车辆产生危害；树木的枝条或根系对架空线路或地下管线会产生危害；距离建筑太近的树木其枝条或根系对建筑或住宅产生危害。通过修剪使树体远离建筑，枝条根系和线路保持安全距离，提前处理掉树体产生的要脱落或不安全枝条。

（4）**调节植物与环境的关系**　修剪调节植物形体大小和枝条的郁闭度可以改善通风透光，增加有效叶面积指数，调节温度和湿度，创造良好的小气候，同时可以使树体空间扩大，分枝合理，更能有效利用空间。

（5）**调节植物各部分的均衡关系**　植物生长的平衡主要包括三方面：整体的平衡，营养器官和生殖器官的平衡，同类器官的平衡。

整体的平衡是指以水分平衡为主的生理平衡。一株正常生长的植物其生理活性处在一个以水分为主的动态平衡中。植株水分的吸收和丧失互相调控，地上部分和地下部分相互制约、相互依赖。新移栽的植株由于大多数情况下不能整体移栽，在挖苗时丧失了一部分根系，导致吸水能力降低，新根的生长又需要时间，根据平衡原理故需要剪去对应的失水器官，剪去部分枝叶，来保证成活率。栽植前一二年由于新根萌发数量不够，吸水量小，春季萌芽时还需要剪去早发的嫩枝来维持水分平衡。但由于季节不同，植物修剪的反应不同，修剪方法要具体分析具体应用。营养器官和生殖器官的平衡要使其产生一定数量的花果，并与营养器官相适应；花芽多，疏花疏果，维持平衡。同类器官的平衡要着眼于各器官各部分的相应独立，一部分生长，一部分结果，交替、转化、平衡。

（6）**促进老树的更新复壮**　对衰老的老树进行强剪，剪去全部侧枝甚至部分主枝，可以刺激隐芽萌发生成新冠，恢复树势。实践证明老树更新修剪生长量比新栽的苗木要大，绿化效果好。同时经常性局部修剪比一次重剪树木长势要好。

6.1.3　园林植物整形修剪的概念

实践上整形修剪常被作为一个概念应用，实际上二者关系虽紧密但内涵不同。

整形（shaping）一般是对幼树或幼苗，对幼树实行一定的措施使其形成一定的树体结构和形态。一般是不能自然形成的。

修剪（pruning）是服从整形的需要（对成型树木或草本），对其枝、芽、叶、花、果、根等器官进行剪截、疏删的操作。

整形修剪是植物生长前期构建一定的形体，成型后维持和发展这一既定形体所进行的生长调整。

整形与修剪是紧密相关、不可截然分开的操作过程。整形是培育植株骨架，修剪是在骨架的基础上调控生长，使之平衡生长，达到健壮、美观的效果。整形是通过修剪实现的，修剪是以整形为基础进行的，是服务于栽培目的的管护措施。

6.1.4　园林植物整形修剪的原则

园林植物的选择应用受多重因素的影响，但在应用后其生长还会受到环境条件、应用目的和物种特性的制约，要用多种方法调控，不能任其随意生长。草本植物由于其生长年限短，植株形体相对矮小，修剪措施简单；木本植物生长期长，植株高大，外形多变，必须通过整形修剪来调节，修剪就是其最重要的调控措施。园林植物的修剪要遵循以下原则。

（1）**根据栽培的生态环境条件因地制宜，按需修剪**　栽培目的不同，植物形体要求也不同，要根据应用选择。不同的修剪措施对植物造成的影响各不相同，因此要根据绿化目的选择符合栽培目的的植物。如行道树要求冠大荫浓、干直、分枝合理、枝下高合适，并且抗性强；绿篱则要求生长势强、耐修剪、萌芽率高。二者即使用同一种植物，因目的不同形体要求不同，故整形修剪措施也不一样。

环境条件不同对植物的影响也不同，对植物的要求也不一样，整形修剪措施也会有差别。良好的环境条件和适宜的土肥措施下，植株高大，反之则会矮小。环境条件良好，树形多采用自然式，修剪简单；环境瘠薄，树干矮，冠幅小，需要修剪来调整，修剪复杂。还有风小风大，树形也会不同，修剪也不一样。风小或无风，植物采用自然树形自然冠，风大则要整成矮干剪成窄冠。

季节不同植物长势不同，修剪也不一样。夏季一般气温高、雨水多、发枝快，易感染病虫害，故修剪使植物通风透光良好；春秋干旱，修剪量不宜过大。

(2) **随树作形，因枝修剪** 植物不同生长发育习性不同，环境不同生长的状况也会不同。整形修剪要按照植物的生长发育习性和生长现状实施，否则会达不到要求。因草本修剪简单，故这里主要介绍木本植物的整形修剪。

与整形修剪有关的生长习性主要有顶端优势、分枝方式、芽的异质性、萌芽力、成枝力和芽的性质等。树木不同，树形也会不同，因此整形修剪措施也会不一样。如顶端优势强的落叶树和常见的常绿树，一般采用自然树形，或具有中干的树形。像塔形的雪松，圆柱状的铅笔柏，圆锥形的钻天杨等。对于顶端优势不强发枝力强的树种，如大叶黄杨、桂花等，易形成丛状树冠，则可剪成圆球、半球等外形。

植物的萌芽力、成枝力、分枝方式等，与植物耐修剪的能力有关。萌芽力强、分枝力大、成枝力强的植物，耐修剪、可以多次强剪，如大叶黄杨、法桐、小叶女贞、对节白蜡等。萌芽力或愈伤能力弱的树种，如梧桐、臭椿等需少剪或轻剪。

芽的性质和着生方式与开花习性也与整形修剪有关系。先花后叶还是先叶后花，纯花芽还是混合芽，长枝开花还是短枝开花等都决定整形修剪的方式和时间。如春季先花后叶的植物，整形修剪的时间就应该在春季花后进行，其他季节只能轻剪或不剪。当年开花的植物可以在秋季修剪。

除此之外，修剪还需要根据植物的长势、枝条的性质、枝条着生的位置及长短进行。生长季的长枝或竞争枝一般需要疏除，但也可以折枝、圈枝，秋季疏除，也可有目的地短截，促发新枝留作他用。

(3) **主从分明，均衡树势** 植物在幼年培育出树形后，在园林应用期间，要尽可能保持和维持其形体，不让它发生较大的改变。要求后期管理时要尽量做到主枝侧枝层次分明，主枝一直保持领导优势，侧枝服从主枝领导；各级侧枝之间，下层枝强于上层枝，小侧枝和辅养枝要从属主枝。所以后期在栽培实践中要采用各种整形修剪手段，调控各部位枝条长势，维持树形。树势强，主枝旺长，侧枝衰弱，就要采取抑强扶弱，对强枝强剪缓和长势，弱枝弱剪增强长势，以达到均衡目的。树势弱，主枝衰弱，侧枝旺长，就需要主枝弱剪或不剪增强长势，侧枝强剪缓和长势，从而达到整体的树势恢复。但修剪的强弱程度要根据实际情况具体分析应用。

(4) **树龄不同，方法有别** 植物在不同的年龄阶段，其发育特性和生长习性不太相同，整形修剪也会有差别。草本年龄较短，整形修剪基本任其自然生长。木本则要根据需要采取不同措施。

幼年期树木以整形为主，目的为整个生命周期的生长和充分发挥绿化功能，早日成形或早日开花结果。整形的任务是，快速生长，配好主侧枝，扩大树冠，形成良好的树形结构。修剪要保持主梢生长势，配好主侧枝，轻剪其他侧枝枝梢以促发二级侧枝增加营养面积。

成年期处在生长旺盛时期，开花结果量大，树冠达到最大值，且冠形优美。修剪的目的就是保持树形完整，使树势健壮。同时配合其他管理措施，综合运用各种修剪手段，根据栽培目的实施修剪。行道树和园景树修剪就是要保持树形完整，树冠通风透光，健壮生长。花果树修剪目的是调节生殖生长和营养生长的关系，配置好结果枝和营养枝，使树木长时间开花结果，健康生长。

老年期树势衰弱，生长量小，修剪应以重剪为主，刺激隐芽萌发，更新复壮恢复树势。

6.2 园林植物整形修剪的原理

6.2.1 园林植物的株形结构

根据生长类型，草本植物和木本植物的植株结构差别较大，但都是由地上地下两部分组成。草本植物的结构要比木本植物简单。

6.2.1.1 草本植物的株形结构

草本植物的生命周期短,生长发育快,茎枝细弱柔软,易折断。地下部分入土不深,一般在20～50cm之间,主要为侧根型和水平根型,少有主根型。地上部分和地下部分类似,以丛生型为主,少量有矮的主干。因此,整形修剪一般比较精细、频繁,而且都在生长期进行,以疏剪通风透光为主,兼有调节开花结实作用。

根据草本植物的植株形态,一般分为直立形、丛状形、多枝形、攀缘形、缠绕形、悬崖形和匍匐形等。

① 直立形 一般指单干直立形,只保留粗壮直立的主干,其他分枝侧枝,一律修去,使养分集中,供应顶枝一朵花,使其硕大、丰满、绚丽,如鸡冠花、向日葵、雁来红、独本菊、单干大丽花等。只留主干或主茎,不留侧枝,一般用于只有主干或主茎的观花和观叶植物。整形过程中还须摘除所有侧花蕾,使养分集中于顶蕾,充分展现品种的特性。

② 丛状形 有些草本花卉,茎叶基生直立,多分蘖,呈丛状,如雏菊、三色堇、矢车菊、虞美人等。一般保持其丛状形,不宜修剪。

③ 多枝形 此类草本花卉具有萌芽力强、耐修剪的特性,通过多次摘心、剪梢,促使腋芽萌发生长,形成更多的侧枝,增加着花部位和数量,使株冠更加丰满,如一串红、大丽花、矮牵牛、百日草等。

④ 攀缘形和缠绕形 茎细长柔软,不能直立生长。攀缘形植物依靠变态器官,如卷须、吸盘、钩刺等,攀缘他物向上生长,如香豌豆、葫芦、金瓜等;缠绕形植物依靠本身缠绕茎,螺旋形缠绕他物向上生长,如牵牛花、茑萝、月光花等。这类花卉主要用于垂直绿化,应顺其自然,设立支架,并略扶植攀缘于花架、棚架、围墙、栅栏上。

⑤ 悬崖形 当主干生长到一定高度,将其牵引到某一方向,再悬挂下来,如悬崖菊。

⑥ 匍匐形 这类植物既不能直立生长,也不能依附他物向上生长,但能够平贴在地面上,向四周蔓延生长,将地面覆盖,如半支莲、旱金莲、美女樱、矮雪轮等。

6.2.1.2 木本植物的株形结构

木本植物也是由地上地下两部分组成,但由于生长年限长,结构相对复杂。总体看木本植物可以分为三部分:地上部分、根颈部位、地下部分。地上部分包括主干和树冠。主干起支撑作用,同时连接根系运输物质。树冠由中干、主枝、侧枝及各级侧枝组成,其中主枝、中干及其他永久枝条组成树体骨架,这些被称为骨干枝(图6-1)。根颈部位连接地上地下起运输支撑作用。地下部分与地上相似,由主根、侧根和各级侧根、毛细根组成,主要起吸收水分、矿物质等作用。

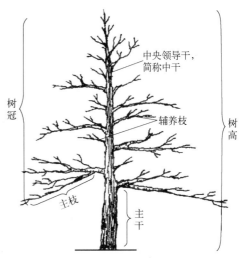

图6-1 树体结构示意图

(1) 树体结构组成

① 树高 从地面到树木最高点的距离。

② 树冠 中干、主枝及各级分枝组成的综合体。第一主枝的最低点至树干最高点的距离称为冠高。树冠的垂直投影直径为冠幅。

③ 主干 从地面到第一主枝间的树干称为主干,其高度称为干高。

④ 层间距 同一层中相邻主枝着生点之间的距离。一般距离小于15cm称为邻接,15～20cm称邻近。

⑤ 中干 从第一分枝到树最高处的干称为中干。

⑥ 分枝角 分枝和中干之间的夹角。有基角、腰角和梢角之分。

⑦ 主枝夹角 层内相邻主枝水平面的夹角。

(2) 树形 木本植物一般常见的是森林中的树木与园林孤立树木。森林中的树木通常是单干,主枝多

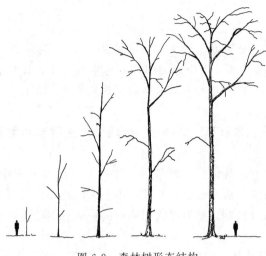

图 6-2　森林树形态结构

在树冠上部（图 6-2）。而园林孤立树木通常树冠宽广，分枝点低，整个树体宽广度大于高度（图 6-3）。

(3) 枝条分类　枝条的分类标准很多，可以按照位置、姿态、年龄、萌发时间、性质、用途等进行分类。

① 按位置可分为中央领导干、主枝、侧枝、枝组。

② 按姿态可分为徒长枝、重叠枝、轮生枝、平行枝、并生枝、内向枝、延长枝、竞争枝、直立枝、斜生枝、水平枝、交叉枝、下垂枝等（图 6-4、图 6-5）。

③ 按年龄可分为新梢、一年生枝、二年生枝和多年生枝（图 6-6）。新梢是树木自春到秋当年抽生的枝条部分，也叫当年生枝。一年生枝是指新梢秋季停止生长后到第二年开始萌芽生长这段时间的枝条。二年生枝指一年生枝在翌年萌芽后的部分。

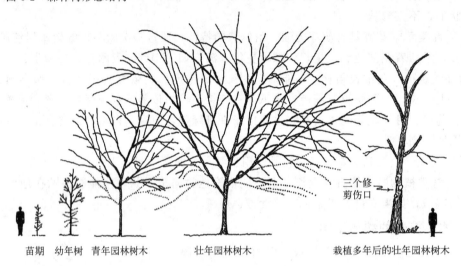

苗期　幼年树　青年园林树木　　　　壮年园林树木　　　　栽植多年后的壮年园林树木

图 6-3　园林中树的形态结构

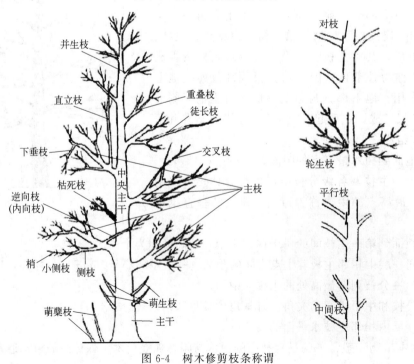

图 6-4　树木修剪枝条称谓

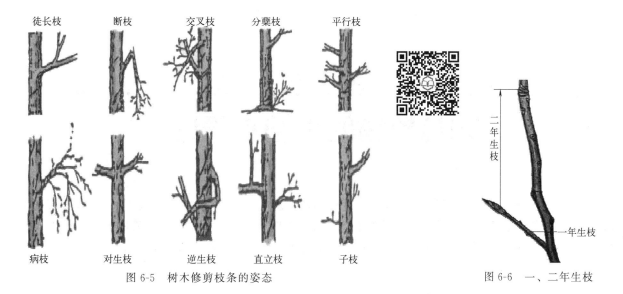

图 6-5　树木修剪枝条的姿态

图 6-6　一、二年生枝

④ 按萌发时期分为春梢、夏梢、秋梢。春梢是指春季 2～4 月份抽生的枝条，生长时间长，节间短，叶小，芽不够饱满；夏梢是 5～7 月抽生的枝条，营养丰富，节间长，叶大叶薄，芽饱满；秋梢是 8～10 月抽生的新梢，主要是结果母枝。

⑤ 按枝条性质分为生长枝、开花结果枝。生长枝就是只生长枝叶，基本上没有花芽或混合芽的枝条。结果枝就是可以开花结果的枝条。当年生长当年结果的枝条，称为 1 年结果枝；两年生长才结果的枝条为 2 年结果枝。另外，根据结果枝的长度，还可以分为长果枝、中果枝、短果枝。

6.2.2　修剪的调节机理

整形修剪对植物的生理活动产生的影响，主要是通过调节养分的吸收、分配和运输实现的。

① 调整植物有效叶面积，改变光照条件，影响光合产能，影响植物营养合成，调控营养水平。

② 调节地上地下的动态平衡，以根系生长调控水分和无机营养的吸收，从而影响有机营养的合成分配。

③ 调控营养生长和生殖生长，通过调节营养器官和生殖器官的数量、比例、类型等，影响物质积累和代谢。

④ 调整无效枝叶量和花果量，以及调整枝条角度等，可以减少无效消耗，定向运输养分，保持恢复树势。

修剪对植物的生长具有双重作用。即对整体的抑制，局部的促进；反之整体的促进，局部的抑制。修剪一般会减少植物的枝叶量，减少光合产物的形成，地上部供给根系的营养减少，抑制了根系的生长和吸收能力，导致根系供给地上部的养分减少，结果就是植株生长整体受到抑制；局部对直立枝或背上枝在饱满芽处剪截，会增强此枝条长势。有时作用相反，如对整株植株局部采取轻剪去头，则会促使枝条侧芽萌发，增加枝叶量，增强光合作用，促使整株生长；如修剪部位在背下枝弱芽处，则会削弱其长势。

修剪通过调节器官的位置、数量和类型，利用和改变顶端优势和垂直优势，利用不同时期的修剪效应以及局部的相对独立性，利用树体阶段发育的异质性和组织器官的再生性，调节树体营养，达到调节生长、开花结果及更新复壮的目的。修剪具有"促、控"双重调节作用。修剪必须与土、肥、水管理配合，才能充分发挥其调节作用。

第7章
园林植物的土肥水管理

园林植物土、肥、水管理的根本任务是创造优越的环境条件，满足植物生长发育对水、肥、气、热的需求，尽快发挥其栽植的功能效益，并能经久不衰。园林植物土、肥、水管理的关键是从土壤管理下手，通过松土、除草、施肥、灌水或排水等措施，改良土壤的理化性质，提高土壤的生产力。

7.1　土壤管理

土壤是园林树木生长的基础，是树木生命活动所需水分和养分的供应库与贮藏库，也是许多微生物活动的场所。园林树木生长的好坏，如根系的深浅，根量的多少，吸收能力的强弱，合成作用的高低及树木的高矮、大小等都与土壤质量密切相关。同时，结合园林工程的地形地貌改造利用，土壤管理也有利于增强园林景观的艺术效果。因此，园林树木土壤管理的主要任务，是通过综合措施改良土壤结构和理化性质提高土壤肥力，不仅能为园林树木的生长发育创造良好条件，还能保护水土，减少污染，增强其功能效益。

7.1.1　土壤改良

土壤改良是采用物理、化学以及生物措施，改善土壤理化性质，以提高土壤肥力。但因树木是一种多年生的木本植物，要不断地消耗地力，所以园林树木的土壤改良是一项经常性的工作。土壤改良有深翻熟化、中耕通气、客土改良、培土、利用地面覆盖与地被植物、增施有机肥、盐碱土改良等措施。

7.1.1.1　深翻扩穴，熟化土壤

树木的根系深浅和范围与树木的生长、开花结实等有着极其密切的关系，而影响根系分布深度的主要条件是土层的有效厚度和其他理化性质。栽植前的挖穴虽然达到了相当的深度，但随着树木的生长，穴壁以外紧实土壤的不良性状就会妨碍根系的生长和吸收。因此，深翻实际上也扩大了原来挖穴整地的范围。

深翻就是对园林树木根区范围内的土壤进行深度翻垦。深翻的主要目的是加快土壤的熟化，使"死土"变"活土"，"活土"变"细土"，"细土"变"肥土"。通过深耕结合施用适量的有机肥，可增加土壤孔隙度，改善土壤结构和理化性状，促进团粒结构的形成，促进微生物的活动，加速土壤熟化，使难溶性营养物质转化为可溶性养分，提高土壤肥力，从而为树木根系向纵深伸展创造有利条件，从而增强树木的抵抗力，使树体健壮，新梢长，叶色浓，花色艳。但是，如果把有机质盲目地施在潮湿或极酸的贫瘠土壤中，深翻施肥并不能获得令人满意的效果。在这种情况下，必须通过地下排水或通过挖掘爆破等方式，打破地下不透水层，排除过多的渍水或通过底土施用石灰克服极酸的障碍，促进微生物活动和有机质的分解，加速土壤熟化，使难溶性物质转化成有效的养分，才可取得较好的效果。

(1) 深翻的时间　从树木开始落叶至翌年萌动之前都可进行，但以秋末落叶前后为最好。此时，树木地上部分的生长已渐趋缓慢或基本停止，地下根系仍在活动，甚至还有一次小的生长高峰，树体营养丰富，深翻以后，不但根系伤口能够迅速愈合，而且还会在越冬前，从伤口附近发出大量新根，在下一生长

季到来时，就能恢复生长，不仅不会出现生长障碍，而且还会使生长加速。如果在生长季，特别是树木生长旺盛时期深翻，会因地上蒸腾强烈，地下根系吸收能力下降，出现水分亏损，不但生长量大大减少，而且枝叶会褪绿发黄，待第二年才能逐渐恢复。此外，冬前深翻还有利于土壤风化和越冬保墒。

（2）深翻的方式　根据破土的方式不同，可分为全面深翻和局部深翻，其中以局部深翻应用最广。局部深翻可分为环状深翻和辐射状深翻，环状深翻又分为连续环状深翻和断续环状深翻（图7-1）。

（3）深翻的深度　深翻的深度与所在地区、土壤、树种及其深翻的方式等有关。黏重土壤应较深，沙质土壤可适当浅挖；地下水位高时宜浅，下层为半风化的岩石时则宜加深，以增厚土层；深层为砾石，也应深翻，拣出砾石并换好土，以免肥、水淋失；地下水位低、土层厚、栽植深根性树木时则宜深翻，反之宜浅；下层有黄淤土、白干土、胶泥板或建筑地基等残存物时，挖的深度以打破此层为宜，以利渗水。可见，深翻深度要因地、因树而异，在一定范围内挖得越深，效果越好，一般为60～100cm，最好距根系主要分布层稍深、稍远一些，以促进根系向纵深生长，扩大吸收范围，提高根系的抗逆性。此外，环状深翻与辐射深翻可深一些，全面深翻应稍浅些，而且要掌握"离干基越近越浅"的原则。

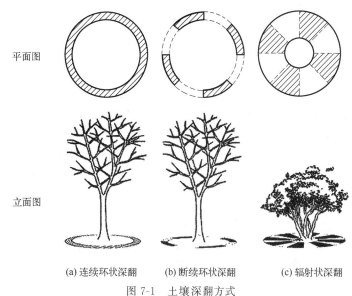

平面图

立面图

(a) 连续环状深翻　(b) 断续环状深翻　(c) 辐射状深翻

图7-1　土壤深翻方式

（4）深翻的次数　深翻后的作用可保持多年，因此不需要每年都进行深翻。深翻效果持续时间的长短与土壤有关，一般黏土地、涝洼地，挖后易恢复紧实，保持时间较短；疏松的沙壤土保持时间则较长。地下水位低，排水好，深翻后第二年即可显示出深翻效果，多年后效果尚较明显；排水不良的土壤，保持深翻效果的时间较短。通常，有条件的地方可4～5年深翻一次。

土壤深翻应结合施肥（主要是有机肥）和灌溉进行。通常在晴天进行，忌雨水或高温天气。挖出的土壤经打碎，清除砖石杂物后最好与肥料拌匀以后回填。如果土壤不同层次的肥力状况相差悬殊，则应将表土层的土壤回填在根系密集层的范围内，心土放在表层。这样，不但有利于根系对养分的吸收，而且有利于心土的熟化。

7.1.1.2　土壤质地的改良

（1）土壤质地的判断方法　理想的土壤应是50%的气体空间和50%的固体颗粒。固体颗粒由有机质和矿物质组成。许多土壤的测定数据表明，理想的土壤应有45%的矿物质和5%的有机质。然而，除此之外，矿物质组成粒子的排列及其聚积大小也十分重要。

土壤质地可以通过简单的触摸、搓揉等进行判断。将适量的土壤放在拇指和食指间搓揉成球，如果球体紧实、外表光滑而且在湿时十分黏稠，则黏性强；如果不能搓揉成球，则沙性强。但是，较准确的方法是：在实验室用土壤筛处理，把土粒分成黏粒、沙粒和粉粒，并测定其百分比。此方法需要一定的设备、时间和经费，在应用中受许多限制。因此，如果要得到比触摸、搓揉判断更精确些的结果，可采用如下简单方法进行测定：

取土样约0.5L，干燥后用木槌或木质滚筒压碎土块；在1000mL的量瓶中放入一杯压碎了的样品，至少加入高于土面5cm的水，再加一茶匙无泡洗涤剂；盖上瓶盖，充分摇匀后至少静置3天（黏土可能要1周）才能完全澄清；澄清后分别测定底层沙粒、中层粉沙粒和上层黏粒的厚度，然后分别除以3层总厚度，再乘以100%，便是土样每层的百分率，再按各粒级标准分类确定土壤质地。但是，如果测定时，仍有黏粒悬浮，测定值可能不很准确。

（2）土壤质地的改良方法　土壤质地过黏或过沙都不利于根系的生长。黏重的土壤板结，渍水，通透性差，容易引起根腐；反之，土壤沙性太强，漏水，漏肥，容易发生干旱。以上情况都可通过增施有机质，和以"沙压黏"或"黏压沙"进行改良。

① 有机改良　土壤太沙或太黏，其改良的共同方法是增施纤维素含量高的有机质。在多沙的土壤中，有机质的作用像海绵一样，保持水分和矿质营养。在黏土中，有机质有助于团聚较细的颗粒，造成较大的孔隙度，改善土壤的透气排水性能。但是，一次增施有机质不能太多，否则可能产生可溶性盐过量的问题，特别是在黏土中，施用某些类型的有机质，这一问题更为突出。

一般认为 $100m^2$ 土地的施肥量不应多于 $2.5m^3$，约相当于增加 3cm 厚的表土。改良土壤的最好有机质有粗泥炭、半分解状态的堆肥和腐熟的厩肥。未腐熟的肥料，特别是新鲜有机肥，氨的含量较高，容易损伤根系，施后不宜立即栽植。

② 无机改良　近于中壤质的土壤有利于多数树木的生长。因此，过黏的土壤在挖穴或深翻过程中，应结合施用有机肥掺入适量的粗沙；反之，如果土壤沙性过强，可结合施用有机肥掺入适量的黏土或淤泥，使土壤向中壤质的方向发展。

在用粗沙改良黏土时，应避免用（建筑）细沙，且要注意加入量的控制。如果加入的粗沙太少，可能像制砖一样，增加土壤的紧实度。因此，在一般情况下，加沙量必须达到原有土壤体积的 1/3，才能显示出改良黏土的良好效果。除了在黏土中加沙以外，也可加入陶粒、粉碎的火山岩、珍珠岩和硅藻土等。但这些材料比较贵，只能用于局部或盆栽土的改良。此外，石灰、石膏和硫黄等也是土壤的无机改良剂。

7.1.1.3　土壤 pH 值的调节

如前所述，树木对土壤的酸碱度有一定的适应性，其最适范围也有一定的差异。过酸过碱都会对园林树木造成不良的影响。通常情况下，当土壤 pH 值过低时，土壤中活性铁、铝增多，磷酸根易与它们结合形成不溶性的沉淀，造成磷素养分的无效化；同时，由于土壤吸附性氢离子多，黏粒矿物易被分解，盐基离子大部分遭受淋失，不利于良好土壤结构的形成。相反，当土壤 pH 值过高时，则发生明显的钙对磷酸的固定，使土粒分散，结构被破坏。因此，除增施有机质外，必须对土壤的 pH 值进行必要的调节。

对于 pH 值过低的土壤，主要用石灰、草木灰等碱性物质改良。使用时，石灰石粉越细越好，这样可增加土壤内的离子交换强度，以达到调节土壤 pH 值的目的。市面上石灰石粉有几十到几千目的细粉，目数越大，见效越快，价格也越贵，生产上一般用 300～450 目的较适宜。

一般以 pH 4.5～5.5 最好。据试验，每亩（1 亩 $=667m^2$）施用 30kg 硫黄粉，可使土壤 pH 从 8.0 降到 6.5 左右。硫黄粉的酸化效果较持久，但见效缓慢。对容器栽培的园林树木也可用 1:50 的硫酸铝钾，或 1:180 的硫酸亚铁水溶液浇灌植株来降低 pH 值。施入量依土壤的缓冲作用、原 pH 值高低、调节幅度与土量多少而定。

7.1.1.4　盐碱土的改良

在滨海及干旱、半干旱地区，有些土壤盐类含量过高，对树木生长有害。盐碱土的危害主要是土壤含盐量高和离子的毒害。当土壤含盐量高于临界值 0.2% 时，土壤溶液浓度过高，根系很难从中吸收水分和营养物质，引起"生理干旱"和营养缺乏症。不但生长势差，而且容易早衰。因此，在盐碱土上栽植树木，必须进行土壤改良。改良的主要措施有灌水洗盐；深翻，增施有机肥，改良土壤理化性质；用粗沙、锯末、泥炭等进行树盘覆盖，减少地表蒸发，防止盐碱上升等。

7.1.1.5　土壤改良剂的应用

广义的土壤改良剂是一些可以改善土壤理化性状，促进营养物质吸收的材料。长期以来，人们对于天然土壤改良剂早就有所了解，如黏土中掺粗沙土，沙土中加黏土，一般土壤加泥炭、石灰或石膏等。改良土壤的生物学方法，包括给植物接种共生微生物、施用微生物肥料等。

土壤改良剂的种类有：①矿物类，主要有泥炭、褐煤、风化煤、石灰、石膏、蛭石、膨润土、沸石、珍珠岩和海泡石等；②天然和半合成水溶性高分子类，主要有秸秆类、多糖类物料、纤维素物料、木质素物料和树脂胶物质；③人工合成高分子化合物，主要有聚丙烯酸类、醋酸乙烯-马来酸类和聚乙烯醇类；④有益微生物制剂类等。上述物质可改良土壤理化性质及生物学活性，具有保护根系，防止水土流失，提高土壤通透性，减少地面径流，防止渗漏，调节土壤酸碱度等各种功能。

7.1.2　地面覆盖与地被植物

7.1.2.1　地面覆盖

利用有机物或地被植物覆盖土面，一方面可以防止或减少水分蒸发，减少地表径流，减少水、土、肥流失与土温的日变幅，控制杂草生长，改善土壤结构，增加土壤有机质，为树木生长创造良好的环境条件；另一方面，有地被植物覆盖，可以增加绿化量值，避免地表裸露，防止尘土飞扬，丰富园林景观。因此，地被植物覆盖地面，是一项行之有效的生物改良土壤措施，该项措施已在农业果园土壤管理、行道树种植等方面得到了广泛运用，效果显著。

若在生长季进行覆盖，以后将覆盖的有机物随即翻入土中，还可增加土壤有机质，改善土壤结构，提高土壤肥力。覆盖材料以就地取材、经济适用为原则，如水草、谷草、豆秸、树叶、树皮、锯屑、谷壳、马粪、泥炭等均可应用。在大面积粗放管理的园林中，还可将草坪上或树旁刈割下来的草随手堆于树盘附近，用以覆盖。一般对于幼树或草地疏林的树木，多在树盘下进行覆盖。覆盖的厚度通常以 3～6cm 为宜，鲜草 5～6cm，过厚会产生不利的影响。覆盖时间一般在生长季节土温较高而较干旱时进行。杭州历年进行树盘覆盖的结果证明，这样做，抗旱时间可较对照推迟 20 天。树皮覆盖除上述作用外，还具有增加绿地色彩、丰富绿地质感、美化园林景观的效果。如果长期使用，还可以逐渐改良土壤，有利于植物健康生长。树皮覆盖物在国外已得到普遍应用，而在我国才刚刚开始。相信随着我国园林绿化水平的进一步提高，对树皮覆盖物的应用和研究将越来越广泛。

7.1.2.2　地被植物

地被植物既可以是木本植物，也可以是草本植物。要求适应性强，有一定的耐阴、耐践踏能力，枯枝落叶易于腐熟分解，覆盖面大，繁殖容易，有一定的观赏价值。常用的木本植物有五加、地锦类、金银花、木通、扶芳藤、常春藤类、络石、菲白竹、倭竹、葛藤、裂叶金丝桃、金丝梅、野葡萄、凌霄类、胡枝子、荆条等。草本植物有地瓜藤、铃兰、石竹类、勿忘草、百里香、马蹄金、萱草、酢浆草类、百合、鸢尾类、麦冬类、留兰香、玉簪类、吉祥草、诸葛菜、虞美人、羽扇豆、石碱花、沿阶草以及绿肥类、牧草类植物（如苜蓿、红三叶、白三叶、紫云英、狗牙根、结缕草、高羊茅等）。

7.2　水分管理

7.2.1　园林植物的水分需求规律

与其他生物一样，树木的一切生命活动都与水有着极其密切的关系。园林树木根系吸收的水分，95％以上都消耗于蒸腾作用。在一般情况下，蒸腾量越大，根系吸收的水分越多，随水流进入树体的矿质营养也越丰富，树木的生长也就越旺盛。然而由于园林树木的栽培目的不同，对其应该发挥的功能效益也有差异，因此只有通过灌水与排水管理，维持树体水分代谢平衡的适当水平，才能保证树木的正常生长和发育，才能满足栽培目的的要求。否则土壤水分过多或过少，都会造成树体水分代谢的障碍，对树木的生长不利。"水少是命，水多是病"也就是这个道理。

7.2.1.1　生物特性需求

（1）树木种类、品种与需水　一般说来，生长速度快、生长量大、生长期长的种类需水量较大，通常乔木比灌木、常绿树种比落叶树种、阳性树种比阴性树种、浅根性树种比深根性树种、湿生树种比旱生树种需要较多的水分。但值得注意的是，需水量大的种类不一定需常湿，而且园林树木的耐旱力与耐湿力并不完全呈负相关。

（2）**生长发育阶段与需水**　就生命周期而言，种子在萌发时必须吸足水分，以便种皮膨胀软化，需水量较大；幼苗时期，植株个体较小，总需水量不大，根系弱小、分布较浅、抗旱力差，以保持表土适度湿润为宜；随着植株体量的增大、根系的发达，总需水量有所增加，个体对水分的适应能力也有所增强。在年生长周期中，生长季的需水量大于休眠期。秋冬季气温降低，大多数园林树木处于休眠或半休眠状态，即使常绿树种的生长也极为缓慢，这时应少浇或不浇水，以防烂根；春季气温上升，树木需水量随着大量的抽枝展叶也逐渐增大，即使在树木根系尚处于休眠状态的早春，由于地上部分已开始蒸腾耗水，对于一些常绿树种也应进行适当的叶面喷雾。由于相对干旱有助于树木枝条停止加长生长，使营养物质向花芽转移，因而在栽培上常采用减水、断水等措施来促进花芽分化；如在营养生长期即将结束时对梅花、桃花、榆叶梅等花灌木适当扣水，能提早并促进花芽的形成和发育，从而使其开花繁茂。

（3）**需水临界期**　许多树木在生长过程中都有一个对水分需求特别敏感的时期，即需水临界期，此期缺水将严重影响树木枝梢生长和花的发育，以后即使再多的水分供给也难以补偿。需水临界期因各地气候及树木种类而不同，但就目前研究的结果来看，呼吸、蒸腾作用最旺盛时期以及观果类树种果实迅速生长期都要求充足的水分。

7.2.1.2　栽培管理需求

（1）**生长立地条件与需水**　在土壤缺水的情况下土壤溶液浓度增高，根系不能正常吸水反而产生外渗现象，更加剧干枯程度，如果土壤水分补给上升或水分蒸腾速率降低，树体会恢复原状，但当土壤水分进一步降低时则达永久萎蔫系数，树体萎蔫将难以恢复并导致器官或树体最终死亡。在气温高、日照强、空气干燥、风大的地区，叶面蒸腾和土壤蒸发均会加重，树木的需水量就大。土壤质地、结构与灌水密切相关，如沙土保水性较差，应少水勤浇，黏重土壤保水力强，灌溉次数和灌水量均应适当减少。经过铺装的地面或游人践踏严重的栽植地，地表降水容易流失，应给予经常性的树冠喷雾，以补充土壤水分供应的不足。合理深翻、中耕以及施用有机肥料的土壤结构性能好、土壤水分有效性高，故能及时满足树木对水分的需求，因而灌水量较小。

（2）**栽植培育时期与需水**　新栽植的树木，由于根系损伤大，吸收功能弱，定植后需要连续多次反复灌水；如果是常绿树种，还有必要对枝叶进行喷雾方能保证成活。树木定植2～3年后树势逐渐恢复，地上部树冠与地下部根系逐渐建立起新的水分平衡，地面灌溉的迫切性会逐渐下降。幼苗期移栽，树体的水分平衡能力较弱，灌水次数要多些；树体展叶后的生长季移植，因叶面蒸腾量增大，必须加强树冠喷水保湿。

7.2.2　园林树木的水分管理

7.2.2.1　灌溉

（1）**灌水时期**　灌水时期由树木在一年中各个物候期对水分的要求、气候特点和土壤水分的变化规律等决定，除定植时要浇大量的定根水外，可分为休眠期浇水和生长期浇水。

① 休眠期浇水　在秋冬和早春进行。在我国东北、西北、华北等地降水量较少，冬春又严寒干旱，因此休眠期灌水非常必要。秋末或冬初的灌水一般称为灌"冻水"或"封冻"水，可提高树木越冬能力，并可防止早春干旱；对于边缘树种，越冬困难的树种，以及幼年树木等，浇冻水更为必要。

② 生长期浇水　分为花前灌水、花后灌水、花芽分化期灌水等。

a. 花前灌水：在北方一些地区，容易出现早春干旱和风多雨少的现象。及时灌水补充土壤水分的不足，是解决树木萌芽、开花、新梢生长和提高坐果率的有效措施，同时还可以防止春寒、晚霜的危害。盐碱地区早春灌水后进行中耕还可以起到压碱的作用。花前灌水可以在萌芽后结合花前追肥进行。花前灌水的具体时间，要因地、因树种而异。

b. 花后灌水：多数树木花谢后半个月左右是新梢迅速生长期，如果水分不足，会抑制新梢生长。果树此时如缺少水分则易引起大量落果。尤其北方各地春天风多，地面蒸发量大，适当灌水以保持土壤适宜的湿度，可促进新梢和叶片生长，扩大同化面积，增强光合作用，提高坐果率和增大果实，同时，对后期的花芽分化有一定的作用。没有灌水条件的地区，也应该积极做好保墒措施，如盖草、盖沙等。

c. 花芽分化期灌水：此次水对观花、观果树木非常重要，因为树木一般是在新梢生长缓慢或停止生长时，花芽开始分化。此时也是果实迅速生长期，需要较多的水分和养分，若水分不足，则影响果实生长和花芽分化。因此，在新梢停止生长前及时而适量地灌水，可促进春梢生长而抑制秋梢生长，有利花芽分化及果实发育。

（2）灌水量　灌水量同样受多方面的影响。不同树种、品种、砧木以及不同的土质、气候条件、植株大小、生长状况等，都与灌水量有关。在有条件灌溉时，要灌饱灌足，切忌表土打湿而底土仍然干燥。一般已达花龄的乔木，大多应浇水使其渗透到 80～100m 深处。适宜的灌水量一般为土壤最大持水量的 60%～80%。目前根据不同土壤的持水量、灌溉前的土壤湿度、土壤容重、要求土壤浸湿的深度，计算出一定面积的灌水量，即：

灌水量＝灌溉面积×土壤浸湿深度×土壤容重×（田间持水量－灌溉前土壤湿度）

灌溉前的土壤湿度，每次灌水前均需测定；田间持水量、土壤容重、土壤浸湿深度等项，可数年测定一次。

应用此式计算出的灌水量，还可根据树种、品种、不同生命周期、物候期以及日照、温度、风、干旱持续的长短等因素，进行调整，以更符合实际需要。如果在树木生长地安置张力计，则不必计算灌水量，灌水量和灌水时间均可由张力计显示出来。

（3）**灌水方法**　灌水方法是树木灌水的一个重要内容。随着科学技术和工业生产的发展，灌水方法不断得到改进，灌水效率和效果大幅度提高。正确的灌水方法，可使水分均匀分布，节约用水，减少土壤冲刷，保持土壤的良好结构，并充分发挥水效。

常用的方式有以下几种：

① 人工浇水　在山区或离水源较远处，人工挑水浇灌虽然费工多而效率低，但仍很必要。浇水前应松土，并做好水穴，深 15～30cm，大小视树龄而定，以便灌水。有大量树木要浇灌时，应根据需水程度的多少依次进行，不可遗漏。

② 地面灌水　这是效率较高的常用方式，可利用河水、井水、塘水等。通常又可分为畦灌、沟灌、漫灌等几种。

a. 畦灌是先在树盘外做好畦埂，灌水应使水面与畦埂相齐，待水渗入后及时中耕松土。这种方式普遍应用，能保持土壤的良好结构。

b. 沟灌是用高畦低沟的方式，引水沿沟底流动，水充分渗入周围土壤，不致破坏其结构，并且方便实行机械化。

c. 漫灌是大面积的表面灌水方式，因用水不经济，很少采用。

③ 地下灌水　是利用埋设在地下的多孔管道输水，水从管道的孔眼中渗出，浸湿管道周围的土壤。此法灌水不致流失或引起土壤板结，便于耕作，较地面灌水优越，节约用水，但要求设备条件较高，在碱土中需注意避免"泛碱"。

④ 空中灌水　包括人工降雨及对树冠喷水等，又称"喷灌"。目前，为解决干旱地区因缺水而影响绿化的问题，正在进行保水剂的开发研究。

（4）**灌溉中应注意的事项**

① 要适时适量灌溉　灌溉一旦开始，要经常注意土壤水分的适宜状态，争取灌饱灌透。如果该灌不灌，则会使树木处于干旱环境中，不利于吸收根的发育，也影响地上部分的生长，甚至造成旱害；如果小水浅灌，次数频繁，则易诱导根系向浅层发展，降低树木的抗旱性和抗风性。当然，也不能长时间超量灌溉，否则会造成根系的窒息。

② 干旱时追肥应结合灌水　在土壤水分不足的情况下，追肥以后应立即灌溉，否则会加重旱情。

③ 生长后期适时停止灌水　除特殊情况外，9 月中旬以后应停止灌水，以防树木徒长，降低树木的抗寒性，但在干旱寒冷的地区，冬灌有利于越冬。

④ 灌溉宜在早晨或傍晚进行　因为早晨或傍晚蒸发量小，而且水温与地温差异不大，有利于根系的吸收。不要在气温最高的中午前后进行土壤灌溉，更不能用温度低的水源（如井水、自来水等）灌溉，否则树木地上部分蒸腾强烈，土壤温度降低，影响根系的吸收能力，导致树体水分代谢失常而受害。

⑤ 重视水质分析　利用污水灌溉需要进行水质分析，如果含有有害盐类和有毒元素及其他化合物，应处理后使用，否则不能用于灌溉。

此外，用于喷灌、滴灌的水源，不应含有泥沙和藻类植物，以免堵塞喷头或滴头。

7.2.2.2　排水

排水是为了减少土壤中多余的水分以增加土壤空气的含量，促进土壤空气与大气的交流，提高土壤温度，激发好气性微生物活动，加快有机物质的分解，改善树木营养状况，使土壤的理化性质得到全面改善。

(1) 需排水的状况

① 树木生长在低洼地，当降雨强度大时汇集大量地表径流，且不能及时渗透，形成季节涝湿地。

② 土壤结构不良，渗水性差，特别是有坚实不透水层的土壤，水分下渗困难，形成过高的假地下水位。

③ 园林绿地临近江河湖海，地下水位高或雨季易遭淹没，形成周期性的土壤过湿。

④ 平原或山地城市，在洪水季节有可能因排水不畅，形成大量积水。

⑤ 在一些盐碱地区，土壤下层含盐量过高，不及时排水洗盐，盐分会随水位的上升而到达表层，造成土壤次生盐渍化，对树木生长不利。

(2) 排水方法

① 明沟排水。在园内及树旁纵横开浅沟，内外连通，以排积水。这是园林中经常用的排水方法，关键在于做好全园排水系统，使多余的水有个总出口。

② 暗管沟排水。在地下设暗管或用砖石砌沟，借以排除积水。其优点是不占地面，但设备费用较高。

③ 地面排水。这是目前使用最广泛、最经济的一种排水方法。利用地面的高低地势，通过道路、广场等地面，汇集雨水，然后集中到排水沟，从而避免绿地树木遭受水淹。但是，地面排水方法需要设计者经过精心设计安排，才能达到预期效果。

7.2.3　草本植物的水分管理

草本植物均选用适应性强的抗旱种类或品种，但为了使其生长良好，正常的养护浇水是必要的。春季开始升温，草本植物解除休眠进入了生长阶段，可在萌芽前浇春水一次，以补充冬季干旱地区草本植物的缺水状况，促进植物萌芽、生长；在生长季节则可根据天气状况及植物本身的生长特性进行浇水。有些植物耐干旱能力较强，可不浇或少浇，但出现连续干旱无雨的天气时，应进行抗旱浇水。

北方冬季以干旱、少雪、大风天气为主，春季雨水较少，入冬前浇一次冬水能使草本植物根部吸收充足的水分，增强抗旱越冬能力；南方温暖城市的草本植物可以进行春灌，这样能够促进其提早返青。草本植物浇水应遵循"不浇则已，浇则浇透"的原则，避免只浇表土，每次浇水以达到 30cm 土层内水分饱和为原则，不能漏浇。因土质差异，在容易造成干旱的范围内应该增加灌水次数。

7.3　肥料管理

7.3.1　施肥的意义和特点

为使园林植物生长健壮，根系发达，树形美观，生长快，必须有较好的营养条件。因为树木在生长过程中要吸收很多化学元素作为营养，并通过光合作用合成碳水化合物，供应其生长需要。树木如果缺乏营养元素，就不能正常生长。从树木的组成元素分析和栽培试验来看，树木生长需要十几种化学元素。树木对碳、氢、氧、氮、磷、钾、硫、钙、镁等大量元素需要量较多；对铁、硼、锰、铜、钴、锌、钼等微量元素需要量很少；在这些元素中，碳、氢、氧是构成一切有机物的主要元素，占植物体总成分95%左右，其他元素共占植物体的4%左右。碳、氢、氧是从空气和水中获得的，其他元素主要是从土壤中吸取的。植物对氮、磷、钾3种元素需要量较多，而这3种元素在土壤中含量少，影响植物的生长发育最大，人们用这3种元素做肥料，称为肥料三要素。

树木的许多异常状况，常与营养不足有着极其密切的关系。树木营养不足主要是由于有机营养、矿质营养或氮素营养的供给或利用不充分所致。树木的任何器官都必须从叶中获得有机营养而不能依靠根系从土壤中直接吸收，树木的生长发育除了需要从土壤中吸收水分外，还要从土壤中吸收各种矿质营养和氮素营养。树木的有机营养最初都来自叶片的光合作用将太阳能转变成植物化学能储存的有机营养物质，而叶绿体是进行光合作用的基本细胞器，叶绿体的发育情况受土壤提供矿质营养和氮素营养状况的影响。叶绿体发育良好，可保证光合速率维持在较高水平，有利于树木生长；反之，则会对树木的生长发育造成不利影响。因此，为避免树木由于营养不足出现异常情况，需要加强树木栽培过程中的施肥管理，以保证土壤能给树木生长发育提供良好的矿质营养和氮素营养状况。

合理施肥是促进树木枝叶茂盛、花繁果密、加速生长和延年益寿的重要措施之一。如果在树木修剪或遭受其他机械损伤后施肥，还可促进伤口愈合。

长期以来，人们都非常重视粮食作物、蔬菜和果树的施肥，而忽视园林树木的施肥。其实，从某种意义上讲，园林树木施肥比农作物，甚至比林木更重要。一方面是由于绿化地段的表土层大多受到破坏，比较贫瘠，肥力不高，定植地的土壤营养状况可能不能满足园林树木生长发育的需要；另一方面是因为树木在造景定植以后，一般没有什么直接产品的确定收获期，人们都希望这些树木能生长数十年、数百年，甚至上千年直至衰老死亡。在这漫长的岁月里，由于园林树木栽植地的特殊性，营养物质的循环经常失调，枯枝落叶不是被扫走，就是被烧毁，归还给土壤的数量很少；由于地面铺装及人踩车压，土壤紧实，地表营养不易下渗，根系难以利用；加之地下管线、建筑地基的构建，减少了土壤的有效容量，限制了根系吸收面积。此外，随着绿化水平的提高，包括草坪在内的多层次植物配置，更增加了土壤养分的消耗，出现了与树木竞争营养的现象。凡此种种，都说明了适时适量补充树木营养元素是十分重要的。

园林树木大多处于人为活动较频繁的特殊生态条件下，形成了区别于林木、果树和其他作物的施肥特点。首先，园林树木种类繁多，习性各异，生态、观赏与经济效益不同，因而无论是肥料的种类、用量，还是施肥比例与方法都有较大的差别；其次，园林树木附近建筑物多，地面硬质铺装，土壤板结，施肥操作十分困难，因而施肥的次数不宜太多，同时肥料施用后的释放速度应该缓慢，不但应以有机肥和其他迟效性肥料为主，而且在施肥方法上应有所改进；最后，为了环境美观、卫生，不能采用有恶臭、污染环境、妨碍人类正常活动的肥料与方法。肥料应适当深施并及时覆盖。

7.3.2 施肥原则

对园林树木进行施肥管理可以达到提高土壤肥力、增加树木营养的效果，但为了使施肥这一重要措施经济合理，必须遵循以下几项基本原则。

7.3.2.1 明确施肥目的

施肥目的不同，所采用的施肥方法也不同。为了使树木获得丰富的矿质营养，促进树木生长，施肥要尽可能集中分层施用，使肥料集中靠近树木根系，有利于树木吸收，减少土壤固定或淋失；还应迟效与速效肥料配合，有机与矿质肥料配合，基肥与追肥配合，以保证稳定和及时供应树木吸收，减少淋失。有条件的应按照土壤中矿质营养的总量及其有效性、树木的需肥量、需肥时期以及营养诊断与施肥试验得出的合适施肥量、施肥时期等资料，有针对性地使氮、磷、钾和其他营养元素适当配合使用。

如果施肥的目的是改良土壤，施肥时除了要使土肥充分相融外，还应该根据土壤存在的具体问题选用各种肥料，而不是单纯考虑树木对矿质营养的需要，甚至可以使用不含肥料三要素的物质，如用石灰改良酸性土，用硫黄改良碱性土等。

7.3.2.2 掌握环境条件与树木的特性

树木吸肥不仅决定于植物的生物学特性，还受外界环境条件（光、热、水、气、土壤酸碱度、土壤溶液浓度）的影响。光照充足，温度适宜，光合作用强，根系吸肥量就多；如果光合作用减弱，由叶输导到根系的合成物质减少，树木从土壤中吸收营养元素的速度也变慢。当土壤通气不良或温度不适宜时，同样也会发生类似的现象。

(1) 气候条件 不同气候条件的地方，园林树木的施肥措施存在差异。确定施肥措施时，要考虑栽植地的气候条件，生长期的长短，生长期中某一时期温度的高低，降水量的多少及分配情况，以及树木越冬条件等。

温度影响树木的物候期和生长期，从而影响施肥的肥料种类、施肥时期和施肥量。在生长期内，温度的高低、土壤湿度的大小，都直接影响树木对营养元素的吸收。当温度相对较低时，肥料分解缓慢，树木吸收养分能力低，尤其对氮、磷养分的吸收受到了限制，而对钾的吸收影响小，施肥时宜选择易于分解的肥料，如充分腐熟的有机肥；温度相对较高时，肥料分解快，树木吸收养分的能力强，此期如遇降雨，养分易淋失，施肥时宜选择分解较慢的肥料，如未腐熟的有机肥料。一年中随着秋季来临，气温逐渐降低，树木进入年度生长的后期，不宜施氮肥，适当施用钾肥，有利于新梢木质化，提高树木的抗寒性。特别是在北方地区，如不考虑树木越冬情况，盲目增加施肥量和追肥次数，可能会造成树木冻害。尤其需要控制好一年中最后一次施肥的时间和用量。

降水量的多少及年分布动态影响土壤中养分的保持，从而影响施肥。大雨前一般不宜施肥，以防止养分流失，造成肥料浪费；夏季大雨后土壤中硝态氮大量淋失，这时追施速效氮肥，肥效比雨前好。根外追肥最好在清晨或傍晚进行，而雨前或雨天根外追肥无效或效果不佳。

(2) 土壤条件 土壤状况和施肥措施有密切关系。土壤是否需要施肥，施哪种肥料及施肥量的多少，都视土壤性质和肥力来确定。

① 土壤的物理性质与施肥 土壤的物理性质，如土壤比重、土壤紧实度、通气性以及水热特性等，均受土壤质地和土壤结构的影响。

a. 沙性土壤 质地疏松，通气性好，含水量较低，升温和降温快，通常称为"热土"。宜用猪粪、牛粪等冷性肥料（未腐熟的有机肥料，在通气条件下可逐渐分解，肥效较持久），也可用半腐熟的有机肥料或腐质酸类肥料等。施肥宜深不宜浅，有利于形成一定的土壤结构，并且防止地温变化过大。

b. 黏性土壤 质地紧密，通气性较差，含水量较高，温度变化缓和，通常称为"冷土"。宜选用马粪、羊粪等热性肥料（腐熟程度较好或充分腐熟的有机肥料，改土效果较好）。施肥深度宜浅不宜深，以及时提高地温，改良土壤结构，改善土壤通气性和水热状况。

壤土、沙壤土：养分含量高，土壤结构好，保肥能力中等。适量施肥，有利于调节土壤的水、气、热三相平衡。

沙土含黏粒少，吸收容量小，即它吸附保存 NH_3、K^+ 一类营养物质的能力弱；黏土含黏粒多，吸收容量大，吸附保存 NH_3、K^+ 一类矿质营养的能力强；壤土的性质介于二者之间，保肥能力中等。凡是保肥能力强的土壤，它的缓冲能力和保水能力也强，即在一定范围内就是施入较多的化肥，也不致使土壤溶液的浓度和 pH 值急剧变化，从而产生"烧根"的恶果。保肥能力弱的土壤则相反。所以在施用化肥时，沙土的施肥量每次宜小，黏土的施肥量每次可适当加大。同样的用量，沙土应分多次追肥，黏土可减少次数和加大每次施肥量。

另外，土壤的结构与施肥也有很大的关系。因树木生长受土壤中水、肥、气、热状况的制约，在一定条件下，合理施肥大都能产生好的效果，但是如果土壤结构不良，土壤的水、气失调，必然影响施肥的效果。因此对这样的土壤，就要考虑施用大量有机肥，种植绿肥或施用结构改良剂，以改良其物理性质。实践证明，大量施用厩肥、堆肥和绿肥，都可增加土壤的有机质，改良土壤的结构，而种植绿肥效果则更显著。

② 土壤酸碱度对植物吸肥的影响 在酸性反应的条件下，有利于阴离子的吸收；而在碱性反应条件下，则有利于阳离子的吸收。在酸性反应条件下，有利于硝态氮的吸收；而中性或微碱性反应，则有利于

铵态氮的吸收。土壤 pH 值还影响土壤营养元素的有效性，因而影响其利用率。

土壤酸碱度还影响到菌根的发育。通常在酸性土壤中菌根易于形成和发育，而发达的菌根有利于树木对磷和铁等元素的吸收利用，阻止磷素从根系向外排泄，同时还可提高树木吸收水分的能力。

③ 土壤养分状况与施肥　根据树木对土壤养分的需要量，对照土壤养分状况（含量、变化等），有针对性地施肥，缺少什么肥料就补充什么肥料，需要补充多少就施用多少。但是，土壤养分的速效性随树木的吸收、气象条件的变化及土壤微生物的活动等而改变，如果应用土壤化验结果进行施肥，应特别注意它们的影响。

氮素在各种土壤中的存在状态和对植物有效性的序列如下：硝态氮和铵态氮＞易水解性氮＞蛋白质态氮＞腐殖质态氮。这些氮素在各种土壤中基本上都有，但是氮的总含量以及它的各种存在状态之间的比例关系则各有不同。在土壤中加入不同形态的氮肥，相应增加了不同形态氮的含量。土壤中的有机态氮是会逐渐转化为铵态和硝态的，但转化的强度和速度受土壤水分、温度、空气、pH 值状况以及其他元素含量等方面的影响。由于这个转化过程主要是靠微生物完成的，因此凡是有利于微生物活动的因素，都可促进有机氮的分解。

施肥时要考虑土壤原有的氮素状况。在一般土壤中，应以氮肥为主；但对一些有机质含量高、氮素极充足的土壤，就应加大磷、钾肥的施用比例。

土壤中的磷，分为有机态磷和无机态磷两种。有机态磷是土壤有机质的组成部分，在各种土壤中都可以发现，其中只有极小部分可被直接吸收，而大部分要在微生物作用下，才能逐渐分解转化为植物可利用的无机磷酸盐。在石灰性土壤中，施入水溶性的过磷酸钙作肥料，当年植物只能吸收利用其中磷的 10％，其余大部分转化为难溶性的磷酸三钙残留于土壤中。在微酸性至中性的土壤中，磷肥的利用率可达 20％～30％。在强酸性土壤中，磷大都成为难溶性磷酸铝和磷酸铁状态，植物较难利用，若遇土壤干旱，磷酸铁、铝盐脱水，植物根本不能利用。因此，在石灰性土壤或强酸性土壤上，都易发生缺磷现象，施肥时磷所占比例要相应增大。

土壤中的钾，包括水溶性钾、土壤吸收性钾和含钾土壤矿物晶格中的钾，其中以后者所占比例最大。前两者是植物可以吸收利用的，后者不能被植物吸收，需要经过转化过程才能分解释放出 K^+。

(3) 树木特性　掌握树木在不同物候期内需肥的特性。树木在不同物候期所需的营养元素是不同的。在充足的水分条件下，新梢的生长在很大程度上取决于氮的供应，其需氮量是从生长初期到生长盛期逐渐提高的。随着新梢生长的结束，树木的需氮量尽管有很大程度的降低，但是蛋白质的合成仍在进行，树干的加粗生长一直延续到秋季，并且仍在迅速积累对下一年春新梢生长和开花有着重要作用的蛋白质及其他营养物质。所以，树木的整个生长期都需要氮肥，但需要量的多少是不同的。

在新梢缓慢生长期，除需要氮、磷外，还需要一定数量的钾肥。在此时期内树木的营养器官，除进行较弱的生长外，主要是在树木体内进行营养物质的积累，叶片加速老化。为了使这些老叶能够维持较高的光合能力，并使树木及时停止生长和提高抗寒力，此期间除需要氮、磷外，充分供应钾肥是非常必要的。在保证氮、钾供应的情况下，多施磷肥可以促使芽迅速通过各个生长阶段，有利于花芽分化。

开花、坐果和果实发育时期，树木对各种营养元素的需要都特别迫切，而钾肥的作用更为重要。在结果的当年，钾肥能加强树木的生长和促进花芽分化。

树木在春季和夏初需肥多，但此时期内由于土壤微生物的活动能力较弱，土壤内可供吸收的养分刚好处在较少的时期。解决树木在此时期对养分的高度需要和土壤中可给态养分含量较低之间的矛盾，是土壤管理和施肥的主要任务之一。

树木生长后期，对氮和水分的需要一般很少，但在此时土壤可供吸收的氮及土壤水分都很高，所以此时应控制灌水和施肥。

树木需肥期因树种而异，如柑橘类几乎全年都能吸收氮素，但吸收高峰在温度较高的仲夏；磷素主要在枝梢和根系生长旺盛的高温季节吸收，冬季显著减少；钾的吸收主要在 5～11 月。栗树，从发芽即开始吸收氮素，在新梢停止生长后，果实肥大期吸收最多；磷素在开花后至 9 月下旬吸收量较稳定，11 月以后几乎停止吸收；钾在花前很少吸收，开花后（6 月左右）迅速增加，果实肥大期达吸收高峰，10 月以后急剧减少。可见，施用三要素肥的时期也要因树种而异。了解树木在不同物候期对各种元素的需要，对控制树木生长与发育以及制定行之有效的方法是非常重要的。

7.3.2.3 考虑肥料的种类与成本

肥料的种类不同，其营养成分、性质、施用对象与条件及成本等都有很大的差异。要合理使用肥料，必须了解肥料本身的特性、成本及其在不同土壤条件下对树木的效应等。

(1) 肥料的种类

① 有机肥　以有机物质为主的肥料，由植物残体、人畜粪尿和土杂肥等经腐熟而成。农家肥都是有机肥，如厩肥、堆肥、绿肥、泥炭、人粪尿、家禽和鸟粪类、骨粉、饼肥、鱼肥、血肥、动物下脚料及秸秆、枯枝落叶等。有机肥含有多种元素，但要经过土壤微生物的分解逐渐为树木所利用，一般属迟效性肥料。

② 无机肥　一般为单质化肥，包括经过加工的化肥和天然开采的矿物肥料等。常用的有硫酸铵、尿素、硝酸铵、氯化铵、碳酸氢铵、过磷酸钙、磷矿粉、氯化钾、硝酸钾、硫酸钾、钾石盐等，还有铁、硼、锰、铜、锌、钼等微量元素的盐类，多属速效性肥料，多用于追肥。

③ 微生物肥料　用对植物生长有益的微生物制成的肥料，按照微生物的有效菌和其他物质构成，根据我国微生物肥料的产品标准，将微生物肥料分为农用微生物菌剂、复合微生物肥料和生物有机肥三大类。农用微生物菌剂指有效菌经发酵工艺扩繁制成发酵液后，浓缩加工成的液体活体菌剂，或以草炭、蛭石等多孔载体物质作为吸附剂，吸附菌体而成的粉剂和颗粒菌剂制品。复合微生物肥料是由有效菌与营养物质复合而成。生物有机肥是由有效菌和有机物料复合而成。目前，微生物肥料产业中开发应用的功能菌有150多种，按微生物种类可分为细菌类、放线菌类和真菌类。按作用功能可分为共生固氮菌（根瘤菌）、自生固氮菌、解磷菌（硅酸盐细菌）、光合细菌、降解菌、发酵菌、促生菌、抗生菌、菌根真菌等；按菌种组成可分为单一功能菌和复合功能菌。

(2) 肥料的特性　有机肥大多有机质含量高，有显著的改土作用；含有多种养分，有完全肥料之称，既能促进树木生长，又能保水保肥；而且其养分大多为有机态，供肥时间较长。不过，大多数有机肥养分含量有限，尤其是氮含量低，肥效慢，施用量也相当大，因而需要较多的劳力和运输力量，此外，有机肥施用时对环境卫生也有一定不利影响。针对以上特点，有机肥一般以基肥形式施用，并在施用前必须采取堆积方式使之腐熟，其目的是释放养分，提高肥料质量及肥效，避免肥料在土壤中腐熟时产生某些对树木不利的影响。

化学肥料大多属于速效性肥料，供肥快，能及时满足树木生长需要，因此，化学肥料一般以追肥形式使用，同时，化学肥料还有养分含量高、施用量少的优点。但化学肥料只能供给植物矿质养分，一般无改土作用，养分种类也比较单一，肥效不能持久，而且容易挥发、淋失或发生强烈的固定，降低肥料的利用率。所以，生产上不宜长期单一施用化学肥料，必须贯彻化学肥料与有机肥料配合施用的方针，否则，对树木、土壤都是不利的。

确切地说，微生物肥料区别于其他肥料的关键在于它含有大量的微生物。农用微生物菌剂具有直接或间接改良土壤，恢复地力，维持根际微生物区系平衡，降解有毒有害物质等功能，通过其中所含微生物的生命活动，在应用中发挥增强植物养分供应，促进植物生长，改善土壤生态环境等作用。复合微生物肥料兼具微生物菌剂和无机肥的肥料效应。生物有机肥则兼具微生物菌剂和有机肥的肥料效应。根据微生物肥料的特点，使用时需注意，一是使用菌肥要具备一定的条件，才能确保菌种的生命活力和菌肥的功效，如强光照射、高温、接触农药等，都有可能会杀死微生物，又如固氮菌肥，要在土壤通气条件好，水分充足，有机质含量稍高的条件下，才能保证细菌的生长和繁殖；二是微生物肥料一般不宜单施，一般要与化学肥料、有机肥料配合施用，才能充分发挥其应有作用，而且微生物生长、繁殖也需要一定的营养物质。

7.3.3 园林树木的施肥时期与方法

7.3.3.1 施肥的时期

理论上施肥的时间应在树木最需要的时候，以便使有限的肥料能被树木充分利用，生产上的具体施用时间应视树木生长的情况和季节来确定。根据肥料性质和施用时期，施肥一般分为基肥和追肥两种类型。基肥施用时间要早，追肥要巧。

(1) **基肥** 基肥是在较长时期内供给树木养分的基本肥料，宜施迟效性有机肥料，如腐殖酸类肥料、堆肥、厩肥、圈肥、鱼肥、血肥以及作物秸秆、树枝、落叶等，使其逐渐分解，供树木较长时间吸收利用的大量元素和微量元素。

基肥分秋施基肥和春施基肥。秋施基肥正值根系又一次生长高峰，伤根容易愈合，并可发出新根。结合施基肥，再施入部分速效性化肥，可以增加树体积累，提高细胞液浓度，从而增强树木的越冬性，并为来年生长和发育打好物质基础。增施有机肥可提高土壤孔隙度，使土壤疏松，有利于土壤积雪保墒，防止冬春土壤干旱，并可提高地温，减少根际冻害。秋施基肥，有机质腐烂分解的时间较充分，可提高矿质化程度，翌春可及时供给树木吸收和利用，促进根系生长。春施基肥，如果有机物没有充分分解，肥效发挥较慢，早春不能及时供给根系吸收，到生长后期肥效才发挥作用，往往会造成新梢的二次生长，对树木生长发育不利。特别是对某些观花、观果类树木的花芽分化及果实发育不利。

(2) **追肥** 追肥又叫补肥。根据树木一年中各物候期需肥特点及时追肥，以调节树木生长和发育的矛盾。追肥的施用时期，在生产上分前期追肥和后期追肥。前期追肥又分为生长高峰前追肥、开花前追肥及花芽分化期追肥。具体追肥时期，则与地区、树种、品种及树龄等有关，要依据各物候期特点进行追肥。对观花、观果树木来说，花后追肥与花芽分化期追肥比较重要，尤以花谢后追肥更为关键，而对于牡丹等开花较晚的花木，这2次追肥可合为1次。某些果树如花谢后施肥不当（过早或氮肥过多）有促使幼果脱落的可能。花前追肥和后期追肥常与基肥施用相隔较近，条件不允许时则可以省去，但牡丹花前必须保证施1次追肥。此外，某些果树及观果树木在果实速生期（也是生根高峰期）施1次N、P、K复混壮果肥，可取得较好效果。对于一般初栽2～3年内的花木、庭荫树、行道树及风景树等，每年在生长期进行1～2次追肥实为必要。至于具体时期则需视情况合理安排，灵活掌握。有营养缺乏征兆的树木可随时追肥。

7.3.3.2 施肥的方法

(1) 土壤施肥

① 地表施肥 生长在裸露土壤上的小树，可以撒施，但必须同时松土或浇水，使肥料进入土层，才能获得比较满意的效果。因为肥料中的许多元素，特别是P和K不容易在土壤中移动而保留在施用的地方，会诱使树木根系向地表伸展，从而降低了树木的稳固性。

要特别注意的是，不要在树干30cm以内干施化肥，否则会造成根颈和干基的损伤。

② 沟状施肥 沟施法可分为环状沟施及辐射沟施等方法。

a. 环状沟施 环状沟施又可分为全环沟施与局部环施。全环沟施沿树冠滴水线挖宽60cm，深达密集根层附近的沟，将肥料与适量的土壤充分混合后填到沟内，表层盖表土。局部环施与全环沟施基本相同，只是将树冠滴水线分成4～8等份，间隔开沟施肥，其优点是断根较少。

b. 辐射沟施 从离干基约1/3树冠投影半径的地方开始至滴水线附近，等距离间隔挖4～8条宽30～65cm，深达根系密集层，内浅外深、内窄外宽的辐射沟，施肥后覆土。

沟施的缺点是施肥面积占根系水平分布范围的比例小，开沟损伤了较多的根系，会造成树下生长的地被植物的局部破坏。

③ 穴状施肥 施肥区内挖穴施肥，方法简单。

④ 打孔施肥 是从穴状施肥衍变而来的一种方法。通常大树或草坪上生长的树木，都采用孔施法。这种方法可使肥料遍布整个根系分布区。方法是在施肥区每隔60～80cm打一个30～60cm深的孔，将额定施肥量均匀地施入各个孔中，约达孔深的2/3，然后用泥炭藓、碎粪肥或表土堵塞孔洞、踩紧。

(2) **根外追肥** 根外追肥也叫叶面喷肥，具有简单易行、用肥量小、吸收见效快、可满足树木急需等优点，避免了营养元素在土壤中的化学或生物固定作用，尤适合在缺水季节或缺水地区以及不便土壤施肥的地方采用。

叶面喷肥不能代替土壤施肥。土壤施肥和叶面喷肥各具特点，可以互补不足，如能运用得当，可发挥肥料的最大效用。

叶面喷肥的浓度，应根据肥料种类、气温、树种等确定，一般使用质量分数为：尿素 0.3%～0.5%；过磷酸钙 1%～3%；硫酸钾或氯化钾 0.5%～1%；草木灰 3%～10%；腐熟人尿 10%～20%；硼砂 0.1%～0.3%。

叶面喷肥的效果与叶龄、叶面结构、肥料性质、气温、湿度、风速等密切相关。幼叶生理机能旺盛，气孔所占比例较大，较老叶吸收速度快，效率高。叶背较叶面气孔多，且表皮层下具有较疏松的海绵组织，细胞间隙大而多，利于渗透和吸收，因此，应对树叶正反两面进行喷雾。肥料种类不同，进入叶内的速度有差异，如硝态氮喷后 15s 进入叶内，而硫酸镁需 30s，氯化钾 30min，硝酸钾 1h，铵态氮 2h 才进入叶内。许多试验表明，叶面施肥最适温度为 18～25℃，湿度大些效果好，因而夏季最好在上午 10 时以前和下午 4 时以后喷雾，以免气温高，溶液很快浓缩，影响喷肥效果或导致药害。

7.3.4 草本植物的肥料管理特点

在草本植物的整个生长发育过程中，只有满足其所必需的各种营养物质才能健壮地生长发育。如果在生长发育过程中的一个时期，草本植物缺乏任何一种营养元素，其正常生长将会受到影响，甚至造成死亡。

在不同生长季节，草本植物对肥料的要求也不相同。在营养生长季节，对氮和磷的需求量较大，氮肥有利于新梢的生长，新梢生长结束后对氮肥的需求减少，这时可增加磷肥量，多施磷肥有利于促进发芽分化；在开花、坐果和果实发育时期，植物对各种营养元素的需要量都较大，而钾肥的作用更为重要。

施肥和树木的施肥一样，一般分为基肥和追肥。基肥施肥时间要早，追肥要巧。基肥是在较长时间内供给草本植物养分的基本肥料，所以宜施迟效性的有机肥料。追肥可促进植物迅速生长或观花草本花量丰富，一般在春季进行，多施用肥效快的含氮、磷、钾化学肥料；促进茎叶生长时，宜多施氮素，如硫酸铵、尿素、碳酸铵等；在花芽分化期和开花前则要多施磷肥、钾肥，如磷酸钙、磷酸铵、硫酸钾、氯化钾等。

草本植物常用的追肥方法有撒施法和叶面喷施法。撒施法多在雨季进行，肥料易于溶解，并迅速流入土壤，有利于植物吸收，也可结合中耕土壤进行。叶面喷施法在我国各地早已广泛使用，简单易行，用肥量小且发挥作用快，可及时满足地被植物的需要。

草本植物因种类不同，对肥料的需求也不相同。例如，千屈菜、阔叶箬竹、麦冬、荷兰菊等植物比较喜肥沃的土壤；甘野菊、活血丹、匐枝毛茛等乡土草本植物比较耐瘠薄。如果植物不能从土壤中得到足够的营养元素，它们的外观和生长状况就会发生变化，产生各种缺素（肥）症状。缺乏元素不同，植物所表现出的受害症状也不相同，如缺铁植物表现出失绿症，缺锌则表现出小叶现象。

7.3.5 常见园林植物营养元素的作用及营养诊断

树木的生长发育需要从栽培环境中吸收碳、氢、氧、氮、磷、钾、钙、镁、硫以及铁、铜、锌、硼、钼、锰等几十种营养元素，尽管树木生长发育对各营养元素的需求量有一定差异，但总体来说它们都是同等重要、不可缺少的。每种营养元素都有特定的功能，当各种元素平衡供应时树木的生长发育正常。如某种元素供应不足或元素间比例失调，树木体内代谢过程就会受到干扰，体外表现的可见症状也各有差异，从而可区别诊断不同元素的缺乏或过剩。

7.3.5.1 常见营养元素

碳、氢、氧是植物体的主要组分，树木能从空气和土壤中获得以满足生长需要，一般情况下不会缺乏。其他营养元素由于受土壤条件、降雨、温度等影响常不能满足树木生长需要，因此必须根据实际栽培情况给予适当补充。现将主要营养元素对园林树木生长的作用介绍如下。

(1) 大量元素 有碳、氢、氧、氮、磷、钾、钙、镁、硫 9 种。其中碳、氢、氧是植物体构成的基本元素，一般情况下不会缺乏；氮、磷、钾被称为植物营养的三要素，城市立地条件下的土壤供应量往往不能满足树木生长需求，需及时予以人为补充。

① 氮　氮能促进树木的营养生长，是叶绿素形成的重要组分。但如果氮肥施用过多，尤其在磷、钾供应不足时会造成枝叶徒长、迟熟，特别是一次性用量过多时会引起烧苗，所以一定要注意合理施用。不同园林树种对氮的需求有差异，一般观叶树种、绿篱、行道树在生长期需氮量较多，以保持美观的枝丛、翠绿的叶色；而对观花种类来说，过度使用氮肥将影响花芽分化。

② 磷　磷肥能促进种子发芽，提早进入开花结实期。此外磷肥还使茎发育坚韧，不易倒伏，增强根系的发育；特别是在苗期能使根系早生快发，增强植株对于不良环境及病虫害的抵抗力。园林树木不仅在幼年或前期营养生长阶段需要适量的磷肥，而且进入开花期以后对磷肥的需要量更大。

③ 钾　钾肥能增强茎的坚韧性，并促进叶绿素的形成，使花色鲜艳，还能促进根系的扩大，提高园林树木的抗寒性和抵抗病虫害的能力。但过量施用钾肥易使植株节间缩短、生长低矮，叶片变黄、皱缩，甚至可能使树木在短时间内枯萎。

④ 钙　钙主要用于树木细胞壁、原生质及蛋白质的形成，促进根的发育。

⑤ 镁　镁主要分布在树体的幼嫩部位和种子内。缺镁叶绿素不能形成，严重时新梢基部叶片早期脱落。沙质土壤中镁易流失，酸性土壤中流失更快，施用钙镁磷肥兼有中和土壤酸性的作用。

⑥ 硫　硫是树木体内蛋白质组分之一，与叶绿素的形成有关，并能促进根系的生长和土壤微生物的活动。但硫在树体内移动性较差，很少从衰老组织中向幼嫩组织运转，因此利用效率较低。

（2）**微量元素**　有锌、硼、铜、锰、钼、铁、氯、镍等，对园林树木生长影响较大的为以下几种。

① 锌　缺锌导致新梢叶片狭小或节间短缩，小叶密集丛生，质厚而脆，俗称小叶病。碳酸脱氢酶的活性是诊断缺锌的有效指标。

② 锰　锰是氧化酶的辅酶组分，有加强呼吸强度和光合速率的作用；也是多种代谢活动的催化剂，对叶绿素形成、糖分运转和淀粉水解有影响。缺锰时新梢基部老叶边缘黄化，严重时先端干枯，但叶脉仍保持绿色。

③ 铁　铁在树木体内的流动性很弱，因而不能被再度利用。树木缺铁时叶绿素不能形成，光合作用将受到严重影响。通常情况下树木不会发生缺铁现象，但铁在石灰质土或碱性土中易转变为不可给态，故虽土壤中有大量铁元素，树木仍然会发生缺铁现象而造成缺绿症。

7.3.5.2　树木营养诊断

根据树木营养诊断进行施肥是实现树木养护管理科学化的一个重要标志。营养诊断是指导树木施肥的理论基础，是将树木矿质营养原理运用到施肥措施中的一个关键环节，能使树木施肥达到合理化、指标化和规范化。例如，缺氮时叶片淡绿或浅黄，是因为叶绿素减少而叶黄素出现的结果；缺铁则叶肉失绿，是由于叶绿素 a 与叶绿素 b 的比值变小所致。

（1）**诊断方法**　营养诊断的方法主要有土壤分析、叶样分析、外观诊断等，其中外观诊断是根据植株的形态上呈现的表现症状来判断树体缺素的种类和程度，具有简单易行、快速的优点，在生产上有一定实用价值。

为了便于诊断，下面列出必需矿质元素缺乏症的检索表（表7-1）。

表 7-1　树木缺乏必需矿质元素的症状检索表（李合生，2002）

A. 较老的器官或组织先出现病症。
　B. 症状常遍布全株，长期缺乏则茎短而细。
　　C. 基本叶片先缺绿，发黄，变干时呈浅褐色……………………………………缺氮
　　C. 叶常呈红或紫色，基部叶发黄，变干时呈暗绿色…………………………缺磷
　B. 病症常限于局部，基部叶不干焦，但杂色或缺绿。
　　D. 叶脉间或叶缘有坏死斑点，或叶呈卷皱状………………………………缺钾
　　D. 叶脉间坏死斑点大，并蔓延至叶脉，叶厚，茎短……………………………缺锌
　　D. 叶脉间缺绿（叶脉仍绿）。
　　　E. 有坏死斑点……………………………………………………………………缺镁
　　　E. 有坏死斑点并向幼叶发展，或叶扭曲…………………………………缺钼
　　　E. 有坏死斑，最终呈青铜色……………………………………………………缺氯

A. 较幼嫩的器官或组织先出现病症。

    F. 顶芽死亡,嫩叶变形和坏死,不呈叶脉间缺绿。

        G. 嫩叶初期呈典型钩状,后从叶尖和叶缘向内死亡····················缺钙

        G. 嫩叶基部浅绿,从叶基起枯死,叶捲曲,根尖生长受抑··········缺硼

    F. 顶芽仍活。

        H. 嫩叶易萎蔫,叶暗绿色或有坏死斑点····························缺铜

        H. 嫩叶不萎蔫,叶缺绿。

            I. 叶脉也缺绿··缺硫

            I. 叶脉间缺绿但叶脉仍绿。

                J. 叶淡黄色或白色,无坏死斑点····························缺铁

                J. 叶片有小的坏死斑点································缺锰

(2) 营养贫乏症的成因

① 土壤营养元素缺乏　这是引起贫乏症的主要原因,理论上不同树种都有对某种营养元素要求的最低限值,但缺乏到什么程度会发生贫乏症却是个复杂的问题。树木种类不同或相同但品种不同以及生育期、气候条件不同都会有差异,所以不能一概而论。

② 土壤酸碱度不适　土壤 pH 影响营养元素的溶解度即有效性,铁、硼、锌、铜等元素有效性随土壤 pH 下降而迅速增加,但钼的有效性却随土壤 pH 升高而增加。

③ 营养成分的平衡　树木体内的正常代谢要求各营养元素含量保持相对的平衡,否则会导致代谢紊乱,出现生理障碍。一种元素的过量存在常常抑制另一种元素的吸收与利用,这就是所谓元素间拮抗现象,生产中较常见的有磷-锌、磷-铁、钾-镁、氮-钾、氮-硼、铁-锰等,当其作用比较强烈时就导致树木营养贫乏症发生。因此在施肥时需注意肥料的选择搭配,避免一种元素过多而影响其他元素作用的发挥。

④ 土壤理化性质不良　主要是指与养分吸收有关的因素,如土壤坚实、底层有漂白层、地下水位高等都限制根系的伸展,从而加剧或引发营养贫乏症。在地下水位高的立地环境中生长的树木极易发生缺钾症,而钙质土壤条件的高地下水位会引发或加剧缺铁症等。

⑤ 环境气候条件不良　主要是低温的影响,一方面减慢土壤养分的转化,另一方面削弱树木对养分的吸收能力,故低温容易促发缺素,其中磷是受低温抑制最大的一个元素。降水量多少对营养缺乏症发生也有明显的影响,主要表现在营养元素的释放、淋失及固定等。例如,干旱导致缺硼、钾及磷,多雨促发缺镁。此外,光照不足对营养元素吸收的影响以磷最严重,因而在多雨少光照的天气条件下施磷肥的效果特别明显。

下 篇

第8章
园林植物栽植管理

园林植物是栽植工程和绿化工程的重要组成部分，是按照正式的园林设计及一定的计划，完成园林绿化任务，主要包括大树移植，一二年生花卉、宿根花卉及球根花卉等草本花卉栽植管理，草坪建植管理，水生植物栽植管理，仙人掌类及多浆植物栽植和竹类与棕榈类植物栽植等。不同类型的园林植物，不同规格的苗木，应采取规范、科学的栽植方法和技术，这是保证园林植物成活和良好生长的基本条件，可取得良好的栽植效果和植物景观。

8.1 大树移植

大树移植是指对胸径15cm以上的常绿乔木或胸径20cm以上的落叶乔木的移植工作，它是城市绿化中，为了及早发挥树木的造景效果常采用的重要手段和技术。大树移植缩短了形成城市园林绿化景观的年限，而且栽植后，庞大的树冠可以很快占领空间，使人的感觉、视觉焕然一新。大树移植可以迅速达到绿化、美化城市的效果，是城市绿化、美化不可缺少的手段和措施，也是保护现有古树名木和各种树木的有效手段。

8.1.1 大树移植的特点

（1）**工作量大、成本高** 大树移植工作需要投入较高的成本费用，从大树种类、移植地点等各方面选择合适的移植技术，如果移植后的环境与原有环境差异较大，很容易产生水土不服、根基不稳等隐患问题，增加后续的维护成本与工作量。由于树木规格大，移栽的技术要求高，需要经历选树、断根缩坨、起苗、运输、栽植以及养护等环节，移栽过程少则几个月，多则几年，每一个步骤都不能忽视。另外，树木规格大，移栽条件复杂，一般都需要借助多种机械才能完成。为了提高移植成活率，移植后还必须采取一些特殊的养护、管理技术与措施，提高了施工成本。

（2）**成活率较低** 大树树龄大，阶段发育程度深，细胞再生能力差，根系分布深广。挖掘后的树体根系损失多，在一般带土球范围内的吸收根较少，近干的粗大骨干根木栓化程度高，萌生新根能力差，移植后根系恢复慢；大树形体高、树冠庞大、枝叶蒸腾面积大，移植打破了原来的根冠比，根系水分吸收与树冠水分消耗之间的平衡被打破，如不能采取有效措施极易造成树体失水枯亡。另外，大树移植时的土球很重，在起挖、运输、栽植过程中易碎裂，降低了成活率。成年大树对于土壤、水分、养分等各方面的需求量都很大，根系具有很强的吸附能力，如果移植环境水分、养分达不到生长需求，就会影响大树成活率。

与此同时，大树移植过程中会涉及树枝修剪、机械起吊等多个程序，在过程中可能会对树木造成严重损伤，降低树木成活率。

（3）**时间长，移植技术较为复杂**　大树移植过程中容易造成树体死亡，施工中各环节都是非常重要的管理内容，大树种植完成后还需要做好后期的养护，这需要较长的时间才能够达到良好的生长状态，从大树移植的全寿命周期来看移植时间较长。

（4）**绿化效果快速、显著**　尽管大树移植有诸多困难，但如能科学规划、合理运用、适度配置，则大树移植成活后收效快而显著，能较快发挥城市绿地的景观和生态功能。

8.1.2　大树移植的树种选择原则和方法

8.1.2.1　选树原则

（1）**规格适中**　大树移植并非树体规格越大越好，更不能不惜重金从千百里外的深山老林寻古挖宝。作为特大树木或古树，由于生长年代久远，已依赖于某一特定生境，环境一旦改变，就可能导致树体死亡。研究表明，如不采用特殊的管护措施，离地面 30cm 处直径为 10cm 的树木，在移植后 5 年，其根系才能恢复到移植前的水平；而一株直径为 25cm 的树木，移植后需 15 年才能使根系恢复。同时，移植及养护成本也随树体规格增大而迅速攀升。

（2）**树体健壮**　处于壮年期的树木，无论从形态、生态效益以及移植成活率上都是最佳时期。大多树木胸径 10～15cm 时，正处于树体生长发育的旺盛时期，因其环境适应性和树体再生能力都强，移植过程中树体恢复生长需时短，移植成活率高，易成景观。从生态学角度而言，为达到城市绿地生态环境的快速形成和长效稳定，也应选择能发挥最佳生态效果的壮龄树木。故一般慢生树种应选 20～30 年生的，速生树种应选 10～20 年生的，中生树种应选 15 年生的，以树高 4m 以上、胸径 15～25cm 的树木最为合适。

（3）**习性近似**　就近选择树木移植后的环境条件应尽量和树木的生物学特性及原生地的环境条件相似，如柳、乌桕等适应在近水地生长，云杉适应在背阴地生长，而油松等则适应在向阳处栽植。城市绿地中需要栽植大树的环境条件一般与自然条件相差甚远，选择植物时应格外注意。应根据栽植地的气候条件、土壤类型，以选择乡土树种为主、外来树种为辅，坚持就近选择为先的原则，尽量避免远距离调运大树。

8.1.2.2　选树的方法

（1）**广泛调查**　主要调查大树的分布与资源，包括大树的种类、数量、树龄、树高、胸径、冠幅、树形等以及树木的生长立地类型。登记、分类、编号，建立调查档案，作为优选的基础资料。

（2）**树种及类型选择**　大树移植时，树种之间存在成活难易的差别，如杨、柳、国槐、梧桐、悬铃木、榆等就较容易成活，香樟、女贞、桂花、厚朴、厚皮香、广玉兰、七叶树、槭、榉树较难成活，云杉、冷杉、金钱松、胡桃、桦木等则最难成活。因此树种选择应根据栽培目的进行。另外，树木在相同条件下成活率也基本遵从以下规律：矮＞高，小叶＞大叶，软阔叶＞硬阔叶。在基本满足景观要求的情况下要选择成活率高的类型及个体。

（3）**培育状态选择**　首先选择生长健壮、树体匀称、无病虫害的个体。其次，在条件相同的情况下，首选有过移植经历的大树，长期没有移栽的树木由于挖掘时可带的吸收根少，会增加栽植和养护难度。再次，栽植稀疏、光照充足、矮壮敦实的优先选择，栽植过密、光照不充分、细高的要慎重。

8.1.3　大树移植技术

大树移植的适用条件主要适用于园林绿化和城市林业建设工程，大树移植原则上不受时间限制，特别是在南方；而北方，则常在入冬前或开春前挖掘大树，在树木休眠时栽植，这样土坨不易破裂，运输方便，成活率高。

8.1.3.1　大树移植前期准备工作

（1）**确定大树种类**　不同地区园林绿化所具备的地质水文条件、气候条件不尽相同，为了保证大树成活率必须选择符合本地土壤环境、气候条件的树种，综合多方面内容，合理选择大树种类。

(2) **确定大树来源**　大树移植成本费用较高，需要从运输成本、实际环境确定树木来源，尽量选择距离短、种类适合的大树。

(3) **制定详细的施工方案**　对施工中应用到的人员、材料、机械设备做好合理配置，分析施工进度、移植时间、移植方法等要素内容，合理配置大树移植的土壤环境、温度、湿度，确保大树移植环境能够满足生长需求，提高树木移植的成活率。

8.1.3.2　大树移植的基本程序

(1) **大树选择**　在栽植前应根据设计的要求，做好选树的工作。选择大树的原则是：最好是乡土树种；苗木健壮，枝条丰满，树形要好；无病虫害、无损伤；根系发育好；选浅根性和萌根性强并易于移栽成活的树种。

在选树时还应从树木的种类和生长发育的规律去分析。灌木类比乔木类易于移植；落叶类比常绿类易于移植；扦插的、须根发达的比具有深的直根类和肉质根类易于移植；同一种树，树龄越幼者越易于移植；栽培的比山野中自生者易于移植；叶形细小的比叶少而大者易于移植。

除从树木本身的各方面进行选择外，还应注意地形、地势和土壤的物理性质，最好选地形平坦且周围适当开阔之处，运输车辆和起重机械能靠近的地方。如果大树生长在陡峭的山坡，则给运输造成极大的困难。土壤以黏土和壤土而又适当湿润者为佳，如为沙性土则土坨易松散，如为沙砾土则土坨难以形成。在移植时还要注意树冠原来的南北方向，事先在树的根颈上面处南面做好记号，以便栽植时与原来朝向一致。选树时要从四面观察树形是否完整，特别在树林密度较大的情况下，要注意选择枝条丰满、生长势强，没有严重的病虫害和明显机械损伤的树木。选择植株健壮、苗木通直圆满，枝条苗壮，组织充实，无徒长现象，根系发达、主根短直，接近根茎一定范围内有较多的侧根和须根，起苗后大根系无劈裂的苗木，所以必须提前做好选树的计划和时间的安排。对可供移栽的大树进行实地调查。对树种、年龄时期、干高、胸径、树高、冠幅、树形等进行测量记录，注明最佳观赏面的方位，并拍照。调查记录土壤条件、周围情况，判断是否适合挖掘、包装、吊运；分析存在的问题和解决措施。对于选中的树木应立卡编号，为设计提供资料。待树选好后，应将被选中树木的具体情况（树种、树龄、规格、栽植的时间、目前生长状况、生长势、土壤质地、树木现生长地的位置和周围环境状况及交通情况等）和计划移栽时采取的技术措施一一呈文上报。

(2) **断根缩坨**　断根缩坨也称回根、盘根或截根，是指大树移植前的1～3年分别于树木四周一定范围之外开沟断根，每年只断周长的1/3～1/2，利用根的再生能力使断根处产生大量须根，并使大量有效吸收根回缩到土球范围内，提高大树移植的成活率。采用断根缩坨的目的是适当缩小土坨，减少土坨重量，促进距根颈较近的部位发生次生根和再生较多须根，提高栽植成活率。

有些大树需要事先断根缩坨，才能保证一定的成活率，这项工作应该在种植施工前2～3年进行，最短也应在栽植前一年做好。实际中有些大树移栽失败，其原因在于大多数没有采取促发新根的措施，特别是郊区和山野里自播繁衍从未移栽过的大树，移栽时由于自带的须根少，因而吸收的水分不能满足生长的需要，造成根冠水分代谢不平衡，移栽后可能生长不良或者死亡。

断根缩坨处理适用于未经移植的"生苗"或在城市改扩建过程中的古树名木的移植保护，以及较大的或珍稀名贵树木的移植。从林内选中的树木，为增强其适应全光和低湿的能力，应在围根缩坨之际，对其周围的环境进行适当的清理，疏开过密的植株，并对移栽的树木进行适当的修剪，改善透光与通气条件，增强树势，提高抗逆性。围根缩坨具体操作时，应根据树种习性、年龄大小和生长状况，判断移栽成活的难易，确定开沟断根的水平位置。

落叶树种的沟离干基的距离约为树木胸径的5倍，常绿树须根较落叶树集中，围根半径可小些；沟可围成方形或圆形；沟宽应便于操作，一般为30～40cm；沟深视根的深度而定，一般为50～70cm。沟内露出的根系应用利剪（锯）切断，与沟的内壁相平，伤口要平整光滑，大伤口还应涂抹防腐剂，沟挖好后、填入肥沃土壤并分层夯实，然后浇水。为防止对根系的集中伤害，围根缩坨可分两年完成，第一年完成一半，第二年以同样方法处理剩余的部分。在正常情况下，第三年沟中长满须根，可以起挖。有时为快速移植，在第一次断根数月后即挖起栽植。

应注意的是，实行此项措施时，并非一次将根全部断完，而是在2～3年间分段进行，每年只挖树全周的1/3～1/2，故也称"分期断根法"或"回根法"或"盘根法"。

图8-1 断根缩坨

断根缩坨的时期一般在移植前2～3年的春季或秋季；最后移走时比原来的坨外围大10～20cm起挖即可（图8-1），并不是移栽所有的大树均实施断根缩坨，苗圃培育的或经过多次移栽的大树，定植前不需要断根处理。但是，山野里自生的大树，树龄大而树势较弱的大树，难以移栽成活的珍贵大树或是必须移栽的大树，虽然易于移栽但树体过大的树，均应实行断根缩坨措施。

（3）大树挖掘 土球挖掘与软材包装一般适用于胸径为10～20m，生长在壤土及其他不太松软土壤上的大树。若带土直径不超过1.3m，土球多用草绳、麻袋、蒲包、塑料布等软材料包装。土球直径为大树胸径的7～10倍，土球的厚度为直径的2/3，一般以根系密集层以下为准。对移植容易成活、干径为10～20cm的落叶乔木也可以裸根移植，如悬铃木、柳树、银杏、合欢、梨树、刺槐等。裸根移植，所带根系的挖掘直径范围一般是树木胸径的8～12倍，顺着根系将土挖散敲脱，注意保护好细根，在裸露的根系空隙里填入湿苔藓，再用湿草袋等软材将根部包缚。裸根移植简便易行，运输和装卸也容易，但对树冠需采用强度修剪，一般仅选留1～2级主枝缩剪，移植时期一定要选在枝条萌发前进行，并加强栽植后的养护管理，方可确保成活。同时，土球挖掘时应保持完整、光滑，并根据苗木特性采用不同方式用草绳对土球进行包扎，主要有"井字包""五角包""橘子包"等形式。其中，对于大树运距较近或土球土壤较为黏重的，多采用"井字包"或"五角包"，对于运距较远、成本较高以及土壤易松散的大树，则多采用"橘子包"的形式。

移栽时的树冠修剪，包括枝干的短截、回缩、摘叶等。对落叶树和再生能力强的常绿阔叶树（如香樟、杜英、桂花等）可进行适当的树冠修剪，一般剪掉全冠的1/3，只保留到树冠的一级分枝；而对于生长较快、树冠恢复容易的槐树、榆树、柳树、悬铃木等可去冠重剪；对常绿针叶树（如雪松、白皮松等）和再生能力弱的常绿阔叶树（如广玉兰等）只可适当疏枝打叶绝不可打头，修剪的重点是将徒长枝、交叉枝、枯枝及过密枝去除，以尽量保持树木原有树形为原则。无论重剪或轻剪、缩剪，皆应考虑到树形的框架以及保留枝的错落有致。所有剪口先用杀菌剂杀菌消毒，后用塑料薄膜、凡士林、石蜡或植物专用伤口涂补剂包封。

（4）大树栽植 大树栽植前必须检查植穴的规格、质量及待栽树木是否符合设计要求。按要求将大树放入坑中，支撑树体，使树干直立，拆除包装，填土、捣实，直至填满栽植穴。按土坨大小与坑穴大小做双圈灌水堰，内外水堰同时灌水，拆除临时支撑物，设立支架、护栏。为防止土球出现架空和增加土壤通透性，应在种植的同时在树四周围按竖向埋设3～4根长50cm、口径5～10cm的塑料管或竹筒作通气管（图8-2）。这样可起到长期透水通气的作用。大树移植1～3年里日常养护管理很重要，尤其是移植后的第1年管理更为重要。常规的管护工作除喷浇水、排水、树干包扎、保湿防冻、搭棚遮阴、剥芽、病虫防治等外，还要采用树冠喷雾或水滴树干，对于珍

图8-2 埋设通气管

贵的树种和常绿树可以用抗蒸腾防护剂喷洒树冠。在浇灌水时，可配合一定浓度的生根剂随水浇灌。注射营养液，促进移植大树根系伤口的愈合和再生，补充树体生长所需的养分从而确保移植成活的质量。

根据采用的包扎材料不同，大树移栽分为：起球软材包扎法移植和起土坨硬材包扎法移植及机械移栽。采用哪种方法进行移植，应根据树种、树龄、树体的大小、立地土质条件和施工单位具体情况等决定。通常要求起球直径在1.5m以下，土质不易散球的，采用起球软材包扎法，现实中，在土质好的地方，起2m或2m以上土球的屡见不鲜。不耐移栽又珍贵的树种、年龄大或者树体过大、立地土质条件较差（土壤不易成坨）的情况下，要考虑采用硬材包扎移植。

① 起球软材包扎移植法　挖种植穴，采用软材包扎移植。当中心土壤干时则应在起树前1～4天进行浇水。起树前应将地上部分低矮的枝条向树干捆牢进行包扎，以免损伤，又便于操作。同时立支柱固定树干，以防树木突然倾倒，造成事故。起球的大小根据苗木的根系分布及土壤情况决定，对于重点和珍贵的树木，如果对树木根系分布情况不了解，应进行试挖探根。一般情况下起球范围是树木胸径的6～8倍；如事先做过断根缩坨，可在断根沟的外沿扩大10～20cm起挖。起土球前先将表层的浮土铲除，再以根颈为圆心，以规格的1/2为半径（通常以该树的地围为半径画圆、开沟，一般沟宽80cm左右，以便于操作为准）。断根时，凡是直径2cm以上的大根则应用锯锯断，大伤口应进行消毒（用高锰酸钾或硫酸铜）并用羊毛脂或蜡或漆封口防腐；小根宜用剪刀剪断，剪口要平。土壤中根群生长稀疏的大树，土球应酌量增大；根群生长健壮的，土球可酌量缩小。挖至一定深度（超过土球的1/2时），进行削坨，软材包扎一般削成"苹果"的形状。当起到规定深度后（土球的高度视根系分布和土壤质地而定），缠20cm左右的腰绳后掏底土，如当天未起完，应将土球用湿稻草或草袋盖上，以免风吹日晒、防雨淋，根内水分大量蒸发或土壤流失损伤土球。起球后要进行包扎，包扎是移栽大树过程中保证树木成活的一个重要措施之一，包括树身包扎和根部包扎两部分。树身包扎可缩小树冠体积，有利搬运，同时还能避免损伤枝干和树皮。包扎树身时，尽量注意不要折断枝叶，以免损坏树形的姿态。树木栽完后，要将树身包扎的材料去掉。根部包扎根据树种和树体大小、运输距离、土质不同采用不同方式。无论采用何种形式，包扎必须结实。在生产实践中经常会遇到大树土坨包扎不规范或不合乎要求，在运输和栽植时出现散坨现象，严重影响成活率，所以不可掉以轻心。

为了做到根冠水分代谢的平衡，在移栽前要修剪树冠。修剪的程度要看根群生长的情况及树种而定，一般来说，野生较半野生大树的须根少，修剪量要大；常绿树较落叶树蒸发量大，修剪应重，香樟剪去小枝的1/2左右，还要去掉一部分叶片；广玉兰约剪去枝叶的1/3。此外，萌芽力强、生长快的槐树、悬铃木、樟树可重剪；萌芽力弱、生长较慢的马尾松修剪应轻；常绿树通常应适当地疏剪枝叶或喷蜡。修剪时一定要保持所要求的树形，不可随心所欲，任意修剪。广玉兰、银杏等通常不能短截，如果需要回缩，也要在有比较理想的分枝处剪断，一定要维持原来的树木形状。栽完后还要进行树冠复剪工作，因为在栽前的修剪一般是起树前或将树放倒后进行的，起树前进行修剪往往不能很好地考虑到新栽植地的立地环境的要求；树放倒后修剪一来看不准，二来看得不全面，所以栽完后必须根据新栽植地周围环境进行复剪。

现在一般起吊和运输大树都是用起重机和汽车。大树装车前，首先应计算土球的质量，土的密度一般为1.7～1.8g/cm³，起吊机具和装运车辆的承受能力必须超过树木和土球质量（约1倍）。土球质量计算公式：

$$W = \pi r^2 h \beta$$

式中，W 为土球质量；π 为3.1416；r 为土球半径；h 为土球高度；β 为土球容重（一般取1.7～1.8g/cm³）。

为了确保安全，还要考虑起吊角度和距离等因素。吊运前，在绳子与土球接触的部位一定要先上好垫板，以免绳子挤压土球或切裂土球。同时还要注意吊装时绳子不要摩擦树皮。搬运过程中时时注意勿伤树体，凡与车厢板接触的部分，均需用草帘垫好，以免磨损枝干。

长途运输时，车上应配有跟车人员随时进行养护管理，要注意上空的电线、两旁的树木及房屋建筑，以免造成事故。

由于园林环境比较复杂，有时在封闭的空间或是在庭院，机械不能进去，只好用人力。如果用人力装车，首先是将土球移出坑，可在坑的一边修成缓坡道，然后将树缓缓放倒，将土球推滚出坑外；或在左右滚动土球时，用土逐渐垫平坑底，将土球推出坑。

树运到后，首先检查栽植坑是否合适，如果坑小要立即扩坑，如果坑深要填土。同时还要根据树木原来的朝向，进行调整方向。土球进坑后，应将包扎物拆除，然后填土，填土至穴一半时，将土球周围夯实，再填土直到穴满为止，再夯实。大树栽完后必须及时立支柱，立支柱必须结实、安全、统一，在树干与支柱接触处垫棕皮，以免磨损树皮。此时应松开树下部枝的包扎，并进行复剪。栽好后应筑堰灌水，即在大树周围按规格修好土堰（高15～20cm），进行浇水，以使树木根系与土壤密切接触。每次浇水量以能湿透根部，水分不再下渗为度。如果土球有松散时，则在填土一半时先浇水一次，然后再填土，填满后再行浇水，以水分不再下渗为止。大树栽完后也要灌三遍水，24h内必须浇透第一遍水，3天后再灌第二遍水，7～10天灌第三遍水。一般来说，第一遍水必须要浇，其他两遍水，可根据情况决定。因浇水出现土壤下沉，致使树倾斜时，应及时扶正埋土。在南方，树种好后，立即将主干和与其接近的主枝用草绳紧密缚卷；并在根颈处进行覆盖，以防水分蒸发，同时也可以防"冻害"和"日灼"。特别干旱时，还要往草绳上喷水。对珍贵和生长势弱的树木要促进生根，可用生长刺激剂处理，以促进发生新根，提高成活率。具体做法：在起挖削平土球后，立即用水溶性的生长刺激剂涂抹所有的断根伤口，栽完后再用生长刺激剂的水溶液进行灌溉。通常用的生长刺激剂有2,4-D或吲哚乙酸，浓度为0.001%，目前应用最多的是3号生根粉（10mg/L）；北京近几年有的单位移大树时喷高脂膜（30倍），效果也好。

② 起土坨硬材包扎移植　起土坨硬材包扎移植与软材包扎移植技术程序基本相同。首先也要进行大树施工现场概况的核对；然后挖坑、起树、吊运、修剪、栽植、立支柱、做土堰、浇三水等。不同的是挖种植坑为方形，吊运硬材包装大树移植时，一定要用吊车和汽车起吊和运输，栽植时要拆除包装物。以后的养护要求同上面介绍的起土球软材包扎移植法。

图8-3　机械移栽

③ 机械移栽　如图8-3所示，由于大树移植工程的需要，目前有许多设计精良、效率很高的树木移植机械进入市场，供专业树木栽植工作者使用。如TM-700T型的树木移栽机，是一种安装在卡车上能自动推进的机械。可以挖穴、运输和栽植胸径20cm左右的大树。它配备有两个液压操作凹形铲，在数分钟内就可沿树干周围铲出土球，然后将其从坑内吊出，运往新栽植地点，放入事先挖好的栽植穴内。使用树木移植机比较经济，移栽死亡率低。应用移植机栽植大树时，根据所需根球的大小选择移植机的类型十分重要。因为挖掘的土球必须符合国家和当地最低标准要求。美国规定从苗圃以外选择移栽的树木，其最小土球标准是：常绿针叶树为树干直径的8倍；落叶树为9倍。例如，用44型挖树机，只限于挖掘10.5cm左右干径的树木。干径测定位置是地面以上约15cm的地方。

挖掘未进行断根缩坨处理的乔灌木，其根系常常扩展到机器乃至手工挖掘力所能及的范围以外很远。按照根球的最低标准挖掘，并不能保证树木有足够的根系而且在实际操作中也不可挖掘太大的土球，以保证树木有足够根系。

8.1.4　提高大树移植成活率的措施

树木栽植后即进入成活期，树种不同，栽植季节不同，栽植地环境条件不同，成活期的长短也不同，一般经历1～2个甚至3个生长周期。"三分栽，七分管"，针对可能出现的问题，要采取合理的管护措施，确保新栽大树的成活质量和观赏效果。若在反季节栽植的苗木，尤其是气温较高的夏季，除保留10%～20%的新鲜叶片外，可对树冠进行遮阴处理，并用草绳缠绕树干至分枝点，定期向树干喷水，防止水分蒸发。抗寒性较差的树种，初冬浇完封冻水之后及时用草绳缠绕树干，并用土埋置根茎以上。采用以下措施，可以提高大树移植成活率。

8.1.4.1 支撑和裹干

栽后一般进行"三支式"或"四支式"支撑，固定树体防止树体晃动，影响根系成活和生长，待根系恢复完好、树木正常健壮生长方可撤除。生长季为保持树体内水分，减少树皮水分蒸发，可用浸湿的草绳缠绕树干，并常喷水保湿；冬季则用草绳、塑料薄膜等从干基部缠绕至一级分枝处，防风防冻，随着气温的回升，择时解除塑料薄膜。

8.1.4.2 水肥管理

① 浇水　大树在种植后要马上浇第 1 遍水，也即所说的"定根水"（可配合生根液和根腐灵一起使用），确保浇足浇透，并使土壤逐步下沉，保证种植后土壤与泥球间不产生空隙，浇水后要及时封穴，撤除浇水用的围堰。以后则根据天气情况和土壤的墒情浇水，切忌连续浇大水。当空气干燥时，可人工对树干、树冠、树干包扎物（如草绳）于每天喷雾，进行树干保湿。

② 控水　新移植的大树，其根系吸水功能减弱，对土壤水分的需求量较小。因此，只要保持土壤适当湿润即可。若土壤过湿或地下水位过高，则对发根不利，严重的还会导致烂根死亡。在大树栽植后，应经常向树冠喷洒蒸腾抑制剂（稀释 100～150 倍），以有效降低蒸腾强度，提高树木的抗旱能力，直至成活。

③ 施肥　施肥主要采用土壤施肥、叶面喷肥和树干输液几种方式。移植初期，根系吸肥力弱，吸收根数量少，可在早晚或阴天用 0.5%～1% 磷酸二氢钾、硫酸铵等速效性液肥进行叶面喷洒，一般 15～20 天一次。也可利用大树营养液在春季、夏季移植后的一周内进行树干注射，打破树木休眠，全面补充营养物质，促进新芽萌发、快速生根。待新根萌发后，可进行土壤施肥，薄肥勤施，以防伤根。

8.1.4.3 树体防护

生长季移植时，为保持树体水分平衡，避免树冠受强光照射，蒸腾加剧，出现树叶萎蔫、枝条失水等现象，宜遮阴搭棚。搭建遮阴网，上方及四周与树冠间保持 50cm 的距离，利于空气流通，减少日灼危害。

新栽大树根系萌发迟，年生长周期相对较短，养分积累少，致使组织发育不充实，易受低温危害。入秋后要控制氮肥、增施磷钾肥，逐步撤除遮阴棚，以延长光照时间、提高光照强度，增强枝干的木质化程度和自身抗寒能力。入冬前采取搭风障、涂白、裹干、根颈培土等方式方法，做好树体防冻保温工作（图 8-4）。

8.1.4.4 树体输液

大树移植是树木栽植中的重点工程，需要系统的技术支撑和细致的管理，尤其要在提高大树成活率方面给予技术、人力、物力方面的大力支持和投入。技术措施上要在促进生根、降低蒸腾、旱地保水等方面制定科学、详细的措施计划。尽管移植大树时尽可能带土球，但仍然会失去许多吸收根系，而留下的老根再生能力差，新根发生慢，吸收能力难以满足树体生长需要。为了维持大树移植后的水分平衡，通常采用外部补水（土壤浇水和树体喷水）的措施，但有时效果并不理想，灌溉方法不当时还易造成渍水烂根。采用向树体内输液给水的方法，即用特定的器械把水分直接输入树干木质部，可确保树体获得及时、必要的水分，从而有效提高大树移植成活率。

输入的液体以水分为主，并可配入微量的植物生长调节剂和磷、钾矿质元素。生根粉可以激发细胞原生质体的活力，以促进生根，磷、钾元素能促进树体生活力的恢复。目前市场上有多种品牌的成品大树营养注入液，并有配套的输液设备。如大树移植营养液能迅速增加和补充植物生长、复壮所需的养分和水分，可促进细胞原生质流动，加快输导组织运输速度，缩短树木养分运输周期，加强树木根系吸水吸肥功能。同类产品还有树干注入液、活力素等，这些商业化的产品使用特别方便。

大树输液时，先用电钻斜向下呈 45° 在树体上钻深 3～5cm，病残树可在树干高度 1/2 处或树干分枝处钻孔，可加快效果。之后将药瓶在树体上适当高度处固定，把输管一端插入瓶中，一端插入钻好的孔洞中即可（图 8-5）。洞孔数量的多少和孔径的大小应和树体大小和输液插头的直径相匹配。输液洞孔的水平分布要均匀，纵向错开，不宜处于同一垂直线方向。商业化的大树输液产品配有专门的操作说明，按步骤操作即可。

图 8-4　树体防护

图 8-5　大树输液

8.2　草本植物露地栽培

草本植物指茎内的木质部不发达，含木质化细胞少，支持力弱的植物。草本植物体形一般都很矮小，寿命较短，茎秆软弱，多数在生长季节终了时地上部分或整株植物体死亡，整个发育过程都在露地完成。

8.2.1　草本植物的分类及特征

8.2.1.1　草本植物的分类

根据形态结构，草本植物又可分为一、二年生花卉，宿根花卉和球根花卉。

(1) 一、二年生花卉　一、二年生花卉一般具有色彩丰富艳丽、生长迅速以及价格便宜等特点（图8-6）。在众多花卉产品中一、二年生盆栽花卉被广泛应用于街道花坛、宾馆、单位摆花等，成为人们美化、装饰环境，丰富生活的重要绿化材料。

① 一年生花卉　一年生花卉多数种类原产于热带或亚热带，一般不耐0℃以下低温。依其对温度的要求分为：耐寒型花卉，苗期耐轻霜冻，不仅不受害，在低温下还可继续生长；半耐寒型花卉，遇霜冻受害甚至死亡；不耐寒型花卉，原产于热带地区，遇霜立刻死亡，生长期要求高温。

② 二年生花卉　二年生花卉是指生活周期经两年或两个生长季节才能完成的花卉，即播种后第一年仅形成营养器官，次年开花结实而后死亡，如美国石竹、紫罗兰、桂竹香、绿绒蒿等。典型的二年生花卉第一年进行大量的生长，并形成贮藏器官。它与冬性一年生花卉的区别是冬性一年生花卉为苗期越冬，来春生长。二年生花卉中有些本为多年生，但作二年生花卉栽培，如蜀葵、三色堇、鄂报春等。

(2) 宿根花卉　宿根花卉是指可以生活几年到许多年而没有木质茎的植物（图8-7）。事实上，一些种类多年生长后其基部会有些木质化，但上部仍然呈柔弱的草质状，应称为亚灌木，但一般也归为宿根花卉，如菊花。宿根花卉可以分成两大类。

① 耐寒性宿根花卉　冬季地上茎、叶全部枯死，地下部分进入休眠状态。其中大多数种类耐寒性强，在中国大部分地区可以露地过冬，春天再萌发。耐寒力强弱因种类而有区别。主要原产温带寒冷地区，如

百日草	万寿菊	美女樱	一串红
藿香蓟	三色堇	矮牵牛	紫茉莉

图 8-6　常见一二年生花卉

非洲菊	荷包牡丹	鸢尾	福禄考
伽蓝菜	瓜叶菊	射干	石竹

图 8-7　常见宿根花卉

菊花、风铃草、桔梗。

② 常绿性宿根花卉　冬季茎叶仍为绿色，但温度低时停止生长，呈现半休眠状态，温度适宜则休眠不明显，或只是生长稍停顿。耐寒力弱，在北方寒冷地区不能露地过冬。主要原产于热带、亚热带或温带暖地，如竹芋、麦冬、冷水花。

(3) 球根花卉　球根花卉是指根部球状，或者地下部分膨大的多年生草本花卉。它分布广泛，世界各个气候带都有，但是主要产地在地中海沿岸以及南非地区。地中海沿岸的球根花卉的主要特征是秋季种植，春季开花，如百合、郁金香、风信子、水仙等。而以南非地区为主要产地的球根花卉的主要特征则是春季种植，夏季开花，代表的球根花卉有百子莲、鸢尾、唐菖蒲等。球根花卉供栽培观赏的品种有数百种，其中绝大多数是单子叶植物。大多数球根花卉花朵大、色彩鲜艳，不仅绚丽多姿，而且花期长久，容易栽培（图 8-8）。球根花卉的种类和园艺栽培品种繁多，生长习性各不相同，繁育及栽培的环境条件通常要求较高。根据地下茎或根的形态特征，球根花卉又可分为以下几大类。

① 鳞茎类　鳞茎类球根花卉是指由鳞片抱合而成的球根花卉，球根花卉的鳞片是肥厚的叶变形体，

| 水仙 | 郁金香 | 朱顶红 | 风信子 |

| 百合 | 美人蕉 | 唐菖蒲 | 石蒜 |

图 8-8　常见球根花卉

所有的鳞片都着生在鳞茎盘上。

② **球茎类**　球茎类球根花卉，地下茎有明显的环状茎节，节上有侧芽被膜质鞘，顶芽发达。球茎类球根花卉的细根生于球基部，开花前后发生粗大的牵引根，除支持地上部外，还能使母球上着生的新球不露出地面，如唐菖蒲、小苍兰等。

③ **块茎类**　块茎类球根花卉是指地下茎呈块状，外形不整齐，表面无环状节痕，根系自块茎底部发生，顶端有几个发芽点，如花叶芋、马蹄莲、仙客来、大岩桐、球根海棠等。

④ **其他**　广义上的球根花卉还包括根茎类花卉及块茎类花卉。根茎类花卉是指地下基肥大呈根状，上面具有明显的节和节间。根茎类花卉节上有小而退化的鳞片叶，叶腋有腋芽，尤以根茎顶端侧芽较多，由此发育为地上枝，并产生不定根，如美人蕉、姜花、玉簪等。

8.2.1.2　草本植物的园林应用特点

(1) 一二年生花卉园林应用特点　一二年生花卉繁殖系数大，生长迅速，见效快；对环境要求较高；栽培程序复杂，育苗管理要求精细，二年生花卉有时需要保护过冬；种子容易混杂、退化，只有良种繁育才能保证观赏质量。一二年生花卉可用于花坛、种植钵、花带、花丛花群、地被、花境、切花、干花、垂直绿化。一二年生花卉的园林应用特点如下。

① 色彩鲜艳美丽，开花繁茂整齐，装饰效果好，在园林中起画龙点睛的作用，重点美化时常常使用这类花卉。一年生花卉是夏季景观中的重要花卉，二年生花卉是春季景观中的重要花卉，是花卉规则式应用形式如花坛、种植钵、窗台等的常用花卉。

② 易获得种苗，方便大面积使用，见效快。每种花卉开花期集中，方便及时更换种类，保证较长期的良好观赏效果。有些种类可以自播繁衍，形成野趣，可以当宿根花卉使用，用于野生花卉园。蔓性种类可用于垂直绿化，见效快且对支撑物的强度要求低。

③ 为了保证观赏效果，一年中要更换多次，管理费用较高。对环境条件要求较高，直接地栽时需要选择良好的种植地点。

(2) 宿根花卉园林应用特点　宿根花卉可以用于花境、花坛、种植钵、花带、花丛花群、地被、切花、干花、垂直绿化。园林应用特点如下。

① 种类（品种）繁多，形态多变，生态习性差异大，观赏期不一，可周年选用。适于多种环境应用。使用方便经济，一次种植可以多年观赏。大多数种类（品种）对环境要求不严，管理相对简单粗放。

② 适于多种应用方式，如花丛花群、花带，播种小苗及扦插苗可用于花坛布置，是花境的主要材料，还可作宿根专类园布置。许多种类抗污染，耐瘠薄，是街道、工矿区、土壤瘠薄地美化的优良花卉。不同地区可露地过冬的宿根花卉种类不同，因此是一类可以形成地方特色的植物。

（3）**球根花卉园林应用特点**　球根花卉与其他类花卉相比，种类较少，但地位很重要，深受人们喜爱。它们具有用途多样、携带方便、栽植易成功等特点，因而较其他花卉更容易远播他乡。球根花卉是园艺化程度极高的一类花卉，相对而言，种类不多的球根花卉，品种却极丰富，每种花卉都有几十至上千个品种。园林应用特点如下。

① 球根花卉大多数种类色彩艳丽丰富，观赏价值高，是园林中色彩的重要来源，易形成丰富的景观。但大多种类对环境中土壤、水分要求较严，条件适宜才能保证连年开花。

② 球根花卉是早春和春天的重要花卉，花朵仅开一季，随后就进入休眠，方便使用。球根花卉花期易控制，整齐一致，只要种球大小一致，栽植条件、时间、方法一致，即可同时开花。

③ 球根花卉是各种花卉应用形式的优良材料，尤其是花坛、花丛花群、缀花草坪的优秀材料；还可用于混合花境、种植钵、花台、花带等多种形式。有许多种类是重要的切花、盆花生产用花卉。有些种类可用作染料、香料等。许多种类可以水养栽培，便于室内绿化和在不适宜土壤栽培的环境使用。

8.2.1.3　草本植物的生态习性

（1）**一二年生花卉生态习性**　一二年生花卉在生态习性上有一些共同点。首先是对光的要求，大多数喜欢阳光充足的环境，仅少部分喜欢半阴环境，如夏堇、醉蝶花、三色堇等。对土壤的要求，除了重黏土和过度疏松的土壤，都可以生长，以深厚的壤土为好。对水分的要求，不耐干旱，根系浅，易受表土影响，要求土壤湿润。

一二年生花卉生态习性的不同点在于：对温度的要求不同。一年生花卉喜温暖，不耐冬季严寒，大多不能忍受0℃以下的低温，生长发育主要在无霜期进行，因此主要是春季播种，又称春播花卉、不耐寒性花卉。它们之间在耐寒性和耐热性上也有差异。二年生花卉喜欢冷凉，耐寒性强，可耐0℃以下的低温，有些种类要求春化作用，一般在0～10℃下3～7天完成，自然界中越过冬天就通过了春化作用；不耐夏季炎热，因此主要是秋天播种，又称秋播花卉、耐寒性花卉。

（2）**宿根花卉生态习性**　宿根花卉一般生长强健，适应性较强。不同种类，在其生长发育过程中对环境条件的要求不一致，生态习性差异很大。对温度的要求上，宿根花卉的耐寒力差异很大。早春及春季开花的种类大多喜冷凉，忌炎热；而夏、秋季开花的种类大多喜温暖。对光照的要求上，不同宿根花卉对光照的要求不一致，有些喜阳光充足，如宿根福禄考、菊花；有些喜半阴，如玉簪、紫萼；有些喜微阴，如耧斗菜、桔梗。宿根花卉对土壤要求不严。除沙土和重黏土外，大多数都可以生长，一般栽培2～3年后以黏质壤土为佳，小苗喜富含腐殖质的疏松土壤。对土壤肥力的要求也不同，金光菊、荷兰菊、桔梗等耐瘠薄；而芍药、菊花则喜肥。多叶羽扇豆喜酸性土壤；而非洲菊、圆锥石头花喜微碱性土壤。对水分的要求上，根系较一二年生花卉强壮，抗旱性较强，但对水分要求也不同。如鸢尾、乌头喜欢湿润的土壤；而黄花菜、马蔺、松果菊耐干旱。

（3）**球根花卉生态习性**　球根花卉的特性主要包括三个方面：第一，根变态形成的膨大是球根花卉的共同特点，同时，球根花卉还具有地下茎的共同特性，这种特性可以帮助球根花卉更好地度过寒冷的冬季和炎热的夏季，并且在温度适宜和环境适宜的条件下快速地生长，最终长出叶子、开出花朵，球根花卉在快速生长的过程中，还会增长出新的地下膨大部分，其主要目的是通过增长出的膨大部分进行繁殖，生长出更多的球根花卉。第二，从播种到开花需要很长时间也是球根花卉所具有的共同特点，球根花卉在生长的过程中，地下的球根会越来越大，吸收一定的土壤营养，在球根花卉的根部长到一定大小时，就会产生新的花芽，最终进行开花结实。第三，秋夏季休眠也是球根花卉所具有的特性，并且球根花卉花芽分化的时期主要集中在冬春季，在炎热的夏季和秋季进行休眠，进而更好地满足球根花卉自身的良性发展。球根花卉分布很广，有2个主要原产区。原产地不同，所需要的生长发育条件相差很大。

对温度的要求因原产地不同而异，春植球根花卉主产夏季降雨地区，主要原产于热带、亚热带及温带，包括非洲南部各地、中南美洲、北半球温带地区。土耳其和亚洲次大陆地区最多。生长季要求高温，耐寒力弱，秋季温度下降后，地上部分停止生长，进入休眠（自然休眠或强迫休眠）。耐寒性弱的种类需要在温室中栽培。秋植球根花卉主产冬雨地区。原产于地中海地区和温带，主要包括地中海地区、小亚细亚半岛、南非的开普敦、好望角，美国的加利福尼亚州。喜凉爽，怕高温，较耐寒。秋季气候凉爽时开始生长发育，春季开花，夏季炎热到来前地上部分休眠。耐寒力差异也很大，如山丹、卷丹、黄水仙可耐 $-30℃$ 低温，在北京地区可以露地过冬；小苍兰、郁金香、风信子在北京地区需要保护过冬；中国水仙不耐寒，只能温室栽培。

对光照的要求，除了百合类有部分种类耐半阴，如山百合、山丹等，大多数喜欢阳光充足。一般为中日照花卉，只有麝香百合、唐菖蒲等少数种类是长日照花卉。日照长短对地下器官形成有影响，如短日照促进大丽花块根的形成，长日照促进百合等鳞茎的形成。

对土壤的要求，大多数球根花卉喜中性至微碱性土壤；喜疏松、肥沃的沙质壤土；要求排水良好有保水性的土壤，上层为深厚壤土，下层为沙砾层最适宜。少数种类在潮湿、黏重的土壤中也能生长，如番红花属的一些种类和品种。

对水分的要求，球根是旱生形态，土壤中不宜有积水。尤其是在休眠期，过多的水分易造成腐烂。但旺盛生长期必须有充分的水分；球根接近休眠时，土壤宜保持干燥。

8.2.2 一二年花卉的栽培

一二年生花卉具有生长周期短，适应性强，栽培管理容易的特点，被广泛应用于园林、庭院的绿化、美化及香化。这些种类一般都用种子繁殖，容易形成规模。其中有些种类，还是药材，如鸡冠花、牵牛花、凤仙花、瞿麦、曼陀罗等。随着农村种植业结构调整和对环境的重视，种植草花，满足城市、乡村的绿化的需要，可提高种植者的经济效益。现将露地一二年生花卉栽培技术总结如下。

8.2.2.1 整地及做畦

通过整地可以改进土壤物理性质，土壤松软有利于水分的保持和空气的流通，使种子发芽顺利，根系易于伸展；促进土壤风化和有益微生物的活动；有利于可溶性养分含量的增加；可将病菌、害虫暴露于空气中，加以灭杀，有预防病虫害发生的效果，对秋耕最为有利。其整地深度以花卉种类及土壤状况而定，一二年生花卉宜浅，宿根及球根花卉宜深，花木类宜更深。因此，一二年生花卉要求深耕 $25\sim30cm$。深耕前，施入充分腐熟有机肥 $2500\sim3000kg/$ 亩，三元复合肥 $80\sim100kg/$ 亩。当土地平整后进行做畦，做畦的目的主要是有利于排水和浇水。做畦方式依气候情况、地势高低、土壤状况、草本花卉种类及栽培目的的不同而异。畦栽有高畦和低畦两种方式。高畦多用于南方多雨地区及低湿之处，其畦面高出地面，便于排水，畦面两侧为排水沟，有扩大与空气的接触面积及促进风化的效果。畦面的高度依排水需要而定，通常为 $20\sim30cm$。低畦用于北方干旱地区及栽植喜湿草本植物，畦面两侧有畦埂，用以保留雨水及便于灌溉。

8.2.2.2 间苗

通常在播种出苗后，幼苗出现拥挤时，疏拔过密之苗以促使幼苗生长健壮。通常子叶发出后，进行间苗。间苗要分批次进行，间苗后的苗木如有闲地可利用移栽。间苗常用于直播的一二年生花卉，以及不耐移植而必须直播的种类，如香豌豆、虞美人、花菱草等。

8.2.2.3 移植

露地花卉除不耐移植的种类而进行直播外，一般均先在苗床育苗，经一次（分苗）或二次移植，最后定植于花坛或花圃畦中。花苗经移植以扩大株间距离，使幼苗生长强健；由于移植切断主根，促使侧根发生，可使以后移植不易枯死；移植可抑制徒长。当幼苗经移栽后不再移植时，称为定植。移植又分为裸根移植与带土移植，而裸根移植用于小苗及容易成活的种类。带土移植常用于大苗及较难移植成活的种类。其移植时间在阴天风小时进行，如炎热晴天，须日照较弱时移栽。在降雨前移植，则成活率更高。

8.2.2.4 灌溉

露地花卉虽可从天然降水获得所需水分，但降雨不均，远不能满足花卉生长需要，在生长期间缺水，可影响花卉的生长发育，故灌溉是园林花卉栽培过程的一个重要环节。对露地播种苗，因植株过小，宜用细孔喷壶喷水，可避免因水力过大将小苗冲倒和叶片上沾污泥土。一二年生花卉及球根花卉较宿根花卉易受到干旱，灌溉次数应适当增多。灌溉用水以软水为好，一般河水最适宜，其次为池塘水和湖水，不含碱质的井水亦可利用。

8.2.2.5 施肥

追肥是补充基肥的不足，满足花卉不同生长发育时期的特殊要求，还需要根据不同花卉品种针对性施肥。一二年生花卉在幼苗时期的追肥，主要是促进其茎叶的生长，氮肥可稍多一些；但在以后生长期间，磷钾肥料应逐渐增加；生长期的花卉，其追肥次数应较多。对多年生花卉（宿根及球根）追肥次数较少，一般追肥的时期第 1 次宜在春季开始生长后，第 2 次宜在开花前，第 3 次追肥在开花后。但值得注意的是，花卉开花期一般不施肥，但若开花期较长，可以是适当少量施肥，以确保开花期正常，如美人蕉、大丽花等，在开花期间亦应适当追肥。一些宿根花卉在秋季叶枯后，对已定植的植株，宜在根旁补以堆肥、厩肥、豆饼等有机肥料。追肥时除用粪干、粪水及豆饼外，亦可用化学肥料，即硫酸铵 0.5％～1％，硝酸钾 0.1％～0.3％，过磷酸钙 0.5％～1％。

8.2.2.6 中耕除草

中耕能疏松表土，减少水分的蒸发，增加土温，流通土壤内的空气，促进土壤中养分的形成，为花卉根系的生长和养分的吸收创造良好的条件。特别在幼苗期及移植后不久，大部分土面暴露于空气、土面极易干燥，且易生杂草，在此期间，中耕应尽早而且及时进行。当幼苗渐大，根系范围大于株间时中耕应立即停止，否则根系切断使生长受阻。中耕深度在幼苗期间应浅，随苗生长而逐渐加深，除草可以免除杂草吸收土壤中的养分及水分，避免杂草对空间及阳光的竞争。特别是多年生杂草必须将其地下部分掘出，否则仍能萌发。

8.2.2.7 整形修剪

整形和修剪须配合进行，方可收到良好的效果。整形是整理花卉全株的外形和骨架，不仅美化造型，更重要的是通过一定外形和骨架的建立调节花卉的生长发育。修剪则包括对花卉植株局部或某一器官的具体修剪措施，其目的也是调节生长和发育。整形又可分为单干式、多干式、丛生式、悬崖式、攀缘式、匍匐式和支架等形式。修剪包括摘心、除芽、去蕾、修枝等。

8.2.2.8 病虫害防治

防治病虫害是花卉养护管理工作中的一项重要工作。防治病虫害的原则是"以防为主，防重于治，防治结合"。要求无病无虫早防，有病有虫早治，做到治早、治小、治了。

为防立枯病发生，播种前用敌磺钠、多菌灵等进行土壤处理。发现病株时，立即清除销毁，并用 50％代森铵 200～400 倍液，每平方米浇灌 2～4kg 灭菌保苗，同时要注意降低土壤湿度。

注意通风透光，适当降低湿度，可防白粉病发生。白粉病发生时，清除病株或摘除病叶，喷施 0.3～0.5 波美度❶的石硫合剂或 50％甲基硫菌灵 500～1000 倍液。

叶斑病可用波尔多液或 65％代森锌 500 倍液每隔 7～10 日喷一次，连喷 2～3 次。

发现害虫发生，及时根据发生的种类对症选用杀虫药剂进行喷杀。

8.2.3 宿根花卉的栽培

宿根花卉是指能够生存 2 年或 2 年以上，成熟后每年开花的多年生草本植物。在园林栽培中，这个术语也用来指基部为木质的亚灌木（如薰衣草和蒿属植物），并常包括禾草类和蕨类植物。宿根花卉以营养繁殖为主，包括分株、扦插等。春季开花的种类应在秋末进行分株，如芍药、荷包牡丹；而夏、秋季开花的种类宜在早春萌动前分株，如桔梗、萱草、宿根福禄考。还可以用分根蘖、吸芽、走茎、匍匐茎的方式进行繁殖。有些花卉也可以采用扦插繁殖，如荷兰菊、紫菀、假龙头花等。有时为了育种或获得大量植株可采用播种繁殖。根据生态习性不同，分为春播、秋播。播种苗有的 1～2 年后可开花，也有的要 5 年后才开花。

8.2.3.1 整地

宿根花卉栽培前主要是进行选地、整地工作。选地时，应根据所种宿根花卉的生长习性、特点等选择合适的栽种地。例如，喜光宿根花卉如向日葵、蒿子杆等应栽种在阳光充足的地方，耐阴的宿根花卉如绣

---

❶ 波美度（°Bé）是表示溶液浓度的方法，把波美比重计浸入所测溶液中，得到的度数叫波美度。

球、玉簪等应种植在背阴的地方，不耐寒的宿根花卉应种植在避风、向阳的地方。另外，还要根据当地气候条件选择合适的宿根花卉类型，如北方寒冷地区可选择耐寒的宿根花卉如赛菊芋、玉簪、八宝景天、金娃娃萱草等，耐寒的花卉可以露地种植，如果选择不耐寒的花卉只能在温室中种植。一般情况下，很多北方城市都会选择耐寒的宿根花卉进行露地种植，以达到优化环境的效果。很多宿根花卉也能在我国大部分地区安全冬眠、平安度夏。需要注意的是，所选择的栽种地块应保证土壤疏松、肥沃、无污染、不易形成积水，以免影响宿根花卉的生长。选择好地块后，应将地块上的碎石、杂草清理干净，深翻土壤、施肥、平整土地，最好做一次秋耕。如果土壤酸碱性不合适应进行土壤改良，为宿根花卉提供良好的土壤条件。如果宿根花卉以造型形式栽种，需要设计造型、选择位置，做好宿根花卉栽培前的准备工作。

8.2.3.2 移栽

园林应用一般是使用花圃中育出的成苗。小苗的培育多在花圃中进行，幼苗长出五六片叶子时便可进行移栽。移栽时应将幼苗连带土壤一起挖出，拍碎土块，拉出根系，这一过程中应轻轻拉出不可伤到根系。移栽应迅速，防止时间耽搁过久造成根部枯萎，影响移栽后的成活率。栽植深度要适当，一般与根颈齐，过深过浅都不利于花卉生长。栽后灌1~2次透水。移栽定植时，幼苗之间保持合理的株距。

8.2.3.3 灌溉与施肥

宿根花卉生长期间，应根据季节不同适当地进行灌溉。如夏季灌溉一般在早晨和傍晚进行，冬季一般选择中午。对刚移栽的幼苗，选择漫灌法、喷壶浇灌法，花坛中的大苗可以采用胶管引水灌溉，即根据花苗情况及种植环境选择合适的灌溉方法。施肥时应施加基肥，如堆肥、饼肥等，根据花苗生长情况，适当、适量地进行施肥，为花苗提供养分，促进生长。

宿根花卉为一次栽植后多年生长开花，根系强大，因此，整地时要深耕至40~50cm，同时施入大量有机肥作基肥。栽植深度要适当，一般与根颈齐，过深过浅都不利于花卉生长。栽后灌1~2次透水。以后不需精细管理，在特别干燥时灌水即可。为使花卉生长茂盛、开花繁茂，可以在生长期追肥，也可以在春季新芽抽出前绕根部挖沟施有机肥，或在秋末枝叶枯萎后进行施肥。

8.2.3.4 入冬管理

秋末枝叶枯萎后，自根际剪去地上部分，可以防止病虫害的发生或蔓延。对不耐寒的种类要在温室中进行栽培；对耐寒性稍差的种类，入冬后要培土或覆土。夏天应做好整形修剪工作，根据不同的花卉种类选择适当的整形修剪期，以促进花卉更好地生长。部分宿根花卉待来年春天时，应进行清除老叶、施肥、返青浇水管理，通过精心的春季管理，促进花卉更好地生长。

8.2.4 球根花卉的栽培

园林中一般球根花卉栽培过程为整地、施肥、种植球根、常规管理、采收和贮存。

8.2.4.1 整地

球根花卉对整地、施肥、松土的要求较宿根花卉高，其栽培地不能有积水，不然根部容易在长期潮湿的环境中发生腐烂。如果地势过低，下雨或者浇水时容易形成积水，就会使根部长期泡在水里，不利于花卉的生长。应采取排水措施来保证土壤水分适宜，如铺炉渣、瓦砾或者直接安装排水管来实现排水。还要土层深厚、疏松，所以选用的土壤要深耕，深耕土壤40~50cm，在土壤中施足基肥。磷肥对球根花卉很重要，可在基肥中加入骨粉。排水差的地段，在30cm土层下加粗沙砾（可占土壤的1/3）或采用抬高种植床的办法以提高排水力。点植种球时，在种植穴中撒一层骨粉，铺一层粗沙，然后铺一层壤土。种植钵或盆可使用泥炭：粗沙砾：壤土＝2：3：2，按5g/L的量加入基肥和1.4g/L的量加园艺石灰作基质。

8.2.4.2 施肥

球根花卉喜磷肥，对钾肥需求量中等，对氮肥要求较少，追肥时注意肥料比例。球根花卉变态膨大的地下部分，是植株养分的主要供体，上一生长期储存的养分基本都能满足下一轮生长需求，种植管理较为容易。球根花卉对肥料的需求往往不像其他草本植物显著，喜磷肥，对钾肥需求量中等，对氮肥要求较少。栽培过程中为了防止养分消耗大、花后缩球或者影响下一轮生长，通常在定植时埋入基肥，可将缓释肥、十分之一土量的发酵鸡粪或羊粪等有机肥作为底肥，也可以将上述肥料均匀混合于土壤中。生长期可用以氮元素为主的水溶性速效肥 1000 倍液，每半个月结合浇水施用一次，在营养生长后期用磷酸二氢钾 1000 倍液进行叶面施肥，500 倍液进行灌根，可有效促进开花，在花蕾显色或花朵开放后不再施肥，避免缩短花期和肥害造成落花。在花后正常追施复合肥，可有效缓解开花结实导致的缩球现象。对于冬季休眠的球根花卉，可在每年秋季增施以磷钾为主的肥料，促进植株木质化，以利于安全越冬。

8.2.4.3 移栽

许多球根花卉属于进口植物，为避免远途运输导致的损失，栽种前应检查繁殖体是否饱满坚硬、表皮完整无霉。对于绝大多数鳞茎类种球可以剥去干枯表皮，既可以避免表皮与球体之间菌类滋生导致腐烂，也有利于球体快速吸收水肥生长。球根花卉栽种前，应及时剪去干枯根系，形成霉斑腐烂的可以机械剥除坏死部分，用 75％百菌清、50％多菌灵或者 80％代森锰锌可湿性粉剂 1000 倍液浸泡消毒 0.5h，取出阴干后再进行种植。也可用药剂包裹球根或者杀菌剂拌土直接进行种植。

球根花卉的栽植深度一般为球高的 2～3 倍，但并不是所有球根花卉都是如此要求，其深度会受土质、植物种类和地域等差异的影响（图 8-9）。比如在球根体积比较大或者球根数量少的时候，可以采用穴栽，反之则需要开沟栽植；有些在栽种前需要施基肥的要加大沟、穴的开挖，先施基肥，再撒层土，最后进行栽植。不同深度可以根据土质来定，比如黏质土要浅挖，疏松土要深挖；还可以根据繁殖要求来决定，为繁殖子球或经常采收的浅挖，开花多、大的和长期采收 1 次的深挖；再细分到花的种类，像晚香玉、葱莲这类要深挖，覆土到球根顶部；朱顶红这种要露出土面 1/4～1/3；百合类的更深，栽植深度需要达到球高的 4 倍以上。不同花种对栽植深度的要求不同。

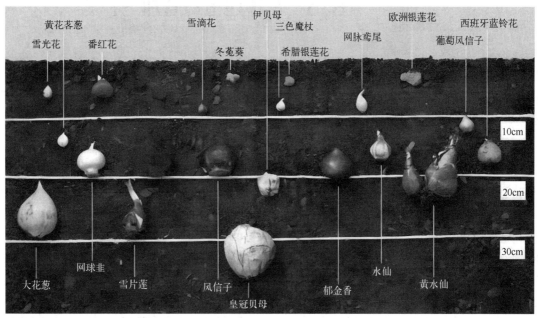

图 8-9　常见球根花卉种植深度示意图

8.2.4.4 常规管理

注意保根保叶。由于球根花卉常常是一次性发根，栽后在生长期尽量不要移栽；发叶量较少因此要尽量保护叶片。花后剪去残花，利于养球，有利于次年开花。花后浇水量逐渐减少，但仍需注意肥水管理，此时是地下器官膨大时期。

8.2.4.5 采收

依当地气候，有些种类需要年年采收，有的可以隔几年掘起分栽。年年采收并对球分级，可使开花整齐一致。而隔年采收时，由于地下球根大小不一，开花大小和早晚也有不同，效果比较自然。园林中水仙可隔 5～6 年分栽一次；番红花、石蒜及百合可隔 3～4 年分栽一次；美人蕉、朱顶红、晚香玉等可每隔 3～4 年分栽一次。

采收应在生长停止、茎叶枯黄但尚未脱落时进行。采收过早，球根不够充实；过晚，茎叶脱落，不易确定球根所在地下的位置。采收时，土壤宜适度湿润。掘起球根后，大多数种类不可在炎日下暴晒，需要阴干，然后储存。大丽花、美人蕉只需阴干至外皮干燥即可，不可过干。

8.2.4.6 贮存

球根贮存主要有干存和湿存两种方式。湿存适用于对通风要求不高，需要保持一定湿度的种类，可以埋在沙子或锯末中，保持潮湿状。块根、根茎、块基类球根花卉中许多种类需要湿存贮存，如大丽花、美人蕉、大岩桐等。无皮鳞茎，如百合类和少数有皮鳞茎的植物，如葱莲属、雪滴花属，也要湿存贮存。干存适用于要求通风良好、充分干燥的球根，可以使用网兜悬挂、多层架子（层间距至少 30cm，以使球根通风良好）的方式。球类花卉一般都可干存，如小苍兰、唐菖蒲。鳞茎类的大多花卉也可以干存，如水仙、郁金香、晚香玉、球根鸢尾等。少数块根，如花毛茛、银莲花以及块茎，如马蹄莲也需要干存。

种球贮藏时，要注意除去附在种球上的杂物。比如残根病根都要去除，避免植物被感染恶化，利用防腐剂或草木灰来去除病斑，贮藏时最好混入药剂或用药液浸洗消毒。不同种类的种球贮藏手段也不同。对通风要求不高的就保持一定湿度，量少时可用盆、箱装，量大时堆放在室内，注意球根间填充干沙、锯末；而对通风要求高的就要保持充分干燥，铺上苇帘、席箔等。温度要求也不同，冬季贮藏保持在 4～5℃。另外贮藏球根时要防止鼠虫的危害。

8.3 草坪建植与管理

用以构成园林草坪的植物材料，主要有禾本科和莎草科。草坪除具有一般绿化功能外，还能减少尘土飞扬、防止水土流失、缓和阳光辐射，并可作为建筑、树木、花卉等的背景衬托，形成清新和谐的景色。草坪覆盖面积是现代城市环境质量评价的重要指标之一，常被誉为"有生命的地毯"。

8.3.1 草坪草的特性与分类

8.3.1.1 草坪草的特性

根据草坪的功能和养护管理需要，草坪多为低矮的丛生型或匍匐茎型，覆盖力强，易形成草坪状的覆盖层。草坪草地上部生长点低，有坚韧叶鞘的多重保护；叶片多数，一般小型、细长、直立；细而密生的叶对建立地毯状草坪是必要的，直立细长的叶则有利于光照进入草坪下层，草坪下层叶很少发生黄化和枯死现象，因而成坪修剪后不显色斑。草坪对不良环境的适应性强，对高温或寒冷、干旱具有较强的耐性，能在贫瘠地、多盐分的土壤上生长，或较耐阴，对病虫害抗性较强，与杂草竞争力强，生长旺盛。草坪繁殖力强，通常草坪草结实量大，容易收获。此外，还可利用匍匐茎、草皮、植株进行营养繁殖，因此易于建成大面积草坪。草坪再生力强，即使进行多次修剪也易得到恢复，反而能促进密生，裸地能被迅速覆盖，对环境适应性强。草坪草对人畜无害，通常无刺及其他刺人的器官，一般无毒，没有不良气味，不分泌弄脏衣服的乳汁等不良物质。

8.3.1.2 草坪草的分类

草坪草的种类资源极其丰富，现已利用的草坪草品种有 1500 多个。根据草坪草极其丰富的表现形式与特性，可以从不同角度对草坪草进行分类。

(1) 按气候与地域分布分类

① 暖季型草坪草 暖季型草坪草主要分布于热带和亚热带地区，即长江流域及以南较低海拔的地区。

在黄河流域冬季不出现极端低温的地区，也可种植暖季型草坪草中的个别品种，像狗牙根、结缕草等。

暖季型草坪草生长的最适宜温度范围是25～32℃。温度10℃以下时则进入休眠状态，适宜于温暖湿润或温暖半干旱气候条件，年生长期为240天左右，耐修剪，有较深的根系，抗旱、耐热、耐践踏。暖季型草坪草中仅有少数品种可以获得种子，因此主要以营养繁殖方式进行草坪的建植。此外，暖季型草坪草具有强的长势和竞争力，当群落一旦形成，其他草种很难侵入。因此，暖季型草坪草多为单一品种的草坪，混合型草坪较为少见。常见的暖季型草坪草有狗牙根、结缕草、地毯草、野牛草、假俭草等。

② 冷季型草坪草 冷季型草坪草主要分布于亚热带和温带地区，即长江流域以北地区。在长江以南，由于夏季高温且高湿，冷季型草坪草容易感染病害。因此必须采取特别的管理措施，否则易衰老和死亡。冷季型草坪草最适宜生长温度范围是15～25℃，耐高温能力差，但某些冷季型草坪草如高羊茅、匍匐剪股颖和草地早熟禾可在过渡带或热带与亚热带地区的高海拔地区生长。早熟禾和剪股颖能耐受较低的温度，高羊茅和多年生黑麦草能较好地适应非极端低温。

(2) 按植物种类分类

① 禾本科草坪草 禾本科草坪草分属于羊茅亚科、黍亚科和画眉草亚科，是草坪草的主体。约600属，10000余种，能用于草坪，即耐践踏、耐修剪，能形成密生草群的达千种之多。

② 非禾本科草坪草 禾本科以外的具有发达匍匐茎、耐践踏、易形成草坪的草类。如莎草科薹草属的异穗薹草、豆科的白车轴草、旋花科的马蹄金、百合科的沿阶草、酢浆草科的酢浆草等。此外，也可根据草坪草的用途、绿期等进行分类。依绿期可分为夏绿型草坪草、冬绿型草坪草和常绿型草坪草等。

8.3.2 草坪的建植

8.3.2.1 草种的选择

(1) 根据建坪地环境和条件选择 草种选择是草坪建植中最为重要的步骤之一，适宜的草种能使草坪生长更加良好，同时还能节省养护管理的时间。在北方地区，应尽量选择冷季型草种，在南方地区应选择暖季型草种。选择的草种要适应当地气候，有较强的抗虫害能力，同时具有较强的竞争力，防止杂草的生长。草种还应有较强的抗逆性，当遇到较为恶劣的环境时，能保持一定的活性，在条件发生好转时能继续生长。在播种草种时，通常采用混播法，即播种3种或3种以上草种，保证草坪能更加旺盛地生长。

选择适合当地自然环境、气候、土壤的草坪草种非常重要，也是成功建坪的重要条件。在建坪之前要选择适合当地气候和土壤的草种，解决草种生存的问题，再选择质地和颜色等方面比较优质草种，根据不同的管理条件选择最终种植的草种。

不同草种具有不同的生态适应性和抗逆性，所选择的草种必须适应建坪地的生物区系、气候、土壤、水分、光照等环境条件，还应能够抵抗不利条件和因素，具有正常生长并形成优质草坪的能力。选择草种最好的方法是优选乡土草种。我国草坪草种质资源丰富，种类和品种繁多，各地都有较优良的乡土草种。如长江以南的普通狗牙根、结缕草、假俭草等，华北地区的中华结缕草等；西北、东北地区的早熟禾、紫羊茅等。这些草种在该地区适应性强并具有一定的抗逆性，只要栽培得当、加强管理，都能建植优质草坪。

(2) 根据草坪功能需要选择 不同功能要求的草坪对草坪草种的要求也不同。如建植观赏草坪，可选择观赏效果好的细叶结缕草、细弱剪股颖、马蹄金；建植运动场草坪，可选择耐践踏的狗牙根、中华结缕草、高羊茅、草地早熟禾、黑麦草等。

(3) 根据经济实力和养护管理能力选择 建坪应考虑造价和养护管理费用，要以经济适用为原则，如果没有较强的经济实力和管护能力，应选择普通草种和耐粗放管理的草种，通过草种选择降低管护强度，如剪股颖、狗牙根具低矮的生长特性，可以适当减少修剪次数，从而降低管护强度。

(4) 根据景观需求选择 在建立草坪时，还应考虑草坪草与周围环境及其他园林要素间协调、对比。

8.3.2.2 场地的准备

场地准备是任何种植方式都要经历的一个重要环节。土壤是草坪草根、茎生长的环境，土壤结构和质地的好坏直接关系到草坪草生长和草坪的使用。场地准备包括场地清理、土壤耕作、换土或客土、排水系统建立等。

在建植草坪前，应选择合适的建植场地，并细致勘察、详细了解建植场地的气候条件和水文条件。在此基础上，提出科学合理的草坪建植场地的处理方法，使草坪能有更好的生长条件。在选定草坪建植场地后，应清理场地，移除场地中存在的各种杂物，如石块、干草、树枝等，防止影响草种的播种和生长。此外，还应去除场地中生长的其他各种植物，将植物的根茎全部去除掉，避免草坪在生长过程中受到杂草的危害。在草种播种前，应翻耕场地。翻耕的主要目的是疏松土质，在翻耕时应注意翻耕的深度，不同的土壤条件翻耕深度也不相同。因此，应详细了解土地，确定实际需要的翻耕深度。一般情况下，土地翻耕深度在20cm，但一些土地要求的翻耕深度可达到30cm或以上。翻耕的深度越深，其效果越好，但所需花费的时间和劳动量越大，达到适宜深度即可。翻耕可根据实际场地的要求采用合适的机械设备。翻耕除了具有疏松土壤的作用，还能增加土壤的透气性和吸水性，有助于草坪的根系向着更深处生长，增加草坪的抗破坏能力，同时还能增加土地的抗侵蚀能力，保护土壤不会发生流失。

翻耕结束后，将土地晾晒一定时间，随后在20cm以内的土壤中加入有机肥料进行改良，加入有机肥料时应尽量搅拌均匀，使肥料和土壤混合在一起，才能更好地发挥有机肥料的作用。有机肥料发挥作用较为缓慢，持续的时间较长，能够持续性地为土壤提供营养成分，但在很多时候，人们需要更加快速地改良土壤，以便能尽早种植草种，这时就需施加一定的化学肥料。化学肥料能够快速溶解在土壤中，使土壤材质在较短的时间得到改善，适合在草坪种植前或在生长过程中养分贫乏时进行施加。在肥料选择上，一般选用磷肥和钾肥作为底肥，在草坪种植前撒到场地中，并随后将其翻入土壤中。在草坪成长过程中可施加氮肥，促使草坪能更加快速地生长。在草坪种植前，还需检查场地的pH值，一般草坪最适合生长在中性环境中，若土壤酸性较强或碱性较强，还应调节土壤的pH值。若土壤的碱性较强，可加入一定量的硫酸亚铁，若土壤的酸性较强，可以在土壤中加入石灰。土壤pH调节的深度要达到草坪根部伸展的地方，应注意pH的均匀性，避免局部pH过高或过低。土壤改良完成后，平整土壤。平整时注意土地要利于排水，一般可以采用中间高两边低或向着一边倾斜的方式，这样不但有利于排水，看起来也更加舒适美观。在场地平整完成后，还应修建排水和灌溉系统，草坪场地应具有良好的排水性能，避免在雨水过大时淹没草坪，使草坪遭受到一定的破坏。草坪的灌溉系统也不可缺少，为了更好地保证草坪的用水需求，可先安装部分地下输水管路，在平整土壤后再安装地上灌溉系统。

8.3.2.3 建植方法

(1) 播种法 大多数冷季型草坪草均用种子直播法建坪，暖季型草坪草中的假俭草、地毯草、野牛草、普通狗牙根和结缕草亦可用种子建坪。用播种法建植草坪节时省工。草坪根系发达，长势旺盛，耐旱力强。草坪表面平整，有利于机械修剪和提高修剪质量。

① 播种方法 主要包括单播、混播和交播3种方式。

a. 单播 是指只用一种草坪草种子建植草坪的方法，对养护管理水平要求较高。

b. 混播 是指用2种或2种以上的草种或同种不同品种混在一起播种建植草坪的方法，能达到草种间优势互补，使主要草种形成稳定和苗壮的草坪。但混播不易获得颜色和质地均匀的草坪，坪观质量稍差。

c. 交播 又称覆播或盖播或冬季补播，是用单种或多种草种播种在已成草坪上的一种交替成坪的方式。例如，北方温带地区，冬季暖季型草坪休眠，叶片枯黄，此时可补播黑麦草或高羊茅使草坪继续保持绿色。需要注意的是，冬季补播时，先加强对草坪的修剪，逐渐降低草坪修剪高度，9月中旬草坪留茬高度应比平常低1.0～2.5cm。通过划切、垂直修剪、疏草、施肥、浇水和清除草坪上的碎屑物质等，进入休眠期前30天进行撒播，进入枯黄期后新草已长成。播种时间的确定主要考虑播种时的温度和播种后两三个月的温度。影响播种量的因素较多，如草种大小、发芽率、播种期及土壤条件等。如果播种条件不好，草种扩展能力很强，则可以降低播种量。一般确定标准是以足够数量的活种子确保单位面积幼苗的额定株数为准。

② 播种时期 草坪最适宜的播种期因草种和地区而异。冷季型草坪草的发芽温度为10～30℃，最适

宜的发芽温度为 20～25℃。因此，冷季型草种除了严冬和酷夏外均可播种，但以早春和初秋两季播种最为适宜。春播幼苗在炎热的季节来临之前已健壮生长，增强了对不良环境的抵抗能力。初秋播种，此时杂草已停止生长，并可在冬季到来之前形成初期草坪，有利于安全越冬。

暖季型草坪草的发芽温度一般为 25～35℃，最适宜的发芽温度为 25～30℃。因此，暖季型草坪草一般在 6～8 月播种较为适宜。但一般情况下，为了确保建坪成功，冬季和夏季建植冷季型草坪以单皮直铺较好。

③ 播种量　草坪种子的播种量取决于种子质量、土壤状况以及工程的性质。一般从理论上讲，播种后在单位面积上有足够的幼苗，即 $1m^2$ 有 1000～2000 株幼苗。实际播种量还应加 20％左右的损耗量。

④ 种子处理　为了提高发芽率，达到全苗、壮苗的目的，在播种前可对种子加以处理，种子处理的方法主要有三种：一是用流水冲洗，如细叶薹草的种子可用流水冲洗数十个小时；二是用化学药物处理，如结缕草种子用 0.5％NaOH 浸泡 48h，用清水冲洗后再播种；三是机械揉搓，如野牛草种子可用机械方法揉搓掉硬壳。

（2）移栽铺植法　可用草坪草的营养体，如草皮卷、草块、植株茎段等建植草坪。

草皮卷由专门的生产基地提供。为提高工作效率，从铲草坪卷、运输到铺植都有相应的操作机械（图 8-10）。草皮卷的大小常以一定面积为单位，如每卷长 2～3m，宽 30～50cm，厚 2cm，机械化施工的草皮卷可比人工施工的大一些。

草块是一小块从草皮卷中抽取的条形或圆形草皮块，大小为直径 2～4cm，厚度 2cm。高质量的草皮块无病虫害，种植后 7～14 天即能生根。草块铺植常在暖季型草坪草如假俭草、钝叶草和结缕草中运用。

植株茎段是指包括几个节的株体部分。播茎法即利用草坪的茎作繁殖体均匀撒布于坪床上，经浇水、施肥

图 8-10　铲草皮卷示意图

等管理形成草坪，是一种营养繁殖法。凡是发生匍匐茎或根状茎的草坪草，如狗牙根、地毯草、马尼拉结缕草、西伯利亚剪股颖等均可采用播茎法建植草坪。

移栽铺植草坪常用的方法有以下几种：

① 满铺（密铺）法　是用草皮将地面完全覆盖。满铺法要求草皮宽 30cm 左右，长 1.5m，厚 2～3cm。草皮块不宜过长，太长重量增加，运输和铺植操作都困难。起草皮前提前 1 天修剪并喷水、镇压，保持湿润，以利于操作。干燥时起草皮操作难，且容易松散。满铺时，草皮之间应留 1～2cm 距离，然后用重 0.5～1t 的滚子镇压，或用人工踩踏，使草皮与土壤紧密，无空隙，易于生根、成活。镇压后浇透水，以后每隔 3～4 天浇一次水。直到草皮生根后转入正常管理。狗牙根及结缕草由于匍匐枝发达，草皮密度大，铺时可将草皮拉成网状，然后铺设、覆土、镇压，短期内也可成活。

② 间铺法　可节约草皮材料。间铺形式有两种：一是均用长方形的草皮块，规格大小不等，宽 20～30cm，长 30～40cm，草块间留有明显间距，间距约为草块宽度的 1/3，间铺法可节约 1/3～1/2 草皮；另一种是用近似正方形的草块相间排列，形似梅花，铺植面积约占全面积的 1/2。为保证草坪平整，间铺时更应注意使草块土面与裸地土面相平，铺植后的镇压、浇水同满铺法。间铺法适于匍匐性强的草种，如狗牙根、结缕草和剪股颖等。

③ 匍匐枝撒播铺植法　即将草皮铲起，抖落或用水冲去根部附土，然后撕开匍匐茎或把匍匐茎切成 3～4cm 长、含 2～3 个节的茎段，均匀撒播在准备好的坪床上，然后覆盖细土 1～1.5cm 厚，稍加镇压，立即喷水。以后每日早晚各喷水一次，草茎生根后逐渐减少喷水次数。一般护理半个月至 1 个月，就会先长幼根，接着萌发新芽。此法在春末夏初进行为好。移栽铺植草坪时，草皮、匍匐枝要即取即铺（播），尽可能缩短中间的时间。不带土的匍匐枝更容易脱水，运输过程中应注意保湿。

（3）**植生带铺植法**　植生带是在专用设备上按照特定的生产工艺，将草坪种子和其他成分按照一定的密度和排列方式定植在可以自行降解的无纺布上形成的工业化产品。植生带铺植法是建植草坪的一种重要手段，适宜中小面积草坪建植，尤其是坡地不大的护坡、护堤草坪的建植。该方法具有施工快捷方便，易于运输和贮存，出苗率高、出苗整齐，杂草少，可有效防止种子流失，无残留和污染，但成本较高等特点。该方法适用于常规施工非常困难的陡坡、高速路护坡，也可用于城市园林绿化、运动草坪建植及水土保护等方面。

（4）**喷植法**　喷植法是一种播种建植草坪的新方法，是将草种与土壤团粒结构促进剂、绿色染料、肥料、泥土等混合在一起，再加适量水调匀。用喷射播种器将拌和草种的混合泥浆喷到护坡等坡地上。喷植法可以根据绿色深浅程度调节喷射的量和范围等。

8.3.3　草坪养护管理

8.3.3.1　浇水

播种后的第1次喷灌需浇透，促进草坪根系向深层发展。播种后前10天保持地表湿润，每天浇水两三次，之后减少浇水频率，逐渐加大浇水量。待种子发芽出土后，对草坪喷水淋水，保持土壤湿润，满足其生长对水分的需求，直至揭除覆盖物到成坪。随着新草坪的生长发育，逐渐减少灌水次数，但每次的灌水量应逐渐增大。需要注意的是，浇水不宜过多，早春浇水过多会阻碍地温上升，延缓出苗；初秋夜间气温高于20℃时，浇水过多易出现起苗期病害。

浇水是草坪养护管理中最基础也最重要的一项措施，在草种播种后就要浇水，应注意浇水时，切勿采用灌溉或高强度的喷灌方式，会造成土壤流失，使草种暴露出来，降低发芽率，应使用雾状喷灌技术，保证草种的发芽率。在夏天浇水时要在早上或晚间进行，避免在中午浇水损害草种的生长。在南方雨水较多的地方应及时排水，避免出现腐霉枯萎病。在草种生长成为草坪后，可适当减少浇水次数，保证草坪的颜色鲜艳。

对于已经成熟的草坪，需要注意灌溉的时间和水量等。夏季要避免在中午温度过高的时候进行灌溉，可以在晚上进行灌溉，这样能够有效防止因为高温高湿对草坪产生伤害。灌溉至有15cm左右土壤湿润就说明草坪已经有了充足的水分，可以停止灌溉。除此之外，草坪灌溉水量的多少和土壤性质也有很大关联，不同的土壤性质有不同的灌溉需求。

8.3.3.2　修剪

想要草坪建植有更高的质量，对其进行修剪是重要的管理措施。修剪的原则是剪去原有草量的1/3。第1次修剪大概是草长到7cm的时候，可以增加草坪的密度。如果是成熟的草坪需要在返青期之前进行修剪，从而达到返青期提前的目的。可以适当地使用草坪矮化剂，不仅可以减少修剪的次数，还可以增加草坪的密度。

草坪修剪期一般在3～11月，有时遇暖冬年也要修剪。草坪修剪高度一般遵循1/3原则，第1次修剪在草坪高10～12cm时进行，留茬高度为6～8cm。修剪次数取决于草坪生长速度。通常，5～6月是草坪生长最旺盛时期，每月修剪2～5次，其他时间每月修剪两三次。

当草坪受到外界因素威胁的时候，要根据实际的情况增加修剪高度，让草坪提高自身的抗性。草坪也可使用少量的助壮素药物，降低草坪的生长高度，使草坪横向生长，增加草坪的密度。若草坪在生长过程中受到一定的损伤，应进行更多的修剪，降低草坪高度，提升草坪的抗性。对不同的草种，其修剪高度要求也不同。修剪前，应了解草种习性，以便修剪到最为适宜的高度。不同种类的草在建植的时候会修剪成不同的高度，也会因为用处不同选择不同的修剪高度。草坪修剪的质量与剪草的方式、次数以及修剪的时间有关。

8.3.3.3　施肥

在草坪管理和养护中，施肥也很重要。在草坪的生长季节可以使用磷肥、钾肥或者复合肥，但过量使用磷肥会导致草坪根茎叶的生长加快，增加修剪的次数，让草组织变得多汁不容易储存营养，从而导致草不再有较强的抗热、耐寒和抗病能力。因此在施肥的时候，需要根据当地的气候变化以及土壤质地等因素进行适当施肥。经验丰富的工作人员可以根据草坪的外部表现来确定施肥数量的多少，从而促使草坪健康生长。

还可以使用先打孔后施肥的施肥养护措施。打孔一般分为空心打孔和实心打孔，打孔的方法和打孔的直径都需要根据草坪的不同来选择。一般情况下会使用空心打孔的方法，因为实心打孔会让土壤出现被挤压的状态，孔壁当中的土壤变得紧实、光滑，导致土壤的透气性降低。而空心打孔施肥可以让草坪土壤当中的氧气增加，更好地吸收肥料中的营养，从而促进草坪的茁壮生长。

通过草坪草色泽和生长速度判断幼坪需肥情况，幼坪施肥可在首次修剪前进行。幼坪施肥遵循少量多次原则，施肥量宜小，施肥频率取决于土壤质地和草坪生长状况。

8.3.3.4 杂草控制措施

草坪中杂草的控制涉及的方面比较广，主要包括防止杂草的发生、使用农药防治、草坪管理等。我国是农业大国，在长期使用除草剂的情况下很多杂草已经对除草剂产生了抗体。这种具有抗体的杂草会快速地生长和蔓延，为工作人员的杂草控制工作带来了新的难题。根据植物特点的不同对草坪当中的杂草进行分类，可以分为单子叶和双子叶杂草；根据去除杂草的目的，还可以分为很多不同的杂草类型。

想要对杂草进行控制，就要掌握杂草出现的规律，一般夏季会出现大量的杂草，春季大多会出现双子叶杂草。工作人员可以根据规律来对杂草进行有效控制和清除，可以使用化学防除或生物防除等手段。对于除草剂的选择，目前我国在草坪建植中的芽前除草剂的使用相对比较安全，且效果较好，但对这类除草剂的使用一定要慎重，应在专业人员的指导下进行。

8.3.3.5 病虫害的预防

病虫害的预防对于草坪管理和养护来说有着重要的作用，需要引起工作人员的高度重视。常见的病虫害有叶枯病、青霉病、霜霉病以及蝗虫、金龟子等，这些病虫害对于植物的种植和成长会造成一定的影响，需要进行有效的预防。首先要对病虫害有一个全面的认识，我国病虫害的发生大概在每年的5月份之后，病虫害的类型有很多，需要根据不同的类型和发生的时间进行有效预防。最好在4月底和5月初进行全面的杀菌处理，可以使用多菌灵等药物，最晚不能超过5月下旬，在6月的第1场雨到来之前需要对草坪当中的草药物处理完毕。

8.4 水生植物的栽培

水生植物（aquatic plants）是指以水为生境，在水中展叶、开花，结实，创造水上景观的绿色园林植物的总称。广义的"水生植物"包括了水生、湿生和沼生植物。丰富的水生植物资源和良好的园林水体环境使水生园林植物在园林绿地中得到了大力推广和应用。

8.4.1 水生植物的类型

在一个水体中，水生植物的分布规律是自沿岸带向深水区的同心圆式分布，各生活型带间是连续的。从沿岸带至湖心方向各生活型的位置依次为湿生植物—挺水植物—浮生植物—沉水植物（图8-11）。水生植物是草本植物，为一年生或多年生。其生活周期是以一年为单位，从萌发生长到生殖、死亡或休眠都是在一年中完成。

根据水生植物在水中的生长状态及生态习性，分为以下4个类型。

(1) 浮水植物 根生浮叶植物是一面叶气生的水生植物。通常不扎根于泥中，而茎叶浮于水面，植株可以随风浪自由漂浮，亦称漂浮植物。多以观叶为主，观花为辅。浮叶植物又分为根生浮叶植物和自由漂

图 8-11　水生植物示意图

浮植物，根生浮叶植物茎叶浮水，叶片两面性强，并有沉水叶柄或根茎与根相连，沉水部分气道发达。自由漂浮植物根系漂浮退化或呈悬锤状，叶或茎海绵组织发达，起漂浮作用，大多数植物花色鲜艳。植物叶片漂浮在水面生长，包括根系着泥浮水植物和漂浮植物。根系着泥浮水植物用于绿化较多，价值较高，如睡莲、王莲等。

　　(2) **挺水植物**　挺水植物是根茎水生或茎叶气生的水生植物，因而也具有陆生植物特性，直立的根茎气道发达，茎叶角质层厚。茎直立挺拔，仅下部或基部沉于水中，根扎入泥中生长，上面大部分植株挺出水面；有些种类具有肥厚的根状茎，或在根系中产生发达的通气组织，如荷花。此类植物种类繁多，植株高大，花色艳丽，多用于水景园的岸边浅水、湿地中布置；对水环境的适应能力较其他生活型的水生植物要强。植物的叶片长出水面，如荷花、香蒲、芦苇、千屈菜、伞草这类植物具有较高的绿化用途。

　　(3) **沉水植物**　沉水植物是完全水生植物，是指整个植株都生活于水中，并只在花期将花及少部分茎叶伸出水面的水生植物。此类水生植物主要以观叶为主，花较小、花期短，但开花时亦有一定观赏价值。其生长所依赖的水环境造就了其特殊的生理结构。各器官的形态、构造都是典型的水生性，不具有抑制水分蒸发的结构；另外，植物体比较柔软，细胞含水量多，渗透压较低，在水分不足时，细胞很快就会出现脱水现象。故一般不能离开水，否则就会因失水而干枯致死。许多沉水植物的营养繁殖能力强，可以通过芽孢、块茎和断枝等器官或组织进行繁殖，快且多，对保持种质特性、防止品种退化以及杂种分离比较有利。其根、茎、叶由于完全适应水生而退化，根与茎中的维管束退化减弱了根系的吸收功能，茎中缺乏木质和纤维，叶薄，叶绿体集中于表面，裂叶和异叶现象出现，营养繁殖较普遍，有性生殖以水媒方式为主。全部植物生长在水中，在水中生长发育，如金鱼藻、眼子菜等。

　　(4) **湿生植物**　是生活在水饱和或周期性淹水土壤里，解剖特点与陆生植物相似，其中单子叶植物茎叶的角质层发达，根有抗淹性。这类植物的根系和部分树干淹没在水中生长。有的树种，在整个生活周期，它的根系和树干基部浸泡在水中并生长良好，如池杉。

8.4.2　水生植物生态习性及生长影响因素

　　水生植物耐旱性弱，生长期间要求有大量水分。它们的根、茎和叶内有通气组织的气腔与外界互相通气，吸收氧气以供应根系需要。绝大多数水生植物喜欢光照充足，通风良好的环境。也有耐半阴条件的，如菖蒲、石菖蒲等。对温度的要求因其原产地不同而不同。较耐寒的种类可在北方自然生长，以种子、球茎等形式越冬，如荷花、千屈菜、慈姑等。原产于热带的水生植物如王莲等应在温室内栽培。水中的含氧量影响水生植物的生长发育，大多数高等水生植物主要分布在 1~2m 深的水中，挺水和浮水类型常以水深 60~100m 为限；近沼生类型只需 20~30cm 深浅水即可。流动的水利于花卉生长，栽培水生花卉的塘泥应含丰富的有机质。

8.4.2.1　水生植物的特点

　　(1) **具有发达的通气组织**　水生植物（除少数湿生植物外）体内具有发达的通气系统。通气系统由气腔、气囊和气道所组成，可使进入体内的空气顺利地到达植株的各个部分，尤其是处于生长阶段的荷花、睡莲等。从叶脉、叶柄到膨大的地下茎，都有大小不一的气腔相通，保证进入植株体内的空气贯通到各个器官和组织，以满足位于水下器官各部分呼吸和生理活动的需要。

（2）**植株的机械组织退化**　水生植物的个体（除少数湿生植物外）不如陆生植物坚挺。通常有些水生植物的叶及叶柄一部分在水中生长，不需要坚硬的机械组织来支撑个体，因其器官和组织的含水量较高，故叶柄的木质化程度较低，植株体比较柔软，而水上部分的抗风力也差。

（3）**根系不发达**　一般来说，水生植物的根系不如陆生植物发达。这是因为水生植物的根系在生长发育过程中直接与水接触或在湿地中生活，吸收矿质营养及水分比较省力，导致其根系缺乏根毛，并逐渐退化。

（4）**具有发达的排水系统**　若水生植物体内水分过多，同样也不利于植株的正常生长发育。但在夏季多雨季节，或气压低时，或植株的蒸腾作用较微弱时，水生植物依靠其体内的管道细胞、空腔及叶缘水孔所组成的分泌系统将多余水分排出，以维持正常的生理活动。

（5）**营养器官表现明显差异**　有些水生植物的根系、叶柄和叶片等营养器官，为了适应不同的生态环境，在其形态结构上表现出不同的差异。如荷花的浮叶和立叶，菱的水中根和泥中根等，它们的形态结构均产生了明显的差异。

（6）**花粉传授存在变异**　由于水体环境的特殊性，某些水生植物种类（如沉水植物）为了满足传授花粉的需要，产生了特有的适应性变异。例如苦草为雌雄异株，雄花的佛焰苞长 6mm，而雌花的佛焰苞长 12mm；金鱼藻等沉水植物，具有特殊的有性生殖器官，能适应以水为传粉媒介的环境。

（7）**营养繁殖能力强**　营养繁殖能力强是水生植物的共同特点。如荷花、睡莲、鸢尾、水葱、芦苇等利用地下茎、根茎、球茎等进行繁殖；金鱼藻等可进行分枝繁殖，当分枝断开后，每个断开的小分枝又可长出新的个体；黄花蔺和旱芹等除根茎繁殖外，还能利用茎节长出的新根进行繁殖；苦草、菹草等在沉入水底越冬时就形成了冬芽，翌年春季，冬芽萌发成新的植株；红树林植物的胎生繁殖现象更是惊人，种子在果实里还没有离开母体时，就开始萌芽，长成绿色棒状胚轴挂在母树上，发育到一定程度就脱离母体，并借助本身的重量坠落插入泥中，数小时后可迅速扎根长出新的植株。水生植物这种繁殖快的特点，对保持其种质特性、防止品种退化以及杂种分离都是有利的。

（8）**种子幼苗始终保持湿润**　水生植物长期生活在水环境中，与陆地植物种子相比，其繁殖材料如种子（除莲子）及幼苗，无论是处于休眠阶段（特别是睡莲、王莲），还是进入萌芽生长期，都不耐干燥，必须始终保持湿润，若干燥则会失去发芽力。

8.4.2.2　水生植物生长的影响因素

水生植物赖水而生，与陆生植物相比，其在形态特征、生长习性及生理机能等方面都有明显的差异，主要影响因素如下。

（1）**土壤条件**　土壤是植物生长的重要前提，尤其是水生植物，为保障水生植物的扎根需求，需要观察种植土的硬度。水生植物所需的种植土具有特殊性，在施肥过程中，水会将肥料稀释，难以保障种植土的肥沃程度，水生植物难以摄取足够的养分，不利于水生植物的成活。水生植物的种植土一般以种植地淤泥为主，但部分水生植物难以适应此类土壤，在水生植物的种植与培养过程中，要重视种植土肥沃程度。

（2）**种植深度**　种植深度是影响水生植物成活的重要因素，水生植物需要生长在水中，若不能科学把握种植深度，水生植物难以存活。不同种类的水生植物对种植深度的要求存在差异性，这也就要求在水生植物的栽培过程中，需根据水生植物特性科学控制其种植深度，保障水生植物的正常生长。

（3）**种植密度**　水生植物的种植密度与植物的生长相关，为保障水生植物的生长，在种植过程中，要预留足够的生存空间。控制植物生长空间也就是控制种植密度，在生存空间较小时，植物难以生长，甚至会出现萎缩，但生存空间过大时，难以控制植物生长。

（4）**水位要求**　为保障湿地水生植物生长，在调控湿地水位的过程中，需结合水生植物的生长需求调整水位。挺水植物、浮叶植物对水位的要求较低，水位过高时会被淹死。因此，在湿地注水时，需根据植物种类科学调控水位，保障水生植物的生长。

8.4.3　水生植物建植

水生植物的建植是水生植物景观形成的重要步骤之一，是理解和体现设计意图的关键内容，其好坏直接涉及水体景观的形成效果。因此必须按照新建或原有水体的地理位置、大小、水深条件、底质、形态、运动特点、水质特征等实际情况，根据水生植物的生态特征和造景设计的需要来科学合理进行。

8.4.3.1　水生植物的建植原则

(1) 结合驳岸样式　根据水体的功能特征与景观要求，选择最佳的驳岸样式，并结合驳岸样式来选择水生植物的种植方式，如自然式覆土护岸种植、嵌式护岸种植等。

(2) 结合水深条件　水生植物的生长受水深的限制。若水深过大，可按水生植物对水深的不同要求，在水中安置高度不等的水泥墩，再将栽植盆放在墩上进行种植；亦可通过在水中筑种植穴来完成。

降雨量的季节性变化或者其他一些因素往往会影响水体水位的变化，从而对水生植物的生存与种植效果产生非常大的影响。因此在城市的景观水体营造中，就应该着重考虑在水位变化下的景观、生态和亲水设计，即如何在一个具特定的地质结构和水位变化的景观水体中，设计一个植被葱郁的生态化的水陆边界，并使人能恒常地与水亲近，使水-生物-人得以在一个边缘生态环境中相融共生。例如，在俞孔坚（2002）所主持的广东中山市岐江公园的湖岸设计中，除了解决工程上的固土护岸问题，还通过设计梯田式种植台、临水栈桥，并根据水位的变化及水深情况来选择乡土植物，形成了水生-沼生-湿生-中生植物群落带，较好地解决了此问题。

在水生植物建植时，必要时还可以采取阶段种植模式，即先构建先锋植物群落，在生境条件改善后再构建目标植物群落，并根据立地条件需要选择其中的适生优势种作为主要植物材料。

水生植物多采用分生繁殖，有时也采用播种繁殖。分栽一般在春季进行，适应性强的种类，初夏亦可分栽。水生植物种子成熟后应立即播种，或贮在水中，因为它们的种子干燥后极易丧失发芽能力。荷花、香蒲和水生鸢尾等少数种类也可干藏。

栽植水生植物的池塘最好是池底有丰富的腐草烂叶沉积，并为黏质土壤。在新挖掘的池塘栽植时，必须先施入大量的肥料，如堆肥、厩肥等。盆栽用土应以塘泥等富含腐殖质土为宜。

8.4.3.2　水生植物的建植技术

(1) 种植地要求　除浮水类中的漂浮植物外，栽植其他种类的水生植物都对种植地有一定的要求。

① 坡度　种植地坡面应≤20°，否则土壤易流失，植物生长困难，影响湿地景观。

② 光照　大多数水生植物在生长期（4～10月份）都需要充足的日照，种植地应选通风向阳地，否则会导致生长不良，甚至死亡。

③ 栽植土厚度　一般栽植土厚度应≥50cm；如另有设计，应符合设计要求。

④ 水和土质　水生植物对水和土壤的要求不高，普通的淤泥即可，pH值从微酸到微碱都能种植。

⑤ 种植土处理　在老水系中种植，一般采用把附近淤泥运到种植地，加厚到种植要求。在新水系中种植，由于新开挖，种植地一般没有淤泥，土壤板结严重，不适宜水生植物的生长，需要进行客土改良。客土需满足水生植物生长的要求，又不能含有污染水质的成分；通常按淤泥（田土、池塘烂泥等有机黏质土）：原土：腐殖土为8:1:1的标准进行客土配制，如有设计，客土还应符合设计要求，如在饮用水源水域，还须化验合格后才能使用。

(2) 水生植物种植

① 品种　水生植物的品种、规格和形态要符合设计要求，要求植株健壮，根、茎、叶发育良好，无病虫害。

② 种植　除浮水类漂浮植物外，其他种类植物种植时根部应牢固埋入泥中，防止浮起，以免种植失败。浮水类漂浮植物一般放养在特定的封闭范围内，以免造成危害。

最佳种植时间一般在春季发芽前后，江南地区在4月上旬。大部分水生植物在4～10月份的生长期内都能进行分株栽植（如再力花、蒲苇、菖蒲等）。

水生植物生长迅速，密度要适宜，如太大，易发生病虫害；太小则容易生长杂草。种植密度一般为以下几种。

a. 湿生类　斑茅、蒲苇20芽/丛、1丛/m²；砖子苗3芽/丛、20丛/m²；红蓼2株/m²；野荞麦5

芽/丛、6 丛/m²。

b. 挺水类　再力花 10 芽/丛、1 丛/m²；梭鱼草 3 芽/丛、9 丛/m²；花叶芦竹 4 芽/丛、12 丛/m²；香蒲 20 株/m²；芦竹 5 芽/丛、6 丛/m²；慈姑 10 株/m²；黄菖蒲 2 芽/丛、20 丛/m²；水葱 15 芽/丛、8 丛/m²；花叶水葱 20 芽/丛、10 丛/m²；千屈菜、泽泻、芦苇、野芋 16 株/m²；花蔺 3 芽/丛、20 丛/m²；马蔺 5 芽/丛、20 丛/m²；紫杆芋 3 芽/丛、4 丛/m² 等。

c. 浮水类　水鳖 60 株/m²；大薸、凤眼莲 30 株/m²；槐叶萍 100 株/m²；睡莲、萍蓬草 1 头/m²；荇菜 20 株/m²；芡实 1 株/m²；水皮莲 20 株/m²；莼菜 10 株/m²；菱 3 株/m² 等。

d. 沉水类　苦草 40 株/m²；竹叶眼子菜 3 芽/m²、20 丛/m²；黑藻 10 芽/丛、25 丛/m²；穗状狐尾藻 5 芽/丛、20 丛/m²。

③ 灌水

a. 沉水和浮水类　要先灌水，后种植。种苗不能长时间离开水，夏天特别要注意降温保湿，确保种苗湿润。如不能灌水，则应延期种植。

b. 挺水和湿生类　种植后要及时灌水，如不能及时灌水，要经常浇水，确保土壤水分保持在过饱和状态。

(3) 水生植物栽培方式

① 容器栽培

a. 容器选择　栽培水生植物（如荷花、睡莲等）的容器有缸、盆、碗等。容器选择应视植株大小而定。植株大的，如荷花、水竹芋、香蒲等，可用缸或大盆之类（规格：高 60～65cm，口径 60～70cm）；植株较小的，如睡莲、千屈菜、荷花中型品种等，宜用中盆（规格：高 25～30cm，口径 30～50cm）；一些较小或微型的植株，如碗莲、小睡莲等，则用碗或小盆（规格：高 5～18cm，口径 25～28cm）。

b. 栽培方法　栽培水生植物之前，将容器内的泥土捣烂，有些种类如美人蕉等，要求土质疏松，可在泥中掺一些泥炭土。无论缸、盆还是碗，盛泥土时，只占容器的 3/5 即可。然后，将水生植物的秧苗植入盆（缸、碗）中，再掩土灌水。有些种类的水生植物（如荷藕等）栽种时，将其顶芽朝下呈 20°～25° 的斜角，放入靠容器的内壁，埋入泥中，并让藕秧的尾部露出泥土。

② 湖塘栽培　在一些有水面的公园、风景区及居住区，常种植水生植物布置园林水景。首先要考虑湖、塘、池内的水位。面积较小的水池，可先将水位降至 15cm 左右，然后用铲在种植处挖小穴，再种上水生植物秧苗，随之盖土即可。若湖塘水位很高，则采用围堰填土的方法种植。有条件的地方，在冬末春初期间，大多数水生植物尚处于休眠状态，雨水也少，这时可放干池水，事先按种植水生植物的种类及面积大小进行设计，再用砖砌抬高种植穴，如王莲、荷花、纸莎草、美人蕉等畏水深的水生植物种类及品种。但在不具备围堰条件的地方，则可用编织袋将数株秧苗装在一起，扎好后，加上镇压物（如石、砖等），抛入湖中。此种方法只适用于荷花，其他水生植物种类不适用。王莲、纸莎草、美人蕉等可用大缸、塑料筐填土种植。

③ 无土栽培　水生植物的无土栽培具有轻巧、卫生、携带方便等特点。因此，很适合家庭、小区、机关、学校等种养。无土栽培基质可选用硅石、矾石、珍珠岩、沙、石砾、河沙、泥炭土、卵石等，选择几种混合后进行栽培。如以硅石、河沙、矾石按体积比 1∶1∶0.5 的比例混合，或者用卵石加 50% 泥炭土作为基质，栽培荷花，都能取得较好效果。

④ 反季节栽培　一般来说，水生植物性喜温暖水湿的气候环境，适合生长于仲春至仲秋期间，秋末停止生长，初冬处于休眠状态。随着科学的发展，人们可运用促成栽培技术打破水生植物的休眠，使其在冬天展叶开花。

a. 生产条件和设备　水生植物的反季节栽培需要有一定的条件及加温设备。栽培要有塑料棚和水池，塑料棚以高 2～2.5m、宽 4～5m、长 10～12m 为宜，塑料薄膜要加厚，若没有加厚薄膜，可用双层薄膜，这样保暖性强。水池规格以长 8m、宽 1.5m、深 0.6m 为宜，也可根据具体情况而定。加温设备有绝缘加热管、控温仪以及碘钨灯等。栽培时所用的基肥有花生骨粉、复合肥等。所用的农药有敌敌畏、速灭杀丁、代森锌、甲基硫菌灵等。

b. 栽培种类和栽培方法　常用来反季节栽培的水生植物种类有荷花、睡莲、千屈菜、纸莎草、香蒲等。通常在 9 月下旬至 10 月上旬将反季节栽培的水生植物进行翻盆，培育种苗，然后把处理好的种苗植于盆内，盖好泥土，放进水池内。随后在池内放好水。一般池水与盆持平，再将绝缘加热棒固定在池内，装好控温仪。白天池中水温控制在 30℃左右，夜间 24～25℃。待幼苗长出 3～4 片叶时，将水温逐步升到33～35℃。中午棚内气温高达 40℃时，需喷水降温。

8.4.4 水生植物养护管理

为达到设计要求，加强水生植物的栽培管理显得尤其重要。管理维护目前主要包括以下几个主要方面：重新种植、杂草的去除、沉积物的挖掘、收割、灌排水管理和病虫害控制等。

8.4.4.1 施肥

施肥在种植地一般不用基肥。追肥以化肥代替有机肥，以避免污染水质，用量为一般植物的 10%。选用池底有丰富腐烂草的黏质土壤的水体。地栽种类主要在基肥中解决养分问题。

8.4.4.2 水深

水生植物依生长习性不同，对水深的要求也不同。耐寒的水生花卉直接栽在深浅合适的水边和池中，冬季不需保护。休眠期间对水的深浅要求不严。少量栽植时，也可掘起贮藏。或春季用缸栽植，沉入池中，秋末连缸取出，倒除积水。冬天保持缸中土壤不干，放在没有冰冻的地方即可。不耐寒的种类通常都盆栽，沉到池中，也可直接栽到池中，秋冬掘出贮藏。有地下根茎的水生花卉，一般须在池塘内建造种植池，以防根茎四处蔓延影响设计效果。漂浮类水生花卉常随风移动，使用时要根据当地的实际情况。如需固定，可加拦网。

不同的水生花卉对水深的要求不同，同一种花卉对水深的要求一般是随着生长要求不断加深，旺盛生长期达到最深水位。

① 湿生类　保持土壤湿润、稍呈积水状态。控制最适水深为 0.5～10cm。

② 挺水类　茎叶挺出水面，要保持一定的水深。控制最适水深在 50～100cm。

③ 浮水类　除浮水类中的漂浮植物仅须足够的水深使其漂浮水面外，其他浮水类水位高低要依茎梗长短调整，使叶浮于水面，呈自然状态。控制最适水深为 50～300cm。

④ 沉水类　水位必须超过植株，使茎叶自然伸展。控制最适水深在 100～200cm。

8.4.4.3 修剪疏除

杂草的过度生长往往会带来许多问题。在春天，杂草比水生植物生长早，遮住了阳光，阻碍了植株幼苗的生长。将其去除将会增强水生植物的美化和净化功能。实践证明，当植物经过三个生长季节，就可以与杂草竞争。然而，一开始就建立良好的植物覆盖，并进行杂草控制是最理想的。在春季或夏季，建立植物床的前三个月，用高于床表面 5cm 的水深淹没可控制杂草的生长。

大多数水生植物在生长期都要进行修剪疏除，以控制其生长势。在同一区域内，如各类水生植物混栽时，必须疏除生长快速的种类，以免覆满水面，影响浮水或沉水类植物的生长；浮水类植物叶面互相遮盖时，要进行疏除；特别要注意控制浮水类漂浮植物的生长范围。入冬后，多年生水生植物地上部分会枯萎，形成湿地独特的冬季景观，可任其自然生长，一般到早春再进行修剪，以保护水生植物根茎部芽的安全越冬。对一些不耐寒的水生植物（如非洲睡莲等），要进入温室保护越冬。

8.4.4.4 越冬管理

耐寒种类直接栽植在池中或水边，冬季不需要特殊保护，休眠期对水深要求不严。半耐寒种类直接种在水中，初冬结冰前提高水位，使花卉根系在冰冻层下过冬；盆栽沉入水中的，入冬前取出，倒掉积水，连盆一起放在冷室中过冬，保持土壤湿润即可。不耐寒种类要盆栽，冬天移入温室过冬。特别不耐寒的种类，大部分时间要在温室中栽培，夏季温暖时可以放在室外水体中观赏。

8.4.4.5 清洁水质

清洁的水体有益于水生花卉的生长发育，水生植物对水体的净化能力是有限的。水体不流动时，藻类增多，水浑浊，小面积可以使用硫酸铜，分小袋悬挂在水中，1kg/250m³；大面积可以采用生物防治，放养金鱼藻、狸藻等水草或螺蛳、河蚌等软体动物。轻微流动的水体有利于植物生长。

8.4.4.6 病虫鱼害防治

控制植物群落环境，注意病虫害的发生，并可根据需要建立病虫害监测制度。

① 病害 湿地生态系统一般较为稳定开放，生物多样性对病虫害有很大的抑制作用，难以蔓延成灾。

② 虫害 主要是迁徙害虫危害，当陆地食物匮乏或遭喷洒农药时，害虫会向水生植物区域迁徙（特别是和草坪接壤处），从而危害水生植物，防治方法同陆地种植。

③ 鱼害 大多数水生植物是食草性鱼类的美味佳肴，如苦草、慈姑、睡莲、荷花、芦苇、芦竹、茭白等。食草性鱼类对水生植物构成致命的危害，需合理控制食草性鱼类的种类和数量。

8.4.5 常见水生植物的栽培管理

8.4.5.1 荷花的栽培技术措施

(1) 荷花的主要生长特性 荷花为宿根水生花卉，地下茎肥大有节，通称藕，横生于泥中，荷花喜湿怕干，喜相对稳定的静水，不爱涨落悬殊的流水，喜光，喜温，不耐阴，花期7~8月份。

(2) 栽培方法 采用分藕繁殖法，于4~5月份栽前先将池水放干，将选出的种藕埋入泥中，使先端芽向下，深10~15cm，末端稍露出土面，并适当加以填压，以防灌水后浮起。栽植密度为3~5株/m²，栽后2~3天开始浇灌浅水，苗期保持10~30cm浅水，当植株进入生长旺期，保持水深40~80cm。

(3) 管理措施

① 栽培环境管理 荷花宜静水栽植，要求池塘的水层深厚，水流缓慢，水位稳定，水质无严重污染，水深在150cm以内，藕芽易被鱼类吞食，种植前应清除池塘中的有害鱼类。

② 合理施肥 荷花生长期间要适时追肥，追肥的原则是：苗期轻施、蓓蕾形成期重施及开花结果期勤施，一般施尿素或复合肥40~50kg/亩。

③ 清除水草 荷花生长期及时拔除水草，以控制杂草生长。

8.4.5.2 水葱的栽培技术措施

(1) 水葱的主要生长特性 莎草科水葱属，多年生宿根挺水植物，株高1~2m，具粗壮的根状茎，茎秆直立，圆柱形，中空。粉绿色，在自然界中常生长在沼泽、沟渠及池畔，最佳生长温度15~30℃，10℃以下停止生长，耐低温，可露地越冬。

(2) 栽培方法 采用分株栽植法，于4~5月份把越冬苗从地下挖起，抖掉部分泥土，用枝剪将地下茎分成若干丛，每丛保持8~12个芽，栽到池塘边浅水带，栽植密度为16~25株/m²。

(3) 管理措施 在生长期追肥1~2次，施用尿素或复合肥。水葱生长较为粗放，没有什么病虫害，冬季上冻前剪除上部枯茎，不用保护可自然越冬。

8.4.5.3 千屈菜的栽培技术措施

(1) 千屈菜的主要生长特性 千屈菜科千屈菜属，多年生宿根挺水植物，喜阳光充足，通风良好的环境，喜水湿，较耐寒，可露地越冬，在浅水中栽植长势良好，对土壤要求不严，耐盐碱。

(2) 栽培方法 采用分株法繁殖，在4月份进行，将老株挖起，抖掉部分泥土，分清根的分枝点和休眠点，用刀切成若干丛，每丛保持4~7个芽，栽植在池塘边浅水带，栽植密度为16~25株/m²。

(3) 管理措施 千屈菜生命力极强，管理也十分粗放。生长期及时拔除杂草，保持水面清洁。为加强通风，剪除部分过密引弱枝，及时剪除开败的花穗，促进新花穗萌发。生长期应不断打顶，促其矮化。10月下旬剪去老枝，灌足冻水。

8.4.5.4 凤眼莲的生态习性及栽培管理

凤眼莲为雨久花科凤眼莲属多年生漂浮花卉，小花蓝紫色，中央具深蓝色块斑，斑中又具深黄色眼点，艳丽醒目，极具观赏价值。花期7~9月份。

（1）**生态习性**　凤眼莲对环境适应性很强，在池塘、水沟和低洼的渍水田中均可生长，具有一定的耐寒性。将其栽植在静水池塘中，随水漂流，繁殖迅速，一年中单株就可布满几十平方米的水面。子房于水中发育膨大，花后一个多月种子成熟。

（2）**栽培繁殖**　通常分株繁殖，春天将母株丛分离或切离母株腋生小芽投入水中即可生根，极易成活。栽培时不需过多管理，生长期内视情况间施肥料，就可使其花繁叶茂。

8.4.5.5　睡莲的生态习性及栽培管理

睡莲为睡莲科睡莲属多年生浮水花卉，花色有白色、粉色、黄色、紫色及浅蓝色等，群体花期6～10月。

（1）**类型及品种**　睡莲根据耐寒性不同可分为两大类。

① 不耐寒性睡莲（热带睡莲）　原产于热带，其中许多为夜间开花种类，在我国大部分地区需温室栽培，目前栽培和应用较少。

② 耐寒性睡莲　大部分引种的为此类，原产于温带和寒带，耐寒性强，均属白天开花类型。

（2）**生态习性**　睡莲类均喜阳光充足、通风良好、水质清洁的静水环境，要求腐殖质丰富的黏性土壤。春季萌芽生长，夏季开花，花后果实深入水中。冬季地上茎叶枯萎，根茎可在不冰冻的水中越冬。

（3）**栽培繁殖**　通常以分株繁殖为主，也可播种繁殖。分株繁殖时，于4月初将根茎挖出，用刀切成数段，每段约10cm，另行栽植。

8.5　仙人掌类及多浆植物的栽培

多浆植物又称为多肉植物，多数原产于热带、亚热带干旱地区或森林中，其茎、叶具有发达的贮水组织，是呈现肥厚而多浆的变态状植物。在园艺上，这一类植物生态特殊，种类繁多，或体态清雅而奇特，或花色艳丽而多姿，颇富趣味性。多浆植物通常包括仙人掌科以及番杏科、景天科、大戟科、凤梨科、龙舌兰科、马齿苋科、葡萄科、鸭跖草科、酢浆草科、牻牛儿苗科、葫芦科等。仅仙人掌科植物就有140余属，2000种以上。为了栽培管理及分类上的方便，常将仙人掌科植物另列一类，称仙人掌类；将仙人掌科之外的其他科多浆植物（约55科），称为多浆植物。有时两者通称为多浆植物。

8.5.1　生长特点

仙人掌类及多浆植物具有肥厚多汁的肉质茎叶或根，大部分生长在干旱或一年中有一段时间干旱的地区，所以这类植物多有发达的薄壁组织以贮藏水分，其表皮气孔少而经常关闭，以降低蒸腾强度，减少水分蒸发，有不同程度的冬眠和夏眠习性。在植物分类上，通常包括了仙人掌科与番杏科的全部种类及景天科等几十科中的部分种类。仙人掌类植物表现出一定的旱生结构，茎通常肉质化呈较细的圆柱形，棱柱形或肥厚的扁平状，开花常在夜间。如量天尺属、昙花属、令箭荷花属、蛇鞭柱属、蟹爪兰属等（图8-12）。

多浆植物从形态上看，可分为叶多浆植物和茎多浆植物两类（图8-13）。叶多浆植物是贮水组织主要分布在叶片器官内，因而叶形变异极大。从形态上看，叶片为主体；茎器官处于次要地位，甚至不显著，如石莲花。茎多浆植物是贮水组织主要在茎器官内，因而从形态上看，茎占主体，呈多种变态，绿色，能代替叶片进行光合作用；叶片退化或仅在茎初生时具叶，以后脱落，如仙人掌、大花犀角等。

8.5.2　生物学特征

（1）**具有鲜明的生长期及休眠期**　陆生的大部分仙人掌科植物，原产于南、北美洲热带地区，该地区的气候有明显的雨季（通常5～9月份）及旱季（10月～翌年4月份）之分。长期生长在该地的仙人掌科

图 8-12　常见仙人掌类植物

图 8-13　常见多浆类植物

植物就形成了生长期及休眠期交替的习性。在雨季中吸收大量的水分，并迅速地生长、开花、结果；旱季为休眠期，借助贮藏在体内的水分来维持生命。对于某些多浆植物，也同样如此，如大戟科的松球掌等。

(2) 具有非凡的耐旱能力　由于这些植物长期生长在少水的环境中，而形成了与一般植物的代谢途径相反的适应性。这些植物在夜间空气相对湿度较高时，张开气孔，吸收 CO_2，对 CO_2 进行羧化作用，将 CO_2 固定在苹果酸内，并贮藏在液泡中；白天气孔关闭，既可避免水分的过度蒸腾，又可利用前一个晚上所固定的 CO_2 进行光合作用。这种途径是上述 CAM 植物对干旱环境适应的典型生理表现，最早是在景天科植物中发现的，故称为景天代谢途径。

生理上的耐旱机能，也必然表现在它们体形的变化和表面结构上。对于各种物体来说，在体积相同的情况下，以球形者面积最小。多浆类植物正是在体态上趋于球形及柱形，以在不影响贮水体积的情况下，最大限度地减少蒸腾的表面积。仙人掌及多浆类植物多具有棱肋，雨季时可以迅速膨大，把水分贮存在体内；干旱时，体内失水后又便于皱缩。

某些种类还有毛刺或白粉，可以减弱阳光的直射；表面角质化或被蜡质层，也可防止过度蒸腾。少数种类具有叶绿素分布在变形叶的内部而不外露的特点，叶片顶部（生长点顶部）具有透光的"窗"（透明体），使阳光能从"窗"射入内部，其他部位有厚厚的表皮保护，避免水分大量蒸腾。

8.5.3　仙人掌及多浆植物的繁殖

仙人掌科及多浆类植物大体来说，开花年龄与植株大小存在一定相关性。一般较巨大型的种类，达到开花年龄较长；矮生、小型种类，达到开花年龄较短。一般种类在播种后 3～4 年就可开花；有的种类到开花年龄需要 20～30 年或更长的时间。如北美原产的金琥，一般在播种 30 年后才开花。宝山仙人掌属及初姬仙人掌属等球径达 2～2.5cm 时才能开花。

在某些栽培条件下，有不少种类不易开花，这与室内阳光不充足有较大关系。仙人掌及多浆类植物在原产地是借助昆虫、蜂鸟等进行传粉而结实的，其中大部分种类都是自花授粉不结实的。在室内栽培中，应进行人工辅助授粉，才易于获得种子。

仙人掌类及多浆植物的最常用的繁殖方式为扦插和嫁接，还可采用播种繁殖。仙人掌及多浆植物在原产地极易结实，但室内盆栽仙人掌及多浆植物常因光照不充足或授粉不良造成花后不实，采取人工辅助授粉的方法可促进结实。某些种类（如芦荟）还可用分割根茎或分割吸芽的方法进行繁殖。

8.5.4　仙人掌及多浆植物的栽培管理

栽培仙人掌类植物和多浆植物时，最好有温床、温室，或朝向南面的房间。由于其在原产地形成的生态适应性，不同的种类需要不同的生态环境条件。因此，栽培中应注意水分、温度、光照及土壤等条件的调节。

8.5.4.1　浇水

多数仙人掌及多浆植物原产地的生态环境是干旱而少水的，因此在栽培过程中，盆内不应积水，土壤排水良好才不致造成烂根现象。对于多绵毛及有细刺的种类、顶端凹入的种类等，不能从上部浇水，可采用浸水的方法，否则上部存水后易造成植株溃烂而有碍观赏，甚至死亡。这类植物休眠期以冬季为多（温带在 10 月份以后；暖温带在 12 月份左右），因而冬季应适当控制浇水；体内水分减少，细胞液渐浓，可增强抗寒力，也有助于翌年着花。由于地生、附生类的生态环境不同，在栽培中也应区别对待。地生类在生长季可以充分浇水，高温、高湿可促进生长；休眠期宜控制浇水。附生类则不耐干旱，冬季也无明显休眠，要求四季均较温暖、空气湿度较高的环境，因而可经常浇水或喷水。

我国广大地区，均比较适合仙人掌花卉的生长。多数种类进入炎夏季节，即便气温很高，也不宜随便浇水。夏天，天气炎热，水分散失较快，需要充分浇水，在阳光照射下花盆和土壤表面温度甚高，烈日下浇水容易烫伤植株根系，所以浇水时间应选择在清晨日出前或傍晚日落后进行。而有些种类，如高地性仙人掌类的鹿角柱属、裸玉属、月华玉属，疣仙人掌类的乳突球属、月冠属，南美仙人掌类的智利球属、髯玉属以及毛柱类、红色刺的强刺仙人掌类的大部分品种，已接近半休眠状态，对这些种类宜适当控制浇水量，以免因过量浇水，引起根部腐烂，危害植株。

在仙人掌类和多浆植物的休眠期（10 月～翌年 3 月份），应节制浇水，以保持土壤不过分干燥即可。温度越低越应保持土壤干燥，水分过多易引起根部腐烂。在其生长期（春、秋），则需较多的水分，仙人掌类的绵毛和白毛种类以及强刺类的赤刺等种类，不能从球上浇水，否则会引起白毛污脏，刺色不鲜。仙人掌和多浆植物的浇水，还要根据种类的不同、一年四季的气候和环境变化灵活掌握。

8.5.4.2　温度及湿度

地生类冬季通常在 5℃ 以上就能安全越冬，但也可置于温度较高的室内继续生长。室内温度下降到 5℃ 时就要进行保温，早春不能过早停止保温，否则遇寒流会导致冻害。附生类四季均需温暖，通常在 12℃ 以上为宜，空气湿度也要求高些才能生长良好；当温度超过 30～35℃ 时，生长趋于缓慢，甚至停滞或处于半休眠或休眠状态。如果在夏天到来时，做好适当遮阴，加强通风设施，合理增加空气中湿度，可达到一定的降温效果，对仙人掌花卉能起到安全度夏的良好作用。

多数仙人掌种类适应于 30%～60% 的湿度。但夏天气温高，空气干燥，植株在长期干燥的环境里生长，其色彩会消退，刺、毛灰暗，表皮粗糙萎黄，严重时植株枯萎。因此在这之前应适当增加栽培场所的空气湿度。如经常用喷雾器向栽培场所喷水，或在栽培场所里放置些盛装清水的缸、钵等容器，或向地面洒水或在地上挖筑些浅水沟并注入清水。

8.5.4.3　光照

地生类耐强光，室内栽培若光照不足，则引起落刺或植株变细；夏季在露地放置的小苗应有遮阳设施。附生类除冬天需要阳光充足外，以半阴条件为好；室内栽培多置于北侧。光照对于仙人掌类植物的生长尤其重要。若阳光不足，植物会表现出病状，生长畸形，严重时会腐败枯死。大部分仙人掌类植物在生长发育期间阳光要充足，每天应照射6小时以上的阳光。放置在室内陈列的盆栽植株，每周应轮换1次给予照射阳光3~4天。不同的仙人掌类植物所需求的阳光多少也有不同。如原产于热带雨林中的昙花属（*Epiphyllum*）、丝苇属（*Rhipsalis*），光照方面只需要半阴条件，而原产于北美亚热带和热带半荒漠、荒漠区南部的强刺球属（*Ferocactus*），则整个夏季的全日照条件可以让球和刺长得更加健壮。然而，喜充足光照的仙人掌类植物在日常栽培中也会因光照过强而产生日灼斑。

要栽培好仙人掌类和多浆植物类，最主要条件就是要给予充分的光照，一般来说，秋、冬季节天气寒冷，尤需直射阳光；而春、夏季节，则需稍微遮阴，给予散射光，不可直射。仙人掌类和多浆植物的种类繁多，原产地各有不同，对光照的要求也依种类而异。仙人掌类和多浆植物在盛夏强烈的直射阳光下其幼苗及成熟植株均可能会被灼伤。球类、刺类、毛类等种类的仙人掌，阳光直射过多也容易被灼伤。

8.5.4.4　土壤

多数种类要求排水通畅、透气良好的石灰质沙土或沙壤土。地生类可参照下述比例配制培养土，即壤土7：泥炭3（或腐叶土）：粗沙2或者壤土2：泥炭2（或腐叶土）：粗沙3。

有时也可加入少许木炭屑、石灰石或石砾等。幼苗期可施少量骨粉或过磷酸盐，大苗在生长季可少量追肥。

附生类可参照下述比例配制培养土：粗沙10份，腐叶土3~4份，鸡粪（蚯蚓粪）1~2份。若在其中加入少许石灰石、木炭屑、草木灰则生长尤佳。在生长季施些稀薄液肥，并且加些硫酸亚铁，以降低pH值，更有利于生长。

8.5.4.5　肥料

仙人掌类及多浆类植物在种植前需施基肥，一般用腐熟的禽肥和骨粉，可放在盆底或磨细后混入培养土内。一般在施用液肥时尽量冲淡，在春季和秋季生长季内，每月追肥2~3次即可，嫁接苗可1周施1次。7~8月高温期间及冬季休眠期不要施肥。大多数仙人掌类和多浆植物在根部损伤尚未恢复时切忌施肥，以免植株腐烂。

为使仙人掌类和多浆植物生长发育良好，小苗一般每年进行1次换盆，大苗可2~3年换1次盆。对一些易产生蘖蘖、宜分株繁殖的种类，还可结合换盆进行分株繁殖。仙人掌类植物的换盆季节最好是在它们经过休眠即将萌动的时候，若1次换盆可在春季2~3月份进行；生长旺盛的1年需换盆2次，可在春、秋进行，即3月和9月各换1次盆。有些种类在盛夏期间处于休眠状态，到秋季方可开始恢复生长。移植换盆后其生长可日趋旺盛。夏、冬季节不宜换盆，因为盛夏和严冬换盆后如养护不当，会灼伤或冻伤植株。换盆前须停止浇水2~3天，等培养土稍干燥后方可进行。根部无病虫害但生长不良的植株可放在阴凉处10~20天，使其干燥后再上盆。其他多浆植物的换盆和仙人掌类植物有些不同，春季、夏季至秋初生长，冬季休眠的种类主要在春季换盆；秋至春季生长，夏季休眠的种类主要在秋季换盆。此外，多浆植物的根系不宜在空气中暴露过久，脱盆后要尽快上盆；根部扩展比仙人掌类植物快的多浆植物，如百合科、景天科、萝藦科、番杏科等多浆植物，换盆时要剪短其根部。有些块根和块茎类的多浆植物根系较少，换盆时要格外小心，避免根系受损。

8.5.4.6　病虫害防治

在仙人掌及多浆植物的栽培过程中，会遇到一些常见的病害，如腐烂病、锈病、赤霉病等；还会发生虫害，如蝗虫、菜青虫、介壳虫等。这些细菌、真菌和动物对仙人掌花卉的影响并不十分严重，只要改善栽培条件，管理措施得当，预防与防治兼施，很容易获得良好效果。坚持"预防为主，综合防治"的原则。要熟悉病虫害的发生原理、预报，及时采取有效的防治措施。采用生态、物理、生物等多种方法一起进行防治。

（1）病害　腐烂病的发生常常是两方面的原因，一方面是由于致病菌感染引起，仙人掌生长的周围环境，如土壤、空气、肥料等，往往有致病的细菌和真菌存在，如果不注意消毒杀菌，病菌很容易在仙人掌生长的周围环境中大量繁殖并危害植物。另一方面是管理不善引起的，比如土壤过度潮湿、渍水，紧接着温度过高，通风不畅，就很有可能导致植株腐烂。防治腐烂病，可以定期在植株上喷洒40％氧氯化铜悬浮剂800～1000倍液预防，还可用代森锌、多菌灵和甲基硫菌灵等杀菌剂喷雾防治。金黄斑点病、凹斑病及赤霉病等病，可用75％百菌清800倍液或50％多菌灵或70％甲基硫菌灵600～800倍液喷雾。如果是锈病，则可用25％三唑酮（粉锈宁）2000～3000倍液喷雾。

（2）虫害 对于动物性危害，可以根据不同动物的生理特点，用不同的化学试剂喷洒、浇灌，起到防治结合的效果。如菜青虫、蝗虫可用25％溴氰菊酯2000倍液喷雾；红蜘蛛的防治可以用40％的三氯杀螨醇900～1000倍液进行喷杀；蛴螬、金针虫、地老虎可用50％辛硫磷800～1000倍浇灌；介壳虫通常用50％马拉硫磷1000倍液、25％亚胺硫磷乳油800倍液喷雾防治。发现害虫发生，及时根据发生的种类对症选用杀虫药剂进行喷杀。

8.6 竹类与棕榈类植物栽植

竹类与棕榈类植物都是庭园及其他园林应用中常见的观赏植物，可用于护坡防治水土流失、人工地基栽植，也可用于街道绿化。严格地说，由于它们的茎只有不规则排列的散生维管束，没有周缘形成层，不能形成树皮，也无直径的增粗生长，不具备树木的基本特征。然而，由于它们的茎干木质化程度很高，且为多年生常绿观赏植物，人们仍将其作为园林树木对待，并给予较多的重视。

8.6.1 竹子的栽培和养护

8.6.1.1 竹子的生物学特性

竹子属于禾本科竹亚科，具有禾本科植物的共同特征。其营养器官的外部形态，花和果实等生殖器官的结构以及生长发育规律等方面的特殊性，使其形成特殊的类群。竹子是多年生常绿的单子叶植物，有乔木、灌木、藤木，还有极少数秆形矮小、质地柔软而呈草本状。

竹子的生长发育不同于一般树木，其寿命短，开花周期长，竹子的扩展、栽植和更新主要是通过营养体的分生来实现。竹子的地下茎既有养分贮存和输导的作用，又具有强大的分生繁殖能力。竹类植物的生长不仅具有根系向地性和竹秆向上性，而且还具有地下茎横向生长的特性。竹子没有次生生长。不论竹秆或竹鞭，都在长度增加的同时，加大直径的粗度和竹壁的厚度，其高度的增加与体积增大基本上是呈正比的。竹类具有地下茎，俗称"竹鞭"，亦名"鞭茎"。由此发芽生笋，繁殖成林。因竹种不同，地下茎有单轴型、合轴型、复轴型三种类型。

① 单轴型 竹鞭细长，在地下横向生长，鞭上有节，节上生根，每节一芽，交互排列。有的芽抽生新鞭，在土壤中蔓延生长；有的芽发育成笋，出土成竹，立竹呈稀疏散生状态，又称为散生竹类，如刚竹属、唐竹属等的竹。

② 合轴型 地下茎粗大短缩，节密根多，顶芽出土成笋，长成竹秆，形成密集丛生的竹丛，秆基形状似烟斗，堆集成群，所以称丛生竹，如慈竹属、单竹属、牡竹属等的竹种。

③ 复轴型 兼有单轴型和合轴型的特点，既有在土壤里横向生长的细长竹鞭，又有短缩的地下茎，发笋生长的竹株，兼有散生竹类和丛生竹类的双重特点，故称为混生竹类，如苦竹属、箬竹属、箭竹属、赤竹属等的竹种。

8.6.1.2 竹类的生态学特性

竹类一般都喜温暖、湿润的气候和水肥充足、疏松的土壤条件。竹类喜光，也有一定耐阴性，一般生长密集，甚至可以在疏林下生长。但不同竹种对温度、湿度和肥料的要求又有所不同。竹笋和幼竹生长的气温和土壤温度为16～18℃；4月份气温、土温都达到20℃以上，并且雨量丰沛，最适于出笋和幼竹初期生长；5月份气温和土温达到25℃左右，雨量又多，幼竹生长达到高峰；以后温度进一步上升，开始枝叶生长和成竹的秆材生长。竹笋和幼竹的生长除受气候条件影响外，还受母竹生长状况的制约，母竹密度越大，则出笋量越少；母竹生长好，生命力强，贮藏养分多，则竹笋质量好。丛生竹对水肥的要求一般高于混生竹，混生竹又高于散生竹。对低温的抗性则恰好相反，散生竹强于混生竹，混生竹又强于丛生竹。因而在自然条件下丛生竹多分布于南亚热带和热带江河两岸和溪流两旁，而散生竹多分布于长江与黄河流域平原、丘陵、山坡和海拔较高的地方。

8.6.1.3 竹子的生长特点

(1) 散生竹的生长特点 散生竹的竹鞭分布在土壤上层，横向起伏生长。毛竹的竹鞭分布较深，一般在15～40cm范围内，有时深达1m。中、小型散生竹的竹鞭入土较浅，一般在10～25cm。通常在肥沃土壤中竹鞭分布较深，而在贫瘠土壤分布较浅。散生竹的地下茎由鞭梢生长形成，鞭梢又叫鞭笋，是竹鞭的先端部分，外面由坚硬的鞭壳所包被，尖削如楔，具有强大的穿透力，竹鞭在地下纵横蔓延就是通过鞭梢的生长来完成的。

在竹鞭生长期中，砍竹或挖鞭切断地下输导系统，会引起大量伤流，影响鞭梢生长，甚至造成其萎缩死亡。土壤质地、肥力、水分等对鞭梢生长影响很大。在疏松肥润的壤土中，鞭梢生长快，一年可达4～5m，钻行方向变化不大，起伏扭曲也小，形成的竹鞭鞭段长、节间也长。而在土壤板结、石砾过多、干燥瘠薄或灌木丛生的地方，土中阻力大，竹鞭分布浅，鞭梢生长缓慢，起伏度大，钻行方向变幻不定，经常折断分生岔鞭，所以形成的鞭段较短，大多是畸形。在竹林培育上，通过松土、施肥、盖土等技术措施，改进林内和林缘土壤上层的水分、肥力、通气条件，促进鞭梢生长，以形成粗壮的长鞭段。竹林中的幼龄竹和壮龄竹绝大部分着生在壮龄竹鞭上，这是生产中作为选择母竹标准之一。在竹林培育上，无论是留笋养竹、移竹或移鞭栽植，都必须选用幼龄或壮龄竹鞭。

(2) 丛生竹的生长特性 丛生竹的地下茎为合轴型，地下无横向生长的竹鞭，其须根特别发达，主要分布在土壤上层40～60cm内。新秆由秆柄与母竹相连。秆柄细小短缩，不生根，一般由10节左右组成；秆基则粗大短缩，其上长芽生根；秆茎两侧交会生长着多枚大型芽，它们可萌笋长竹。

秆基部分每节着生一大型芽，交互排列，一般在春末夏初开始萌发，初为向地生长，后经短时间的近横向生长，转为向上生长并逐步出土成竹。芽眼的数目随竹种变化而变化，麻竹、慈竹、车简竹等一般5～10个，凤尾竹等小型丛生竹常2～6个。芽眼的大小和萌发力与其着生部位有关。一般分布在秆基中、下部的芽眼，充实饱满，生活力强，萌发较早较多，笋体肥大，成竹质量高。着生在上部特别是那些露出地面的芽眼较小，生活能力弱，萌发较迟较少。在1年内，每株母竹秆基上的笋目一般只有3～5个能萌发成竹，其余多不能萌发，或萌发后因养分不足而枯死，称为"虚目"。三四年生以上的秆基的芽眼，完全失去萌发力。

丛生竹一般竹种不同，发笋的时间也不同。如慈竹、黄竹为7～8月份，绵竹7～9月份，而沙罗竹在每年3～4月份和8～9月份有2次发笋，以后大多为一次。

丛生竹笋期生长受多种因素的影响。出笋量与坡向和坡的位置有关，一般阴坡多于阳坡，坡下部和山谷多于坡上部，高生长也以阴坡较快；在一般竹丛中，1年生的新竹处于幼龄阶段，其高度、粗度、体积均不再有明显的变化，但其内部组织幼嫩，水分多而干物质少，枝、叶、根均未充分生长发育。随着竹龄的增长，同化器官和吸收系统逐渐完善，生理代谢活动逐渐增强，有机物逐渐积累，2年生竹秆的发笋力最强，3年生次之，4年生基本不发笋。而此时竹秆组织也相应老化，水分减少，干重增加，竹材性能良好，竹子的叶量逐渐减少，根系逐渐稀疏，生理活动逐渐衰退，材质下降，竹子进入老龄阶段，开始出现枯竹、站竹。因此一个竹丛中幼壮龄竹的比例越大，发笋力越强，成竹质量越高。

(3) 混生竹的生长特性 复轴混生型的竹类，其形态和生长兼有散生竹和丛生竹的特性，既有横走地下的竹鞭，又有密集簇生的竹丛。其竹鞭的形态特征和生长习性与散生竹的竹鞭基本相同，但节间细长鞭根较少，横切面圆形，着芽一侧无沟槽，鞭上侧芽可以抽发为新鞭，又可以发笋长竹。在疏松肥沃的土壤中，鞭梢一年生长量可达3～4m。鞭梢在夏季生长较快，在冬季停止生长后，一般都萎缩断掉，来年春季又从附近侧芽抽发出新鞭。混生竹秆基的节间较长，竹根较少，弯曲度小，两侧有芽眼2～6枚，可以发育成为竹鞭，在土壤中横向蔓延生长；也可以分化成竹笋，紧靠母竹，成丛生长。

在不同的立地和养护条件下，竹鞭生长状况是不一样的，一般多分布在 20cm 左右的土层。土壤深厚、疏松、肥沃的山谷或坡下部，鞭根入土较浅，鞭茎大，鞭节长，起伏变化小；在土壤较薄的坡上部或山脊，分布较深，鞭茎小，鞭节短，起伏变化大。竹笋出土后，自基部节间开始，由上而下，按慢-快-慢的生长规律，逐节延伸，推移前进。根据生长速度的情况，幼竹高生长过程可分为初期、上升期、盛期、末期 4 个时期，幼竹放叶期在出笋后 40～50 天，而母竹换新叶是隔年一次，在清明出笋期前后，母竹一般不出新叶，枝上老叶全部枯死脱落需 7～8 年时间（表 8-1）。

表 8-1 竹子的生长特点

生长时期	每日生长量	生长时间	生长特点
初期	1～4cm	12～15 天	生长缓慢
上升期	5～20cm	5～7 天	生长加快
盛期	11～50cm	10～12 天	生长达高峰
末期	20cm 以下	10 天左右	生长减慢

8.6.1.4 竹子的栽植技术和养护管理

一般采用移竹栽植法，其栽植是否成功，不是看母竹是否成活，而是看母竹是否发笋长竹。如果栽植后 2～3 年还不发笋，则可视为栽植失败。

(1) 散生竹的栽植 散生竹移栽成功的关键是保证母竹与竹鞭的密切联系，所带竹鞭具有旺盛孕笋和发鞭能力。选择土层深厚、肥沃、湿润、排水和通气良好，并呈微酸性反应的壤土最好，沙壤土或黏壤土次之，重黏土和石砾土最差。过于干旱、瘠薄的土壤，含盐量 0.1% 以上的盐渍土和 pH 5.0 以上的钙质土以及低洼积水或地下水位过高的地方，都不宜栽植。晚秋至早春，除天气过于严寒外都可栽植。偏北地区以早春栽植为宜，偏南地区以冬季栽植效果较好。

选择 1～2 年生母竹，其所连竹鞭处于壮龄阶段，鞭壮、芽肥、根密，抽鞭发笋能力强，枝叶繁茂，分枝较低，无病虫害，胸径 2～4cm 的疏林或林缘竹都可选作母竹。竹秆过粗，挖、运、栽操作不便；分枝过高，栽后易摇晃，影响成活；带鞭过老，鞭芽已失萌发力，都不宜选作母竹。根据竹鞭的位置和走向，在离母竹 30cm 左右的地方破土找鞭，按来鞭（即着生母竹的鞭的来向）20～30cm，去鞭（即着生母竹的鞭向前钻行，将来发新鞭、长新竹的方向）40～50cm 的长度将鞭截断，再沿鞭两侧 20～35cm 的地方开沟深挖，将母竹连同竹鞭一并挖出。挖母竹时要注意鞭不撕裂，保护鞭芽，少伤鞭根不摇竹秆，不伤母竹与竹鞭连接的"螺丝钉"。事实证明，凡是带土多、根幅大的母竹成活率高，发笋成竹也快。母竹挖起后，留枝 4～6 盘，削去竹梢，若就近栽植，不必包扎，但要保护宿土和"螺丝钉"，远距离运输必须将竹兜鞭根和宿土一起包好扎紧。

栽竹要做到"深挖穴，浅栽竹，下紧围，高培蔸，宽松盖，稳立柱"，注意掌握"鞭平秆可斜"的原则。挖长 100cm，宽 60cm 的栽植穴。栽植时根据竹兜大小和带土情况，适当修整，放入植穴后，解去母竹包装，顺应竹兜形状使鞭根自然舒展，不强求竹秆垂直，竹兜下部要垫土密实，上部平于或稍低于地面，回入表土，自下而上分层塞紧踩实，使鞭与土壤密接，浇足定根水，覆土培成馒头形，再盖上一层松土。毛竹若成片栽植，密度可为每亩 20～25 株，3～5 年可以满园成林。

母竹栽植的管理与一般新栽树木相同，但要注意发现露根、露鞭或竹兜松动要及时培土填盖；松土除草不伤竹根、竹鞭和笋芽；最初 2～3 年，除病虫危害和过于瘦弱的笋子外，一律养竹。孕笋期间，即 9 月以后应停止松土除草。

小型散生竹种，如紫竹、刚竹、罗汉竹等对土壤的要求不甚严格，可以单株或 2～3 株一丛移栽。挖母竹时来鞭留 20cm，去鞭留 30cm，带 10～15kg 的土球，留枝 4～5 盘去梢。植穴长宽各 50～60cm，深 30～40cm 将母竹植入穴内，完成栽植工作。小型竹种若成片栽植，其密度可为每亩 30～50 穴。

(2) 丛生竹的栽植 丛生竹主要分布于广东、广西、福建、云南、四川、重庆和福建等地。我国丛生竹的种类很多，竹秆大小和高矮相差悬殊，但其繁殖特性和适生环境的差异一般不大，因而在栽培管理上也大致相同。

丛生竹种绝大多数分布在平原丘陵地区，尤其是在溪流两岸的冲积土地带。一般应选土层深厚、肥沃疏松、水分条件好、pH 4.5～7.0 的土壤进行栽植。干旱瘠薄、石砾太多或过于黏重的土壤不宜种植。

丛生竹类无竹鞭，靠秆基芽眼出笋长竹，一般 5～9 月出笋，翌年 3～5 月伸枝发叶，移栽时间最好在发叶之前进行，一般在 2 月中旬至 3 月下旬较为适宜。此时挖掘母竹、搬运、栽植都比较方便，成活率高，当年即可出笋。

选生长健壮、枝叶繁茂、无病虫害、秆基芽眼肥大充实、须根发达的 1～2 年生竹作母竹，其发笋能力强，栽后易成活。2 年生以上的竹秆，秆基芽眼已发笋长竹，残留芽眼多已老化，失去发芽力，而且根系开始衰退，不宜选作母竹。母竹的粗度，应大小适中，青皮竹属中型竹种，一般胸径以 2～3cm 为宜。过于细小，竹株生活力差，影响成活；过于粗大，挖、运、栽很不方便，都不宜选作母竹。

1～2 年生的健壮竹株，一般都着生于竹丛边缘，秆基入土较深，芽眼和根系发育较好。母竹应从这些竹株中挖取。挖掘时，先在离母竹 25～30cm 处扒开土壤，由远至近，逐渐深挖，防止损伤秆基芽眼，尽量少伤或不伤竹根，在靠近老竹一侧，找出母竹秆柄与老竹秆基的连接点，用利器将其切断，将母竹带土挖起。母竹挖起后，保留 1.5～2.0m 长的竹秆，用利器从节间中部呈马耳形截去竹梢，适当疏除过密枝和截短过长的枝，以便减少母竹蒸腾失水，便于搬运和栽植。母竹就近栽植可不必包装，若远距离运输则应包装保护，并防止损伤芽眼。

根据造景需要可单株（或单丛）栽植，也可多丛配置。种植穴的大小视母竹土球大小而定，一般应大于土球或竹兜 50%～100%，直径为 50～70cm，深约 30cm。栽竹前，穴底先填细碎表土，最好能施入 15～25kg 腐熟有机肥与表土拌后回填。母竹放好后，分层填土、踩实、灌水、覆土。覆土以高出母竹原土印 3cm 左右为宜，最后培土成馒头形，以防积水烂兜。其他小型丛生竹种，如凤尾竹等，竹株矮小，竹株分布密集，竹根比较集中，可 3～5 株成丛挖取栽植，其方法大体相近。

(3) 混生竹的栽植 混生竹的种类很多，大都生长矮小，虽除茶秆竹外其经济价值多不大，但其中某些竹种，如方竹、菲白竹等则具有较高的观赏价值。混生竹既有横走地下茎（鞭），又有秆基芽眼，都能出笋长竹，其生长繁殖特性位于散生竹与丛生竹之间，移栽方法可二者兼而有之。

8.6.2 棕榈类植物的栽植和养护

棕榈类植物为常绿乔木、灌木或藤木，具有很高的观赏价值。它们优美独特的树姿、健壮通直的树干、姿态幽雅的叶片乃至全株由根、茎、叶、花、果等每一部分所显示出的气质、风韵与美感，深受人们喜爱，用于适生区的园林绿化及室内栽培，均达到极佳的观赏效果。棕榈类植物种类较多，生态学特性虽有差异，但其移栽方法大体相同。

8.6.2.1 棕榈类植物的生物学特性

棕榈类植物一般分布在泛热带及暖亚热带地区以海岛及滨海热带雨林，是典型的滨海热带植物。但有些属、种在内陆、沙漠边缘以至于温带都有分布。这些树种具有耐寒、耐贫瘠以及耐干旱等特征。棕榈植物大多数具有耐阴性尤其是在幼苗期需要较荫蔽的环境。也有不少乔木型树种为强阳性成龄树，需要阳光充足的环境，如加拿利海枣、老人葵、皇后葵。棕榈类植物对土壤环境的适应性很强，滨海地带的海岸、沼泽地、盐碱地、沙土地为酸性土壤及石灰质土壤，也是棕榈类植物分布区。另外，棕榈植物适应性很强，有的喜阳有的喜阴，有的耐旱有的耐湿，有的耐贫瘠有的喜肥，大多数种类抗风性都很强。

8.6.2.2 棕榈类植物的栽培技术和养护管理

棕榈喜温暖不耐严寒，喜湿润肥沃的土壤；耐阴，尤以幼年更为突出，在树荫及林下更新良好；对烟尘及 SO_2、HF 等有毒气体的抗性较强；病虫害少。以湿润、肥沃深厚、中性、石灰性或微酸性黏质壤土为好。可在春季或梅雨季节栽植，选雨后和阴雨天栽植为好。以选生长旺盛的幼壮树为好，特别是在路旁和其他游客较多地方应栽高 2.5m 左右的健壮植株。

棕榈须根密集，土壤盘结，带土容易。土球大小多为 40～60cm，深度则视根系密集层而定。挖掘土球除远距离运输外，一般不包扎，但要注意保湿。

棕榈可孤植、对植、丛植或成片栽植。棕榈叶大柄长，成片栽植的间距不应小于 3.0m。植穴应大于土球 1/3，并注意排水。穴挖好后先回填细土踩实，再放入植株，分批回土拍紧。栽植深度宜平原土印，要特别注意不要栽得太深，以防积水，否则容易烂根，影响成活。四川西部及湖南宁乡等地群众有"栽棕垫瓦，三年可剐"的说法，也就是说栽棕榈时先在穴底放几片瓦，便于排水，促进根系的发育，有利于成活生长。

为了在栽植后早见成效，栽后除剪除开始下垂变黄的叶片外，不要重剪。如发现某些新栽植株难以成活，应立即扩大其剪叶范围，即可再剪去下部已成熟的部分叶片或剪除掌状叶叶长的 1/3～1/2，加以挽救，但要防止剪叶过度，否则着叶部分的茎干易发生缢缩和长势难以恢复，影响生长和降低观赏效果。

棕榈栽植除常规管理外，应及时剪除下垂开始发黄的叶和剥除棕片。群众有"一年两剥其皮，每剥5～6片"的经验。第一次剥棕为 3～4 月份，第二次剥棕为 9～10 月份，但要特别注意"三伏不剥"和"三九不剥"，以免日灼和冻害。剥棕时应以不伤树干，茎不露白为度。如果剥棕过度必将影响植株生长，如果不剥则会影响观赏，还易酿成火灾。

第9章
园林植物的整形修剪技术

园林植物的整形修剪（pruning）是模仿植物在自然界自疏现象而进行的一种技术措施，贯穿于植物应用和生长全过程。植物的自疏现象（self-thinning）是指在植物群体郁闭或水肥供应不足，营养不良等条件下通过叶片衰老与脱落，分枝减少，蕾、铃、荚、花、果脱落，甚至部分植株死亡的自然稀疏现象。自疏是植物自动调节的过程，也是对不利生长环境的一种适应。自疏是被动反应，整形修剪是人的主观措施，对植物健康生长和景观应用具有重要的作用。

9.1 园林植物整形修剪的技术方法

园林植物的整形是指通过对植株施行一定的修剪造型和保持符合观赏需要的植株形体结构的过程。整形修剪可以使植物构成牢固的骨架，形成具有一定结构的形状和大小，平衡生长的优良形体。乔灌木经适当整形可生长健壮、枝位合理，便于管理和具有更高观赏价值。修剪的依据可以参考与生态环境条件相统一的原理、分枝规律的原理、顶端优势的原理、光能利用原理、树体内营养分配与积累的规律、生长与发育规律、美学的原理等。

9.1.1 园林植物整形修剪的时期

园林植物种类繁多、习性与功能各异。由于整形修剪目的与性质不同，虽有其相适宜的修剪季节，但总体上看，一年中的任何时候都可对植物进行修剪，具体时间的选择应从实际出发。

植物的修剪时期，一般分为休眠期（冬季）修剪和生长期（夏季）修剪。

在休眠期，植物贮藏的养分充足，地上部分修剪后，枝芽减少，可集中利用贮藏的营养。因此新梢生长加强，剪口附近的芽长期处于优势。对于正常生长的落叶树来说，一般修剪时间在落叶后1个月左右修剪，时间不宜过迟。

春季萌芽后修剪，贮藏养分已被萌动的枝消耗一部分，一旦已萌动的芽被剪去，下部芽重新萌动，生长推迟，长势明显减小。

夏季修剪，是由春至秋末的修剪，由于树体贮藏的营养较少，同时因修剪减少了叶面积，同样的修剪量要少。

冬季修剪，应先剪幼树、效益好的树、越冬能力差的树、干旱地上的树。从时间安排上讲，还应首先保证技术难度较大的树木的修剪。

园林植物依树种、品种、树龄、树形等最好是冬夏修剪结合进行（图9-1）。

9.1.1.1 休眠期修剪

休眠期修剪适用于多数落叶树，大多在落叶至萌芽前进行。但抗寒力差的树种，早春进行，以免伤口受风寒危害，发芽前20天完成。伤流严重的树种，如葡萄、核桃、法桐、复叶槭，冬剪不宜过晚，一般在早春发芽前20天修剪结束。北方具体时间在11月中、下旬至12月下旬；2月中旬至3月中、下旬。

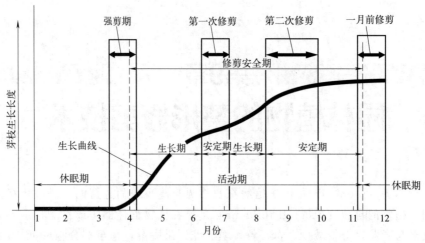

图 9-1　常绿树的芽、枝修剪强度和修剪时期

修剪内容主要包括更新修剪，大树、行道树修剪，当年生枝条开花灌木的整形、回缩、疏枝、短截，以及二年生枝条开花灌木的整理修剪。

9.1.1.2　生长期修剪

生长期修剪大多在萌芽至落叶后进行，主要在夏季修剪。种类以耐修剪树种，绿篱树种为主，措施主要有摘心、扭梢等。幼树、旺树、郁蔽树去大枝修剪（剪口反应比冬季弱，易愈合）。

生长期修剪具体时间在 3 月下旬至 11 月中旬。修剪的次数一般一年 1～3 次，一般根据温度和生长量决定。

修剪内容主要包括去蘖、抹芽，两年生枝条开花灌木花后的整形、回缩、疏枝、短截，以及对月季等一年多次开花灌木进行去残花、短截等修剪。

但是要注意以下问题：

① 有严重伤流和易流胶的树种应避开生长季和落叶后伤流严重期修剪。

② 抗寒性差的、易干梢条的树种宜于早春进行修剪。

③ 常绿树的修剪应避开生长旺盛期。

④ 枯病死等枝随见随剪。

⑤ 生长枝休眠季或叶变深绿，剪后有生长高峰。改善结构修剪要有预防措施。

⑥ 夏季不建议大量修剪，少量多次。轻剪（小于 10%）多数树木可随时进行。

⑦ 边缘树种和严重干旱树种要延迟重剪。

9.1.2　整形方式

9.1.2.1　自然式整形

根据树木本身的生长发育特性，对影响树木形体的部分稍加修剪而形成的自然树形，它保持了绝大部分树木的自然形态。在修剪中只对树形以外枝条和有损树体健康的病虫害、枯死枝、徒长枝、过密枝、萌发枝、交叉枝、重叠枝等进行疏除、回缩或短截。园林中的行道树、庭荫树及一般风景树常用这种树形。常见的自然树形有尖塔形、圆锥形、圆柱形、椭圆形、垂枝形、伞形、匍匐形、圆球形等。

9.1.2.2　人工式整形

人工式整形也称整形式修剪整形或规则式修剪整形。通常不会考虑树木生长特性，依据人们对艺术的向往而修剪成各种几何体、动植物图案等。人工式整形通常在枝叶茂密、枝条细软、难以秃裸、有较强的萌芽力、耐修剪的树种中有所应用。常见的树形有几何形式、建筑物形式、动物形式、古树盆景式（图 9-2）。

图 9-2　人工式整形的各种形体

9.1.2.3　自然与人工混合式整形

自然与人工混合式整形是指在自然树形的基础上，结合观赏要求和树木生长发育的规律，对树木的自然树形进行人工改造的整形方式。常见的形体有杯形、自然开心形、疏散分层形、中央领导干形、多主干形、灌丛形、棚架形等。

（1）**杯形**　杯形树形通常又称为"三股、六杈、十二枝"的树形［图 9-3（a）］。树形特点为无中心干，有很短的主干，主干高度一般为 40～60cm，且主干上着生 3 个主枝，主枝和主干的夹角约为 45°，3 个主枝之间的夹角为 120°。每个主枝上又着生 2 个侧枝，共形成 6 个侧枝，每侧枝各分生 2 个枝条即成 12 枝。树冠内不允许有直立枝、内向枝的存在，一经发现必须剪除。

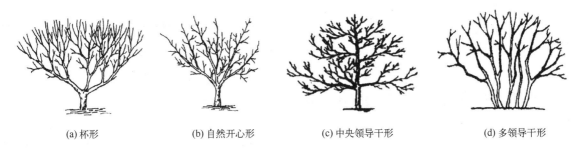

(a) 杯形　　　　　(b) 自然开心形　　　　　(c) 中央领导干形　　　　　(d) 多领导干形

图 9-3　园林树木的树形

（2）**自然开心形**　树形特点是由杯形树形改进而来，树体没有中心干，且主干上分枝点较低，3～4 个主枝错落分布，自主干向四周放射生长。因树冠向外展开，且树冠中心没有枝条，故称自然开心形。这一树形主枝上的分枝不一定必须为两个分枝，树冠也不一定是平面化的树冠，能较好地利用空间［图 9-3（b）］。

（3）**中央领导干形**　中央领导干形也称为疏散分层形，特点是树冠中心保持较强的中央领导干，在中央领导干上均匀配置多个主枝。若主枝在中央领导干上分层分布。中央领导干的生长优势较强，并且可以不断向外和向上扩大树冠，主枝分布均匀，通风透光良好。中央领导干形适用于干性较强、能形成较为高大的树冠的树种，是孤植树、庭荫树适宜选择的树形［图 9-3（c）］。

（4）**多领导干形**　多领导干形特点为一株树木拥有 2～4 个主干，主干上分层配备侧生主枝，能形成规则优美的树冠。这种树形适用于观花灌木和庭荫树，如紫薇、紫荆、蜡梅等树种［图 9-3（d）］。

（5）**丛球形**　类似多领导干形，主干较短，干上留数主枝呈丛状。本树形多用于小乔木及灌木的整形。

（6）**棚架形**　棚架形适用于藤本的整形。应先建好各种形式的棚架、廊、亭，然后在旁边种植藤本植物，并按藤本植物的生长习性加以诱引、修剪和整形，使藤木顺势向上生长，最后与棚架、廊、亭等结合为一体，共同形成独特的景观（图 9-4）。

9.1.3　园林植物整形修剪的技术要点

9.1.3.1　园林植物修剪的方法

根据作用，休眠期修剪的基本方法包括"截、疏、伤、变、放"，即短截、疏枝、刻伤、拉枝、长放五种方法。

生长期的修剪方法和休眠期差不多，一般修剪的强度要小些，主要包括摘心、抹芽、疏花、疏果、折枝、扭梢、折梢、曲枝、拧枝、拉枝、别枝、圈枝、屈枝、压垂、拿枝等。

（1）截　截也称为短截，即剪去一年生枝条的一部分。其作用是：可促进抽枝，改变主枝的长势；短截越重抽枝越旺，控制花芽形成和坐果；改变顶端优势。

短截方式有轻短截、中短截、重短截和极重短截四种（图9-5）。

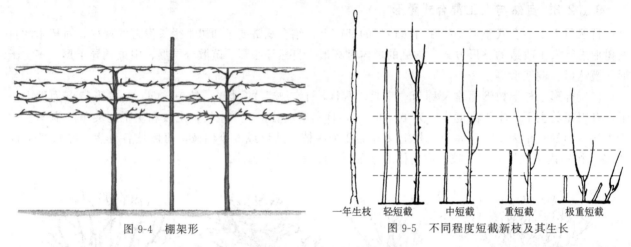

图 9-4　棚架形　　　　　　图 9-5　不同程度短截新枝及其生长

① 轻短截　是仅剪去枝条的很少部分或只去顶芽（剪去枝条的顶梢），最多剪去全部秋梢，以刺激下部多数半饱满满芽萌芽的能力。剪后促进产生更多的中短枝，单枝长势弱，可缓和树势。此法多用于花、果树强壮枝的修剪。

② 中短截　是剪到枝条中部或中上部（1/2或1/3）饱满芽的上方，即在春梢饱满芽处或饱满芽上二、三弱芽处短截。由于剪去一段枝条，相对增加了养分，也使顶端优势转到这些芽上，以刺激发枝。剪后形成中长枝多，成枝力高，长势旺，多用于延长枝或培养骨干枝。

③ 重短截　即剪去枝条的2/3或3/4的半饱满芽处，刺激作用大，由于剪口下的芽多为弱芽，此处生长出1~2个旺盛的营养枝外，下部可形成短枝。此法适用于弱树、老树、老弱枝的更新。

④ 极重短截　即在春梢基部瘪芽处或留2~3个芽短切，基本将枝条全部剪除。剪后一般萌发1~2根弱枝，但有可能抽生一根特强枝，去强留弱，可控制强枝旺长，缓和树势；一般生长中等的树木修剪反应较好，多用于改造直立旺枝和竞争枝。

重剪程度越大，对剪口芽的刺激越大，由它萌发出来的枝条也越壮。轻剪，对剪口芽的刺激越小，由它萌发出来的枝条也就越弱。所以对强枝要轻剪，对弱枝要重剪，调整一、二年生枝条的长势。

（2）疏　疏也叫疏枝、疏剪或疏删，即从枝条基部剪去，也包括二年生及多年生枝。枝条过密或无生产意义如枯死枝、病虫枝，不能利用的徒长枝、下垂枝、轮生枝、重叠枝、交叉枝等，把这些枝从基部剪除。

疏枝法依疏剪量分为三种：①轻疏，疏枝量小于树冠枝叶量的10%；②中疏，疏枝量为树冠枝叶量的20%~30%；③重疏，疏枝量大于树冠枝叶量的30%。

此法的作用主要是控制强枝，控制增粗生长；疏剪量的大小决定着长势削弱程度，疏剪密枝减少枝量，利于通风透光，减少病虫害；疏剪轮生枝，防止掐脖现象；疏剪重叠、交叉枝，为留用枝生长腾出空间，可使树冠枝条分布均匀，改善通风透光条件，有利于树冠内部枝条的生长发育，有利于花芽的形成。特别是疏除强枝、大枝和多年生枝，常会削弱伤口以上枝条的生长势，而伤口以下的枝条有增强生长势的作用（图9-6）。

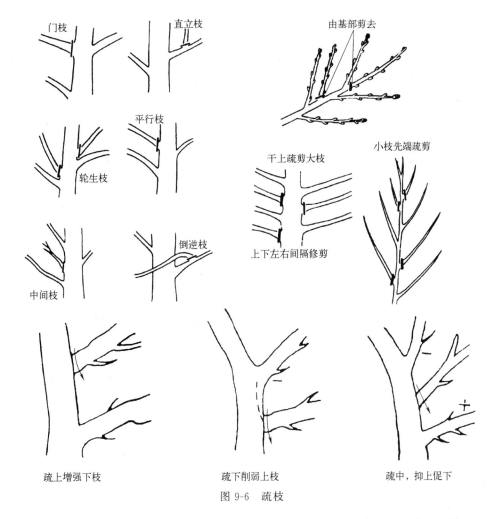

图 9-6 疏枝

（3）放　放也叫长放，即不剪。这样可缓和枝的生长势，有利于养分积累，促进增粗生长，使弱枝转强，旺枝转弱；但旺枝甩放，增粗显著，尤其是背上旺枝易越放越旺，形成大枝，扰乱树形，一般不缓放；否则应采取刻伤、扭伤，改变方向的措施加以控制。

（4）变　变就是改变枝条角度，以调节枝条长势。

常用改变开张角度的方法有以下几种。

① 拉枝　为加大开张角度可用绳索等拉开枝条，一般经过一个生长季待枝的开张角基本固定后解除拉绳（图 9-7）。

② 连三锯法　多用于幼树，在枝大且木质坚硬，用其他方法难以开张角度的情况下采用。其方法是在枝的基部外侧一定距离处连拉三锯，深度不超过木质部的 1/3，各锯间相距 3～5cm，再行撑拉，这样易开张角度。但影响树木骨架牢固，尽量少用或锯浅些。

③ 撑枝或吊枝　大枝需改变开张角时，可用木棒支撑或借助上枝支撑下枝，以开张角度；如需向上撑抬枝条，缩小角度，可用绳索借助中央主干把枝向上拉。

④ 转主换头　转主时需要注意，原头与新头的状况，两者粗细相当可一次剪除；如粗细悬殊应留营养桩分年回缩。

⑤ 里芽外蹬　可用单芽或双芽外蹬，改变延长枝延伸方向。

（5）伤　伤分为刻伤与环剥。刻伤分为纵向和横向两种。一

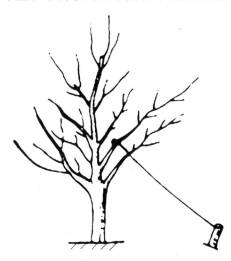

图 9-7　拉枝

般用刀纵向或横向切割枝条皮层，深达木质部，都是局部调节生长势的方法，可广泛应用于园林树木的整形修剪中。环剥是剥去树枝或树干上的一圈或部分皮层，以调节生长势。

（6）**回缩** 又称缩剪，是指在多年生枝上只留一个侧枝，而将上面截除。修剪量大，刺激较重，有更新复壮的作用。此法多用于枝组或骨干枝更新，以及控制树冠、辅养枝等，对大枝也可以分两年进行（图 9-8）。

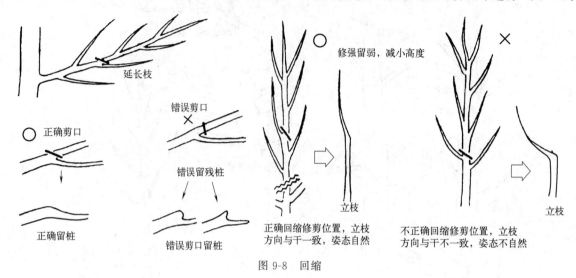

图 9-8 回缩

（7）**截干** 对主干或粗大的主枝、骨干枝等进行的回缩措施称为截干。截干的作用是为了调节水分的平衡，刺激隐芽萌发，更新复壮等。

（8）**折裂** 折裂是指折而不断，木质部断，皮层不断，一般在下一个生长季前疏除。此法是为了控制枝条生长过旺，或进行艺术造型。

（9）**扭梢、折梢、曲枝、拧枝、拉枝、别枝、圈枝、屈枝、压垂、拿枝等** 这些方法都是通过改变枝向和损伤枝条的木质部、皮层，从而缓和生长势，有利于形成花芽、提高坐果率。在幼树整形中，这些方法可以作为辅助手段。

（10）**摘心、抹芽、疏花、疏果等** 摘心是摘除新梢顶端的生长点，可促使侧枝生长，增加分枝及树冠的早日形成。

抹芽是去除多余的芽体，可改善留存芽的养分状况，增强长势。

疏花和疏果，通常在树木生长早期进行，目的是减少营养消耗，有效地调节花果量，提高留花果的质量，以及来年的花果量等。

9.1.3.2 园林植物整形修剪的基本操作过程

（1）**侧枝短截法** 短截时，先选择正确的剪切部位，应在侧芽上方约 0.5cm 处，以利愈合生长；剪口平整略微倾斜；短截枯枝时要剪到活组织处，不留残桩；短截时要注意选留剪口芽，一般多选择外侧芽，尽量少用内侧芽和旁侧芽，防止形成内向枝、交叉枝和重叠枝；有些树种如白蜡、茶条槭等其侧芽对生，为防止内向枝过多，在短截时应把剪口处的内侧芽抹掉（图 9-9）。

疏枝时必须保证剪口下不留残桩，正确的方法应在分枝的接合部隆起部分的外侧剪切，要剪口平滑，利于愈合。

（2）**大枝锯截法** 大枝通常枝头沉重，锯切时易从锯口处自然折断，将锯口下母枝或树干皮层撕裂，为防止出现这种现象，通常使用三锯法，具体方法如下。

第一锯：从待剪枝的基部向前约 30cm 处自下向上锯切，深至枝径的 1/2；

第二锯：再向前 3～5cm 自上而下锯切，深至枝径的 1/2 左右，这样大枝便可自然折断；

第三锯：把留下的残桩锯掉（图 9-10）。

（3）**园林植物骨干枝培养与更新**

① 骨干枝的培养 定植后当年恢复生长，多留枝叶，进入休眠后在适当位置选留主枝，轻剪留壮芽，

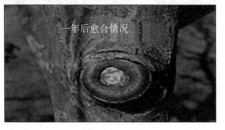

图 9-9　侧枝短截法

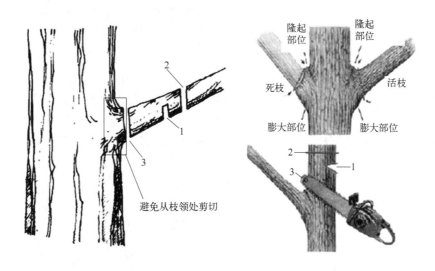

图 9-10　大枝锯截法
1—第一锯位置及切割深度；2—第二锯位置及切割深度；3—第三锯位置及切割深度

其他枝条要开张角度，防止与主枝竞争；平衡主枝的长势，次年休眠期进行选强枝作延长枝，壮芽当头短截，如枝多可适当疏枝，控制增粗，使各主枝生长平衡；防止中央领导干长势过旺；注意中央领导干控制其过旺生长；控制主干与主枝的生长平衡；主干上部生长强旺时，为避免抑制主枝，应采取措施削弱顶端优势；主枝生长强旺时，影响侧枝形成，可加大主枝梢角，选留斜生侧枝，平衡主侧枝的长势，主要通过调整角度大小，利用延长枝或剪口芽的强弱、方向及疏枝等方法加以调节，防止主强于侧或主侧倒置的情况出现。

树体衰老的标志是生长显著衰弱，新梢很短，内膛枝大量枯死，树冠外围不发长枝，修剪反应迟钝。树体出现衰老症状后，应及时更新骨干枝，恢复树势，延长寿命。那么对树体的更新准备为更新前控制结实，多留枝叶，深垦土壤，重施肥水，恢复树势，通常需 2～3 年；轻剪，多用短截，选留壮枝壮芽，适当抬高枝的角度，促发新枝；疏剪细弱密枝，徒长枝尽量利用。

②更新回缩　更新准备阶段应根据骨干枝的衰弱程度进行回缩，回缩到生长较好的部位，用斜生枝壮枝壮芽当头；对留下的所有分枝都要做相应的回缩与短截，壮枝壮芽当头；对徒长枝进行改造利用（图9-11）。更新过程中萌发的一年生枝应部分长放，部分短截，促发新枝；同时对全树整体营养有所安排，

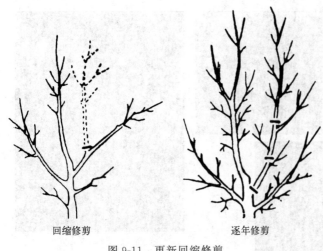

回缩修剪　　　　逐年修剪

图 9-11　更新回缩修剪

控制生殖生长，防止复壮更新后昙花一现，再度衰老。

9.1.3.3　园林植物修剪的程序

园林植物修剪流程可概括为"一知、二看、三剪、四检查、五处理"。

一知是修剪人员必须掌握操作规程、技术及其他特别要求。修剪人员只有了解操作要求，才可以避免错误。

二看是实施修剪前应对植物进行仔细观察，因树制宜，合理修剪。具体是要了解植物的生长习性、枝芽的发育特点、植株的生长情况、冠形特点及周围环境与园林功能，结合实际进行修剪。

三剪是对植物按要求或规定进行修剪。修剪时最忌无次序。一般来说，修剪要注意"三先三后"，即"先里后外，先上后下，先大后小"。

四检查是检查修剪是否合理，有无漏剪与错剪，以便修正或重剪。

五处理是包括对剪口的处理和对剪下的枝叶、花果进行集中处理等。

9.1.3.4　园林植物修剪伤口的处理

修剪小枝可不进行伤口的保护处理，而修剪中大枝时（一般伤口直径在 2～3cm 以上），必须在修剪后做好伤口的保护处理，先使伤口平滑，消毒后涂抹保护剂。常用的保护剂有保护蜡、液体保护剂、油铜素剂。

(1) 剪口和剪口芽的处理　疏截造成的伤口称为剪口；距离剪口最近的芽为剪口芽。

① 剪切位置与芽　剪口离芽一般在 0.5～1cm 距离，太远太近都不好（图 9-12、图 9-13）。

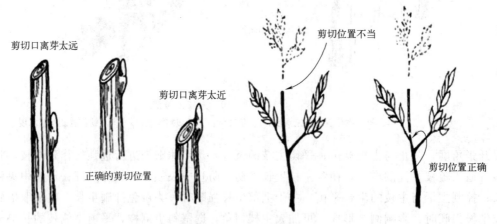

剪切口离芽太远　剪切口离芽太近　剪切位置不当　剪切位置正确　正确的剪切位置

图 9-12　剪切口位置

② 剪口方式　有斜剪口、平剪口、留桩平剪口、大斜剪口。

a. 斜剪口：剪口在芽的对面一侧，呈一定角度，但角度一般较小，剪口的上缘离芽 1cm 左右，剪口的下缘一般与芽平齐。这种修剪方式既利于排水，又能加速伤口愈合 [图 9-14 (a)]。

b. 平剪口：修剪时剪口与枝条垂直，剪口平面平整，芽离剪口 0.5～1cm，这种修剪方法能很好地保护剪口下第一个芽，但平面有可能积水 [图 9-14 (b)]。

c. 留桩平剪口：剪口离芽的距离较远，一般超过 1.5cm，多应用在气候干旱地区 [图 9-14 (c)]。

d. 大斜剪口：剪口也在芽的对面，成角度，但角度较大，下缘在芽的下面，伤口过大，水分蒸发多，剪口芽的养分供应受阻，故能抑制剪口芽生长，促进下面第二个芽的生长，目的是抑制剪口第一芽生长，

促进第二芽生长 [图 9-14 (d)]。

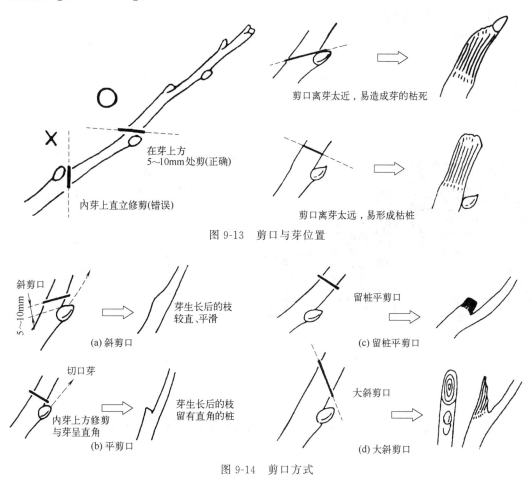

剪口离芽太近，易造成芽的枯死

剪口离芽太远，易形成枯桩

图 9-13　剪口与芽位置

斜剪口
5~10mm
(a) 斜剪口
芽生长后的枝较直、平滑

切口芽
内芽上方修剪与芽呈直角
(b) 平剪口
芽生长后的枝留有直角的桩

留桩平剪口
(c) 留桩平剪口

大斜剪口
(d) 大斜剪口

图 9-14　剪口方式

③ 剪口芽的处理　剪口下第一个芽一般为促发新枝用，故需要保护，不能损伤。

剪口太靠近芽的修剪易造成芽的枯死，剪口太远离芽的修剪易造成枯桩。留芽的位置不同，未来新枝生长方向也各有不同，留上、下两枚芽时，会产生向上向下生长的新枝；留内外芽时，会产生向内向外生长的新枝（图 9-15）。

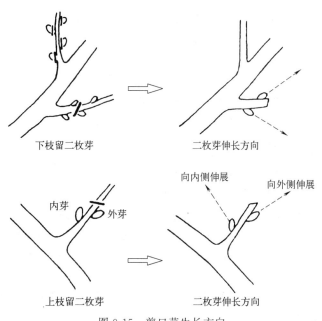

下枝留二枚芽　　　　　二枚芽伸长方向

向内侧伸展　　向外侧伸展
内芽　外芽

上枝留二枚芽　　　　　二枚芽伸长方向

图 9-15　剪口芽生长方向

(2) **常用修剪工具及器械** 传统的修剪工具及器械有剪刀、锯子、刀子、斧头、梯子等。

(3) **值得注意的几个技术问题**

① 要因地制宜地进行修剪。

② 整形修剪必须符合树木的生长习性。一般可分为干性强、干性弱、蔓性树木。

③ 主枝配置合理，主要表现在骨架配置，干枝比合适（图9-16、图9-17）。

④ 冬剪与夏剪相结合。

图 9-16 树形骨架基础良好、主枝
配备合理、结合牢固

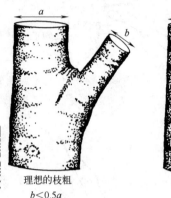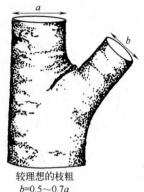

理想的枝粗   较理想的枝粗
$b < 0.5a$ $b = 0.5 \sim 0.7a$

图 9-17 理想的干枝比粗度
a—主干的粗度；b—主枝的粗度

9.2 不同类型园林植物的整形修剪

植物不同，生长发育习性和园林应用也各不相同，其修剪和整形也会有区别。

9.2.1 行道树的修剪

9.2.1.1 行道树的修剪要求

树形整体效果要求：树冠整齐美观，分枝匀称，通风透光。树高10～17m，冠高比为1/2，最低分枝应在2m以上，下缘线1.8～2.5m。不影响高压线、路灯、交通指示牌。树头、树干上的萌生枝，要控制生长。

行道树修剪安排：从5月份起，生长期每月修剪一次。冬末春初（休眠期）可进行一次重剪，多采用短截和疏除的方式，主要针对扰乱树形的枝条。生长期修剪程度轻，可采用多种方法，如摘心、抹芽、除萌、压枝等。针对死枝、枯枝、病枝、弱枝、徒长枝等，要随见随除。

9.2.1.2 各种类型行道树修剪

(1) **杯形行道树的修剪** 杯形行道树具有典型的"三股六杈十二枝"的冠形，主干高在2.5～4m。整形工作是在定植后5～6年内完成，悬铃木常用此树形。

骨架完成后，树冠扩大很快，要疏去密生枝、直立枝，促发侧生枝，内膛枝可适当保留，增加遮阴效果。上方有架空线路，勿使枝与线路触及，按规定保持一定距离。一般电话线为0.5m，高压线为1m以上。近建筑物一侧的行道树，为防止枝条扫瓦、堵门、堵窗，影响室内采光和安全，应随时对过长枝条进行短截修剪。

生长期内要经常进行抹芽，抹芽时不要扯伤树皮，不留残枝。冬季修剪时把交叉枝、并生枝、下垂枝、枯枝、伤残枝及背上直立枝等截除。

(2) 自然开心形行道树的修剪 由杯形改进而来，无中心主干，中心不空，但分枝较低。定植时，将主干留 3m 或者截干，春季发芽后，选留 3～5 个位于不同方向、分布均匀的侧枝进行短剪，促枝条长成主枝，其余全部抹去。生长季注意将主枝上的芽抹去，只留 3～5 个方向合适、分布均匀的侧枝。来年萌发后选留侧枝，全部共留 6～10 个，使其向四方斜生，并进行短截，促发次级侧枝，使冠形丰满、匀称。

(3) 自然式冠形行道树的修剪 在不妨碍交通和其他公用设施的情况下，树木有任意生长的条件时，行道树多采用自然式冠形，如尖塔形、卵圆形、扁圆形等。

有中央领导枝的行道树，如杨树、水杉、侧柏、金钱松、雪松等，分枝点的高度按树种特性及树木规格而定，栽培中要保护顶芽向上生长。郊区多用高大树木，分枝点在 4～6m 以上。主干顶端如损伤，应选择一直立向上生长的枝条或壮芽处短剪，并把其下部的侧芽打去，抽出直立枝条代替，避免形成多头现象。

(4) 无中央领导枝的行道树修剪 如榆树等，在树冠下部留 5～6 个主枝，各层主枝间距要短，以利于自然长成卵圆形或扁圆形的树冠。每年修剪密生枝、枯死枝等。

9.2.2 庭荫树的修剪

枝下高无要求，树冠庞大美观，分枝匀称，通风透光。树高 10～17m，冠高比为 2/3。整形多采用自然形。条件允许在生长季节根据生长情况每 1～2 年修剪一次。

9.2.3 灌木的修剪

9.2.3.1 灌木的养护修剪

① 应使丛生大枝均衡生长，使植株保持内高外低、自然丰满的圆球形。

② 定植年代较长的灌木，如灌丛中老枝过多时，应有计划地分批疏除老枝，培养新枝。但对一些为特殊需要培养成高干的大型灌木，或茎干生花的灌木（如紫荆等）均不在此列。

③ 经常短截突出灌丛外的徒长枝，使灌丛保持整齐均衡，但对一些具拱形枝的树种（如连翘等），所萌生的长枝则例外。

④ 植株上不作留种用的残花废果，应尽量及早剪去，以免消耗养分。

9.2.3.2 灌木修剪类型

按照树种的生长发育习性，灌木的修剪可分为下述几类。

(1) 先开花后发叶的种类 可在春季开花后修剪老枝并保持理想树形。用重剪进行枝条更新，用轻剪维持树形。对于连翘、迎春等具有拱形枝的树种，可将老枝重剪，促使萌发强壮的新枝，充分发挥其树姿特点。

(2) 花开在当年新梢的种类 在当年新梢上开花的灌木应在休眠期修剪。一般可重剪使新梢强健，促进开花。对于一年多次开花的灌木，除休眠期重剪老枝外，应在花后短截新梢，改善下次开花的数量和质量。

(3) 观赏枝叶的种类 这类灌木最鲜艳的部位主要在嫩叶和新叶上，每年冬季或早春宜重剪，促使萌发更健壮的枝叶，应注意删剪失去观赏价值的老枝。

(4) 常绿阔叶类 这类灌木生长比较慢，枝叶匀称而紧密，新梢生长均源于顶芽，形成圆顶式的树形。因此，修剪量要小。轻剪在早春生长以前，较重修剪在花开以后。速生的常绿阔叶灌木，可像落叶灌木一样重剪。观形类以短截为主，促进侧芽萌发，形成丰满的树形，适当疏枝，以保持内膛枝充实。观果的浆果类灌木，修剪可推迟到早春萌芽前进行，尽量发挥其观赏价值。

(5) 灌木的更新 灌木更新可分为逐年疏干和一次平茬。逐年疏干即每年从地茎以上去掉 1～2 根老干，促生新干，直至新干已满足树形要求时，将老干全部疏除。一次平茬多应用于萌发力强的树种，一次删除灌木丛所有主枝和主干，促使下部休眠芽萌发后，选留 3～5 个主干。

9.2.4 绿篱的修剪

9.2.4.1 绿篱的修剪类型

根据篱体形状和程度，可分为自然式和整形式等。自然式绿篱，整形修剪程度不高。

（1）**条带状** 这是最常用的方式，一般为直线形，根据园林设计要求，亦可采取曲线或几何图形。根据绿篱断面形状，可以是梯形、方形、圆顶形、柱形、球形等。此形式绿篱的整形修剪较简便，应注意防止下部光秃。

绿篱定植后，按规定高度及形状，及时修剪，为促使其枝叶的生长最好将主尖截去1/3以上，剪口在规定高度5～10cm以下，这样可以保证粗大的剪口不暴露，最后用大平剪绿篱修剪机，修剪表面枝叶，注意绿篱表面（顶部及两侧）必须剪平，修剪时高度一致，整齐划一，篱面与四壁要求平整，棱角分明，适时修剪，现缺株应及时补栽，以保证供观赏时已抽出新枝叶，生长丰满。

（2）**拱门式** 即将木本植物制作成拱门，一般常用藤本植物，也可用枝条柔软的小乔木，拱门形成后，要经常修剪，保持既有的良好形状，并且不影响行人通过。

（3）**伞形树冠式** 多栽于庭园四周栅栏式围墙内，先保留一段稍高于栅栏的主干，主枝从主干顶端横生，从而构成伞形树冠，在养护中应经常修剪主干顶端抽生的新枝和主干滋生的旁枝和根蘖。

（4）**雕塑形** 选择枝条柔软、侧枝茂密、叶片细小又极耐修剪的树种，通过扭曲和蟠扎，按照一定的物体造型，由主枝和侧枝构成骨架，对细小侧枝通过绳索牵引等方法，使它们紧密抱合，或进行细微的修剪，剪成各种雕塑形状。制作时可用几株同树种不同高度的植株共同构成雕塑造型。在养护时要随时剪除破坏造型的新梢。

（5）**图案式** 在栽植前，先设立支架或立柱，栽植后保留一根主干，在主干上培养出若干等距离生长均匀的侧枝，通过修剪或辅助措施，制作成各种图案；也可以不设立支架，利用墙面进行制作。

9.2.4.2 绿篱的修剪时期

绿篱的修剪时期要根据树木来确定。绿篱栽植后，第一年可任其自然生长，使地上部和地下部充分生长，从第二年开始按确定的绿篱高度截顶，对条带状绿篱不论充分木质化的老枝还是幼嫩的新梢，凡超过标准高度的一律整齐剪掉。

常绿针叶树在春末夏初完成第一次修剪。盛夏前，多数树种已停止生长，树形可保持较长一段时间；立秋以后，如果水肥充足，会抽生秋梢并旺盛生长，可进行第二次修剪，使秋冬季都保持良好的树形。

大多数阔叶树种生长期新梢都在生长，仅盛夏生长比较缓慢，春、夏、秋三季都可以修剪。

花灌木栽植的绿篱最好在花谢后进行，既可防止大量结实和新梢徒长，又可促进花芽分化，为来年或下期开花创造条件。

为了在一年中始终保持规则式绿篱的理想树形，应随时根据生长情况，剪去突出于树形以外的新梢，以免扰乱树形，并使内膛小枝充实繁密生长，保持绿篱的体形丰满。

9.2.4.3 老绿篱的更新复壮

大部分阔叶树种的萌发和再生能力都很强，当年老变形后，可采用平茬的方法更新，因有强大的根系，一年内就可长成绿篱的雏形，两年后就能恢复原貌；也可以通过老干逐年疏伐更新。大部分常绿针叶树种，再生能力较弱，不能采用平茬更新的方法，可以通过间伐，加大株行距，改造成非完全规整式绿篱，否则只能重栽，重新培养。

9.2.5 藤木类的整形修剪

9.2.5.1 棚架式

卷须类和缠绕类藤本植物常用这种修剪方式。在整形时，先在近地面处重剪，促使发生数枝强壮主蔓，引至棚架上，使侧蔓在架上均匀分布，形成荫棚（图9-18）。像葡萄等果树需每年短截，选留一定数量的结果母株和预备枝；紫藤等不必年年修剪，隔数年剪除一次老弱病枯枝即可。

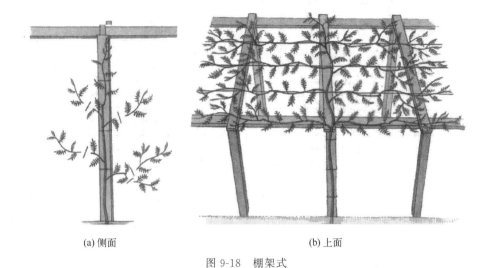

(a) 侧面   (b) 上面

图 9-18   棚架式

9.2.5.2   凉廊式

常用于卷须类和缠绕类藤本植物，偶尔也用吸附类植物。因凉廊侧面有隔架，勿将主蔓过早引至廊顶，以免空虚。

9.2.5.3   篱垣式

多用卷须类和缠绕类藤本植物。将侧蔓水平诱引后，对侧枝每年进行短截。葡萄常采用这种整形方式。侧蔓可以为一层，亦可为多层，即将第一层侧蔓水平诱引后，主蔓继续向上，形成第二层水平侧蔓，以至第三层，达到篱垣设计高度为止（图 9-19）。

图 9-19   篱垣式

9.2.5.4   附壁式

多用于墙体等垂直绿化，为避免下部空虚，修剪时应运用轻重结合，予以调整（图 9-20）。

9.2.5.5   直立式

对于一些茎蔓粗壮的藤本，如紫藤等亦可整形成直立式，用于路边或草地中。多采用短截和轻重结合整形修剪方式。

9.2.6   竹类的修剪

竹类的生长特性决定了竹子的修剪与其他植物不同。修剪方法基本上采用疏除法。修剪时期在晚秋或

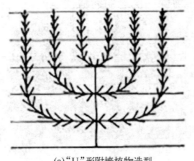

(a)"U"形附墙植物造型　　　　　　　　　　(b)三角形附墙植物造型

图9-20　附壁式

冬季进行。修剪内容主要有：以保留4～5年生以下立竹，去除6～7年以上，尤其是10年生以上老竹的原则进行。使竹林立竹年龄组成为2～3年生竹占40%左右，4～5年生竹占45%以上，6年生竹占15%左右。及时清除枯死竹竿和枝条，砍除老竹、病竹和倒伏竹。

竹林过密应适当间伐或间移，使留竹分布均匀，并及时用土杂肥回填土坑。过密竹林应于初雪前适当钩梢，未钩梢的密竹林，应于降雪后及时抖掉竹梢积雪。

9.2.7　草本花卉的整形修剪

通过修剪与整形可使花卉植株枝叶生长均衡，协调丰满，花繁果硕，有良好的观赏效果。整形修剪包括整枝、摘心、抹芽、折枝捻梢、曲枝、剥蕾、绑扎与支架等。

① 整枝　对于草本植物而言，一般是保持植物的自然生长姿态，仅对一些交叉枝、重叠枝、丛生枝、徒长枝稍加控制。另外，还包括利用植物的生长习性，经修剪整形，可将植物整成镜面形、牌坊形、圆盘形、下垂形或"S"形等，如常春藤、藤本天竺葵、文竹、大立菊、悬崖菊等。整形的植物应随时进行修剪，以保持其优美的姿态。

② 摘心　摘除主茎和侧枝上的顶芽，促使分生枝条，增加花的数量，使植株更加丰满。早期摘心可使株形低矮紧凑。需要进行摘心的花卉有一串红、百日草、翠菊、金鱼草、福禄考、矮牵牛等。但对于以下几种情况不需摘心：植株矮小、分枝多的如三色堇、雏菊、石竹等；一株一花或一个花序，以及摘心后花朵变小的种类，如球头鸡冠花、凤仙花等；球根花卉、攀缘植物及兰科花卉等。

③ 抹芽　也称除芽，即剥掉过多的腋芽，以减少侧枝的发生或过多花朵的发生，使所留枝条生长充实，花朵大且充实，如菊花、大丽花、芍药等。

④ 折枝捻梢　折枝是将新梢折曲，但仍连而不断。捻梢是将梢捻转。折枝和捻梢均可抑制新梢徒长，促进花芽分化，如牵牛花、茑萝等。

⑤ 曲枝　为使枝条生长均衡，将生长势过旺的枝条向侧方压曲，将长势弱的枝条顺直，可以达到抑强扶弱的效果，如大丽花等。

⑥ 剥蕾　剥掉叶腋间生出的侧蕾，使顶蕾开花硕大鲜艳，如芍药、大丽花、菊花等。在球根花卉的栽培中，为了获得优良的种球，常摘去花蕾，以减少养分的消耗，对花序硕大的观花观果植物，常常需要疏除一部分花蕾、幼果，使所留花蕾、幼果充分发育，又称为疏花疏果。

⑦ 绑扎与支架　部分草本植物有的茎枝纤细柔长，有的为攀缘植物，有的为了整齐美观或为了做成扎景，常设立支架或支柱，同时进行绑扎。如小苍兰、香石竹等花枝细长，常设支柱或支撑网；香豌豆、茑萝、球兰等攀缘植物，常扎成屏风形或圆球形支架；菊花在盆栽中常设支架或制成扎景等。

9.2.8　草坪修剪

草坪修剪主要是剪去草坪草叶片或者枝条的上半部分。草坪的修剪次数和修剪强度因草坪种类不同而不同。修剪会失去一部分叶面积，对于草坪来说是一个损伤，但由于草坪草的生长点低，再生能力强，因此修剪后会很快恢复生长。合理的修剪可使草坪整齐、美观，促进草坪草的新陈代谢，改善群体通风透光条件，减少病虫害发生；促进草坪草分蘖，促使根系下扎；有效抑制生长点较高的阔叶杂草，使杂草不能开花结果。但修剪过度会造成草坪退化。

(1) **草坪修剪高度**　草坪修剪高度是指草坪修剪后立即测得的地上枝条的垂直高度，也称留茬高度。留茬的高度与草坪类型、用途及草种有关。草坪修剪必须遵守 1/3 原则，即每次剪掉的部分不能超过草坪草高度的 1/3。为了遵守 1/3 原则，当草坪草高度达到修剪高度的 1.5 倍时，就应该修剪草坪。例如，修剪高度为 4cm，那么当草长到 6cm 时就修剪，剪去顶端 2cm。在草坪能忍受的范围内留茬越低，修剪的次数越多，则草坪景观效果越好。

(2) **草坪修剪时期和频率**　草坪的修剪时间和频率不仅与草坪功能有关，还与草种的生长发育特性、肥料供给状况特别是与氮肥的供给有关。对于冷季型草坪而言，修剪主要集中在生长旺盛的春季（4～6月）和秋季（8～11月）两个生长高峰期，而在夏季有休眠现象，应根据情况减少修剪次数。暖季型草坪草夏季（6～9月）为生长高峰期，应多加修剪。而对于有特殊用途即特定时间使用的草坪则按照使用的实际需要进行修剪作业。草坪修剪应选择晴天草坪表土不陷脚时进行。

草坪的修剪频率是指一定时间内草坪的修剪次数。草坪的修剪频率主要取决于草坪草的生长速度。在温度适宜、雨量充沛的春季和秋季，冷季型草坪草生长旺盛，每月需修剪 2～3 次，而在炎热的夏季，每月修剪 1 次即可。暖季型草坪草则正相反，冬季休眠，春、秋季生长缓慢，可减少修剪次数，夏季生长旺盛，应进行多次修剪。

(3) **草坪修剪方式**　草坪的修剪应按照一定的模式来操作，以保证不漏剪并能使草坪美观。修剪之前，先观察草坪的形状、规划草坪修剪的起点和路线，一般先修剪草坪的边缘，这样可以避免剪草机在往复修剪过程中接触硬质边缘（如水泥路等），中心大面积草坪则采用一定方向来回修剪的方式操作。由于修剪方向的不同，草坪草茎叶倾斜方向也不同，导致茎叶对光线的反射方向发生很大变化，在视觉上就产生了明暗相间的条纹，这可以增加草坪的美观。

在斜坡上剪草，手推式剪草机要横向行走，车式剪草机则顺着坡度上下行走。为了安全起见，当坡度大于 15°时，禁止剪草。

同一草坪，每次修剪应变换行进方向，避免在同一地点，同一方向多次重复修剪，否则草坪将趋于同一方向定向生长，会使草坪生长势变弱，并且容易使草坪上土壤板结。另外，来回往复修剪过程中注意要有稍许重叠，避免漏剪。

修剪过程中可以绕过灌木丛或林下等不容易操作的地方。剪草机不容易操作的地方最后用剪刀修剪。

草坪边缘的修剪也是维持草坪整体景观的重要环节，绝不可忽视。边际草坪由于环境特殊常呈现复杂状态，应根据不同情况，采用相应的方法修剪。对越出草坪边界的茎叶可用切边机或平头铲等切割整齐；对毗邻路边或栅栏，剪草机难以修剪的边际草坪，可用割灌机或刀、剪，整修平整。

此外，草坪边际的杂草，必须随时加以清除，以免其向草坪内发展蔓延。

(4) **草坪修剪物的处理**　修剪物，也称草屑，是指由剪草机修剪下的草坪草组织。

对于草屑的处理主要有三种方式：①如果剪下的叶片较短，可直接将其留在草坪内分解，将大量营养物质返回到土壤中。②草叶太长时，要将草屑收集带出草坪，较长的草叶留在草坪表面不仅影响美观，而且容易滋生病害。但若天气干热，也可将草屑留放在草坪表面，以阻止土壤水分蒸发。③发生病害的草坪，剪下的草屑应清除出草坪并进行焚烧处理。

第10章
特殊立地环境的园林植物栽植养护

在城市绿地建设中经常需要在一些特殊、极端的立地条件下栽植植物。所谓特殊立地环境，是指铺装地面、屋顶、盐碱地、干旱地、无土岩石地、垂直立面等，还包括容器栽植。在特殊立地环境条件下，影响植物生长的主要环境因子如水分、养分、土壤、温度、光照等，常表现为其中一个或多个环境因子处于极端状态下，如干旱的水分极端缺少，无土岩石地基本无土或土壤极少，必须采取一些特殊措施才能成功栽植植物。

10.1　铺装地面园林树木栽植养护

城市绿化中常在铺装地面种植树木，如人行道、广场、停车场等。这些硬质地面铺装施工时一般很少考虑其后的树木种植问题，因此在树木栽植和养护时常发生有关土壤排灌、通气、光照、施肥等方面的矛盾，需要做特殊处理。

10.1.1　铺装地面的环境特点

（1）**树盘面积小**　在有硬化地面铺装设施的地方进行树木栽植，很多情况下树木的种植穴都比较小，土壤与根系和外界空气很难得到气体畅通，有益微生物难以繁殖，土壤难以熟化。特别是有些地方，常常将硬化铺装设施直接铺到根茎处，致使根系与外界无法进行气体交换。还有一些所谓的"专家"研究出的一些"透气材料"实际上难以达到透气的目的。

（2）**生长环境条件恶化**　栽植在铺装设施的地面上的树木，除了根际透气性差，水分很难到达根部之外，下雨后会直接流到下水道，浇水浇不透，施肥难以实施，地面辐射热引发树木过分蒸腾等。

10.1.2　铺装地面树木的栽植技术

（1）**树种选择**　选择一些适应性强的当地树种，根系发达，耐贫瘠，抗性强的树木。如国槐、法桐、白蜡等，并且要选择耐冻、抗日灼的树种。

（2）**土壤处理**　对种植穴内的土壤进行适当的调肥更换，改善土壤通透性，栽后加强肥水的管理。

（3）**树盘处理**　在树木栽植时，在树盘内加设透气管。另外一定要留有一定的树池，避免随着树木生长而发生树干生长受到约束的现象，造成危害。对没有缝隙的水泥、沥青等整体铺装地面，应在树冠垂直投影处下方打孔。在城市街道，采用钻孔机对树冠下方进行打孔，植入透气管措施进行透气处理。

10.2 干旱地和盐碱地树木栽植与养护

10.2.1 干旱地的树木栽植

10.2.1.1 干旱地的环境特点

干旱的立地环境不仅因水分缺少构成对树木生长的胁迫，同时干旱还致使土壤环境发生变化。

(1) 土壤次生盐渍化 当土壤水分蒸发量大于降水量时，不断丧失的水分使得表层土壤干燥，地下水通过毛细管的上升运动到达土表，在不断补充因蒸发而损失的水分的同时，盐碱伴随着毛管水上升并在地表积聚，盐分含量在地表或土层某一特定部位的增高，导致土壤次生盐渍化的发生。

(2) 土壤生物减少 干旱条件导致土壤生物种类（细菌、线虫、蚁类、蚯蚓等）数量的减少，生物酶的分泌也随之减少，土壤有机质的分解受阻，影响树体养分的吸收。

(3) 土壤温度升高 干旱造成土壤热容量减小，温差变幅加大。同时，因土壤的潜热交换减少，使得土壤温度升高，这些都不利于树木根系的生长。

10.2.1.2 干旱地的树木栽植技术

(1) 栽植时间 干旱地的树木栽植应以春季为主，一般在3月中旬至4月下旬，此期间土壤比较湿润，土壤的水分蒸发和树体的蒸腾作用也比较低，树木根系的再生能力旺盛，愈合发根快，种植后有利于树木的成活生长。但在春旱严重的地区，宜在雨季栽植为宜。

(2) 栽植技术

① 泥浆堆土 将表土回填树穴后，浇水搅拌成泥浆，再挖坑种植，并使根系舒展。然后用泥浆培稳树木，以树干为中心培出半径为50cm、高50cm的土堆。因泥浆能增强水和土的亲和力，减少重力水的损失，可较长时间保持根系的土壤水分。堆土还减少树穴土壤水分的蒸发，减小树干在空气中的暴露面积，降低树干的水分蒸腾。

② 埋设聚合物 聚合物是颗粒状的聚丙烯酰胺和聚丙烯醇物质，能吸收自重100倍以上的水分，具有极好的保水作用。干旱地栽植时，将其埋于树木根部，能较持久地释放所吸收的水分供树木生长。高吸收性树脂聚合物为淡黄色粉末，不溶于水，吸水膨胀后呈无色透明凝胶，可将其与土壤按一定比例混合拌匀使用；也可将其与水配成凝胶后，灌入土壤使用，有助于提高土壤保水能力。

③ 开集水沟 旱地栽植树木，可在地面挖集水沟蓄积雨水，有助于缓解旱情。

④ 容器隔离 采用塑料袋容器（10～300L）将树体与干旱的立地环境隔离，创造适合树木生长的小环境。袋中填入腐殖土、肥料、珍珠岩，再加上能大量吸收和保存水分的聚合物，与水搅拌后呈冻胶状，可供根系吸收3～5个月。若能使用可降解塑料制品，则对树木生长更为有利。

10.2.2 盐碱地的树木栽植

10.2.2.1 盐碱地土壤的环境特点

盐碱土是地球上分布广泛的一种土壤类型，约占陆地总面积的25%。我国从滨海到内陆，从低地到高原都有分布。土壤中的盐分主要为Na^+和Cl^-。在微酸性至中性条件下，Cl^-为土壤吸附；当土壤pH>7时，吸附可以忽略，因此Cl^-在盐碱土中的移动性较大。Cl^-和Na^+为强淋溶元素，在土壤中的主要移动方式是扩散与淋失，二者都与水分有密切关系。在雨季，降水大于蒸发，土壤呈现淋溶脱盐特征，盐分顺着雨水由地表向土壤深层转移，也有部分盐分被地表径流带走；而在旱季，降水小于蒸发，底层土壤的盐分循毛细管移至地表，表现为积盐过程。在荒裸的土地上，土壤表面水分蒸发量大，土壤盐分剖面变化幅度大，土壤积盐速度快。因此要尽量防止土壤的裸露，尤其在干旱季节，土壤覆盖有助于防止盐化发生。

沿海城市中的盐碱土主要是滨海盐土，成土母质为沙黏不定的滨海沉积物，不仅土壤表层积盐重，达到1%～3%，在1m土层中平均含盐量也达到0.5%～2%，盐分组成与海水一致，以氯化物占绝对优势。其盐分来源主要为以下几种。

(1) **地下水**　滨海地区地下水的矿化度多在10～30g/L之间，距海越近矿化度越高，且以氯化物为主。地下水对土壤盐渍化发生和发展的影响，主要是通过地下水位和地下水质而实现的。当地下水位超过临界水位时，极易通过毛细管上升造成地表积盐，尤其在多风的旱季。如我国华南滨海地区存在明显的旱季，许多城市又往往缺水，土壤水分的强烈蒸发容易导致土壤次生盐渍化。另外，部分地区由于超采地下水造成地面沉降和海岸地下水层中淡水水位下降，这也是造成土壤次生盐渍化的原因之一。

(2) **大气水分沉降**　滨海地区受海风的影响，大量小粒径含盐水珠由海面上空向大陆飘移，成为滨海盐渍土地表盐分的来源之一。盐分沉降速率与风速、离海距离、海拔高度及微地形有关。在离海不太远的陆地，一年内海风可以给土壤输送10kg/hm² 的氯盐；离海较远的地区，每年也可从海水中得到1kg/hm² 的氯盐。

(3) **人类活动**　人类在生产或生活中排放的含氯废水或废气，通过水流或降雨进入土壤，也会导致盐渍化的发生。农业生产中施用的含氯化肥，在农田土壤中残留或通过农业污水进入水系，进而污染其他立地的土壤。北方城市在冬季使用融雪盐，也会造成土壤含氯量增加，严重危害园林树木的事例时有发生。一些经营海产品的餐馆及集贸市场附近，土壤盐渍化的程度更高，园林树木受盐害的情况经常可见。一些滨海城市常用滩涂淤泥来改造地形，也会造成局部土壤含盐量的增高。

(4) **海水倒灌**　潮汐后在海水浸淹过的地方留下的大量盐分，是滨海低洼处土壤次生盐渍化的主要原因之一。在夏秋季节，我国东南沿海常有台风登陆，此时若遇天文大潮，在台风和海潮双重因素的作用下，海水入侵的幅度和强度加大。而海浪冲击堤岸时激起的水沫在强劲的海风吹刮下，可影响距海岸带很远的范围。此外，在缺乏挡潮闸的内河入海口，也存在因海水涨潮入侵，促使土壤盐渍化发生的现象。

10.2.2.2　盐碱地对树木生长的影响

(1) **引发生理干旱**　由于盐碱土中积盐过多，土壤溶液的渗透压远高于正常值，导致树木根系吸收养分、水分非常困难，甚至会出现水分从根细胞外渗的情况，破坏了树体内正常的水分代谢，造成生理干旱，树体萎蔫、生长停滞甚至全株死亡。一般情况下，土壤表层含盐量超过0.6%时，大多数树种已不能正常生长；土壤中可溶性含盐量超过1.0%时，只有一些特殊耐盐树种才能生长。

(2) **危害树体组织**　在土壤pH值居高的情况下，OH⁻对树体产生直接毒害。这是因为树体内积聚的过多盐分，使蛋白质合成受到严重阻碍，从而导致含氮的中间代谢产物积累，造成树体组织的细胞中毒。盐碱的腐蚀作用也能使树木组织直接受到破坏。

(3) **滞缓营养吸收**　过多的盐分使土壤物理性状恶化、肥力减低，树体需要的营养元素摄入减慢，利用转化率也减弱。Na⁺ 的竞争，使树体对钾、磷和其他营养元素（主要是微量元素）的吸收减少，磷的转移受抑，严重影响树体的营养状况。

(4) **影响气孔开闭**　在高浓度盐分作用下，叶片气孔保卫细胞内的淀粉形成受阻，气孔不能关闭，树木容易因水分过度蒸腾而干枯死亡。

10.2.2.3　适于盐碱地栽植的主要树木种类

(1) **树种的耐盐性**　耐盐树种具有适应盐碱生态环境的形态和生理特性，能在其他树种不能生长的盐渍土中正常生长。这类树种一般体小质硬，叶片小而少，蒸腾面积小；叶面气孔下陷，表皮细胞外壁厚，常附生茸毛，可减少水分蒸腾；叶肉中栅栏组织发达，细胞间隙小，有利于提高光合作用的效率。有些耐盐树种，其细胞渗透压可在40个大气压以上，能建立阻止盐分进入的屏障；或能通过茎、叶的分泌腺把进入树体内的盐分排出，如柽柳、红树等；或能阻止进入体内的盐分进一步地扩散和输送，从而避免或减轻盐分的伤害作用，保证其正常的生理活动。也有的树种体内含有较多的可溶性有机酸和糖类，细胞渗透压增大，提高了从土壤中吸收水分的能力，如胡颓子等。

树种耐盐性是一个相对值，它以树体生长的气候和栽培条件为基础，树种、土壤和环境因素的相互关系都对树木的抗盐性产生影响。因此反映树木内在生物学特性的绝对耐盐力是难以确定的。不同的树木种类或品种，其耐盐性有很大的差别，而同一树种的树体处于不同的发育阶段，或生长在不同的土壤与气候环境条件下，其耐盐性也不相同。一般而言，种子萌发及幼苗期的耐盐性最差，其次是生殖生长期，而其他发育阶段对盐胁迫的相对敏感性较弱。

温度、相对湿度及降水等气候因素对树木耐盐性也产生较大的影响。一般来说，在恶劣的气候条件下（炎热、干燥、大风），树体盐害症状加重。由于土壤湿度影响土壤中的盐分转移、吸收，影响树木体内生化过程及水分蒸腾，生长在炎热干燥气候条件下的树体，大多较湿冷条件下对盐更为敏感。而较高的空气湿度使得蒸腾降低、能缓解由于盐度而引起的水分失调的影响。故提高土壤湿度和空气湿度均有助于提高树体的耐盐性，特别是对盐分敏感的树种，更具作用。

(2) 常见的主要耐盐树种　一般树木的耐盐力为 $0.1\%\sim0.2\%$，耐盐力较强的树种为 $0.4\%\sim0.5\%$，强耐盐力的树种可达 $0.6\%\sim1.0\%$。可用于滨海盐碱地栽植的树种主要有：

① 黑松　能抗含盐海风和海雾，是唯一能在盐碱地用作园林绿化的松类树种，尤其适于在海拔 600m 以上的山地栽植。

② 北美圆柏　能在含盐 $0.3\%\sim0.5\%$ 的土壤中生长。

③ 胡杨　能在含盐量 1% 的盐碱地生长，是荒漠盐土上的主要绿化树种。

④ 火炬树　原产于北美，林缘生长的灌木或小乔木，浅根且萌根力强，是盐碱地栽植的主要园林树种。

⑤ 白蜡　深根系乔木，根系发达，萌蘖性强，在含盐量 $0.2\%\sim0.3\%$ 的盐土生长良好，木质优良，叶色秋黄，具耐水湿能力强，是极好的滩涂盐碱地栽植树种。

⑥ 沙枣　适宜在含盐量 0.6% 的盐碱土栽植，在含盐量不超过 1.5% 的土壤中尚能生长。

⑦ 合欢　根系发达的灌木或小乔木，对硫酸盐的抗性强，耐盐量可达 1.5% 以上，适宜在含盐量 0.5% 的轻盐碱土栽植。花有浓香，果可食用或加工，木材坚韧，根部具根瘤，被誉为耐盐碱栽植的宝树。但耐氯化盐能力弱，超过 0.4% 则不适生长。

⑧ 苦楝　一年生苗可在含盐量 0.6% 的盐渍土生长，是盐渍土地区不可多得的耐盐、耐湿树种。

⑨ 紫穗槐　根部有固氮根瘤菌，落叶中含有大量的酸性物质能中和土壤的碱性，改善土壤的理化性质，也可增加土壤腐殖质。紫穗槐适应性广，能抗严寒、耐干旱，在含盐量 1% 的盐碱地也能生长且生长迅速，为盐碱地绿化的先锋树种。

另外如国槐、柽柳、垂柳、刺槐、侧柏、龙柏等都具有一定的耐盐能力，单叶蔓荆、枸杞、小叶女贞、石榴、月季、木槿等均是耐盐碱土栽植的优良树种。

10.2.2.4　盐碱地树木栽植技术

(1) 施用土壤改良剂　施用土壤改良剂可达到直接在盐碱土栽植树木的目的，如施用石膏可中和土壤中的碱，适用于小面积盐碱地改良，施用量为 $3\sim4t/hm^2$。

(2) 防盐碱隔离层　对盐碱度高的土壤，可采用防盐碱隔离层来控制地下水位上升，阻止地表土壤返盐，在栽植区形成相对的局部少盐或无盐环境。具体方法为：在地表挖 1.2m 左右的坑，将坑的四周用塑料薄膜封闭，底部铺 20cm 石渣或炉渣，在石渣上铺 10cm 草肥，形成隔离盐碱环境、适合树木生长的小环境。天津园林绿化研究所的试验表明，采用此法第一年的平均土壤脱盐率为 26.2%，第二年为 6.6%，且树木成活率达到 85% 以上。

(3) 埋设渗水管　铺设渗水管可控制高矿化度的地下水位上升，防止土壤急剧返盐。天津园林绿化研究所采用渣石、水泥制成内径 20cm、长 100cm 的渗水管，埋设在距树体 $30\sim100cm$ 处，设有一定坡降并高于排水沟；距树体 $5\sim10m$ 处建一收水井，集中收水外排，第一年可使土壤脱盐 48.5%。采用此法栽植白蜡、垂柳、国槐、合欢等，树体生长良好。

（4）**暗管排水** 暗管排水的深度和间距可以不受土地利用率的制约，有效排水深度稳定，适用于重盐碱地区。单层暗管埋深 2m，间距 50cm；双层暗管第一层埋深 0.6m，第二层埋深 1.5m，上下两层在空间上形成交错布置，在上层与下层交会处垂直插入管道，使上层的积水由下层排出，下层管排水流入集水管。

（5）**抬高地面** 例如，天津园林绿化研究所在含盐量为 0.62％的地段，采用换土并抬高地面 20cm 栽种油松、侧柏、龙爪槐、合欢、碧桃、红叶李等树种，成活率达到 72％～88％。

（6）**躲避盐碱栽植** 土壤中的盐碱成分因季节而有变化，春季干旱、风大，土壤返盐重；秋季土壤经夏季雨淋盐分下移，部分盐分被排出土体，定植后，树木经秋、冬缓苗易成活，故为盐碱地树木栽植的最适季节。

（7）**生物技术改土** 主要指通过合理换茬种植，减少土壤的含盐量。如上海石化总厂，对新成陆的滨海盐渍土，采用种稻洗盐、种耐盐绿肥翻压改土的措施，仅用 1～2 年的时间，就降低了土壤含盐量 40％～50％。

（8）**施用盐碱改良肥** 盐碱改良肥内含钠离子吸附剂、多种酸化物及有机酸，是一种有机-无机型特种园艺肥料，pH 值为 5.0。利用酸碱中和、盐类转化、置换吸附原理，既能降低土壤 pH 值，又能改良土壤结构，提高土壤肥力，可有效用于各类盐碱土改良。

10.2.2.5 盐碱地的雪松栽植技术

（1）**改善立地条件** 雪松适生于土层深厚、肥沃、疏松、地势较高、排水良好的沙质壤土。当地下水位高于 1.5m 时，土壤种植层中水分多、氧气少，雪松根系不易伸展。而盐碱地区的地下水位往往过高，因此必须采用抬高地面、铺设隔离层、安放通气管、做地下排水系统等方法改善立地条件。隔离层铺设为：底层垫石子 20cm＋粗沙 10cm＋麦秸 10cm＋坑土 10cm。抬高地面的工程措施要因地制宜，在自然起伏地形上进行高地栽植，在规则式绿地中可利用花坛抬高地面。

（2）**配制专用基质** 专用基质的配制比例为：田园土 50％、泥炭 20％、炉渣 22％、蛭石 5％、改良肥 3％及适量的杀菌剂。专用基质土呈微酸性，土壤结构性能好，有良好的通气性，可有效控制渍水烂根，为雪松生长提供适宜的条件。

（3）**把握种植环节** 雪松栽的最佳季节是晚春或早秋，带土球直径为树干胸径的 8 倍为宜。栽植时，先在根部喷生根粉溶液，每株施用盐碱土改良肥 3kg 左右，与种植土拌匀施在根际周围。定植时可在树干周围竖埋几根通气管，以利透气。定植后，在根盘土壤表面覆盖一层锯末或粗沙，或经常保持树盘土壤疏松，以控制盐分在地面积累。浇水应一次浇透，灌溉水不宜浇用 pH 值超过 7.0、矿化度超过 2g/L 的碱性水。初冬应浇一次抗旱水，可有效防止低温下生理干旱的发生。雨季如遇水渍现象出现，可在根系范围内开穴透气，并浇 200 倍硫酸铜水溶液给根系消毒。

在重盐碱地区，为防止定植数年后的返碱现象，可每年在地表围绕树干挖宽 30cm、深 40cm 的环状沟，环径大小与树冠接近，沟内施用 2kg 盐碱土改良肥，及时浇水。地表深松土，增加表土有机覆盖物，改良土壤理化性质。盐碱地里盐的含量直接决定植物能否正常生长，排盐是关键。

① **盐碱地园林植物选择标准** 耐盐碱的苗木为主，南方偏酸，南方的苗木尽量不要选择，选择乡土树种为主。由于甲方设计和要求，植物种类无法更改。绿化施工企业一定选择当地或周边的苗子，适应性强。

② **盐碱地对园林植物的危害** 造成植物的生理干旱，从吸水变为失水；伤害植物的组织，特别是根系；引起代谢紊乱；影响植物的正常营养吸收；造成植物气孔不能关闭。

③ **绿化施工时应注意** 首先观察所在施工地裸露土壤的杂草，如果杂草丛生，长势不错，一般盐碱性都不强，适合大部分苗木种植，可以不做土壤改良。如果发现杂草都不多甚至不长，最好测一下盐碱数据，进行土壤改良后，再去栽苗。否则后期就会出现各种问题，导致养护成本大大增加。土壤改良一般选择硫酸亚铁、改碱肥、营养土。

④ **绿化养护时应注意以下事项**

a. **区分植物种类** 做好所在养护区域内的园林植物统计，区分出哪些是耐盐碱植物，哪些是耐盐碱性弱的植物，哪些是喜酸性土壤的植物。这样在养护中可以重点关注不耐盐碱的植物，可以及时发现问题，及时救治。

b. 定期改善土壤环境　每年建议改良土壤1～2次，可以使用硫酸亚铁、生物菌肥、有机质等。保持土壤盐碱在合理的范围，至少能降低侵害程度。

c. 浇水　浇水频率比正常土壤要高一些，浇水可以使盐往下移动，降低土壤中盐的含量，保证植物正常生长。干旱时水分蒸发，带动盐分上移，就会出现盐的含量增加，到一定程度就会产生危害，这也是为什么园林植物在盐碱地生长正常，突然会出现一些问题的主要原因。所以科学的养护对园林植物的长势至关重要。

d. 施肥　选择硫酸钾型复合肥和有机肥，可以酸碱中和，改善土壤透气性，也可使用疏松剂改善土壤透气性，利于排盐防涝。

e. 打药　很多盐碱地绿化中，浇灌的水都是碱性的，在打药时注意尽量选择中性或微酸性水，弱碱性的也可以。如果碱性强，药效会降低或不起作用，这个也要注意。

10.3　湿地植物栽植与养护

10.3.1　不同环境条件下的日常养护

挺水型植物的环境适应性一般较强，但对光照、温度、土壤、水体及其他环境、生物因子的要求也有差异，应根据不同情况，满足各自需要，并进行相应的使用和养护管理。

10.3.1.1　光照、温度

挺水型植物绝大部分夏绿冬枯，生长季节需要充足的阳光和较高的温度。千屈菜、黄菖蒲、梭鱼草等品种在光照不足时枝叶稀疏、节间长、花数量减少甚至无花。花叶石菖蒲及其同属植物石菖蒲能耐阴（但在向阳湿地也生长良好），菖蒲、鸢尾、花菖蒲、花叶香蒲、灯芯草、水毯草都能稍耐阴或耐半阴，其他品种则都需要充分的阳光。

适合这些品种生长的最佳温度为20～30℃（水面以下20cm处水温较气温一般要低1～3℃），当水温30℃以上时，不耐热的品种花叶香蒲、花菖蒲、梭鱼草和石菖蒲等叶尖或上部叶片焦灼。应喷水降温或水体换水，以保持青枝绿叶。10℃以下，植株停止生长。0～5℃大部分品种地上部分枯萎，以地下根茎和芽越冬，全年绿色期200～240天。黄花蔺不耐寒，2℃以下露地植株（包括地下根茎）全部冻萎，母株必须在10℃以上的保护地越冬。以上品种中，在上海地区常绿或半常绿的有花叶石菖蒲（包括石菖蒲）、鸢尾、黄菖蒲、灯芯草和水毯草。

10.3.1.2　土壤和营养补充

挺水型植物对栽培土壤要求不严，除建筑垃圾或底泥严重污染外，一般都能适应，但在疏松、肥沃的壤土、半黏土或层积淤泥上生长更好，其中花菖蒲喜中性或微酸性土，栽植时可予注意。

为补充土壤营养，冬春植株萌动之前，可用经发酵的饼肥和厩肥施入底泥（或盆土）作为基肥。生长茂盛、花量大的品种在生长期要适量进行追肥，以粒状化肥塞入泥面下7～10cm处或作叶面喷施。

生长在富营养化水体中的植株及大香菇草和锦绣苋等生长较快的品种，要控制肥料的施用，以免过度繁衍，影响景观。

10.3.1.3　水体环境

一般来说，挺水型草本园林植物在无严重污染的池、湖水域中都可栽植，但不同的品种，在生长习性和景观配置上，对水质也有不同要求。现大致分为三种类型：

水质清净、地面水在三类标准范围以内、贫营养化至中营养化之间：花叶水葱、欧洲芦荻、花叶香蒲、鸢尾、花叶石菖蒲、水毯草。

水质尚清净、地面水四类标准范围、中度营养化：花叶芦竹、花菖蒲、黄花蔺、泽泻、千屈菜、灯芯草。

水质较浊、地面水五类标准范围或富营养化：黄菖蒲、梭鱼草、大香菇草、锦绣苋、菖蒲。

10.3.2　修剪整理

枯萎枝叶的整修清理是挺水植物养护管理的重要内容。残枝败叶堆制沤肥或深埋焚毁能减少病虫害，使植株保持美观、整齐的姿态，植物残体在水中积存，会分解产生 H_2S 等气体，使水质恶化，并导致水体营养素的循环而使水体保持富营养化状态，所以修剪整理是防止水体污染的必要措施。

冬季清除植株地上枯萎部分，整剪留茬要低矮整齐。生长期修剪则结合疏删弱枝弱株，达到通风透光的目的。

许多挺水型植物无性繁殖能力强，如果超过设计需要的范围不予控制，便会造成过度蔓延的状况。大香菇草、锦绣苋以及黄菖蒲、梭鱼草、花叶芦竹等，在生长期需要结合修剪进行整治，切除多余根蘖，防止种子散播，以及使用围护、切边等措施进行土壤隔离。

10.4　容器园林植物栽植与养护

容器园林植物是指将具有观赏价值的植物置于适宜的容器中，以表现个体或群体美，从而美化和装饰环境。植物包括花卉及观花、观叶、观果的乔灌木，可以是草本，也可以是木本。近几年由于土地价格的上涨，绿地的数量逐渐减少，人们进行户外活动的空间也越来越少。于是在一些大面积的铺装上，甚至是建筑物的屋顶以及室内空间，植物成了一种必备的"装饰品"。为了使植物能够适应生长在钢筋混凝土的空间里，容器绿化就逐渐被广泛应用和接受。在欧美的市民广场或小公园等场所容器绿化的利用非常普遍，在日本也常有以容器绿化或立体花坛为主题的展览。在我国，容器绿化已经开始成为弥补地栽园林不足的又一新型绿化手段。

10.4.1　容器园林植物的特点

（1）**可移动性和临时性**　在硬质铺装上、不适合地栽的自然环境条件下、空间狭小无法栽植或者需要迅速达到美化环境的情况下，如城市广场、建筑空隙处、活动场所等，可采用容器植物进行环境绿化布置。特别是在节日庆祝和集会场所的临时布置上则更为适用，能快速组装成形，在很短的时间内获得令人意想不到的景观效果，更能烘托节日气氛。

（2）**灵活性**　容器植物能够充分利用空间，特别适合在狭小的空间如建筑屋顶、窗台、室内拐角处等小空间内使用，也可以对围栏、墙壁进行绿化，达到立体绿化的效果。它既可以在地栽模式不能达到良好效果或无法进行地栽的小空间内发挥作用，还可以对原有绿化景观进行点缀，增强空间的色彩美感，丰富视觉效果。容器植物可以搬动，施工灵活方便，可随时随地在需要的场所灵活摆放，迅速形成优美的景观效果。因此，容器植物具有空间灵活和施工灵活双重性。

（3）**多样性**　多样性主要体现在植物的多样性和容器的多样性。容器植物可包括花卉、树木。花卉在花色、花姿、花韵等方面创造独特的景观效果；树木在树形、树姿等方面表现其个体美或通过针、阔叶相互搭配所展现其群体美。容器花卉和树木一年四季可以满足人们的视觉享受，空间上植物的多样性也将植物的美从平面引向立体。

造型各异、风格不同的容器是容器植物进行绿化环境的一个重要成分，容器的选择是否适宜，直接影响到整个景观效果。因此，随着容器的材质、颜色、形状的变化，所营造的景观氛围也随之变化。

（4）**广泛性** 包括使用场所和植物选择范围的广泛性。容器植物因具有可移动性和灵活性等特点，造就了其使用场所的广泛性，不管是在城市广场、道路、公园绿地等开阔空间，还是在室内的局部空间，运用容器植物进行绿化都能营造出与传统园林不同的氛围。例如，城市广场的大型花柱、花球，既能欣赏植物的群体景观效果，又能体现整个城市的气度分车带、立交桥等的绿化，不仅可以增加建筑的艺术效果，而且也可以使整个道路环境更加整洁美观，并能有效地提高绿视率。

容器植物在季节或自然环境有限制的场所，具有扩大可利用植物范围的可能。例如在北方，能将栽植于户外的热带或亚热带的植物植于容器内，摆放在室内则会给寒冷的冬季增添一丝生机。因此，植物选择的多元化可形成多样化的植栽设计。此外，若定期更换植物种类，则会给同一场所带来不同的景观风格。

10.4.2 容器的类型及选择

10.4.2.1 容器的类型

常见的育苗容器有育苗盘（穴盘）、育苗钵、育苗筒等。

（1）**育苗盘** 多用塑料注塑而成，长60cm、宽45cm、厚10cm。穴盘育苗多采用机械化播种，也可手工播种，便于运输和管理，缺点是培育大龄苗时营养面积偏小。

（2）**育苗钵** 是指培育幼苗用的钵状容器，目前有塑料育苗钵和有机质育苗钵两类。塑料育苗钵采用使用方便的小型软塑料盆；有机质育苗钵是由牛粪、锯末、泥土、草浆混合搅拌或由泥炭压制而成，疏松透气，装满水后在盆底无孔的情况下，40～60min可全部渗出，与苗同时栽入土中，不伤根，没有缓苗期。

（3）**育苗筒** 是圆形无底的容器，规格多样，有塑料质和纸质两种。纸盆仅供培养幼苗用，特别适合于不耐移栽的花卉如香豌豆、矢车菊等。栽培时先在温室内用纸盆育苗，然后露地栽植，与育苗钵相比，育苗筒底部与床土相连，通气透水性好。缺点是根系容易扎入土壤中，大龄苗定植前起苗时伤根较多，播种或移苗也可用深8～10cm的浅素烧盆，最小的盆口直径为6cm，最大不超过50cm。

10.4.2.2 栽培容器

（1）**瓦盆** 瓦盆又称素烧盆、泥盆，是使用最广泛的栽培容器。土壤种花，一般首推使用瓦盆，它用黏土烧制而成，颜色有灰色和红色两种，质地粗糙，且具多孔性，有良好的通气、排水性能，符合根部呼吸生理要求，适合花卉的生长，价格低廉，应用广泛，但不适合栽植大型花木。

瓦盆通常为圆形，其大小规格不一，不同的植物种类对盆深的要求不同，一般最常用的是直径与盆高相等的标准盆，盆口直径6～30cm，底部有排水孔。杜鹃花和球根花卉适用比较浅的盆，这种盆的高度是上部内径的3/4，蔷薇和牡丹则用盆较深。

瓦盆可以重复使用，旧盆必须消毒后再用。使用新瓦盆应注意以下两点：一是冬季瓦盆不宜露天储藏，因为它们具有多孔性而易吸收外界水分，致使在低温下结冰、融化交替进行，造成瓦盆破碎。二是新的瓦盆在使用前必须先经水浸泡，否则，新的栽植盆可能从栽培基质中吸收很多水分，导致植物缺水。

（2）**釉盆** 釉盆又称陶瓷盆，其形状有圆形、方形、菱形等，外形美观，或素净典雅，或朴素大方，常刻有彩色图案，适于室内装饰。釉盆水分、空气流通不畅，对植物栽培不适宜，完全以美观为目的，适宜于配合花卉作套盆用，作为一种室内装饰。

（3）**塑料盆** 塑料盆是新兴的盆器，其特点是盆器轻巧，不易打碎，规格多，盆壁内体光滑，便于洗涤、消毒和脱盆，轻便耐用，方便运输，可长期并多次使用。但塑料盆因制作材料结构较紧密，盆壁孔隙少，壁面不容易吸收或蒸发水分，排水、通气性能比瓦盆差，因此要细心浇水，或通过改变培养土的物理性状使之疏松通气，例如肉质根系的植物对氧气要求较高，可在栽植前先填入通气性、排水性良好的多孔隙的栽培基质。

（4）**木盆和木桶** 木盆和木桶多用于栽植高大、浅根性观赏花木。一般选用材质坚硬、不易腐烂、厚度0.5～1.5cm的木板制作而成，其形状有圆形、方形，盆的两侧有铁制把手，搬动方便。木盆或木桶多做成上大下小的形状，以便于换盆。木质应经久耐用，不怕水湿，不易腐烂，以杉木或柏木较为适宜，木盆外部刷上有色油漆，既防腐又美观。盆底设排水孔，以便排水。木盆和木桶可以用于栽植大型的观叶植物如橡皮树、棕榈，放置于会场、厅堂，古朴自然。

（5）**紫砂盆** 紫砂盆外观华丽高贵，以江苏宜兴产的为上品，既精致美观，又有微弱的通气性。盆壁上常刻有各种图案，材质有粗砂、细砂、紫砂、红砂、乌砂、清砂等，多用于养护名贵的室内中小型盆花或栽植树桩盆景，由于通气性能稍差，适宜作套盆用。

（6）**兰盆** 兰盆是栽培附生兰及附生蕨类植物的专用盆，盆壁有各种形状的孔、洞，利于通气。栽培中常用藤条、竹篾编织成各种篮管，满足附生类植物根系生长及通气要求，代替兰盆，栽培效果较佳。

（7）**水养盆** 水养盆专用于水生花卉的盆栽盆底，无排水孔，盆面阔大而浅，如莲花盆，栽培室内装饰的沉水植物则采用较大的玻璃槽，以便于观赏。球根花卉水养盆多为陶制或瓷制的浅盆，如水仙盆。山水盆景用盆为特制的浅盆，水盆深浅不一，形式多样，常为瓷盆或陶盆。

（8）**吊盆** 吊盆是利用麻绳、尼龙绳、金属链等将花盆或容器悬挂起来，作为室内装饰，具有空中花园的特殊美感，可清楚观察植物的生长，适于作吊盆的容器有质地轻、不易破碎的彩色塑料花盆，颇有风情的竹筒，古色古香的器皿等。藤制的吊篮等既美观，又安全，可以悬挂于室内任何角落，常春藤、鸭跖草、吊兰、天门冬、蕨类等蔓性植物适宜栽种于吊盆中布置、观赏。

（9）**纸盆** 纸盆供培养幼苗专用，特别用于不耐移植的种类，如香豌豆、矢车菊等先在温室内用纸盆育苗，然后露地栽植。

10.4.2.3 其他栽培容器

（1）**盆套** 盆套是指栽培容器外附加的器具，用以遮蔽花卉栽培容器的不雅部分，达到最佳的观赏效果，使花卉与容器相得益彰，情趣盎然。盆套的形状、色彩、大小各异，风格不同，材料有金属、竹木、藤条、塑料、陶瓷或大理石等，形状可为咖啡杯形、圆形、方形、半边花篮形、罐形等。

（2）**玻璃器皿** 玻璃器皿可以栽植小型花卉和水培花卉。器皿的形状、大小多种多样，常用的有玻璃鱼缸、大型玻璃瓶、碗形玻璃皿。栽植时，先在容器底部放入栽培材料，然后将耐阴花卉如花叶竹芋、鸭跖草的小苗疏密有致地布置于容器中，放置于窗台或几架上，别具一格。

（3）**壁挂容器** 壁挂容器是将容器设置于墙壁上，设计成各种几何形状。如可将经过精细加工、涂饰的木板装上简单竖格，安装于墙壁上，格间摆设各种观赏植物，如绿萝、鸭跖草、吊兰、常春藤、蕨类等。在墙壁上设计不同形状的洞穴，将适当的栽培容器嵌入其中，墙壁装修时留出位置，然后再以观叶植物或其他花卉点缀于容器之中，别有一番情趣。

（4）**花架** 花架是用以摆放或悬挂植物的支架。花架可以任意变换位置，使室内更富新奇感，其式样和制作材料多种多样。

10.4.2.4 容器的选择

选择容器包括选择容器的大小、深浅、款式、色彩和质地，要求大小适中、深浅适宜、款式相配、色彩谐调、质地相宜。

（1）**种类选择** 一、二年生草花宜选用瓦盆、塑料营养钵；用于播种扦插的，宜选用瓦盆、塑料育苗钵、塑料育苗盘；栽种水仙、睡莲、荷花等喜水耐水的植物，可选用无底孔的玻璃制品、陶瓷制品、塑料制品容器；树桩盆景多用紫砂盆、釉盆等。

（2）**大小选择** 栽植容器的大小不定，主要以容纳满足植物生长所需的土壤为准，并有足够的深度固定植株。容器的大小一定要适中。容器过大，容器内显得空旷，植株显得体量过小，而且因为盛土多、蓄水多，常会造成烂根；容器过小，内置植株就会显得头重脚轻，缺乏稳定感，而且因为盛土少、蓄水少，常造成养分、水分供应不足，影响植物生长。一般掌握容器上口的直径或周径与植株冠幅的直径或周径接近。

（3）**色泽选择** 容器的色彩与植株的色彩要既有对比又相协调。一般来说，枝叶、花朵色彩淡的植物，宜配深色的容器；反之，则宜配浅色的容器。以便深浅相映，更能增强观赏性，配容器时还应考虑到植株茎（蔓）的色彩。

（4）**款式选择**　容器的款式要与所栽植物的形态相匹配，在格调上一致、谐调，同时还要考虑到有利于植株生长以及与摆设环境的协调。

10.4.3　容器植物的类型

10.4.3.1　按容器分类

（1）**花钵**　花钵是近年来在国内各城市中应用最普遍的一种装饰手法，分为固定式和移动式两类。多为口大底端小的倒圆台或倒棱台形状，质地多为砂岩、泥、瓷、塑料及木制品。随着制作工艺的进步，花钵在园林中的运用越来越注重自身的造型与配置植物的和谐统一。常通过列植或对植的方式装点道路两边、庄严的办公楼前、大门入口等处，也可将同一类型的花钵组合在一起摆放在广场，呈现环境色彩的跳动，起到画龙点睛的作用。

（2）**花篮**　花篮有多种形式，分为吊篮、壁篮、立篮等。最早出现最常见的是吊篮，起初流行于欧洲。花篮的形状大多为球形、半球形，可以从各个角度观赏其景观效果，展现花材的立体美。材质多为金属、塑料，做成网篮或者花盆式吊篮。将观花、赏叶的一种或几种植物栽植于容器内，经过合理的植物配置手法营造出别有风味的景观效果，既观容器的创意和新颖又赏植物的风姿、色彩，常悬挂于道路灯柱、墙壁以及其他狭小的空间。

（3）**花箱、花槽**　花箱、花槽是在城市景观中运用较为广泛的一种形式。其材质有木质、陶瓷、塑料、金属等多种材质，多为长方体，之后将一种或者几种植物种在其中，形成观花、观叶或组合容器花园的现代景观。可安放在窗台、阳台、建筑物的墙面，也可装饰在护栏等处。种植了花卉的花箱、花槽不仅美化了建筑物，柔化了线条，打破了建筑物固有的色彩，同时也给屋内的人构筑了一道亮丽的框景线。若在咖啡店、小酒吧门前摆放一些花箱，还可以吸引顾客，用由矮牵牛、常春藤等植物组成的花箱景观以线性方式排列，也可吸引游人视线。

（4）**花树、花球、花墙、花柱**　花树、花球、花墙、花柱都是以小型的盆栽植物为基本组合单位，通过圆形、柱形、长方形的支架搭建而成，可以让人们从各个角度观赏，增强了立体效果。这类景观装饰手法结合了造型外观效果的设计与植物栽植设计，是最能体现设计者创新力和想象力的一种手法。在节假日期间，这些形式是城市美化必不可少的表现形式，是营造热闹氛围、烘托节日气氛的重要表现手段，往往会成为城市某个地段的亮点和视觉焦点，呈现新颖别致的景观效果。

10.4.3.2　按植物特性分类

（1）**观叶类**

① 绿色叶类　绿色是大自然中各种颜色的调和剂，是园林中最常见的色彩。这类植物一年四季的叶色没有很大的变化，基本都是绿色系，常常作为容器植物的基调色系，陪衬其他色叶、开花植物，而且绿色叶类植物适合各种风格、造型的容器以使不会产生眼花缭乱的视觉效果。如白掌、夏威夷椰子、蕨类等。

② 红色叶类　这类植物颜色鲜艳，常用来点缀，起到画龙点睛的作用，以组合盆栽的形式用在公园绿地、道路等场所。红色叶植物并不是所有的叶色都是红色，也有部分是绿色和红色相间的，如一品红。也有一些春色叶为红色，如红叶石楠、四季桂。秋色叶是红色的，如南天竹等。

③ 黄色叶类　黄色明亮、活泼，明亮的黄色和鲜艳的红色组合能形成景观的视觉焦点，增强景观的视觉效果。常与欧式风格的容器相搭配。因此，黄色叶容器植物在园林中也常起点缀、装饰作用。黄色叶容器植物有金边黄杨等。

④ 紫色叶类　紫色叶植物是一种较为平静的色彩植物，使人产生一种虔诚和衰弱感，紫色在大自然中又是比较稀有的色彩，有高贵之感。紫色叶植物与容器搭配时可作为主景也可以成为配景，营造景观氛围。常见的紫色叶植物有紫鸭跖草、紫叶酢浆草等。

⑤ 花叶类　同一张叶片上有多种颜色，同一株植物能堆积出斑斓的色彩，多种色彩的植物，花叶类的容器植物运用时常摆放在室内观叶。如花叶玉簪、花叶冷水花、彩叶草、变叶木、网纹草等可以营造热

闹的氛围，在容器内若将花叶植物同纯色叶植物组合在一起，既活泼又沉稳，形成更自然的过渡。

（2）观花类　容器植物中按开花季节可分为春花类、夏花类、秋花类、冬花类。春花类有春鹃、红榴木、二月兰等，夏花类植物有水栀子、常夏石竹、夏鹃等。

运用容器植物造景时，除了观叶以外，更多的是观花，以弥补地栽园林的不足，营造色彩斑斓的植物景观。观花类植物有多种，根据其开花时间、花色来进行配置，常见花色有以下几种。

① 红色系　红色充满活力，给人温暖，往往形成视觉焦点，是容器花卉中常用的色彩。主要有叶子花、一串红、垂吊矮牵牛等。

② 黄色系　黄色花的种类比较多，常见的有黄菖蒲、南迎春等。

③ 橙色系　橙色花是植物色彩中重要又比较难得的色彩，地栽园林中应用较少，由于容器栽植可以培育各种花卉，因此作为传统园林中的一种点缀，形成视觉亮点。常用的有万寿菊、石蒜、朱顶红、秋海棠等。

④ 蓝色系　蓝色属于冷色系，给人一种清凉、宁静的感觉，运用蓝色植物造景营造安静的氛围。开蓝色花的容器植物有鸢尾、美女樱、三色堇等。

⑤ 紫色系　常见的适合容器种植的紫色植物种类有紫云英、石竹等。

（3）观果类　容器观果植物在园林中应用比较少，一些观果的植物不适合在容器内种植，最常见有结红果的火棘、南天竹、金橘等。

（4）观茎类　容器观茎类植物有几种，如酒瓶兰、香蒲，在植物配置时一般选择观赏部位不同的花材进行组合。

10.4.3.3　容器植物栽培的基质种类

容器栽植需要经常搬动，应选用疏松肥沃、容重较轻的基质为佳。

（1）有机基质　常见的有木屑、稻壳、泥炭、草炭、腐熟堆肥等。锯末的成本低，重量轻，便于使用，以中等细度的锯末或加适量比例的细刨花末混用水分扩散均匀，在粉碎的木屑中加入腐熟氮肥使用效果更佳。但松柏类锯末富含油脂，侧柏类锯末更含有毒素物质，未经处理不宜使用。泥炭由半分解的水生植物、沼泽地植被组成，因其来源、分解状况及矿物含量、pH值的不同，又分为泥炭藓、芦苇苔草、泥炭腐殖质三种。其中泥炭藓持水量高于本身干重的 10 倍，pH3.8～4.5，并富含有机氮（1%～2%），适于作基质使用。

（2）无机基质　常用的有蛭石、珍珠岩、沸石等。蛭石为云母类矿物，在炉中加热至 1000℃后膨胀形成孔多的海绵状小片，无毒无异味。在化学成分上为含有结晶水的镁-铝-铁硅酸盐，呈中性反应，具有良好的缓冲性能，持水力强，透气性差，适于栽培茶花、杜鹃等喜湿树种。珍珠岩属熔岩流形成的硅质矿物，矿石在炉中加热至 760℃成为海绵状小颗粒，不含矿质养分；容重 80～130kg/m³，pH5～7，没有阳离子交换性，无缓冲作用，颗粒结构坚固，通气性较好，但保水力差、水分蒸发快，特适木兰类等肉质根树种的栽培，可单独使用或与沙、园土混合使用。沸石的阳离子交换量（CEC）大，保肥能力强。

（3）有机与无机基质混合应用　草炭、泥炭等有机基质的养分含量多，但保水性差；蛭石、珍珠岩等无机基质有良好的保水性和透气性。一般情况下，栽植基质多采用富含有机质的草炭、泥炭与轻质保水的珍珠岩、蛭石成一定比例混合，两者优势互补、相得益彰。

10.4.4　容器园林植物的养护管理

10.4.4.1　肥水管理

自然条件下树体生长发育过程中需要的多种养分，大部分是从土壤中吸取的。容器栽植因受容器体积的限制，栽培基质所能供应的养分有限，因此水肥管理是容器栽植的重要措施。

容器栽植最有效的施肥方法是结合灌溉进行。施肥量根据树木生长阶段和季节特征确定。叶面施肥也是一种简单易行、用肥量小、发挥作用快的施肥方法。容器基质的封闭环境不利于根际水分的平衡，遇暴雨时不易排泄，干旱时又不易适时补充，故根据树体的生长需要适期给水是容器栽植养护技术的关键。水分管理一般采用浇灌、滴灌的方法，以滴灌设施最为经济、科学，并可实现计算机控制、自动管理。

10.4.4.2 整形修剪

容器栽植树木中存在的问题，除了水分、养分供应外，还因树冠庞大而影响其稳定性，易发生风倒。树木的树形、叶片、枝密度及绿叶期等特性都影响树冠受风面积，枝叶繁茂的常绿乔木更易被大风吹倒。适度修剪可减少树木的受风面，风从枝叶空隙中穿过可降低风倒的发生概率。在风大或多风的季节，将容器固定于地面是增加其稳定性的最稳妥措施。

容器栽植的树木根系生长发育有限，合理修剪可控制竞争枝、直立枝、徒长枝生长，从而控制树形和体量，保持一定的根冠比例，均衡生长；合理修剪还可控制新梢的长势和方向，均衡树势。

除此之外，容器栽植的树木，虽根系发育受容器的制约，养护成本及技术要求高，但容器栽植时的基质、肥料、水条件易固定，又方便管理与养护。因此，在裸地栽植树木困难的一些特殊立地环境，采用容器栽植可提高成活率。而一些珍稀树木、新引种的树木、移植困难的树木，也可先直接采用容器培育，成活后再行移植。

10.5　无土岩石地园林植物栽植养护

10.5.1　无土岩石地环境特点

常见的无土岩石地主要有在山地上建宅、筑路、架桥后对原地改造形成的人工坡面，采矿后破坏表层土壤裸露出的未风化岩石，因各种自然或人为因素导致滑坡形成的无土岩地，以及人造的岩石园、园林叠石假山等，大多缺乏树木生存所需的土壤或土层十分浅薄，缺少自然植被，是环境绿化中的特殊立地。无土岩石地的主要生境特点为难以固定树木的根系，缺少树木正常生长需要的水分和养分，树木生存环境恶劣。

因为岩石具发育节理，长年风化造成的裂缝或龟裂，可积聚少许土壤并蓄存一定量的水分；风化程度高的岩石，表面形成的风化层或龟裂部分，树木可能扎根生长。若岩石表面风化为保水性差的岩屑，在岩屑上铺上少量客土后，也能使某些树木维持生长。

10.5.2　无土岩石地的植物特征

无土岩石地缺土少水，能在此环境中生长的树木，在形态与生理上都发生了一系列与此环境相适应的特征。

(1) **矮生**　树体生长缓慢，株形矮小，呈团丛状或垫状，生命周期长，耐贫瘠土质、抗性强，多见于高山峭壁上生长的岩生类型。如黄山松、杜鹃花、紫穗槐、胡颓子、忍冬等。

(2) **硬叶**　植株含水量少，而且在丧失 1/2 含水量时仍不会死亡。叶面变小，多退化成鳞片状、针状，或叶边缘向背面卷曲，叶表面蜡质层厚、有角质，气孔主要分布在叶背面并有茸毛覆盖，水分蒸腾小。

(3) **深根**　根系发达，有时延伸达数十米，可穿透岩石的裂缝伸入下层土壤吸收营养和水分。有的根系能分泌有机酸风化岩石，或能吸收空气中的水分。

自然界中有一类树木称为岩生树木，适合在无土岩石地生长，而高山树木占岩生树木中的很大一部分。它们植株低矮、生长缓慢、生活期长，具耐贫瘠土质、抗性强等特点，如黄山松、马尾松、杜鹃花、锦带花、胡枝子、胡颓子、忍冬等。

10.5.3　无土岩石地的改造

(1) **客土改良**　客土改良是在无土岩石地栽植树木的最基本做法。岩石缝隙多的，可在缝隙中填入客土；整体坚硬的岩石，可局部打碎后再填入客土。

（2）"斯特比拉"纸浆喷布 "斯特比拉"是一种较长纤维的专用纸浆，将种子、泥土、肥料、黏合剂、水放在纸浆内搅拌，通过高压泵喷洒在岩石地上。由于纸浆中的纤维相互交错，形成密布孔隙，这种形如布格状的覆盖物有较强的保温、保水、固定种子的作用，尤其适于无土岩石地。

（3）水泥基质喷射 在铁路、公路、堤坝等工程建设中，经常要开挖大量边坡，从而破坏了原有植被覆盖层，形成大量的次生裸地，可采用水泥基质喷射技术辅助绿化。水泥基质是由固体、液体和气体三相物质组成的，具有一定强度的多孔人工材料。固体物质包括粗细不等的土壤矿质颗粒、胶结材料（低碱性水泥和河沙）、肥料和有机质以及其他混合物。基质中加入稻草秸秆等成孔材料，使固体物质之间形成形状和大小不等的孔隙，孔隙中充满水分和空气。基质铺设的厚度为3～10cm，基质与岩石间的结合，可借助抗拉强度高的尼龙高分子材料等编织而成的网布。施工前首先开挖、清理并平整岩石边坡的坡面，钻孔、清理并打入锚杆，挂网后喷射拌和种子的水泥基质，萌发后转入正常养护。此法不仅可大大减弱岩石的风化及雨水冲蚀，降低岩石边坡的不稳定性，而且在很大程度上改善了因工程施工破坏的生态环境，景观效果也很显著，但一般只适用于小灌木或地被植物栽植。

10.6 屋顶绿化

屋顶绿化是将植物集中栽植于屋顶区域的绿化模式。从广义的角度来讲，屋顶绿化可被视为布设并规划所有架空基底建筑上的绿化措施，如停车库、地下建筑、酒店及公寓等各类不同建筑物的屋顶。在城市推广屋顶绿化项目，既能为城市居民在快速的生活节奏和沉重的压力中提供舒缓压力、释放消极情绪的静谧之地，又能够在一定程度上改善当地的生态环境，缓解城市热岛效应，促进建筑节能减排，助力实现"碳中和"，是提高环境质量、调节小气候的可靠举措，也是装扮城市、美化景观的有效手段。屋顶绿化在城市的可持续发展过程中能切实扩大城市绿化空间，对实现城市经济发展与生态保护之间的高效协调大有裨益。

10.6.1 屋顶绿化类型

10.6.1.1 德国景观发展与研究协会标准

屋顶绿化的分类标准不尽相同。我国城市规划和园林绿化管理中尚无统一标准，一般习惯性地分为：植草型屋顶绿化、灌木型屋顶绿化、花园型屋顶绿化。

（1）植草型屋顶绿化 植草型是指屋顶绿化以草坪、苔藓类等为主，植物能自我生长。这一类型屋顶绿化几乎不需要管理养护，不需要人工灌溉，不需要修剪，需要的覆土层厚度较薄。植物在屋顶上能自我发展，自我维持，一年四季中随季节呈现不同的面貌。此类型屋顶绿化的功能以节约能源、保护环境、延长屋顶使用寿命为主。生长成型后高度在6～20cm，荷载49～146kg/m²，保持水分能力约23L/m²。

（2）灌木型屋顶绿化 灌木型屋顶绿化介于拓展型（植草型）与密集型（花园型）两者之间。需要定期养护，定期灌溉。可以种植从草坪到灌木的植物类型，生长成型后植物高度在13～25cm，荷载146～195kg/m²，保持水分能力约53L/m²。

（3）花园型屋顶绿化 花园型屋顶绿化的绿化与景观效果类似于地面花园。这类型屋顶绿化需要精心养护与灌溉。需要的覆土层较厚，因此对屋顶结构要求较高，不适合旧建筑改建。可选用的植物类型也较多，从草坪到灌木、乔木均可用。绿化生长成型后高度在15～100cm，荷载146～489kg/m²，保持水分能力约140L/m²。

10.6.1.2 按荷载大小分类

屋顶绿化的类型多种多样，根据不同的性质，分类也不同，目前国内外通常根据其荷载的大小将屋顶绿化分为两类：简单式屋顶绿化和花园式屋顶绿化。

(1) **简单式屋顶绿化**　又称轻型屋顶绿化，是利用低矮灌木或草坪、地被植物进行屋顶绿化，不设置园林小品等设施，一般不允许非维修人员活动的简单绿化形式。具有荷载轻、施工简单、建造和维护成本低等特点。其绿化形式有覆盖式绿化、固定种植池绿化、可移动容器绿化。

(2) **花园式屋顶绿化**　根据屋顶具体条件，选择小型乔木、低矮灌木和草坪、地被植物进行屋顶绿化植物配置，并设置园路、座椅、亭榭花架、体育设施等园林小品，提供一定的游览和休憩活动空间的复杂绿化。其对屋顶的荷载及种植基质要求严格，成本高，施工管理难，很难大面积营建。以突出生态效益和景观效益为原则，根据不同植物对基质厚度的要求，通过适当的微地形处理或种植池栽植形式进行绿化。

10.6.1.3　按屋顶绿化使用要求划分

(1) **公共游憩型**　该类型的屋顶绿化为满足公众的使用功能因而大多是一些较大型的屋顶花园。随着经济的发展，世界上一些高密度发展的城市均暴露出许多日益严重的城市问题，如过度的拥挤、公共开放空间缺乏、环境恶化等，使得一些繁华的城市中心区日渐面临不同程度的衰退，丧失其原有活力。政府和规划师试图通过营建更多的城市公共开放空间来提升城市环境的质量，增加其吸引力，使城市中心重新焕发生机，因此迎来了大量公共空间的建设或改造，出现了许多城市公共广场、公园和能满足公众游憩的屋顶平台花园。在一些公共广场的兴建和改造中，为了同时解决城市大量的交通停车问题，通常将这些公共空间建在地下、半地下的停车库或商场屋顶之上，最大限度地实现城市土地的综合开发利用价值，为城市公众的休憩、娱乐提供了宝贵的户外交往空间。它们虽然大多体现为城市公共广场或公园的形式，却都符合屋顶绿化的所有特征，是名副其实的屋顶花园。

(2) **营利型**　该类屋顶花园多建于一些大型的星级宾馆、酒店。这些宾馆、酒店不但具有豪华的装修和高档齐全的硬件设施，同时也非常注重其园林环境的建设，常常利用其裙楼、露台、屋顶等空间来营造无处不在的绿色环境，给宾客提供丰富的休闲场所，从而提升酒店自身的形象和竞争力。

(3) **家庭型**　该类屋顶花园多是一些有条件的住宅，在自家的天台或露台上建造小型花园，规模一般相对比较小，有些简单的则多以植物绿化为主。

(4) **科研、生产型**　该类屋顶花园以科学研究、生产为主要目的，多用于科学试验研究或利用屋顶进行一些瓜果蔬菜的栽培生产。

10.6.1.4　高度、位置划分

(1) **高层建筑屋顶绿化**　建在高层建筑屋顶的绿化因其离地面较高，它的植物生长条件比一般的低层屋顶绿化更为恶劣，所面临的造园条件更苛刻，其中最大的难题就是解决植物如何抗风的问题。另外，在夏季，位于高层建筑屋顶的植物生长要经受太阳更长时间直射带来的高温暴晒和干热风的影响，因为同时段的对比下，高层建筑的屋顶的干热环境要远恶劣于地面。然而，在高层建筑的屋顶绿化也有其得天独厚的优点，如视野开阔，于其间休憩、远眺可以给人带来舒畅、愉悦的心情。

(2) **低层建筑屋顶绿化**　建在低层建筑屋顶之上的屋顶绿化最为普遍，通常以覆被型屋顶绿化和游憩型屋顶绿化出现。

(3) **建筑的裙楼屋顶绿化**　在附建于主体建筑的裙楼、配楼屋顶，常常通过不同的屋顶绿化形式加以美化、利用。通常宾馆、公共建筑、商业建筑等面积较大的裙楼，在建筑设计的时候大多会有考虑将其作为日常使用的室外场所而预留较大的荷载，其中最好、最普遍的利用方式就是将裙楼建为供本楼公共使用的屋顶花园，这样不但可以通过园林绿化来衔接主体建筑与裙楼，遮蔽大部分的裸露屋顶、弱化建筑通风设备及冷却塔等的突兀感，起到美化建筑的效果，更可以为人提供景观宜人的户外活动、休憩空间。

(4) **室内屋顶绿化**　室内屋顶绿化是指建造在楼层的室内楼板上的绿化。此类型的屋顶绿化常被一些先锋建筑师所青睐而大量使用，目的是通过在建筑室内引入屋顶绿化来提高室内空间环境品质，利用其赏心悦目的自然要素打破普通建筑给人的冰冷生硬感，犹如置身于自然。

10.6.2　屋顶绿化的配置

10.6.2.1　配置原则

(1) **生态效益原则**　屋顶绿化植物的栽培目的是改善周围生态环境、获得良好的生态效益，因此在选取植物时应将生态效益放在第一位。

(2) **因地制宜原则**　应在综合考虑安全、气候、经济及目的等各方面因素的基础上选取合适的植物，秉承适地适树的理念，打造错落有致的植物景观，增强景观的美观性。

(3) **轻量化原则**　鉴于建筑荷载有限，无论是在绿化结构层材料的选取方面，还是在植物的选取中，都应尽可能地实现轻量化目标。在计算植物重量时，也需要将植物不同生长阶段的重量纳入计算分析中。

(4) **经济适用原则**　相较于地面绿化，屋顶绿化的造价一般更高，为大力推广屋顶绿化，应提高其经济性，根据绿化目的和预期成效，尽量选取价格实惠、造型美观且容易成活的乡土植物，加强对植物的定期养护，减少植物养护成本。

10.6.2.2　植物的选择

屋顶绿化环境特点主要表现在土层薄、营养物质少、缺少水分，且屋顶风大，阳光直射强烈，夏季温度较高，冬季寒冷，昼夜温差变化大。因此屋顶绿化植物选择应遵循如下原则：

① 遵循植物多样性和共生性原则，以生长特性和观赏价值相对稳定、滞尘控温能力较强的本地常用植物和引种成功的植物为主。

② 以低矮灌木、草坪、地被植物和攀缘植物等为主，原则上不用大乔木，有条件时可少量种植耐旱小乔木。

③ 应选择须根发达的植物，不宜选用根系穿透性较强的植物，防止植物根系穿透建筑防水层。

④ 选择易移植、耐修剪、耐粗放管理、生长缓慢的植物。

⑤ 选择抗风、抗倒伏、耐旱、耐瘠薄、耐极端温度、抗辐射能力强的植物。

⑥ 选择抗污性强，可耐受、吸收、滞留有害气体或污染物质的植物。

10.6.3　屋顶绿化栽植

10.6.3.1　苗木准备

首先根据屋顶绿化设计方案，选择合适的植物种类，并做好苗木准备。苗木准备包括选择苗木、起苗、运苗、假植（针对当天或较长时间未能栽植完毕的树木）和苗木修剪。栽植前应进行苗木修剪造型，围绕根系修剪，苗冠也进行修剪，要求树木具有较好的观赏形态，分枝合理，苗木地上地下部分形态合理。

10.6.3.2　屋顶处理

屋顶处理主要做防水层、阻根层、排水层、过滤层等处理。

(1) **防水层**　屋顶绿化防水做法应达到二级建筑防水标准。绿化施工前应进行防水检测并及时补漏，必要时做二次防水处理。宜优先选择耐植物根系穿透的防水材料。

① **刚性防水层**　在钢筋混凝土结构层上用普通硅酸盐水泥沙浆掺 5% 防水剂抹面。造价低，但怕震动。耐水、耐热性差，暴晒后易开裂。

② **柔性防水层**　用油、毡等防水材料分层粘贴而成，通常为三油二毡或二油一毡。使用寿命短、耐热性差。

③ **涂膜防水层**　用聚氨酯等油性化工涂料涂刷成一定厚度的防水膜，高温下易老化。

(2) **阻根层**　一般有合金、橡胶、PE（聚乙烯）和 HDPE（高密度聚乙烯）等材料类型，用于防止植物根系穿透防水层。阻根层铺设在排（蓄）水层下，搭接宽度不小于 100cm，并向建筑侧墙面延伸15～20cm。

（3）**排水层** 一般包括排（蓄）水板、陶砾（荷载允许时使用）和排水管（屋顶排水坡度较大时使用）等不同的排（蓄）水形式，用于改善基质的通气状况，迅速排出多余水分，有效缓解瞬时压力，并可蓄存少量水分。排（蓄）水层铺设在过滤层下。应向建筑侧墙面延伸至基质表层下方5cm处。施工时应根据排水口设置排水观察井，并定期检查屋顶排水系统的通畅情况。及时清理枯枝落叶，防止排水口堵塞造成壅水倒流。

（4）**过滤层** 一般采用既能透水又能过滤的聚酯纤维无纺布等材料，用于阻止基质进入排水层。隔离过滤层铺设在基质层下，搭接缝的有效宽度应达到10～20cm，并向建筑侧墙面延伸至基质表层下方5cm处。

10.6.3.3 栽植施工

（1）**砌种植槽、搭建棚架** 花台、种植槽、棚架应搭建在承重墙上，尽量选轻质材料；确定合理的花台、种植槽、棚架规格（宽度、深度、高度）；满足植物生长需要，又减轻荷重；直接安放多功能轻型人工种植盘。

（2）**种植土层铺设** 一般的泥土荷载较大，同时在土壤的营养和保水性方面也不能满足屋顶绿化的需求。因此在屋顶绿化种植时一般均采用专门配制的轻质土壤。

基质要求：屋顶绿化树木栽植的基质除了要满足提供水分、养分的一般要求外，应尽量采用轻质材料，以减少屋面载荷。基质应质量轻，排水好，通透性好，保水保肥能力强，清洁无毒，pH6.5～7.5。常用基质有田园土、泥炭土、草炭、木屑、河沙、轻质骨料、腐殖土等。

基质配制：肥沃土壤＋排水材料＋轻质骨料等。

（3）**栽植技术** 应明确屋顶结构、种植环境、屋顶平面布局等，放置种植土壤，确定园林、建筑小品的空间位置，用石灰放线，在特定种植位置完成散苗、配苗，要求苗木定点放样位置准确，能根据设计图纸要求完成对应放样，通过检查各个部分是否符合种植设计要求，位置是否正确，要求种植规范符合屋顶施工标准。

① 严格遵循园林树木栽植技术规程，依设计方案实施；

② 绿化植物应以小乔木和灌木、草本为主，选用容器苗；

③ 树木种植穴或栽植容器等应放在承重墙或柱上；

④ 树木种植应由大到小、由里到外逐步进行；

⑤ 种植高于2m的植物应设防风设施；

⑥ 容器种植有固定式和移动式，应注意安全，减轻荷重；

⑦ 乔灌木主干距屋面边界的距离应大于乔灌木本身的高度；

⑧ 尽量利用多种植物色彩、花果丰富屋顶绿化景观效果；

⑨ 苗木种植搭配合理、规格统一、种植整齐，种植完毕后应清理现场。

10.6.4 屋顶绿化养护

10.6.4.1 科学施肥、及时浇水

屋顶绿化植物的健壮生长离不开水、肥料等物质的滋养，一旦缺水或者肥料不足，势必会影响植物的正常生长，因此在种植植物的过程中，一定要科学施肥、及时浇水。

（1）**浇水** 屋顶绿化植物种植位置普遍较高，且遮阴较少，在太阳直射的情况下，温度较高，耗水非常快，因此对水量的需求非常大。在降水量比较少时，建议早晚分别浇水1次，并且一定要浇足水，保证将植物浇透，满足植物生长需求，切忌在中午或高温情况下灌溉。对于粉尘污染程度比较高的区域，应加大对植物的冲洗力度，保证植物叶面清洁无尘。一定要在综合考虑天气条件、土壤干湿度等各方面因素的基础上合理浇水，既不可过度浇水，也不可使植物处于缺水状态，通常2～3天浇水1次。

（2）**施肥** 根据植物长势，合理安排施肥次数和施肥量，最好施用复合型环保缓释有机肥，改善基质层的透气性，施肥后应及时洒水溶解。在植物进入快速生长期后，建议每年施肥至少2次。养护人员需要

全面准确地了解不同种类植物长势和习性，结合其实际生长情况做好施肥工作。在施肥前，通过浇水的方式清洗叶面，保证植物叶面洁净无尘，之后根据肥料使用说明书进行施肥，一定要合理把控肥料的施用量，若施肥过多，可能导致植物被"烧死"。

10.6.4.2 及时补充植物栽培基质

因植物生长消耗或渗透流失会造成基质减少，因此在管理和养护屋顶绿化植物的过程中，应根据植物的类别、生长习性等选取并补充合适的栽培基质，为植物健康生长提供良好的土壤环境。

目前，轻型营养基质凭借着营养丰富、轻质化等优势得到大力推广和积极应用，它主要由有机肥、草炭土、深层田园土（建议配比 1：1：2）构成，pH 值保持在 6.5～8.0。也可采用由椰糠、海苔、泥炭土 3 种单一基质共同构成的复合基质。其中，椰糠和海苔保湿效果好，泥炭土营养丰富，可有效满足植物生长需求。在实践中，出于成本和可持续性考虑，建议对已有土壤进行改良处理，也建议使用轻型营养基质。总之，应根据植物的长势及习性选取合适的栽培基质，及时补给栽培基质，每年补充 1～2 次。

10.6.4.3 适时整形修剪

南方城市的温度普遍较高，屋顶植物的生长速度较快，若不及时修剪绿植、剔除病枝，既不利于植物健康快速地生长，也会影响植物的美观性。因此要增强植物养护意识，根据植物实际生长情况进行针对性修剪，严格控制植株高度和疏密度，以期在改善植物生长条件的同时使其造型变得更加美观，带给人们良好的体验。在对植物进行修剪时，应自觉遵守科学、专业及实用的基本准则，根据植物生长情况进行修剪，促进植物和城市环境高度协调，获得良好的绿化效果。

在城市屋顶种植花草灌木时，不宜过早撤除种植植物时安装的固定护栏，若提前撤除，可能会出现植株歪斜的情况，影响植物的健壮成长。在对植物进行修剪之前，修剪人员最好能够查阅相关方面的资料，学习修剪的技巧、方法及注意事项，掌握不同植物的修剪要求。在修剪过程中必须重视植物群落结构，在外貌、色彩及线条等方面处理得丰富多样、美观协调，使其具有一定的艺术性和观赏性。按照群落整体结构要求，合理进行整形修剪。为避免由于细根的存在造成植物生长缓慢，应根据植物根须的实际发育情况做好剪根工作，一般是在秋季时剪根，即在植物培养池内壁切出一个长约 70cm 的口子，直至树池底部，直接用刀将根茎切除，而后在此位置填上种植基质，将其压实后适量浇水施肥。

10.6.4.4 病虫害防治

在屋顶植物生长的过程中，应加强对各类病虫害的全面防治，避免植物罹患疾病、遭受害虫蚕食而生长滞后甚至凋零。对于病虫害防治，应秉承"预防为主、综合治理"的原则。在最初购买屋顶绿化植物时，应对新购入的各类植物进行严格规范的隔离，避免其本身疾病或者虫害传染至其他植物上。一旦发现病虫害，务必要及时采取针对性措施进行果断处置，准确快速地处理染病的植物或者枝叶，全面切断一切传染源。

屋顶绿化植物在生长过程中主要面临金龟子、天牛及地老虎等害虫，应加强对植物生长情况的动态化、持续化关注，及时发现已染病或者已遭受虫害的植物，积极进行针对性治理。花草灌木极易受到木虱的侵害，介壳虫的出现概率也较大，可喷施杀扑磷等药剂。

屋顶绿化植物易遭受的病害主要有炭疽病、根腐病等，可喷施硫菌灵等常规药物，具体剂量可参照产品说明书及植物生长情况。在日常管理植物的过程中，要及时清理枯枝烂叶，快速排出渍水，以免病菌繁殖，造成植物根系受损。

10.7 垂直立面园林植物栽培养护

垂直绿化是利用藤本植物绿化屋顶、墙面以及凉廊、棚架、灯柱、园门、篱垣、桥涵、驳岸等建筑物或构筑物垂直立面的一种绿化形式，可有效增加城市绿地率和绿化覆盖率，减少炎热夏季的太阳辐射影响，有效改善城市生态环境，提高城市人居环境质量，对提高城市绿化质量、美化特殊空间等具有独到的生态环境效益和观赏效能。

10.7.1 垂直立面园林植物的种类

藤蔓植物的种类繁多，常见的有钩刺式和缠绕式。常见的钩刺类藤蔓植物是野蔷薇和木香，能够利用枝蔓上的钩刺向上攀附，但是这一类植物攀附性较差，往往需要通过人工辅助的方式，使其能够不断地向上生长，固定在其他物体中进行不断攀岩。常见的缠绕式类藤蔓植物有常绿油麻藤和鸡血藤，这一类型的藤蔓具备一定的粗度，靠着自身的支撑向上生长，其次还有一些草本植物，比如啤酒花、何首乌等，都是通过左右旋转的本能朝着向上的方向而不断生长。垂直绿化树种大多为藤本植物，垂直绿化树种中又根据有无攀缘能力分为攀缘藤本和垂悬灌木，攀缘藤本根据攀缘特性又可分为缠绕类、吸附类、卷须类和钩攀类四大类。

10.7.1.1 攀缘藤本

① 缠绕类　依靠自己的主茎或叶轴缠绕他物向上生长的藤本，如紫藤、金银花、木通、南蛇藤、木防己、铁线莲等。

② 吸附类　依靠茎上的不定根或吸盘吸附他物攀缘生长的藤本，如地锦、凌霄、薜荔、常春藤、扶芳藤等。

③ 卷须类　借助于由枝、叶、托叶的先端变态特化而成的卷须攀缘生长的藤本，如葡萄、五叶地锦等。

④ 钩攀类　不具有缠绕特性，也无卷须、吸盘、吸附根等特化器官，茎长而细软或有钩刺的藤本，如枸杞、蔓性蔷薇、木香、云实等。

10.7.1.2 垂悬灌木

垂悬灌木指不具有缠绕特性，也无卷须、吸盘、吸附根等特化器官，茎长而细软，披散下垂的一类藤本，如迎春、枸杞、藤本月季、蔷薇、木香等。

10.7.2 城市垂直绿化的主要类型

10.7.2.1 墙面绿化

墙面绿化指各类建筑物墙面表面的垂直绿化。可极大地丰富墙面景观，增加墙面的自然气息，对建筑外表具有良好的装饰作用。在炎热的夏季，墙体垂直绿化，更可有效阻止太阳辐射、降低居室内的空气温度，具有良好的生态效益。

由于墙体的粉饰材料与整体结构大不相同，因此在选取垂直绿化植物时，应根据现场实际情况选择不同的植物种类，运用不同的种植方式，使垂直植物的形态、色彩、质感，能够与墙体相互协调、相互融合。同时还应结合建筑物特点和园林绿化设施特点等各方面因素进行垂直绿化建设。可选择具有卷须或吸盘攀缘而上的藤本植物，例如地锦、凌霄、络石等，此类植物可沿着墙壁、墙面与篱笆等表面攀爬而上，可不借助牵引物或支架也能达到较高的绿化高度。

10.7.2.2 棚架绿化

棚架或花架绿化是指攀缘植物在有限范围内，借助各种形式的结构物攀缘而生，从而形成层次丰富、形式多样的绿化景观。棚架绿化植物可根据棚架的特点，选择缠绕性较强的植物，例如紫藤、金银花以及葡萄等。花架绿化植物可选择月季、木香等长蔓性藤本植物，在与墙面保持适度距离并在牵引的扶持下，可装点庭院、公园等场所。藤本植物可在不同环境下迅速生长，并且枝繁叶茂的生长态势，可起到较好的绿化效果。在休闲广场、公园等场所架设棚架与花架的绿化设施，可美化人们的生活环境，为人们提供环境优美的公共休闲场所。

10.7.2.3　篱垣绿化

藤本植物在栅栏、铁丝网、花格围墙上缠绕攀附，或繁花满篱，或枝繁叶茂、叶色秀丽，可使篱垣因植物覆盖而显得亲切、和谐。栅栏、花格围墙上多应用带刺的藤本植物攀附其上，既美化了环境，又具有很好的防护功能。常用的有藤本月季、金银花、扶芳藤、凌霄、油麻藤等，让其缠绕、吸附或人工辅助攀缘在篱垣上。

10.7.2.4　园门造景

园门造景城市园林和庭院中各式各样的园门，如果利用藤本植物攀缘绿化，则别具情趣，可明显增加园门的观赏效果。适于园门造景的藤本植物有叶子花、木香、紫藤、木通、凌霄、金银花、金樱子、藤本月季等，利用其缠绕性、吸附性或人工辅助攀附在门廊上，可进行人工造型，或让其枝条自然悬垂。观花藤本植物盛花期繁花似锦，园门自然情趣更为浓厚，地锦、络石等观叶藤本植物攀附门廊，炎炎夏日，浓荫匝地。

10.7.2.5　山石岸坡绿化

山石是园林中最富野趣的景观。若在山石上覆盖藤本植物，则使山石与周围环境很好地协调过渡，但在种植时要注意避免山石过分暴露而显得生硬，同时又不能覆盖过多，以若隐若现为佳。常用于覆盖山石的藤本有地锦、常春藤、扶芳藤、络石、薜荔等。

在驳岸旁种植藤本植物，利用其枝条、叶蔓绿化驳岸。驳岸的绿化可选择两种形式，既可在岸脚种植带吸盘或气生根的地锦、常春藤、络石等，亦可在岸顶种植垂悬类的紫藤、蔷薇类、迎春、迎夏、花叶蔓长春等。

常见的陡坡有台壁、土坡等，陡坡采用藤本植物覆盖，一方面既遮盖裸露地表，美化坡地，起到绿化、美化作用，另一方面又可防止水土流失。一般选用地锦、东京银背藤、常春藤、藤本月季、薜荔、扶芳藤、迎春、迎夏、络石等。在花坛的台壁、台阶两侧可吸附地锦、常春藤等，其叶幕浓密，使台壁绿意盎然，自然生动。在花台上种植迎春、枸杞等蔓生类藤本，其绿枝婆娑潇洒，犹如美妙的挂帘。于黄土坡上植以藤本植物既遮盖裸露地表，美化坡地，又具有固土的功效。

10.7.2.6　桥涵柱墙

城市桥梁、高架、立交桥立柱绿化，指利用一些具吸盘或吸附根的攀缘植物，如地锦、络石、常春藤、凌霄等，对拱桥、石墩桥的桥墩和桥侧面进行的绿化，覆盖于桥洞上方，绿叶相掩，倒影成景。

10.7.2.7　屋顶居室

屋顶垂直绿化的主要形式有棚架、垂挂等，屋面不能铺设土层者，可设种植池或者盆栽攀缘、蔓生植物蔓延覆盖屋顶。对楼层不高的建筑或平房也可采用地面种植，牵引至屋顶覆盖。在平屋顶建棚架，可选用凌霄、木香等观赏价值高的藤木，或选用葡萄、猕猴桃、五味子等倍增生活情趣的经济植物。女儿墙、檐口和雨篷边缘墙外管道可选用常春藤、凌霄、地锦等进行垂直攀缘，也可选择野迎春、藤本月季、金银花等悬垂类植物形成绿色锦面。室内立体绿化如宾馆、公寓、商用楼、购物中心和住宅等室内的立体绿化可使人们工作、休息、娱乐的室内空间环境更加赏心悦目，达到调节紧张、消除疲劳的目的，有利于增进人体健康。立体绿化可有效分隔空间，美化建筑物内部的庭柱等构件，使室内空间由于绿化而充满生机和活力。室内植物生长环境与室外相比有较大的差异，如光照度明显低于室外、昼夜温差较室外小、空气湿度较小等，因此在室内立体绿化时必须首先了解室内环境条件及特点，掌握其变化规律，根据立体绿化植物的特性加以选择，以求在室内保持其正常的生长和达到满意的观赏效果。室内立体绿化的基本形式有攀缘和吊挂，可应用推广的种类有常春藤、络石、花叶蔓长春、绿萝、红宝石等。

10.7.2.8　柱体绿化

树干、电杆、灯柱等柱体进行垂直绿化，可攀缘具有吸附根、吸盘或缠绕茎的藤本，形成绿柱、花柱。金银花缠绕柱干，扶摇而上；地锦、络石、常春藤、薜荔等攀附干体，颇富林中野趣。但在电杆、灯柱上应用时要注意控制植株长势、适时修剪，避免影响供电、通信等设施的功能。

10.7.3 垂直立面园林植物应用原则

（1）**适宜种类选择** 不同的立体绿化植物对生态环境有不同的要求和适应能力，环境适宜则生长良好，否则便生长不良甚至死亡。栽培时首先要选择适应当地条件的种类即选用生态要求与当地条件吻合的种类。从外地引种时，最好先做引种试验或少量栽培，成功后再推广。将当地野生的乡土植物引入庭园栽培，生态条件虽基本一致，但常由于小环境的不同，某些重要生态条件类型如光照、空气湿度等差异可能较大，引种栽培也不能确保成功，必须引起注意。如原生于林下的立体绿化植物种类不耐直射全光照，而生于山谷间的种类则需要很高的空气湿度才能正常生长等。

（2）**生态功能选择** 立体绿化植物在形态、生态习性、应用形式上具有差异，其保护和改善生态环境的功能也不尽相同。例如，以降低室内气温为目的的立体绿化，应在屋顶、东墙和西墙的墙面绿化中选择叶片密度大、日晒不易萎蔫、隔热性好的攀缘植物，如地锦、薜荔等；以增加滞尘和隔音功能为主的立体绿化，应选择叶片大、表面粗糙、茸毛多或藤蔓纠结、叶片虽小但密度大的种类较为理想，如东京银背藤、络石等；在市区、工厂等空气污染较重的区域则应栽种能抗污染和能吸收一定量有毒气体的种类，降低空气中的有毒成分，改善空气质量；地面覆盖、保持水土，则应选择根系发达、枝繁叶茂、覆盖密度高的种类，如常春藤、爬行卫矛、络石、地锦等。

（3）**景观功能选择** 立体绿化植物的景观价值在城市园林景观建设中具有十分重要的意义。应用时，要同时关注科学性与艺术性两个方面。在满足植物生长，充分发挥立体绿化植物对环境的生态功能的同时，通过植物的形态美、色彩美、风韵美以及与环境之间的协调之美等要素来展现植物对环境的美化装饰作用，是立体绿化植物应用于园林的重要目的之一。

10.7.4 垂直立面园林植物栽植

10.7.4.1 施工前准备

（1）**了解栽植方案和环境** 施工前，应仔细核对设计图纸，掌握设计意图和施工技术要求，进行现场对图，如有不合适应做好相应调整。应实地调查了解栽植地给水、排水、土质、场地周围环境等情况。

（2）**场地准备** 墙面或围墙绿化时，需沿墙边带状整地，也可采用沿墙砌花槽填土种植。对墙面光滑植物难以攀附的，应事先采取安装条状或网状支架的辅助措施，促进植物攀附固定。

阳台、窗台绿化时，除场地允许用花盆种植外，还可采用支架外挂栽植槽供绿化，但必须考虑最大承重及支架挂件安全牢固、耐腐蚀，防止物件坠落。

棚架、桥柱绿化时，围绕棚架或桥柱的四周应进行整地，整地的宽度视现场条件情况一般以40～60cm为宜，对植物不易攀附的应采取牵引固定的措施。

裸露山体、护坡绿化时，应沿山边或坡边整地，宽度一般以50～80cm为宜；坡长度超过10m的，可采用其他工程措施在半坡处增设种植场地。

（3）**种植土准备** 直接下地种的土壤在栽植前应整地，翻地深度不得少于40cm；对含石块、砖头、瓦片等杂物较多的土壤，必须更换栽植土。栽植地点有效土层下方如有不透气层的，应用机械打碎，不能打碎的应钻穿，使土层上下贯通。

栽植前结合整地，应向土壤中施基肥，肥料应选择腐熟的有机肥，将肥料与基质拌匀，施入坑或槽内。

需要设置栽植槽等辅助设施提供栽植条件种植植物的情况，其栽植槽内净高宜为30～50cm；净宽宜为20～40cm，填种植土的高度应低于槽沿2～3cm，以防止水、土溢出。栽植槽填土应使用富含腐殖质且轻型的种植基质。

（4）**苗木准备**

① 选苗 在绿化设计中应根据施工图设计要求，根据垂直立面的朝向、光照、立地条件和成景的速度，科学合理地选择适宜的植物苗木。要求植株根系发达、生长苗壮、无病虫害。大部分垂直绿化可用小

苗，棚架绿化的苗木宜选大苗。

② 起苗与包装　落叶种类多采用裸根起苗，常绿类用带土苗。起苗后合理包装。

③ 运输与假植　起出待运的苗木植株应就地假植。裸根苗木在半天内的近距离运输，只需盖上帆布即可；运程超过半天的，装车后应先盖湿草帘再盖帆布；运程为 1～7 天的，根系应先蘸泥浆，用草袋包装装运，有条件时可加入适量湿苔等；途中最好能经常给苗株喷水，运抵后若发现根系较干，应先浸水，但以不超过 24h 为宜；未能及时种植的，应用湿土假植，假植时间超过 2 天应浇水管护。

10.7.4.2　栽植施工

(1) 栽植季节　华南地区，春、秋、冬均可栽植；华中、华东长江流域，春、秋季栽植；华北、西北南部，3～4 月份栽植；东北、西北、华北，4 月份栽植；西南，2～3 月份、6～9 月份栽植；非季节性栽植应采用容器苗。

(2) 栽植间距　植物的栽植间距按设计施工图要求，应考虑苗木品种、大小及要求绿化见效的时间长短合理确定，通常应为 40～50cm。

垂直绿化材料宜靠近建筑物和构筑物的基部栽植。墙面贴植，栽植间距为 80～100cm。

(3) 栽植步骤与方法

① 挖穴　垂直绿化植物多为深根性植物，穴应该略深些，穴径一般应比根幅或土球大 20～30cm，深与穴径相等或略深。蔓生性垂直绿化植物为 45～60cm；一般垂直绿化植物为 50～70cm。穴下部填土，加肥料层，若水位高还应添加沙层排水。

② 栽植苗修剪　垂直绿化植物的特点是根系发达，枝蔓覆盖面积大而茎蔓较细，起苗时容易损伤较多根系，为了确保栽植后水分平衡，对栽植苗留适当的芽后对主蔓和侧蔓适当重剪和疏剪；常绿类型以疏剪为主，适当短截，栽植时视根系损伤情况再行复剪。

③ 定植　栽植工序应紧密衔接，做到苗木随挖、随运、随种、随灌，裸根苗不得长时间暴晒和脱水；除吸附类作垂直立面或作地被的垂直绿化植物外，其他类型的栽植方法和一般的园林树木一样，即要做到"三埋二踩一提苗"，做到"穴大根舒、深浅适度、根土密接、定根水浇足"。裸露山体的垂直绿化宜在山体下面和上部栽植攀缘植物，有条件的可结合喷播、挂网、格栅等技术措施实施绿化。

④ 围堰浇水　栽植后应坚固树堰，用脚踏实土硬，以防跑水。苗木栽好后应立即浇第一遍水，过 2～3 天再浇第二遍水，两次水均应浇透。浇水时如遇跑水、下沉等情况，应随时填土补浇。第二次浇水后应进行根际培土，做到土面平整、疏松。

⑤ 牵引和固定　建筑物及构筑物的外立面用攀缘或藤本植物绿化时应根据植物生长需要进行牵引和固定，苗木种植时应将较多的分枝均匀地与墙面平行放置；护坡绿化应根据护坡的性质、质地、坡度的大小采用金属护网、砌条状护坝等措施固定栽植植物。

10.7.5　垂直立面园林植物养护与管理

植物栽种后往往要经过或长或短的生长期才能形成最终的绿化效果，所以对植物的养护和管理是能否达到预期设计目的的关键，而在植物形成绿化效果后同样需要对植物进行养护和管理才能使得绿化效果持久。在设计之初就应对养护和管理难度有所估计，并将养护和管理作为设计的一部分，贯穿在设计的始终。

10.7.5.1　浇灌

垂直绿化受到生长环境的限制较大，浇灌系统至关重要，特别是在建筑西墙绿化中如果盛夏不能及时浇水，绿化植物容易枯萎甚至死亡。另外，合适的水量不但利于植物生长而且还有降温的作用。目前垂直绿化中运用较普遍的灌溉方式有人工灌溉、机械喷灌和滴灌法。

(1) 人工灌溉　人工灌溉技术要求及成本较低，便于实施。但是对于建筑立面上人们不易达到的位置或者绿化面积较大时，人工灌溉的实施就存在着一定的困难。随着浇灌技术的进步及垂直绿化手段的日趋复杂，人工浇灌的方式越来越无法满足绿化需求。

(2) 机械喷灌　机械喷灌是在建筑立面上架设管道，通过安装动力设施将水喷灌到植物上。机械喷灌虽然初次投资较大，但是浇灌速度快，非常适合用于大面积绿化植物的浇灌。灌溉用的管道可以灵活地布置在建筑立面上，可以浇灌到建筑中的任何位置，既不会限制垂直绿化的面积大小，也不会限制垂直绿化的形式。采用机械喷灌的方式可以给予垂直绿化更灵活的设计空间。

（3）**滴灌法**　属于机械喷灌，但又有所不同，滴灌法需要动力设施，通过控制水压，使水缓慢地滴灌到土壤中，这种灌溉方式不仅用水节约，滴灌效果也较好。滴灌法可以将喷头直接插入植物的养护基质中，直接从植物根部对植物供水。

10.7.5.2　排水

供水固然重要，但是排水也一样重要。排水不但要将灌溉中多余的水量排出，还要特别考虑在雨季如何将大量的雨水排出，否则会影响植物正常生长甚至导致植物死亡。

10.7.5.3　施肥

施肥的目的在于提高生长基质的肥力保证植物正常生长，垂直绿化植物的基质中养料非常有限，对植物进行追肥是非常有必要的。由于垂直绿化布置生长基质的空间较狭小，植物的生长位置一般也都远离地面，所以不是很适合使用固体肥料。一般的做法是将肥料溶于水中，再通过灌溉系统浇灌到土壤中，形成追肥效果。

10.7.5.4　修剪和理藤

一方面，通过对植物的修剪和理藤，可以使植物的生长达到设计要求，形成美观的绿化效果，对植物的修剪和理藤本身就是垂直绿化设计的一部分。另一方面，适当的修剪可以去掉枯萎、瘦弱或疯长的植物枝叶，保证植物根部的吸收能力，使绿色植物快速健康地生长。

10.7.5.5　人工牵引

为了使攀缘植物的枝条沿依附物不断伸长生长，人工牵引的作用十分关键，具体可通过架设棚、廊、架等方式来进行牵引。人工牵引在栽植初期尤为关键，应当对新植苗木进行合理定向牵引。对于规模化垂直绿化来说，分配专人负责攀缘植物的牵引十分重要，整个周期从栽植开始到植株本身能独立沿依附物攀缘为止，并根据植物种类不同使用不同的牵引方法。

10.7.5.6　病虫害防治

天蛾、蚜虫、虎夜蛾、螨类、斑叶蜡蝉、叶蝉、白粉病等是攀缘植物的主要病虫害。对此应当以预防为主，及时对症下药，进行综合防治。在栽植过程中，尽量避免栽植密度过大，并保持良好的透光性与通风性，以降低病虫害发生概率。加强肥水管理有利于提高植物的抵抗力，使其健壮生长。清除杂草、落叶，有助于将病虫害的残留物清理干净，以免病虫害传播蔓延。发现病虫害应及时防治，可以采用化学防治法、生物防治法、物理防治法以及人工防治法等方法。在采用化学防治法时，应当尽量选用高效、低毒、低残留的药剂，以免造成环境污染。

10.7.5.7　中耕除草

中耕除草不仅可以有效保持土壤水分，还能够有效控制病虫害的发生。除草应遵循"早除为宜、彻底清除"的原则，在中耕除草时应不伤及植物根系。

第11章
古树名木的养护与管理

古树是树木考古学、年轮学、古生物学、化石科学、古生态学等学科的重要研究材料，是研究植物区系发生、发展及古代植物起源、演化和分布的重要实物，也是研究古代历史文化、古园林史、古气候、古地理、古水文的重要证据。古树名木是历史的见证，是社会文明程度的标志，是自然界和前人留给我们的宝贵财富，镌刻着时代的印迹。

11.1　古树名木的概念及保护价值

中国被誉为"世界园林之母"，表明我国的植物种质资源十分丰富，同时也造就了丰富的古树名木资源。据统计，我国共有古树名木约20万棵，大多数分布在城区、城郊和风景名胜区，其中千年以上的古树约占总数的20%。古树名木具有自然遗产和文化遗产的双重身份，其价值可以超越时间、空间和意识形态的限制，是连接历史和未来的纽带，在城市中是难得的自然景观和人文景观。保护和利用好古树名木，不仅在资源保护、旅游景观开发和城市建设中具有重要意义，而且在自然科学和社会科学领域都具有十分重要的现实和深远意义。

11.1.1　古树名木的概念

古树指树龄在100年以上的树木。名木则不受年龄限制，也不分级别，是指在历史上或社会上有重大影响的中外历代名人、领袖人物所植或者具有极其重要的历史、文化价值及纪念意义的树木。

古树和名木是两个既有区别又有联系的概念，在许多情况下，古树名木可体现在同一棵树上，当然也有名木不古或古树未名的。具有特殊景观，与名人或历史事件相联系者为特级古树。与古树相比，名木标准的外延要广得多，名木是与历史事件和名人相联系或珍贵稀有及国际交往的友谊树、礼品树和纪念树等有文化科学意义或其他社会影响而闻名的树木。其中又以姿态奇特的观赏价值而闻名，如黄山的"迎客松"、泰山的"卧龙松"、天坛的"九龙柏"、昌平县的"盘龙松"、北京中山公园的"槐柏合抱"等；有的以奇闻轶事而闻名，如北京孔庙大成殿前西侧，有一棵距今已700多年，传说其枝条曾碰掉权奸魏忠贤的帽子而大快人心的柏树，被后人称之为"锄奸柏"（侧柏，*Platycladus orientalis*）；有的以雄伟高大而出名，如北京市密云区新城子关帝庙遗址前，屹立着一棵巨大古柏，其高达25m，干周长7.5m，是唐代种植的，距今已1300多年，是北京的"古柏之最"，因它的粗干要好几个人伸臂合围才能抱拢，树冠由18个大枝组成，最细的枝也有一搂多粗，所以得名"九搂十八杈古柏"；如湖南长沙岳麓公园麓山寺前一株古罗汉松史称"六朝松"，树高9m，胸径88cm，冠幅100m^2，据史料记载栽于南北朝时期，距今已1500多年，可能是国内现存古罗汉松中的"寿星"之一。

11.1.2　古树名木的保护价值

(1) **古树名木具有社会历史价值**　我国传说的轩辕柏、周柏、秦柏、汉槐、隋梅、唐杏（银杏）、唐樟等古树，都是树龄高达千年的"寿星"，历经世事变迁和岁月洗礼、跨越历代，是中华民族悠久历史和灿烂文化的象征和佐证。如河北冉庄古槐，树龄约 1000 年，在抗战时期悬钟报警，为我抗日军民传递信息，称为"消息树"，现虽已枯亡，但精神依然存在；又如北京颐和园东宫门内的两株古柏，曾在英法联军侵略时被烤伤树皮，至今仍未痊愈闭合。可见，"名园易建，古木难求"，古树不仅具有重要的社会历史价值，有些也是开展爱国主义教育的重要素材。

(2) 古树名木具有文化艺术价值　各地不少古树名木曾与历代帝王、名士、文人、学者紧密相连，或为其手植，或受其赞美，或留下诗篇文赋、泼墨画作，均成为中华文化宝库中的艺术珍品。嵩阳书院的"将军柏"，有明、清文人赋诗三十余首。苏州拙政园文徵明手植紫藤，历经 500 年，其茎蔓直径逾 20cm，枝蔓盘曲蜿蜒逾 5m，似乎解读着拙政园的过往和荣衰。旁立光绪三十年江苏巡抚端方题写的"文徵明先生手植紫藤"青石碑。名园、名木、名碑，被朱德的老师李根源先生誉为"苏州三绝"之一，具极高的人文景观价值。又如陕西黄陵"轩辕庙"内有两棵古柏，一棵是"黄帝手植柏"，柏高近 20m，下围周长 10m，是目前我国最大的古柏之一。另一棵叫"挂甲柏"，枝干"斑痕累累，纵横成行，柏液渗出，晶莹奇目"。游客无不称奇，相传为汉武帝挂甲所致。这两棵古柏虽然年代久远，但至今仍枝叶繁茂，郁郁葱葱，毫无老态，此等奇景，堪称世界无双。

城市现代化建设中的拆迁改造，使众多古树的伴存生境和历史背景发生了巨大的变化，对其进行积极有效的保护利用，会使原有的历史典故和文化底蕴得以保存。江苏扬州雄踞文昌中路中心绿岛的 1200 年树龄的古银杏保护是比较成功的一例，既营造了古朴典雅的街心绿岛，又成为了扬州文化的城标和灵魂。

(3) 古树名木具有较好的景观价值　古树名木因其苍劲古雅、姿态奇特，成为名山大川、旅游胜地、名胜古迹的绝妙佳景，在园林中构成独特的景观，令中外游客流连忘返。北京太庙的古树有 710 多棵，树种多为侧柏或桧柏，为明代太庙初建时所植，少数为清代补种。其中最为高大的古柏为明成祖手植柏，也是太庙最为特别的古柏，此柏在 8m 高的斜枝上长出，蔚为奇观，也被称为"树上柏"。

黄山的"迎客松"、泰山的"卧龙松"，北京天坛公园的"九龙柏"、故宫御花园的"连理柏"、北海公园的"遮阴侯"油松以及戒台寺的"九龙松""自在松"等，均是世界奇观珍品、旅游佳景。

(4) 古树名木有利于研究古自然史　古树是进行科学研究的宝贵资料，其中蕴藏着千百年来的气象、水文、地质、植被演变等资料。复杂的年轮结构和生长情况可反映历史气候的变化情况，古树是研究古自然史的重要资料，其复杂的年轮结构，常能反映过去气候的变化情况。如北美的树木年轮学家通过对古树的研究推断出 3000 年来的气候变化；我国学者通过对祁连山圆柏从 1059—1975 年的 917 个年轮的研究，推断了近千年气候的变迁情况。通过古树还可追溯树木生长、发育、衰老、死亡的规律。

(5) 古树名木为园林树种规划提供参考价值　古树多为乡土树种。保存至今的古树，对当地的气候和土壤条件有很强的适应性。因而，调查本地适合栽培树种以及野生树种，尤其是古树、名木，可以作为树种规划的依据。例如北京市郊区干旱瘠薄土壤上的树种选择，曾经历三个不同的阶段。新中国成立初期认为刺槐可作为干旱瘠薄立地栽培的较适树种，然而不久发现它对土壤肥力反应敏感，生长衰退早，成材也难；20 世纪 60 年代，又认为发展油松比较合适，但到了 20 世纪 70 年代，这些油松就开始平顶，生长衰退，与此同时发现幼年阶段并不速生的侧柏和桧柏却能稳定生长，并从北京故宫、中山公园等为数最多的古侧柏和古桧柏的良好生长得到启示，这两个树种才是北京地区干旱立地的最适树种。从这个事例可以看出，在树种选择时应重视古树适应性的指导作用。

(6) 古树名木是优良种质资源的宝库　古树是优良种源基因的宝库，它们能历经千百年的洗礼而顽强地生存下来，往往孕育着该物种中某些最优秀的基因，如长寿基因、抗性基因以及其他有价值的基因等，是植物遗传改良的宝贵种质材料。育种方面用这些古树可繁殖无性系，发挥其寿命长、抗逆性强、形态古朴的特点；也可用其花粉和其他树种杂交，培育抗逆性强的新的杂交类型。如我国各地从古银杏树中筛选培育出了许多优良品种，包括核用、药用、材用及观赏等各种用途的品种，并广泛用于生产。

(7) 古树名木对树木生理和环境污染史具有研究价值　树木的生长周期很长，树木的生长、发育、衰老、死亡的规律无法用跟踪的方法加以研究。古树的存在就把树木生长、发育在时间上的顺序以空间上的排列展现出来，使我们能够以处于不同年龄阶段的树木作为研究对象，从中发现该树种从生到老的总规律。

树木的生长与环境污染有极其密切的关系。环境污染的程度、性质及其发生年代，都可在树体结构与组成上反映出来。如美国宾夕法尼亚州立大学用中子轰击古树年轮取得样品，测定年轮中的微量元素，发现汞、铁和银的含量与该地区工业发展史有关。在20世纪前10年间，年轮中铁含量明显减少，这是由于当时的炼铁高炉正被淘汰、污染减轻的缘故。

11.2　古树名木的保护管理

11.2.1　古树名木的法规建设

我国历来有保护珍贵动植物的传统，《中华人民共和国宪法》第9条规定：国家保护珍贵的动物和植物。《中华人民共和国森林法》（2019年修正）第40条规定：国家保护古树名木和珍贵树木。禁止破坏古树名木和珍贵树木及其生存的自然环境。《中华人民共和国环境保护法》（2014年修订）第29条规定：各级人民政府对人文遗迹、古树名木，应当采取措施予以保护，严禁破坏。《城市绿化条例》（2017年修订）第24条规定：严禁砍伐或者迁移古树名木。因特殊需要迁移古树名木，必须经城市人民政府城市绿化行政主管部门审查同意，并报同级或者上级人民政府批准。

对古树名木的管理与保护，已经受到各级政府和园林建设与管理部门的重视。2000年9月，原建设部颁发了《城市古树名木保护管理办法》（建城〔2000〕192号），进一步对古树名木保护管理作出了详细规定。从1983年上海市颁布第一部《上海市古树名木保护管理规定》到2019年底贵州省通过《贵州省古树名木大树保护条例》，我国已有15个省份颁布了地方性的古树名木保护法规和规章。从地方立法的发展历程来看，各省份古树名木保护法规或规章在制定时间上连续且相对集中。15部法规中，有13部在2000—2004年、2009—2014年、2017—2019年3个时间段集中出台。

2009年5月1日，由北京市园林绿化局组织编制的北京市地方标准《古树名木保护复壮技术规程》（DB11/T 632—2009）正式发布，作为北京市开展古树名木复壮及监督检查工作的重要依据，对实现首都古树名木的科学化、规范化管理具有重要的意义。该标准规定了对古树名木保护复壮时的总则要求和生长环境改良、有害生物防治、树体防腐填充修补、树体支撑加固、枝条整理和围栏养护6个方面技术要求，具有很强的指导性和可操作性。2011年4月1日，由北京市园林绿化局组织编制的地方标准《古树名木日常养护管理规范》（DB11/T 767—2010）正式实施。标准规定了春、夏、秋、冬四季古树名木日常养护管理中的各项养护技术措施、管理要求以及投资定额测算方法，具有很强的针对性、科学性、指导性和可操作性。北京市的古树名木地方标准的制定是北京市规范古树名木日常养护管理工作的一项重要举措，不仅为今后全市古树名木日常养护管理的科学化、规范化提供了重要依据，而且为全国古树名木保护管理工作提供了有益的探索和借鉴参考。

11.2.2　古树名木的调查、登记、建档与分级管理

2016年全国绿化委员会作出了《全国绿化委员会关于进一步加强古树名木保护管理的意见》，提出了古树名木保护管理的工作目标。2020年，完成了第二次全国古树名木资源普查，形成详备完整的资源档案，建立全国统一的古树名木资源数据库；建成全国古树名木信息管理系统，初步实现古树名木网络化管理；建立古树名木定期普查与不定期调查相结合的资源清查制度，实现全国古树名木保护动态管理；逐步建立起国家与地方相结合的古树名木保护管理体系，初步实现古树名木保护系统化管理；建立比较完备的古树名木保护管理法律法规制度体系，逐步实现古树名木保护管理法制化；建立起比较完善的古树名木保护管理体制和责任机制，使古树名木都有部门管理、有人养护，实现全面保护；科技支撑进一步加强，初

步建立起一支能满足古树名木保护工作需要的专业技术队伍；社会公众的古树名木保护意识显著提升，在全社会形成自觉保护古树名木的良好氛围。

11.2.2.1 调查

组织开展资源普查：古树名木的普查建档工作由各级绿化委员会统一领导。全国绿化委员会每10年组织开展一次全国性古树名木资源普查。普查以县（市、区）为单位，逐村屯、逐单位、逐株进行现地调查实测、填卡、照相。普查过程中要分别填写《古树名木每木调查表》或《古树群调查表》（调查具体项目、标准与表格参照《全国古树名木普查建档技术规定》），并且古树名木要用全景彩照，一株一照，古树群从3个不同角度整体拍照，采集图像资料。

11.2.2.2 分级

我国古树通常按树龄分为三级。全国绿化委员会古树名木分级标准见表11-1。

一级保护古树：树龄500年以上（含500年）的古树，或具很高的科学、历史、文物价值，姿态奇特可观的名木；

二级保护古树：树龄300～499年的古树，或具有重要价值、一定价值的名木；

三级保护古树：树龄100～299年的古树，或具保存价值的名木。

表 11-1　全国绿化委员会古树名木分级标准

级别	标准	级别	标准
一级古树	树龄500年以上（含500年）	三级古树	树龄100—299年
二级古树	树龄300—499年	名木	不分级

11.2.2.3 登记

各地普查结束，经普查领导小组审查定稿后，要形成完整的古树名木资源档案，实行微机动态监测管理。古树名木档案每5年更新一次。资料汇总，逐级提交，原始调查数表数据全部提交省（自治区、直辖市）普查领导小组办公室。

11.2.2.4 建档与分级管理

古树名木要由各省（自治区、直辖市）统一编号、建档，实行计算机动态管理，并在各地建档的同时，一、二、三级古树名木分别由省（自治区、直辖市）、市（地、州）、县（市、区）人民政府设立标牌，以利识别和保护。一片古树群设立一个标牌。标牌内容、式样由全国绿化委员会办公室统一制定。建立树木信息管理网为树木佩戴电子身份牌与有关部门建立的树木档案资料相连。

要按照属地管理原则和古树名木权属情况，落实古树名木管护责任单位或责任人，由县级林业、住房和城乡建设（园林绿化）等绿化行政主管部门与管护责任单位或责任人签订责任书，明确相关权利和义务。管护责任单位和责任人应切实履行管护责任，保障古树名木正常生长。

11.3　古树名木的养护措施

11.3.1　常规养护措施

11.3.1.1　古树、名木衰老的原因

(1) 古树衰弱的内因　古树衰弱的内因主要受树种自身遗传因素的影响，树种不同，其寿命长短、由幼年阶段进入到衰老阶段所需时间、树木对外界不利环境条件影响的抗性以及对外界环境因素引起伤害的修复能力等，均会有所不同。

(2) 古树衰弱的外因　除自身遗传因素外，自然或人为造成环境条件的改变也影响或加速古树衰弱甚

至死亡。

① 自然因素影响

a. 自然灾害　主要包括雷电、干旱和水涝、雪压、风害等。古树一般树体高大，如遇雷击轻则树体烧伤、断枝、折干，重则焚毁。如山东各地史志曾多次记载雷击古树的事件，曲阜著名的"先师手植桧"原树曾在雍正十二年遭雷击死亡，现已恢复生长，萌生新枝。长期的干旱，使发芽推迟、枝叶生长量减小、叶片失水卷曲，严重者可使古树落叶、小枝枯死、树势减弱，从而导致进一步的衰老。水涝发生时，树木根系由于长期浸于水中，极易导致根系腐烂从而影响古树生长甚至导致死亡。

b. 土壤营养不良　一些古树分布于丘陵、山坡、墓地、悬崖等处，土壤贫瘠、营养面积小，根系摄取的养分不能维持其正常生长，很容易造成严重营养不良，导致树体衰弱或死亡。即便古树栽植在较好的土壤上，但历经千百年，土壤中的营养物质也大量被消耗，加之养分循环差，致使有机质含量低，而且有些必要元素匮乏、营养元素间的比例失调，均加重古树的衰弱，甚至死亡。研究表明，北方古柏土壤中缺乏有效的微生物菌群，以及有效铁、氮和磷；古银杏土壤缺乏钾，而镁含量偏高。例如山东邹城孟林御桥旁原长势衰弱的古柏，经土壤检测后，改良时加入有益菌古树松土发根肥等古树复壮基质，现已恢复生机。

c. 土壤剥蚀根系外露　古树历经沧桑，土壤表层水土流失严重，不仅使土壤肥力下降，亦造成土壤剥蚀后根系外露，易遭干旱和高温伤害，甚至人为擦伤，使古树生长受到抑制。

d. 有害生物危害　古树经历了上百年的风风雨雨，虽然其先天抗有害生物危害能力较强，但高龄的古树大多已开始或者步入了衰老阶段，生长势减弱；再加上漫长岁月中受到各种自然和人为因素的破坏，造成破皮、树洞、主干中空、主枝死亡等现象，导致树冠失衡、树势衰弱而诱发有害生物危害。对已遭到有害生物危害的古树，如得不到及时有效防治，其树势衰弱的速度将会进一步加快，衰弱的程度也会因此而进一步加剧。北京市园林科学研究所对北京地区古树的调查表明，有害生物危害是造成古树衰弱甚至死亡的重要因素之一，许多古树名木曾遭受天牛、小蠹虫、白蚁、腐朽菌、枝枯病等危害，严重的已枯萎死亡。

② 人为因素影响

a. 踩踏造成土壤密实度过高　古树名木原大多生长在土壤深厚、土质疏松、排水良好、小气候适宜的区域，但是近年来随着旅游业的发展，名胜古迹、旅游胜地的游客量大大增加，其地面受到过度践踏，土壤板结、密实度增高、透气性降低，致使树木生长受阻。尤其是一些姿态奇特或具神话传说的古树名木周边更是游人云集，致使其根系生长的土壤环境日趋恶化。

b. 根际铺装面积过大　为了城市地面的美观和人行方便，在古树名木周边用水泥或其他硬质材料做非透气性铺装，且仅留很小的树池。铺装地面不仅造成土壤通透性能的下降，而且阻碍枯枝落叶归根还土的养分循环利用，形成的大量地面径流大大减少了土壤水分的积蓄，致使古树根系经常处于水、气、肥极差的环境中，加快了树体衰老。

c. 人为损害　人们在古树保护范围内乱堆杂物，如构筑物、生活和建筑垃圾及工业"三废"排放物等有害物质，不但引起土壤化学性质及 pH 值的改变，而且也直接毒害根系，危害树木的生长与生命；在城市街道，有人在树干上乱钉乱挂。更甚者对妨碍其建筑或车辆通行的古树名木不惜砍枝伤根，使树体受到极大伤害。

不正确的管理养护措施也会对古树造成影响。例如缠绕绳索的不当维护，对古树过多浇水、不适当的施肥、过度修剪等。

11.3.1.2　古树名木的养护基本原则

(1) 恢复和保持古树原有的生境条件　古树在一定的生境下已经生活了几百年，甚至数千年，说明它十分适应其历史的生态环境，特别是土壤环境。如果古树的衰弱是由近年土壤及其他条件的剧烈变化所致，则应该尽量恢复其原有的状况，如消除挖方、填方、表土剥蚀及土壤污染等。对于尚未明显衰老的古树，不应随意改变其生境条件。在古树周围进行建设时，如建厂、建房、修厕所、挖方、填方等，必须首先考虑对古树名木是否有不利影响。如有不利影响而又不能采取措施消除，就应避免。特别是土壤条件的剧烈变化将影响树木的正常生活，导致树体衰弱甚至死亡。风景区游人践踏造成古树周围土壤板结，透气性日益减退，严重妨碍树根的吸收作用，进而降低了新根的发生和生长速度及穿透力。密实的土壤使微生物无法生存，使树根无法获取土壤中的养分，同时密实的土壤缺少空气和自下而上的空间，导致树木根系因缺氧而早衰或死亡，所以应保证古树有稳定的生态环境。

（2）养护措施必须符合树种的生物学特性 任何树种都有一定的生长发育与生态学特性，如生长更新特点，对土壤的水肥要求以及对光照变化的反应等。在养护中应顺其自然，满足其生理和生态要求。例如肉质根树种，多忌土壤溶液浓度过大，若在养护中大水大肥，不但不能被其吸收利用，反而容易引起植株的死亡。树木的土壤含水量要适宜，古松柏土壤含水量一般以 14%～15% 为宜，沙质土 16%～20% 为宜；银杏、槐树一般应在 17%～19% 为宜，最低土壤含水量为 5%～7%。合理的土壤 N、P、K 含量，一般土壤碱解氮为 0.003%，速效磷为 0.002%，速效钾为 0.01%。当土壤 N、P、K 低于这些指标时应及时补充。

（3）养护措施必须有利于提高树木的生活力，增强树体的抗性 这类养护措施包括灌水、排水、松土、施肥、树体支撑加固、树洞处理、防治病虫害、安装避雷器及防止其他机械损伤等。

11.3.1.3 古树名木的养护管理

（1）保护措施

① 立地环境保护　要确保古树名木树冠垂直投影外 5m 范围内的土壤疏松，透气良好。在其范围内严禁进行不透气的地面铺装、挖土或堆放杂物、设置临时构筑物和排污渗沟。应铲除根系发达、争夺土壤水肥能力强的竹类植物、草本植物，可补植共生或竞争能力弱且观赏效果良好的草本植物。保证古树名木周围有足够的生长空间及充足的光照。

② 设置围栏　为防止人为破坏和践踏，对根系裸露、枝干易遭受破坏或生长在人流密度较大地方的古树名木应设置围栏保护。围栏设在距树干 3～4m 处或树冠的投影范围之外，围栏高度宜高于 1.2m，样式应与古树名木的周边景观相协调（图 11-1）。

图 11-1　古树立地环境保护（于耀　摄）

特殊地段无法设围栏时，为减少对土壤的破坏和践踏，可采用龙骨加木栈道形式进行地面保护。目前在承德避暑山庄等众多旅游景区中采用，但要注意不能造成根部积水。

③ 树体加固　古树因年代久远常出现主干中空、大枝下垂、树体倾斜等现象，需要对其树体进行加固。

a. 硬支撑　硬支撑是指从地面至古树支撑点用硬质材料支撑的方法。根据树体倾斜程度与枝条下垂程度，可采用单支柱、双支柱等支撑，为保护藤本或横向生长的古树名木采用棚架支撑方法，如北京故宫御花园的龙爪槐、皇极门内的古松，采用钢管棚架支撑。支柱可采用金属、木桩、钢筋混凝土等材料，支柱应美观，并与周边环境协调，与树干连接处要用软垫以免损害树皮（图 11-2）。支柱与被支撑主干、主枝夹角宜不小于 30°。

b. 拉纤固定 适用于无硬支撑条件的地方，在古树主干或大侧枝上选择一牵引点，在附着体上选择另一牵引点，两点之间用游丝绳等柔性材料牵引的方法。随着树体直径的生长，应适当调节绳的松紧度。

图 11-2 古树硬支撑树体加固

c. 活体支撑 在适当位置栽植同种健壮幼龄树木以实现古树支撑的支撑措施。

d. 艺术支撑 将古树的硬支撑经过处理，使其与古树形态相似、颜色相近的支撑方法。

干裂的树干用扁钢箍住，效果也很好。例如，有些榕树可采用人为引根的办法，将气生根引入地下起到支撑侧枝的作用。

④ 树体保护

a. 损伤处理 古树名木进入衰老期后，对各种伤害根系和干皮的恢复能力减弱，更应注意及时处理。对于干、枝上因病、虫、冻、日灼等造成的伤口，或机械及人为造成的干皮创伤，应对死组织进行清理、消毒，用熟桐油防腐，对活组织应先清理伤口、消毒，然后涂抹伤口愈合剂。根系应修剪伤根、劈根、腐烂根，做到切口平整，并及时喷生根剂和杀菌剂。

b. 树洞处理 古树韧皮部或木质部受创伤后未及时处理，长期外露受雨水浸渍，逐渐腐烂形成树洞，严重时树干中空，影响水分和养分的运输和储存，甚至削弱树势、缩短古树寿命。

对古树进行树洞处理，原则上不做树体填充，以开放式为主。多在孔洞不大且雨水不易进入，或树洞虽大但树体稳固能得到保障的前提下采用此法。先将洞内腐烂木质部彻底清除，若局部凹陷积水则应留出排水孔，然后涂抹杀菌剂和防腐剂，伤口愈合剂涂抹在活组织边缘。洞壁干燥后，表面应刷 2～3 遍熟桐油，形成保护层。防腐处理每年进行 1～2 次。

对朝天洞或容易进水的侧面洞，如底部能自行排水，则对树洞进行防腐处理；如底部不能自行排水的，可在树洞最下端做好排水，也可改变洞口方向，并对树洞进行防腐处理。应经常检查排水情况避免堵塞。

树洞中空或主干缺损，严重影响树体稳定，可做金属龙骨加固树体。龙骨架应选用新鲜干燥的硬木或其他硬质材料，并涂防腐剂。龙骨架按洞内形状大小制作、安装，其下端与洞壁接牢，上端高度应接触洞口壁内层与洞口平接。洞内支撑材料与洞壁之间应选用优质胶粘牢固定，其他空间作为通气孔道（图 11-3）。

⑤ 自然灾害预防保护 自然灾害预防保护包括对雷击、风灾、雪灾、冻害等的预防保护措施。

a. 雷击 树体高大的古树名木，30m 半径范围内无高大建筑或超过古树高度的构筑物、竞生树木时应安装避雷装置。如果遭受雷击应将烧伤处进行清理、消毒，涂上防护剂；劈裂枝可打箍或支撑；如有树洞需妥善处理。

图 11-3　古树树洞修补加固

b. 风灾　及时维护、更新已有的支撑、加固设施。对劈裂、倒伏的古树名木应及时进行树体支撑、拉纤、加固或修剪。

c. 雪灾　及时去除古树名木树冠上覆盖的积雪。不能在古树名木保护范围内堆放含有融雪剂的积雪和使用融雪剂。

d. 冻害　对易受冻害和处于抢救复壮期的古树名木，应采取在其根颈部盖草、覆土或搭建棚架的方法进行保护。

(2) 养护管理措施

① 浇水与排水　根据古树名木的生长状况、立地条件和土壤含水量，适时浇水，浇水次数要适当，每次浇足浇透。以在古树营养面积内浇水为宜，应尽量扩大浇水的范围。根据当年气候特点、树种特性和土壤含水量状况，确定是否浇灌返青水。返青水宜在发芽后浇灌。古树立地土质坚硬时，除进行土壤改良外，还可埋设通气透水网管进行根部高效灌水，也可采用滴灌补水。

处于低洼处容易积水的古树，应利用地势径流或原有沟渠及时排出，如果不能排出时，宜挖渗水井并用抽水机排水。

② 施肥　根据古树实际生长环境和生长状况采用不同的施肥方法，做到合理施肥，保持土壤养分平衡。遇密实土壤、不透气硬质铺装等不利因素时，应先改土后施肥。肥料以生物有机肥、菌肥为主，可在3月上旬或11月穴施。肥料应与土壤充分混合，施入后及时浇水。如土壤施肥无法满足树木正常生长需要时，可增施叶面肥。

③ 树冠整理　树冠整理分为树枝整理和疏除花果。一般情况下以基本保持古树原有风貌为原则进行树枝整理，以疏剪为主，去除枯死枝、病虫枝，适当对伤残、劈裂和折断的树枝进行处理。对生长衰弱、花果量大的古树名木，应进行合理的疏花疏果，减少养分消耗，以增强树势。截口面应做到平整、不劈裂、不撕皮，截面涂伤口愈合剂或防腐剂。

④ 有害生物防治　由于古树名木逐渐衰老，树势减弱，抗性降低，容易招虫致病，加速死亡，应注意有害生物防治，以预防为主，定期检查，适时防治。提倡采用生物防治。另外，要注意采用行之有效的施药方法，推广使用低毒无公害农药，避免对树体及环境造成影响。

11.3.2　复壮措施

11.3.2.1　环境改良

拆除周边影响古树名木正常生长的构筑物和设施。如果属于历史遗留等影响古树名木生长的构筑物和设施，在改造时应为古树名木留足保护范围。去除古树名木周边的竞生植物，修剪影响古树名木通风透光的树木枝条。

11.3.2.2　透气铺装

为解决古树表层土壤的通气问题，拆除古树名木保护范围内铺装，在必须进行铺装的地方采用透气铺装。铺设面积一般要大于树冠的投影，下层用沙衬垫，砖与砖之间不勾缝，留足透气通道。

11.3.2.3　土壤改良

(1) 复壮沟土壤改良技术　复壮沟是指在古树周围开挖沟槽，以增加土壤通透性。复壮沟分为放射状沟、环形沟和平行沟三种。复壮沟宜在春、冬两季开挖，春季作业要在树液开始流动前完成，冬季作业要在树液停止流动后、土壤冻结前完成。

放射状沟在树干中心外 2～3 倍胸径距离处，向外挖掘 4～8 条沟，长度因环境而定；环形沟以古树树干为中心，从树冠投影边缘线内外 1～3m 挖弧状沟；平行沟以古树树干为中心，在树冠投影边缘线内外 1～3m 挖直线形沟。

复壮沟内可根据土壤状况和树木特性添加腐殖土、松针土等复壮基质或菌根菌剂适量。土壤黏性较大时可掺入部分粗沙、中沙或陶粒。混合均匀后回填于复壮沟内，浇透水沉降后再覆盖园土。

复壮沟的一端或中间可设渗水透气井，井比复壮沟深 30cm 左右，直径 60～80cm，井内壁用砖干砌而成，留砖缝利于通气，井口加盖。也可每个复壮沟内埋入 2～4 根直径 100～150mm 的渗水透气网管，用于透气、浇水和施肥。

(2) 复壮井土壤改良技术　当古树所处位置不适宜挖复壮沟时，可采用复壮井方式进行土壤改良。复壮井可采用圆形或方形，圆形井立体结构为 1m 深的圆台形，井口为直径 0.8m 圆形，井底为直径 1.2m 圆形。在离主干 2～4 倍胸径距离处挖掘，坑深 1.0～1.2m，坑径视场地大小和距古树的距离而定，沿每棵树周围挖复壮井 4～8 个。

(3) 土壤通气改良措施　在不宜挖沟、挖井及无法拆除铺装的区域可在地面挖复壮孔，是一种微创式复壮方法。钻孔直径以 10～15cm 为宜，深以 80～100cm 为宜。孔内填充陶粒或草炭土、菌根菌剂等复壮基质。另外，也可在土壤中埋设通气透水网管。通气透水网管可用外径 10～15cm 的塑笼式通气管外包无纺布做成，长 80～100cm，管口加盖。此方法操作简单、快捷，能够在短时间内缓解古树生长不良的状况。

11.3.2.4　嫁接

采用嫁接更新方法抢救濒危古树，也是探索古树复壮的一条新路径。如采用在树势衰弱、嫁接易成活的古树边栽植同种幼树进行靠接，或对有树洞、大面积缺失的古树名木利用枝条上下桥接。针对枝条伸出较远、有风折危险、生长衰弱的古树名木，可采用在其下方栽植同种青壮龄树木并使其接触部位愈合的活体支撑方法。

第12章
园林植物安全性管理及各种灾害防治

园林绿地中的园林植物既是构成城市生态环境的主体，也是城市生态文明实现的重要载体。但是许多自然或人为活动常引起园林植物特别是园林树木结构性异常，继而导致树枝折断、垂落，树干劈裂，甚至使树木倒伏而成为城市的安全隐患。这类情况可以通过加强日常管理、科学处理预防。因此，在园林树木养护管理中，安全性管理应作为日常管护的重点内容。

12.1 园林树木的安全性管理

随着园林城市建设的发展，城市树木不断增多，多种原因会引起树木的长势衰弱、树干腐朽、根系受损、树体倾斜等问题。在遇到自然灾害时，容易发生折枝垂落、树干倒伏现象，对周边建筑、公共设施、使用人群的安全构成威胁。城市树木可接受的危险水平因其可能危及的目标与各地政策法规的不同而有区别。如具有同样结构缺陷的树木，在城镇人群密度高的公共空间与森林中产生的危险程度是不相同的。一般将具有危险的树木可能危及的人群或财产设施视为危及目标；如果树木倒伏或断枝不会危害任何人群或财产设施等目标可视为无潜在危险。

12.1.1 树木不安全因素

实际上几乎所有的树木都存在一些潜在的不安全因素，即使是健康生长的树木，亦可能因生长过速而导致枝干机械强度降低，容易断裂，成为安全隐患。因此，城市树木管理中的一个重要方面，就是确保树木不会构成对设施、财产的损害以及人身伤害。

一般把存在安全隐患的树木称为具有危险的树木。具有危险的树木必须存在可能危及的目标才能成为不安全树木。生长在旷野的受损树木一般不会构成对财产或生命的威胁，而在城区就要慎重处理。城市树木危及的目标包括人群、各类建筑、设施、车辆等。因此，人行道、公园、街头绿地、广场、重要的建筑附近等居民经常活动的地方的树木被列为主要监管对象，同时也应注意树冠上方、树干基部地面和地下部分的城市基础设施产生的影响。

另外一种特殊情况是，树木生长的位置以及树冠结构等方面对交通的影响。例如，种植于十字路口的行道树体积过大，树冠或向路中伸展的枝叶可能会遮挡司机的视线，行道树的枝下高度过低也可能造成对行人的意外伤害，这类问题也应列入树木危险性管理的范畴。

树木危险性管理（risk management）是确定树木危险性程度、避免树木对人民生命财产造成伤害的各种措施，这在欧美国家已成为公共区域管理中的重要任务，树木对于大多数公共设施具有危险性的观点已被人们所接受。城市园林工作者、市政管理者有责任建立树木安全性管理体系，不仅要注意已经受损、有问题的树木，还要密切关注被暂时看作是健康的树木。检测与评估树木对人民生命财产可能的潜在危险，并维持一个健康、安全的树木状态以发挥其生态防护作用和景观效应。城市园林工作者应接受有关树木危险性评价的训练，并具备相关的经验，拥有评价树木腐朽是否涉及安全的技术、设备，管理养护树木使其可能出现的危险性处于可接受的水平，尽可能减少树木造成的危险。

树木危险性包括以下几方面内容。

12.1.1.1 树体结构异常

树体结构异常通常指由病虫害引起的枝干缺损、溃烂，大根损伤、腐朽等问题；各种损伤造成树干劈裂、折断，树冠偏斜，树干过度弯曲；或由于树木生长的立地环境限制及其他因素造成的树木各部分构造的异常。

（1）**树干部分** 主枝结构不合理，树冠过大，严重偏冠；具有多个直径几乎相同的主干，开张角度小（图12-1）；树干木质部发生严重腐朽、空洞（图12-2）；树体倾斜，修剪不当造成阔叶树木在一个分枝点形成轮生状的大枝等。

图12-1　树干夹角过小　　　　　　　　　　图12-2　树干出现腐烂空洞

（2）**树枝部分** 大枝（一级或二级分枝）上的枝叶分布不均匀，呈水平延伸、过长，前端枝叶过多、下垂，枝基部与树干或主枝连接处腐朽、连接脆弱；树枝木质部纹理扭曲、腐烂等。

（3）**根系部分** 根系浅，裸出地表，根系缺损，根颈部腐朽，根颈部出现较粗的缠绕根而影响及抑制其生长；市政工程造成树木一侧根系受损（图12-3、图12-4）。

图12-3　树池过小导致树根顶起地面铺装　　图12-4　树木种植表土流失导致根系裸露

必须强调的是，有些树木由于生长速度过快，树体高大，树冠宽广，而枝干强度低、脆弱，也很容易在异常天气的情况下发生倾倒或折断现象，这种情况却常常容易被人们所忽略。

12.1.1.2 造成树势衰弱的非感染和传播性因素

（1）**树冠结构** 乔木树种通常具有明显的中央领导干，顶端生长优势显著，树冠成层性明显。但在生长、应用过程中常形成几种异常类型，在造成树体的衰弱方面具有一定差别。

① 自然损伤类型 中央主干折断或严重损伤后，有可能形成一个或几个新的主干，其基部分枝处的连接度较弱；有的树木具有双主干并在生长过程中逐渐相接，在相连处夹嵌树皮木质部的年轮组织只有部分相连，结果在两端形成突起使树干成为椭圆、橄榄状，随着直径生长，两个主干交叉的外侧树皮出现褶皱，连接处产生劈裂，这种情况危险性极大，必须采取修补措施来加固。

② 截干移植类型 城市绿化中对直径20～30cm的树木采取截干移植是比较常见的做法，其对树木结构产生的不利影响至少在以下几个方面：

a. 截口以下一般会有多个隐芽同时萌发，侧枝通常呈轮状排列（图12-5）；b. 树干养分积累充足，萌发枝生长十分旺盛，木质部的强度要低于正常状态的枝；c. 萌发枝之间的距离过近，枝间也十分容易发生夹嵌树皮的现象。萌发枝生长迅速而树干的直径增长明显滞后，在树干的分枝部位形成明显的肿胀，

可能造成树皮开裂并向下延伸，严重时几乎整个树干的树皮条裂，木质部暴露在外。从隐芽萌发的侧枝基部与树干木质部的连接只是从萌发时的那部分木质部开始，以后虽可逐渐被年轮包围，但总要比幼年生出的侧枝与木质部的连接少，有时整个侧枝可能劈裂。树干截口形成伤口大，如果新发的侧枝紧靠截口，随着侧枝增粗截口有可能愈合，但一般情况是侧枝与截口有一定距离，伤口难以愈合，雨水容易渗入导致木质部腐朽。目前采用的覆盖塑料膜、涂防腐剂等保护措施基本不起作用。

③ 偏冠现象 树冠一侧的枝叶多于其他方向，分布不平衡，因受风的影响树干呈扭曲状。长期在这种情况下生长，木质部纤维呈螺旋状排列来适应外界的应力条件，在树干外部可看到螺旋状的扭曲纹。树干扭曲的树木受到相反方向的作用力时，如出现与主风方向相反的暴风等，树干易沿螺旋扭曲纹产生裂口，这类伤口如果未能及时愈合则会成为真菌感染的入口。

图12-5 树木截干后形成的轮状树枝

(2) 分枝状况

① 分枝角度 正常的树木分枝保持一定的角度，在连接处侧枝的木质部年轮与主干木质部的年轮生长在一起，互相交织形成高强度的连接。在共同控制干（或称为同等优势的干或多干）的分歧处形成的隆起的树皮，称为枝皮脊（branch bark ridge）；但如果主干与侧枝之间角度过小，在其加粗生长过程中树皮会被夹嵌在两者之间形成内含皮（included bark）（图12-6、图12-7）。

图12-6 树干连接处隆起的部位为"枝皮脊"　　图12-7 主干与侧枝夹角过小形成"内含皮"

② 分枝强度 侧枝特别是主侧枝与主干连接的强度远比分枝角度重要，侧枝的分枝角度对侧枝基部

连接强度的直接影响不大，但分枝角度小的侧枝生长旺盛，而且与主干的关系要比那些水平的侧枝密切。随着树与侧枝的生长，在侧枝与主干的连接点周围及下部被一系列交叉重叠的次生木质层所包围，在外部表现为褶皱的重叠，有人称其为枝领（branch collar），随着侧枝年龄增长被埋入树干，这些木质层的形成机理尚不清楚，可能是因为侧枝与主干的形成层生长的时间不一致所致，侧枝的木质部形成先于树干。研究表明，只有当连接处的树干直径大于侧枝直径时，树干的木质部才能围绕侧枝生长形成高强度的连接。

③ 夏季的树枝折断和垂落　自 1983 年以来，世界多有报道，夏季炎热无风的下午时有树枝折断垂落的现象发生。垂落的树枝大多位于树冠边缘且远离分枝的基部，断枝的木质部一般完好，可能在髓心部位见到色斑或腐朽。据英、美等国的报道，栎树、板栗、山毛榉、白蜡、杨树、柳树、七叶树、桉树、榆树、枫树、国槐、枫香、松类等树种都有类似的情况发生。英国皇家植物园邱园在每个入口处都挂上醒目的巨大警示牌，澳大利亚的很多公园也常这样做。

据研究，夏季树枝折断与垂落，可能是由水分胁迫所致，主要有以下几种假设：

a. 夏季午后蒸腾作用的失水大于吸收时，一些小枝有可能出现垂落现象，这类情况很难预料。

b. 干旱会导致一些具有螺旋定向木质部的针叶树木的树干劈裂，当这类情况发生时树枝一般已十分干燥。但栎类和桉树等树种在折断部分还可以见到树液，这些树液来自含水量高的中心部位，而外侧的木质部则因处于张力的作用下容易折断。

c. 修剪造成大枝内部木质部受伤，伤口可能向外扩伸并使树皮断裂，沿伤裂的木质部在含水量高时枝条弯曲，而当伤裂处干燥时树枝就可能折断；当蒸腾作用超过水分吸收时也会发生同样的情况，但仅在边材部分。

d. 树木受到外界环境胁迫时，树体产生的乙烯量增加，其分解、软化细胞壁之间的胶结使树枝强度降低，容易折断。

大树在夏季无风天气发生树枝断落的现象，有可能严重危及行人的安全，因此应引起足够的重视。减少夏季树枝垂落的措施有：注意树种选择，在人群经常活动的地方尽量不要栽植容易发生夏季树枝垂落的树种；通过修剪促使形成向上生长、尖削度大的树枝，减少水平向枝，促使树冠处于理想的结构状态，剪去或剪短水平的细长枝条，除去病弱、腐朽、干枯的树枝；通过适当的养护措施来保证树木健康生长但不过于旺盛，特别是大树和老树。

（3）树干状态

① 树干裂纹　树干在横断面上出现裂纹，在裂纹两侧尖端的树干外侧会形成肋状隆起的脊。如果树干裂口在树干断面及纵向延伸、肋脊在树干表面不断外突并纵向延长，则形成类似板状根的树干外突；如果树干内断面裂纹被今后生长的年轮包围、封闭，则树干外突程度小而近圆形。因此，从树干外形的饱圆度可以初步诊断内部的情况。树干外部发现条状肋脊，表明树干本身的修复能力较强，一般不会发生问题；但如果树干内部发生裂纹而又未能及时修复形成条肋，在树干外部出现纵向的条状裂，最终树干可能纵向劈成两半，构成危险。

造成树干、树皮劈裂的原因，一般是树干、枝茎承受的载荷超过其能承受的程度，树干受损伤或因修剪不当造成的伤口愈合不良，侧枝枯死或分枝部位结构不合理，以及树木根系腐朽等。有人认为，树干因伤口影响树干圆度的形成而导致开裂，热冷、干旱等其他因素造成树干膨胀或收缩会导致木质部的开裂；树木在幼年时木质部受损，在伤口的外侧边缘形成开裂，裂口则可随着树木的生长而增宽。树干裂口处具有内卷或反折的愈伤组织，则内部木质部问题要严重得多；裂口位于靠近侧枝基部弯曲点附近，则表示其处于较严重的受伤害状况；只是树皮开裂或开裂很浅的情况，对树干强度的影响不大。

② 树干倾斜　树干严重向一侧倾斜的树木最具潜在危险性，如位于重点监控的地方应采取必要的措施或伐除。树木一直向一侧倾斜，在生长过程中形成了适应这种状态的木质部结构及根系，其倒伏的危险性要小于那些原来是直立的，以后由于外来的因素造成树体倾斜的树木。树干倾斜的程度越来越大，树干在倾斜方一侧的树皮形成褶皱，另一侧树干上的树皮会脱落造成伤口。树干倾斜的树木，其倾斜方向另一侧的长根更为重要，根系像缆绳一样拉住倾斜的树体，一旦这些长根发生问题或暴风来自树干倾斜方向，则树木极易倾倒（图 12-8）。

③ 树干受冻伤或遭雷击损伤　严重的雷击可把树干劈裂、粉碎造成树木死亡。当雷击击中树干时，其强大的冲击力以及高温使树皮内的树液蒸发，树皮呈条状撕落，形成的条沟可从树冠上部一直到根部，在树干上留下的伤痕增加了病菌感染的机会。低温冰冻也常构成对树干的损伤，特别是在树皮已有裂纹的情况下，如遇积雪融化或降雨后的低温天气都有可能使树干冻裂（图 12-9、图 12-10）。

图 12-8　树木主干倾斜

图 12-9　树皮上的裂纹会加重冬季冻裂现象

图 12-10　因雷击导致的树干开裂

④ 枯死的树木或树枝　城市树木发生死亡的现象十分常见，应及时移去并补植，但绝大部分情况会留在原地一段时间。留多长时间而不会构成对安全的威胁，这取决于树种、死亡原因、时间、气候和土壤等因素。一般情况下，根系没有腐朽的针叶树死亡后，其结构可完好保持 3 年，树脂含量高的树种时间更长些；阔叶树死亡后其树枝折断垂落的时间要早于针叶树（图 12-11、图 12-12）。

图 12-11　大树上的悬挂枝

图 12-12　树干枯死腐烂

一般情况下，死亡的树枝只要不腐朽仍相对比较安全，但要确认这些枯枝何时开始腐烂，并构成对安全的威胁显然不是一件容易的事。因此一旦发现大树上有枯死大枝，在有人群经常活动的场所应通过修剪及时除去，因为直径 5cm 的树枝一旦垂落足以伤人。

阳性树种的自然疏枝是树木的一种自我保护现象，表现为树冠内部、下部难以接受阳光的树枝因不能产生光合作用而慢慢死亡。树枝死亡后其基部与树干连接处的形成层活动增加，逐渐膨大围绕树枝基部形成盘状体，最终枯枝在该处断裂垂落。枯枝自然断裂后基部一般容易形成良好的愈合，保护树干不受病菌的侵入。

（4）根系异常

① 根系暴露　如在大树树干基部附近挖掘、取土，致使大的侧根暴露于土表甚至被切断，根系受此

影响的大树，可能有安全隐患，其影响程度还取决于树高、树冠枝叶浓密程度、土层厚度、土壤质地、风向、风速等。

② 根系固着力差　在一些立地条件下，例如土层很浅，土壤含水过高，树木根系分布浅、固着力低，不能抵抗的大风等异常条件，特别是在严重水土流失的立地环境，常见主侧根裸露地表，因此在土层较浅的立地环境不宜栽植大乔木，或必须通过修剪来控制树木的高度和冠幅。

③ 根系分布不均匀　树木根系的分布一般与树冠范围相对应，但如果长期受来自一个方向的强风作用，在迎风一侧的根系要长些，密度也高；如果这类树木在迎风一侧的根系受到损伤，可能造成较大的危害。在许多建筑工地，经常发生因筑路、取土、护坡等工程，破坏树木的根系，其根系几乎有一半被切断或暴露在外，这类情况常常造成树木倾倒。

④ 根及根颈感病　造成树木根系及根颈感病与腐朽的病菌很多，根系问题通常导致树木发生严重的健康问题及严重的缺陷，而更为重要的是在树木出现症状之前，可能根系的问题已经存在。一些树木主根因病害受损时长出不定根，这些新的根系能很快生长以支持树木的水分和营养，而原来的主根可能不断损失，最终完全丧失支持树木的能力，这类情况通常发生在树干的基部被填埋过多、雨水灌溉过度、根部覆盖物过厚或者地被植物覆盖过多的情况下。因此，在做树体检查之前，一般先检查根系和根颈部位，在树干基部周围挖开土壤直至暴露树木的支撑根，观察其是否有感病、腐朽等现象。根系的病菌经常可以感染周围健康的树木，因此在群植区如发现一株树木根系有腐朽菌造成根系腐朽，应及时检查其他邻近的树木，特别是同一树种的树木。

12.1.2　安全性评估

为了防止出现意外，应加强城市树木管理，对城市树木特别是特殊地段树木的安全性进行调查和评价，以便采取应对措施，确保其安全性。

12.1.2.1　对具有潜在危险树木的检查与评估

德国树木学家 Mattheck 认为：树木有其特殊的肢体语言来展示其内部的结构变化，可通过观察或测量树木的各种表现，并与正常生长的树木进行比较，做出诊断。他建立了树木诊断 VTS 方法（visual tree assessment），即通过观察树木的外部表现来判断、评测树木的结构缺陷，观测的内容有：树木的生长表现、各部分形状是否正常、树体平衡性及机械结构是否合理等。该方法主要建立在以下基础上：

① 树干、树枝的机械强度与树体结构有关。树木在长期的进化过程中形成了各自独特的生长特性，以维持其树体机械结构的合理性，正常情况下的树木均能承受其树冠本身重量造成的应力及外界风雪的压力。

② 树木是生命体，它能通过调整各部分的平衡生长来支撑树体，因此树木的生长使各方面所受的压力、应力均衡地分布在其表面。树木适应这类经常性的应力分布规律，但一旦在某一位置发生应力的变化，该处就成为脆弱点。

③ 树木的边材起着主要的支撑作用，这为推断树干强度提供了依据，因此对树干边材健康程度的评测应成为检查的重点。

④ 正常的树木一般情况下不会发生在某个部位负载过大或失去负荷的情况，但当发生大风、暴雪等异常天气时，会导致树木的某个部位负荷突然加重而破坏原本的平衡状态，成为脆弱点。如果生长的立地环境发生变化，如周围树木被伐去、建筑拆除、根系生长范围减小，则树木生长节律发生变化、生长平衡发生改变，在重新调整结构趋向新的平衡点之前树木处于脆弱状态。

⑤ 树木在某处因外界压力而出现生长变化的反应。当树木受到机械性的损伤时，会促使形成层活动加快来修复损伤，生长旺盛处可能就是机械强度降低的位置，因修复生长产生的症状。

⑥ 树木内部的解剖特征关系到树木的机械强度，木质部的超微结构都直接关系到树木的机械强度。因此，树干外表的一些异常变化往往预示其强度上的变化，这是观察评估树木是否存在安全问题的关键。例如，树干部位有隆突、肿胀一般是内部发生腐烂或有空洞；树干有条肋状的突起指示树干内部有裂缝；树皮表面局部的横向裂缝表示该处受轴向的张力，大风或积雪后发现此类裂缝常预示树干有横向折断的危

险；树干纵向的裂缝或变形则表示该处受轴向的压力。

12.1.2.2 可能造成树木不安全因素的评测

树木可能存在的潜在危险取决于树种、树龄、立地特点、危及目标、管护水平等，必须对此充分了解，才能避免不必要的损失。

(1) **树种特性** 泡桐、复叶槭、薄壳山核桃等树种的枝条髓心比例大、质地疏松、脆弱，树枝表现的弱点要远大于树干和根系；对这类树种而言，结构本身的特点是主要因素，而外界恶劣的天气也许不是主要原因。一般情况下，阔叶树种多数为阳性，具有比较开展的树冠和延伸的侧枝，树枝容易出现负重过度、损伤或断裂；因强趋阳性而成偏冠，树干心腐较易向主枝蔓延。常绿阔叶树种易造成雪压等伤害，例如，2008 年初长江流域遭遇雪灾及冻雨，侧枝过长的香樟、苦槠、青冈等受损严重。针叶树种的根系及根颈部位易成为衰弱点，但树冠相对较小、树干心腐不易向主枝蔓延，故冰雪造成损害的机会也少。

(2) **树龄树势** 一般情况下大树、老树总是要比小树、幼树容易发生问题，老树对于生长环境改变的适应性较差，因生长衰退发生腐朽、受病菌感染可能性大，加之生长的年代久，发生机械损伤的机会多。速生树种的木质部强度较低，即使在幼龄阶段也容易损伤或断裂，这是必须注意的。相同树种特别是分枝部位强度低的树种，其不同树体之间具有明显的差异，树势生长旺盛的树木因承受的重量大，受伤、折断的机会要高于生长较弱的树木。

(3) **培育养护** 树木栽培养护过程中的环节处理不当，同样是导致树木受损、造成安全隐患的重要因素。

① 育苗不当 目前我国大部分苗圃中的小树一般不采用树干支撑，树干弯曲、折断后由萌生枝代替原有主枝的现象常有发生，这些苗木成年后的树干应力分布就有别于其他树木，构成隐患的可能性高。为了促使树木萌发更多的分枝，及早形成树冠提前出圃，在育苗过程中采取藏干处理，结果分枝点萌发侧枝的直径大致相同，集中在一起过多、过密。

② 栽植不当 由于种植方法不当造成缠绕根的现象一般不易发现，但却是风倒的主要原因。而对耐干旱树木若灌溉过多，容易造成根系染病及腐烂。病虫害防治不及时致使树木生长衰退，引发病菌侵入，造成树干腐朽等。

③ 修剪不当 过度修剪造成不必要的伤口，如果不能很好愈合就会增加感染病菌的机会，导致腐朽发生。一些大规格苗木或大树移植时常采用截干救植，截口下萌发的侧枝呈轮生状态，距离十分接近，与主干的连接牢固性差，容易发生劈裂。树冠内部枝条的疏剪也易使树冠失去平衡。

(4) **立地环境**

① 气候异常 主要是异常的天气，如大风、暴雨的出现频度，季节性的降雨分布、冰雪积压等。暴风雨特别是台风暴雨通常是对树木安全性威胁的主要因素之一，尤其是对那些已有着各种隐患的树木。例如，1987 年伦敦有 5500 株树木被风吹倒；2002 年夏季蚌埠市因暴风雨袭击而损失了近千株树木；2007 年扬州被骤风吹倒球悬铃木 20000 余株；2016 年，莫兰蒂台风造成厦门 60 多万株树木受损；而冰雪积压可以使树枝的负重超过正常状态的 30 倍，常是冬季树枝折断的主要原因。

② 土壤异常生长 在土层浅或土壤黏重、排水不良立地条件的树木，根系分布较浅，特别是当土壤水分饱和时易受风害。美国加利福尼亚州的一项调查表明，风倒树木的 2/3 以上是由于土壤水分饱和造成的。城市土壤的情况十分复杂，土壤通透性的降低影响树木根系的生长；另外，树木生长位置的土壤常伴有建筑垃圾，根系生长的固着力受严重影响，易遭风倒。

③ 立地条件改变 如果树木生长立地周围环境发生变化，特别是根系部位土壤条件的改变，例如，在根部取土、铺装地面切断根系等，都有可能构成对树木生长的影响，导致地上部分与地下部分的平衡被打破。研究表明，树木根系的主要生长范围一般为树干胸径的 15～18 倍，如果此范围内根系损失超过40%，则严重影响根系的固着能力。

12.1.2.3 树木可能伤害的目标评估

城市树木可能危及的目标包括人和物，首先要认真检查与评测在人群活动频繁处的树木，还包括建筑、地表铺装、地下部分的基础设施等。

(1) **根系损坏地下管道**　城市地下有纵横交错的各类管道，如果栽植树木时没有充分考虑这个因素，树木根系可能构成对管道的破坏。例如，管道恰位于树干迎风面一侧的主侧根上方或背风一侧的大根的下方，当遇大风时树干晃动而导致管道破裂；根系可能穿透管道接口处的缝隙，进入并堵塞管道（图12-13），而这类问题如果不挖开地表一般很难发现。因此，应尽可能避免在附近有管道的位置栽植速生及具有巨大扩散根系的树木，如杨树、柳树、银叶槭等。

图12-13　水管中的根系

(2) **根系与铺装地面**　城市行道树基部往往被各种铺装物所覆盖，随着树木生长、树干增粗，常见主侧根裸露地表，结果造成人行道的铺装地表破裂、隆起。当水泥地面或人行道的路沿过于靠近树木基部，树干增粗时水泥路面嵌入树干造成极大损伤或使大根转向折断，这样的树木容易风倒，特别是影响根系的石块位于迎风的一侧。英国曼彻斯特的一项调查发现占总数13%的2232株行道树中，有30%行道树损坏人行道、13%行道树损坏人行道路缘。有栽植带的行道树与栽植在人行道上的行道树相比，后者对人行道的损坏严重；栽植带宽小于3m的行道树对人行道表面的损坏要比宽带栽植的严重。在美国旧金山地区，7～20年生的行道树开始损坏人行道，美国曼彻斯特调查中的大部分行道树在直径达10～20cm时开始损坏人行道。

因此，行道树的栽植应保证有一定的空间。英国规定行道树必须有宽度大于3m的栽植带，未设计栽植带的行道树至少有4m^{2}的栽植面积，行道树至少应距离人行道路缘1m。为了避免行道树对铺装表面及路缘的损坏，应注意选择适当的树种，设计适当的栽植位置，满足最低限度的栽植空间。

① 降低栽植区的土壤表面　例如美国加利福尼亚州，行道树的栽植表面比人行道低0.5m，形成一个井状的栽植区，使树木的根系降低，可避免对人行道铺装表面的损坏，但必须注意排水。

② 采取特殊措施促使树木根系向深层生长　例如在栽植区边缘土层设围栏，迫使根系向下生长。

③ 对大树根系进行整修　国外常采用机械锯截断破坏路缘的根，在修剪根系之前应适当减少树冠的枝叶。但不能同时截断两侧的根，应间隔3～4年才能修整另一侧的根。

(3) **根系与建筑**　如果大树过于靠近建筑（一般为1～3层的小型建筑）常常会造成对建筑物的损害，特别是干旱季节以及黏性土壤的立地条件。因为树木根系吸收水分会致使地表下陷造成墙体裂纹、门窗变形，甚至成为危房。我国城市建筑物以框架结构的多层、高层建筑为主，树木危害的影响很小。但对于郊区农民的建筑以及最近出现的大量别墅式建筑应给予适当的注意，为了避免树木对建筑物的损坏，应在建筑附近栽植小乔木，避免栽植柳树、榆树、栎树等生长快、树冠大、需水量多的树木，或经常修剪树冠以减少树木根系的生长及对土壤水分的消耗等。

12.1.2.4　检查周期

城市树木的安全性检查应成为制度，定期检查并及时处理。美国林务局要求每年检查1次，最好是2次，分别在夏季和冬季进行；美国加利福尼亚州规定每2年1次，常绿树种在春季检查，落叶树种则在落叶以后。应该注意的是，检查周期的确定还需根据树种及其生长的位置、树木的重要性以及可能危及目标的重要程度来决定。我国在这方面还没有明确的规定，可视具体情况而定。

12.1.3　树木生物力学计算

树木在其生长过程中不断受到外力的作用，通常情况下其主要的受力部位是树冠、树枝。例如，冬天的积雪、树挂、冰冻使树冠承重。要计算树冠承受风力的大小、确定受损或树干腐朽的树木能否抵御强风的危害十分困难，因为树枝在受风的压力时会改变方向（与风向一致），使树冠的体积变小，从而减少受力面；同时树干和树冠会在风力的作用下轻微摆动而抵消部分压力。但从树木安全管理方面来讲，如果能科学地计算出有安全隐患的树木能承受风力的程度，显然具有重大的意义，因为在大风来临前的及时处理可以避免不必要的损失，特别是对东南沿海经常受台风袭击的大城市显得尤为重要。

德国 Claus Mattheck 等建立了树木力学（tree mechanics），设计了一种简单的数学方法来计算树冠受风时受到的压力以及根系土壤的反应。计算公式为：

$$M_F = \sigma_F \times \frac{\pi}{4} \times r^3 \tag{12-1}$$

式中　M_F——树干能承受的最大力（包括压力和拉力）；

　　　σ_F——鲜材的抗压或抗弯强度；

　　　r——树干的半径。

σ_F 值可通过实验测试，或应用树木弯曲断裂强度测试仪器 Fractometer 检测。需注意的是上述公式是健康材的木材强度，对于发生腐朽情况的树木，在运用该公式时必须根据强度损失情况进行调整或用仪器测量。式（12-1）的计算结果是树干在其强度特性为 σ_F 时所能承受的最大风力，同时也是通过树干转向根部土壤的最大力，如果风力大于 M_F 值，树干就会折断或受到破坏。Mattheck 根据树冠承受风力作用产生的受力情况，建立了树木在强度为 σ_F 的情况下可以承受的最大风力计算公式：

$$F_{wind} = \sigma_F \times \pi \times \frac{r^2}{4 \times h} \tag{12-2}$$

式中　F_{wind}——树木在强度为 σ_F 的情况下可以承受的最大风力；

　　　h——承受风力的树冠到地面的高度。

12.1.4　树木安全性的管理

12.1.4.1　建立树木安全性管理系统

城市林业与园林部门应将建立树木安全性管理系统作为日常的工作内容，加强对树木的管理和养护，尽可能减少树木可能带来的损害，该系统应包括如下内容。

(1) 确定树木安全性的指标　根据树木受损、腐朽或其他各种原因，对人群、财产安全构成威胁的程度，划分不同等级，最重要的是构成威胁的阈值的确定。

(2) 建立树木安全性的定期检查制度　对生长位置、树木年龄不同的个体分别采用不同的检查周期，对已经处理的树木应间隔段时间后进行回访检查。

(3) 建立管理信息系统　特别是对人行道、街区绿地、住宅绿地、公园等人群经常活动场所的树木，具有重要意义的古树名木以及处于重要景观的树木等，建立安全性信息管理系统，记录日常检查、处理等基本情况，随时了解，遇到问题及时处理。目前多利用计算机数据库代替，近年来更是运用地理信息系统来实现管理。

(4) 建立培训制度　从事检查和处理的工作人员必须接受定期培训，并获得岗位资质证书。

(5) 建立专业管理人员和大学、研究机构的合作关系　树木安全性的确认是一项复杂的工作，需要有一定的仪器设备和相当的经验，因此充分利用大学及研究机构的技术力量和设备是必要的。

(6) 有明确的经费保障　这项工作需较大的投入，应纳入城市树木日常管理的预算中。树木安全性的检查和诊断是一项需要经验和富于挑战性的工作。在认真观察和记录检查与诊断结果的同时，应注意比较前后检查诊断期间树木表现，确认前次检查的准确程度，这样有助于今后的工作。

12.1.4.2　建立树木安全性分级评估系统

评估树木安全性的目的是确认所测树木是否可能构成对居民和财产的损害，需要做何种处理才能避免或把损失减小到最低限度。但对于一个城市，特别是拥有巨大数量树木的大城市来讲，这是一项艰巨的工作，也不可能对每一株树木实现定期检查和监控。多数情况是在接到有关的报告或在灾害性天气到来之前对十分重要的目标进行检查和处理。

（1）采用分级管理的方法　现代城市的绿化管理必须采用分级管理的方法，即根据树木可能构成的威胁程度不同来划分等级，把那些最有可能构成威胁的树木作为重点检查对象并做出及时的处理。分级管理的办法已在许多国家实施。一般根据以下几个方面来评测：树木折断的可能性，树木折断、倒伏危及目标（人群、财产、交通）的可能性，根据不同树木种类的木材强度特点来评测树种因子，对危及目标可能造成的损害程度及危及目标的价值做出评测。

上述的评测体系包括三方面的特点：①树种特性是生物学基础；②树种受损伤、腐朽菌感染程度以及生长衰退等，有外界因素也有树木生长的原因；③可能危及的目标情况，如是否有危及的目标、目标价值等因素。上述各评测内容，除危及对象的价值可用货币形式直接表达外，其他均用百分数来表示，也可给予不同的等级。

（2）分级监控与管理系统　从城市树木的安全性考虑，可根据树木生长位置、可能危及的目标建立分级监控与管理系统。在美国，将树木按危险程度划分为非常高、高、中等、低危险性等级进行管理。

（3）城市树木安全性管理计划　国际树木学会（International Society of Arboriculture，ISA）为有效地管理城市树木提出制订经营的计划主要模式，北美国家应用于城市树木安全性管理的计划主要包括 4 个核心问题、10 个主要步骤。当然由于国情不同，所有列出的内容不一定完全适合我国的具体情况，但类似的做法值得借鉴。

① 拥有什么　树木资源评价，是对现有的树木管理体系、计划的回顾评价，对经营现有树木的人力、物力、财力的保证。

② 要做什么　确定计划项目的目标。

③ 怎样达到目标　制定树木安全性管理的策略（战略），确定优先检查重点，修正需要进行的工作，选择树木危险性分级标准系统，撰写综合性的树木安全性管理项目政策，实现树木安全性管理目标。

④ 是否达到预定的目标　评价计划的有效性。

12.2　园林树木的腐朽及其影响

树木腐朽现象是城市树木管理中应该注意的一个重要方面，因为树木腐朽会直接降低树干、树枝的机械强度。理论上讲，当树木出现腐朽情况时就应看作对安全具有潜在威胁，但显然并非所有腐朽的树木都必然会构成对安全的威胁，重要的是确认腐朽的部位、程度以及如何控制和消除导致腐朽的因素。因此，了解树木腐朽发生的原因、过程，对其做出科学诊断和合理评价是十分重要的。

12.2.1　树木腐朽的过程

树木腐朽是指由于木腐菌或着色菌侵入，逐渐改变颜色和结构，使细胞壁受到破坏，最后变得松软易碎、呈孔状或粉末状的状态。经典理论认为，有许多因素可以造成树木腐朽，但树木受伤是腐朽的开始。微生物通过伤口入侵，感染树木后不断侵蚀树体，形成柱状的变色或腐朽区。如果树木有多个树枝同时死亡，那么表明树木的整个中心部位可能已出现腐朽。

12.2.1.1　树木腐朽的发生

（1）与树种及树木个体有关　一些树种腐烂的速度要高于其他树种，而一个树种的不同个体也存在着差异性。与树木个体的年龄、生长情况、伤口的位置以及生长环境都有很大的关系。

（2）与生长环境因素有关　树干的含水足以满足真菌繁殖的需要，如果水分通过树干的伤口进入木质部，真菌的孢子和细菌也能随水分一起侵入。树干中的空气量对于侵入的真菌生长显得更为重要，昆虫、鸟类、啮齿动物的活动把空气带入树干木质部，真菌得以生长，致使木质部腐朽发生。

12.2.1.2 木质部腐朽的阶段

（1）**初期阶段** 腐朽初期的木材变色或不变色，木质部组织的细胞壁变薄，导致强度降低。因此在观察到腐朽变色之前，木材的强度已经发生变化。

（2）**早期阶段** 已能观察到腐朽的表象，但一般不十分明显，木材颜色、质地、脆性均稍有变化。

（3）**中期阶段** 腐朽的表象已十分明显，但木材的宏观构造仍然保持完整的状态。

（4）**后期阶段** 木材的整个结构改变、破坏，表现为粉末状或纤维状。树干发生腐朽后在早期其力学性质可能变化不大，强度逐渐降低，最终可能形成空洞。对树木腐朽实施监控的重要内容，就是确定其腐朽部位材质变化的动态过程，并找出可能危及安全的临界点，进行有效的管理。目前已有仪器来测量和判断树干或大枝腐朽的程度，如果检测的结果表明腐朽部位的残留强度已不足支持树体承受一定负荷，应及早去除或采取其他必要的加固措施。

12.2.2 树木腐朽的类型

12.2.2.1 真菌的腐朽方式

活树中的木材腐烂被认为是一种疾病。树木工作者了解腐烂以及如何评估它是很重要的，因为大量腐烂的树木可能比没有或数量相对较少的树木更容易受到损伤和伤害。腐朽检测对于风险评估至关重要，因为当真菌消化木材时，它们会降低其强度。木材腐烂是由某些真菌引起的，这些真菌可能形成或不形成子实体。子实体是真菌繁殖结构，如果它们附着在一棵树上，则表示内部腐烂。

真菌腐烂的三种基本类型是白腐病、褐腐病和软腐病，每种类型的鉴别特征是它们"腐蚀"木材细胞和/或细胞间成分差异。然而，与自然界中的大多数事物一样，每种类型都有例外，一些腐烂真菌表现出不止一种类型的腐烂特征。白腐真菌主要腐烂木材细胞壁内和细胞壁之间的木质素。木质素是赋予木材抗压强度的物质，木质素的损失会降低木材的刚度。一些白腐真菌也可以攻击细胞壁内的纤维素。白腐之所以得名，是因为深色木质素腐烂后，腐烂的木材呈现白色。常见的白腐真菌包括蜜环菌属和灵芝属。褐腐病在针叶树上最常见，在落叶树上不太常见。褐腐菌主要腐蚀纤维素，留下坚硬的木质素，从而降低树木的弯曲强度。这使木材更脆，腐烂的木材干燥，容易破碎。褐腐病之所以得名，是因为纤维素腐烂后，剩余的木质素呈深色或棕色。褐腐真菌包括硫黄菌属（*Laetiporus*）和暗孔菌属（*Phaeolus*）。软腐病与褐腐病相似，它通常首先降解木材的纤维素部分。软腐病很难与其他腐病区分，因为它与棕色和白色腐病有一些共同的特征。它的名字实际上来源于其他类型的软腐真菌引起的腐烂，而这些软腐真菌通常不存在于活的树木上。

最初，褐腐病的木材强度损失可能比白腐病更快。受白腐病影响的树木更有可能通过在腐烂区域周围生长更多的新木材来适应木材强度的损失，这可能有助于补偿该位置现有木材的强度损失。然而，当树木衰退加剧时，无论是哪种类型的衰退，强度损失都将是极端的。衰退问题通常指的是它们影响树的一个或多个部分。如果衰退位于大分枝上，则称为分枝腐烂。树干腐烂是一个术语，用于描述位于上部树干的腐烂。基腐病是对位于树干下部和/或树基部的腐病进行的分类。结构性根腐病通常从底部向上发展，这种腐病的明显症状可能在树冠中出现，也可能不出现。位于根部的腐烂称为根腐。

心材腐烂是用来描述从树木心材（中心）开始腐烂的术语。如果腐烂位于边材中，则称为边材腐烂。在这种情况下，树皮和/或形成层可能已损坏或死亡。边材腐烂的一个指标通常是树皮表面存在大量但较小的子实体。边材腐烂是一个严重的问题，因为腐烂是从树枝外部向中心进行的。大多数边材腐烂的树枝需要清除。

12.2.2.2 腐朽的演变阶段

（1）**木材变色** 当木材受伤或受到真菌的侵染，木材细胞的内含物发生改变以适应代谢的变化，导致木材变色。木材变色是一个化学变化，变色本身并不影响到其材性，但预示腐朽可能开始。当然，并非所有的木材变色都指示着腐朽即将发生，例如，栎类、黑胡桃的心材随年龄增长而颜色变深，则是正常的过程。

（2）**树体空洞** 木材在腐朽后期完全被分解成粉末，掉落后形成空洞，向外一侧有可能被愈合或因树枝的分权而被隐蔽起来。有的心材腐朽后形成很深的纵向树洞，沿着向外开口的树洞边缘组织常愈合形成创伤材；表面光滑的创伤材较薄，覆盖伤口或填充表面，但向内反卷形成很厚的边，当树干的空洞较大时有助于提供必要的强度。

12.2.3　树木腐朽的探测与诊断

12.2.3.1　风险评估基础

树木风险评估考虑三个因素：树木损伤和伤害的可能性、可能导致损伤和伤害的环境以及目标会受到什么样的损坏或伤害。在评估树木的破坏潜力时，树木种植者必须考虑许多因素，包括物种、生长习性、缺陷、树枝附着的质量、根系状况以及树木和场地的历史等。

当树木或部分树木承受的荷载超过其结构承载力时，它们会发生损伤和伤害。环境也在树损伤和伤害的可能性中发挥作用。大多数树木损伤和伤害发生在风暴期间，或是风暴的结果。评估树木时，应考虑风、冰雪负荷、雷电和降雨的影响。环境突变，如风暴露、土壤条件、坡度和其他因素，可能会影响破坏的可能性，应予以考虑。

树木种植者应该考虑场地的历史以及它如何影响树木的稳定性。以下是一些应注意的因素：

① 施工、坡度变化和根区内挖沟。

② 移除之前用作人行道风缓冲的相邻树木。

③ 根系疾病导致附近树木根系损失（根系修剪）。

④ 潜在受害目标是如果树倒塌，可能会损坏或受伤的人和/或财产。

12.2.3.2　树木检查

预测树木损伤和伤害的能力是有限的，但通过适当的训练，树木工作者可以学会识别与树木损伤和伤害相关的特征。可能导致损伤和伤害的结构缺陷并不总是可见的，尤其是树内部或地下的结构缺陷，这需要树木结构和生理学的基础知识。

只有经过训练的人才能辨别可能导致树损伤和伤害的小缺陷和重大缺陷之间的差异。植树人必须熟悉树种及典型损伤和伤害模式、正常生长特征、结构、形状、衰退迹象。

树木检查的第一步是将树作为一个整体进行视觉评估，包括检查树冠有无枯死、裂缝或变色；注意有无树体倾斜；检查超出树冠其余部分的树枝；检查树干锥度；检查树干和根系区域。大多数树木种植者使用树木检查表，以确保他们有序地检查和记录树木结构中的缺陷。

在评估一棵树的整体健康状况和结构后，检查树的各个部分是否存在缺陷很重要。虽然树木结构和木材强度因物种而异，但应分析一下一般特征：如主干基部是一个重要区域，该位置的重大缺陷可能导致整棵树损伤和伤害，从而造成更广泛的损坏；检查树干是否有伤口、裂缝、腐烂和脱落的树皮（具有共显性主干的树木存在附着处开裂的风险，如果附着点存在内含皮，则分裂的可能性会增加）；注意主干的排列和连接方式。对于牢固的结构，树枝的直径应小于上一级主干的1/2，并沿树干垂直间隔。聚集在一起或大小相等甚至大于主干的分枝可能更容易发生损伤和伤害。

12.2.3.3　衰退指标

树木承重部分的生理衰退降低了树体结构强度，增加了树木衰败的可能性。衰退通常是一种"隐藏缺陷"，并且很大程度与树损伤和伤害有关。因此，树木种植者需要知道如何评估腐烂的存在和程度，并考虑其对树木损伤、伤害和风险的重要性。对树木进行外部检查时，腐烂并不总是明显的。一棵树看起来可能是坚固的，结构健全，可能有一个厚厚的绿色树冠，但它依然可能有明显的腐烂内部。识别常见的衰变指标很重要，木材上的子实体、空腔和可见的腐烂木材表示可能存在潜在的衰变。衰变的潜在指标是可能存在衰变的症状或表征，需要进一步调查。一些潜在的腐烂表征包括裂缝、接缝、凸起和旧修剪切口的伤口，尤其是顶部切口。开放性伤口可能是腐烂的征兆。对于大多数物种来说，死枝腐烂很快，并且具有很高的损伤可能性。应仔细检查开裂、松动、变色或渗出的树皮下是否存在木材腐烂。

12.2.3.4 进一步调查

如果树木主干心材不可见，或树木主要支撑根中怀疑存在腐烂，则应进行根颈开挖检测评估；如果任何挖掘出的树根中怀疑有腐烂现象，则应进行进一步评估。

树冠部分的衰变指示器可能需要用双筒望远镜仔细观察，如果有时间和资源进行更广泛的检查，则可能需要进行空中检查。攀爬者或高空作业装置（移动式高架工作平台）中的工人可以探测空洞，寻找地面看不到的裂缝和缺陷。如果目视检查发现腐烂潜在风险，可以进一步评估腐烂的位置和程度。

12.3　树体保护

12.3.1　树体损伤及树洞处理

缓解树体损伤是减少损伤和伤害可能性的重要过程。虽然损伤风险无法完全消除，但通常能够降低到可接受的水平。建议修剪以去除死亡、断裂或高风险的枝条。在古树名木保护过程中，一般要安装树木支撑系统，维护人员应定期检查此类树枝的硬件装置。因此，通常安装树木支撑系统以维持弱枝，与修剪结合使用。树木种植者应定期检查此类树枝和所有硬件安装。

12.3.1.1 伤口处理

(1) 清理伤口　一般习惯在清理伤口的同时对伤口的形状加以整理，如修去伤口周围的树皮使伤口形状变得规则。但许多研究认为这不利于伤口的愈合，应尽量保留活的树皮。如果需要对伤口整形时，不要随意扩大伤口。修理伤口必须用快刀，除去已翘起的树皮，削平已受伤的木质部并尽量避免出现锐角，使形成的愈合部位比较平整，可减少病虫的隐生场所。

(2) 伤口表面涂层保护　理想的伤口保护剂应能保护木材，防止病腐菌的侵染，同时能促进伤口的愈合。Lac-Balsam 是欧洲生产的一种树脂乳剂，对树木伤口的愈合有刺激作用。我国目前多数采用在修剪伤口表面涂抹沥青、杀菌剂的方法，以减少病虫害的侵入机会，保护伤口。

(3) 树皮受损修补　在春季及初夏的形成层活动期，树皮极易受损与木质部分离，可采取适当处理使树皮恢复原状。如发现受损树皮与木质部脱离，应立即采取措施保持湿度，小心从伤口处去除所有撕裂的树皮碎片，重新把树皮覆盖在伤口上用铁钉（涂防锈漆）或强力防水胶带固定，并用潮湿的布带、苔藓、泥炭等包裹伤口避免太阳直射。处理1~2周后可打开覆盖物检查树皮存活、愈合情况。如果已在树皮周围产生愈伤组织则可去除覆盖，但仍需遮挡阳光。

当树干受到环状的损伤时，可以采用树皮补植技术，使上下已断开的树皮重新连接恢复传导功能，近年来该技术常用于古树名木的复壮与修复。第一步，清理伤口，在伤口部位铲除一条树皮形成新的伤口带，约宽2cm、长6cm；第二步，在树干的其他部位切取一块树皮，宽度与上述新形成的伤口宽度相等但长度略短；第三步，把新取下的树皮覆盖在树干的伤口上，用涂过防锈清漆的小钉固定；第四步，重复上述过程，直到整个树干的环状伤口全部被移植的树皮覆盖。处理过程中要保持伤口的湿度，然后用湿布等包裹移植树皮，上、下覆盖15mm；再在外面用强力防水胶带固紧，包裹范围应超过内层材料上下25mm。上述处理1~2周后移植的树皮可以愈合，形成层与木质部重新连接。

12.3.1.2 树洞处理

(1) 开放法　如伤洞不深无填补的必要时可按前面伤口治疗方法处理。如果树洞很大，为了给人以奇特之感，欲留作观赏时，可采用开放法处理。将洞内腐烂木质部彻底清除，刮去洞口边缘的死组织，直至露出新的组织为止，用药剂消毒后并涂防腐剂；同时改变洞形，以利排水。也可以在树洞最下端插入导水铜管，经常检查防水层和排水情况，每半年左右重涂防腐剂一次。

(2) **封闭法** 也是先要将洞内的腐烂木质部清除干净，刮去洞口边缘的死组织，用药消毒后，在洞口表面覆以金属薄片，待其愈合后嵌入树体。也可以钉上板条并用油灰（油灰是用生石灰和熟桐油以 1 : 0.35 制成）和麻刀灰封闭（也可以直接用安装玻璃的油灰，俗称腻子封闭），再用白灰乳胶、颜料粉面混合好后，涂抹于表面，还可以在其上压树皮状花纹或钉上一层真树皮，以增加美观。

(3) **填充法** 聚氨酯塑料是一种最新的填充材料，我国已开始应用。这种材料坚韧、结实稍有弹性，易与心材和边材黏合，操作简便，其质量轻，容易灌注，并可与许多杀菌剂共存，且膨化与固化迅速，易于形成愈伤组织。填充时，先将经清理整形和消毒涂漆的树洞出口周围切除 0.2～0.3cm 的树皮带，露出木质部后注入填料，使外表面与露出的木质部相平。

12.3.2 树体支撑与加固

12.3.2.1 悬吊、支撑

采用悬吊、支撑的方法可减少树木潜在的安全威胁，但必须根据树枝的强度和长度、提供支撑点的可能性、受力点间的距离以及经常发生的恶劣天气条件等具体情况而定。

(1) **操作要领** 据 Richard W. Harris 等研究，为了能有效地实现目的，应该考虑以下几点：

① 操作前应对工作对象进行一次全面检查，确定其结构状态是否适合采用悬吊或支撑。例如对于树体过大、树枝过长、重量过大的树木，要慎重采用悬吊和支撑的方式；树干或树枝有较大范围腐朽的树木，就不适合采用悬吊或支撑方式。

② 根据树体的结构确定合理的受力点，如果能通过力学计算则可靠性更大。

③ 进行一次全面的修剪以减轻树枝的重量，也可适当截短树枝以与树冠的体量平衡；对于具有重要景观价值的树木更要全面考虑。

④ 定期检查使用的悬吊、支撑设置，若拉索、支架出现过紧或过松的情况，应及时调整以确保最合理的拉力；检查支撑物与树体的接触处是否有损伤树皮的情况发生，采取适当的防锈处理等。

⑤ 定期检查被处理树木的生长状况，因为树冠大小、重量分布、侧枝与主干的连接等在生长过程中发生变化，需及时做出必要的处理。

图 12-14 园林树木的硬物支撑

(2) **缆索悬吊或拉固** 一种韧性结构，必须根据树体结构选择适合的形式。吊索在树干或树枝上的固定位置十分重要。国际树木栽培学会制定的标准指出，吊索固定的位置一般在树枝、树干的 2/3 处或以外；当悬吊一个近于水平、脆弱的侧枝时，吊索的固定点应尽可能位于侧枝的先端，以使吊索和枝杆形呈 45°夹角；为了使被吊拉的树枝有更大幅度的摆动、震动，可在钢索中加一个压缩弹簧以增加缓冲性。

(3) **硬物支撑** 主要采用杆、架等刚性的物体来承托，支撑下垂的树枝、倾斜的树体，使支撑物与树体构成一个刚性的结构。常用金属管、角铁、U 形支架、原木等硬质材料作为支撑物，必须注意不损坏受力点的树皮（图 12-14）。

(4) **缆索、支杆的连接固定** 一般采用分成两半圆的铁箍件，通过螺栓夹固便于调整松紧。铁箍内口的直径略大于需悬吊的树枝或作为支点的树干直径，固定时必须在金属箍与树皮之间垫衬橡胶垫等软质材料，以免损伤树皮。箍上附有一个圆环，以便连接吊索或支撑杆。

12.3.2.2 螺栓夹固

有的树木分枝角度过大、树冠过于开张、主侧枝与树干或两大主枝间有夹皮现象等，虽然在基部没有伤裂，但在承受较大的树冠重量时，如遇强外力影响则容易发生折断。遇到这类情况，对具有重要景观价值的树木可采用螺栓夹固的方法加固（图12-15）。

使用时应注意，树体上的钻孔直径应较螺栓直径大1.5mm；螺帽加垫处的树皮应除去，选用圆形的螺帽垫；夹固的树干外表处应涂保护剂，暴露的螺帽等应涂防锈剂。

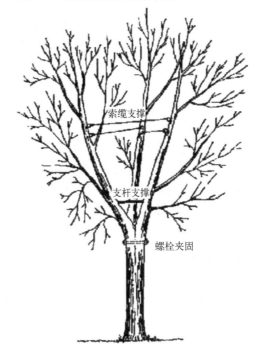

图12-15　三种树干螺栓加固方式

（索缆支撑　支杆支撑　螺栓夹固）

(1) 夹固螺栓的安置位置　有人认为螺栓应在分枝连接处的下方，也有人则建议合适的位置在基部裂纹以上10cm处。而国际树木栽培学会提出，螺栓的安置可在两枝的连接处往下到裂纹基部的部位。如果侧枝直径较大，可用平行的双螺栓来加固，但两个螺栓应位于相同水平面上，其间距约为树干或树枝的半径，应掌握在13.5～45cm。如是特大的树枝可在同一水平面上加用第三根螺栓。如果有腐朽现象，则应用双螺帽，两个螺帽间要加垫。随着树木直径的生长，夹固的螺栓的外螺帽会被包入新生长的木质部，在树干外部看不到。

(2) 纵向劈裂的树干或树枝夹固　沿树干纵向劈裂的现象在低温地区时常发生，通常是由于冬季冰冻造成的，一般在气温回暖后裂口可减小，但如不断发生类似的情况会对树木带来严重的影响，可采用纵向排列的螺栓来夹固。处理时夹固螺栓的排列不应与树干纵向纹理一致，螺栓的排列应错开，不能纵向呈一直线，螺栓的间距应保持在30～40cm；经此处理的树干或树枝其柔韧性大大降低，因此在评价树木的安全性时必须考虑这个因素。

(3) 过于接近的摩擦枝夹固　如两个侧枝或主干与侧枝过于靠近造成摩擦，则容易损伤树皮并进一步造成木质部的深度损伤，一般情况下应去除其中一个，但如必须保留则可用螺栓将其固定在一起或用支杆将其撑开。采用螺栓固定应在春季进行，处理前将摩擦处的树皮除去，再用螺栓穿固使两枝的形成层接触，然后用蜡密封及两树枝间的接缝及螺帽的周围，以免形成层失水，一段时间以后两枝生长在一起。

12.3.3 树干刷白

树干涂白对防寒和防治病虫害有很好的效果，还有助于夜间行车安全的作用，所以已在全国各地普遍应用。各地的涂白剂配方不一，常用的配方是水10份、生石灰3份、石硫合剂原液0.5份、食盐0.5份、油脂（动植物油均可）少许。配制时要先化开石灰，把油脂倒入后充分搅拌，再加水拌成石灰乳，最后放入石硫合剂及盐水，也可以加黏着剂，以便延长涂白的期限。

12.3.4 桥接

对于受伤面积很大的枝干，在用上述方法处理后，为恢复树势、延长树木的寿命，可以采用桥接的方法。于春季树木萌芽前，取同种树的一年生枝条，两头嵌入伤口上下树皮好的部位；然后用小钉固定，再涂抹接蜡，用塑料薄膜捆紧即可。如果伤口发生在树干的下部，其干基周围又有根蘖发生，则选取位置适宜的萌蘖枝，并在适当位置剪断，将其接入伤口的上端；然后固定绑紧，这种称为根寄接。另外，也可栽一株幼树，成活后将上端斜削，插嵌于伤口上端活树皮下，绑紧即可。

12.4　园林植物自然灾害的防治

12.4.1　冻害

冻害是指树木在休眠期因受0℃以下低温，而使细胞、组织、器官受伤害，甚至死亡的现象。也可以说，冻害是树木在休眠期因受0℃以下的低温，使树木组织内部结冰所引起的伤害。一方面，植物组织内形成冰晶以后，随着温度的继续降低，冰晶不断扩大，致使细胞进一步失水，细胞液浓缩，细胞发生质壁分离现象。另一方面，随着压力的增加，促使细胞膜变性和细胞壁破裂，植物组织损伤，导致树木明显受害，其受害程度与组织内水的冻结和冰晶溶解速度紧密相关，速度越快，受害越重。

12.4.1.1　冻害的表现

（1）**花芽**　花芽是抗冻能力较弱的器官，其花芽分化越完善，抗冻能力越弱。花芽冻害多发生在春季气候回暖时期；花芽比叶芽抗冻力差；顶花芽比腋花芽易受冻。有的树种花芽受轻微的冻害时会使其内部器官受伤害，最易受冻的是雌蕊花芽，受冻后其内部变褐色，初期从表面上只看到芽鳞松散现象，因此不易鉴定，后期芽干缩不萌发。

（2）**枝条**　在休眠期，成熟枝条的形成层最抗寒，皮层次之，木质部、髓部抗寒力最弱，所以枝条的冻害与其成熟度有关。轻微冻害只表现髓部变色，中等冻害时木质部变色，严重时才发生韧皮部冻伤。若形成层变色，枝条就失去了恢复能力。在生长期，形成层对低温最敏感。多年生枝条发生冻害常表现皮层局部冻伤，受冻部分最初稍变色下陷，不易发现，用刀撬开，如果发现皮部已变褐色，则以后逐渐干枯死亡，树皮裂开和脱落。这种现象在经历一个生长季后非常明显。如果形成层未受冻，则可逐渐恢复。多年生的小短枝，常在低温时间长的年份受冻，枯死后其着生处周围形成一个凹陷圆圈，这里往往是腐烂病侵入的门户。

（3）**枝杈和基角**　遇到低温或昼夜温度变化较大时，此处易引起冻害。其原因是该部位进入休眠较晚，位置比较隐蔽，输导组织发育不好，通过抗寒锻炼较迟。

枝杈和基角发生冻害后表现为：枝杈基角的皮层与形成层变褐色，而后干枯凹陷；有的树皮呈现块状冻坏；有的顺主干垂直冻裂形成劈枝。主枝与树干的基角愈小，冻害愈严重，但冻害的程度与树种和品种有关。

（4）**主干**　在气温低且气温变化剧烈的冬季，树干受冻后主干形成纵裂，称为"冻裂"现象。树皮常沿裂缝与木质部脱离，严重时还向外翻，裂缝可沿半径方向扩展到树木中心。一般生长过旺的幼树主干易受冻害，而伤口极易引起腐烂病的发生。

形成冻裂的原因是气温急剧降到0℃以下水分冻结，导致外层木质部干燥、收缩；同时由于木材的导热性差，内部的细胞仍保持较高的温度和较多的水分，几乎不发生干燥或木材的收缩，木材内外收缩不均引起很大的弦向张力。这种张力（拉力）将导致树干的纵裂。冻裂往往发生在树干的西南面，因为这一面白天受太阳的照射，加热升温快，随着夜间降温，温度变幅较大。树干的纵裂多发生在夜间，随着温度的下降，裂缝可能增大；但随着白天温度的升高，树干吸收较多的水分后又能闭合。开裂的心材不会闭合，愈伤组织形成后被封在树体内部，如此时不进行处理，则可能随着冬季低温的到来又会重新开裂。对于冻裂的树木，可按要求对裂缝进行消毒和涂漆，在裂缝闭合时，每隔30cm用螺丝或螺栓固定，以防再次开裂。

冻裂一般不会直接引起树木的死亡，但由于树皮开裂木质部失去保护，容易招致病虫害，不但严重削弱树木的生长势，而且还能造成木材腐朽成洞。

一般落叶树木的冻裂比常绿树木严重，如椴属、悬铃木属、鹅掌楸属、核桃属、柳属、杨属及七叶树属等的某些种类。孤植树的冻裂比群植树严重。生长旺盛年龄阶段的树木比幼树和老树敏感。树木生长在排水不良的土壤上也易受害。

(5) **根颈** 在一年中，树木的根颈部分最迟停止生长，最晚进入休眠，但在翌年春天又较早解除休眠，因此抗寒力较低。在晚秋或晚春温度骤然下降的情况下（加之根颈所处的部位接近地表，温度变化大），根颈最易受低温或温变的伤害。根颈受冻后，树皮先变色，以后干枯，可表现为局部的一块，也可能呈环状。根颈冻害对植株危害很大，常引起树势衰弱或整株死亡。

(6) **根系** 根系无休眠期，所以树木的根系比其地上部分耐寒力差。根系形成层最易受冻，皮层次之，而木质部抗寒力较强。根系虽然没有休眠期，但在冬季活动能力明显减弱，加之受到土壤的保护，故冬季的耐寒力较生长期略强，受害较少。根系受冻后变褐色，树皮部易于与木质部分离。一般粗根较细根耐寒力强。近地面的根系由于地温低，而且变幅大，较下层的根系易于受冻。疏松的土壤易与大气进行气体交换，温度变幅大，其中的根系比一般的土壤受害严重。干燥的土壤含水量少，热容量低，易受温度的影响，根系受害程度比潮湿土壤严重。新栽的树木与幼树由于根系还没有很好地生长发育，根幅小而浅，易于受冻。

根系受冻后，树木只能靠贮藏的营养和水分发芽和生长，所以常表现为发芽晚、生长不良，待新根发出后才能正常生长发育。

12.4.1.2 造成树木冻害的原因

造成树木冻害的原因有多种。从内因来说，与树种品种、树龄、生长势、当年枝条的成熟度及休眠的时间和深度有密切的关系。从外因来讲，与气候、地势、坡向、水体、土壤、栽植的时间与技术、养护管理等因素分不开。因此当发生冻害时，应从多方面进行分析，找出发生冻害的主要原因，并采取相应的防治和处理措施。

(1) **内因**

① 抗冻性与树种和品种的关系 不同的树种或同一树种中的不同品种抗冻能力是不一样的。如分布在东北地区的樟子松比分布在华北地区的油松抗冻，油松又比南方的马尾松抗冻。同属于梨属的秋子梨比白梨和沙梨抗冻，原产于长江流域的梅品种比广东黄梅抗冻。

② 抗冻性与枝条内糖类变化动态的关系 黄国振先生在研究梅花枝条中糖类变化动态与抗寒越冬能力的关系时发现，越冬时枝条中淀粉转化的速度和程度与树种抗寒越冬能力密切相关。淀粉转化的情况表明，长江流域梅品种的抗寒力虽不及杏和山桃，但具有一定抗寒的生理基础；而广州黄梅则完全不具备这种内在条件。

③ 与枝条成熟度的关系 枝条愈成熟，抗寒力愈强。枝条充分成熟的主要标志是木质化的程度高，含水量减少、细胞液浓度增加、积累淀粉多以及形成层活动能力减弱等。如枝条不成熟，在降温之前还未停止生长进行抗寒锻炼的树木，容易受冻害。

④ 与枝条休眠的关系 冻害的发生与树木的休眠和抗寒锻炼有密切关系。一般处在休眠状态的植株，抗寒能力强。植株休眠愈深，抗寒能力愈强。植物抗寒性的获得是在秋天和初冬期间逐渐发展起来的，这个过程称为抗寒锻炼。一般的植物通过抗寒锻炼才能逐步获得抗寒性。到了春季气候转暖，枝芽开始生长，其抗寒力又逐渐消失，这一消失过程称为锻炼解除。

树木在秋季进入休眠的时间和春季解除休眠的早晚与冻害发生有密切关系。有的树种进入休眠晚，而解除休眠又早，这类树木在冬季气温很低而又多变的北方，容易发生冻害。

枝条及时停止生长，进入休眠，不容易受到极骤低温的危害。如果枝条不能及时停止生长，当低温突然来临时，枝条因组织不充实，又没有经过抗寒锻炼而会受冻。解除休眠早的树木，受早春低温威胁较大；解除休眠较晚的，可以避开早春低温的威胁。因此，冻害一般不在绝对温度最低的深冬发生，而常发在秋末或春初。由此可见，越冬性不仅表现在对低温的抵抗能力，而且还表现在刚刚休眠和解除休眠时，树木对综合环境条件的适应能力。

(2) **外因**

① 低温 低温是造成冻害的直接外界因素。首先，受害的程度取决于低温到来的时间，当低温到

的时间早又突然，树木本身还未经过抗寒锻炼，人们也没有采取防寒措施时，很容易发生冻害。

冻害与降温速度和升温速度也有关系，降温速度越快，受冻越严重；温度回升速度越快，冻害也越严重。例如有人用樱桃做过如下实验：当温度缓慢降到$-12℃$，然后从$-12℃$迅速降到$-20℃$，樱桃的死亡率为15%；当温度迅速降到$-12℃$，后由$-12℃$缓慢降到$-20℃$，樱桃死亡率为75%；当温度一开始就缓慢下降直到$-20℃$，樱桃的死亡率为3%。

② 地势与坡向　冻害的产生与地势和坡向有关系。地势、坡向不同，小气候差异较大，如在江苏、浙江一带种在山南面的柑橘比同样条件下山北面的柑橘受害严重。因为山南面昼夜温度变化大，山北面昼夜温差小。而江苏太湖东山，每年山南面的柑橘会发生不同程度的冻害，山北面的柑橘树则不发生冻害。

③ 水体　水体对冻害的产生也有一定的影响。经调查，离水源较近的橘园比离水源远的橘园受冻害轻。原因是水的热容量大，即水在白天吸收太阳的热量，到晚上周围空气的温度比水温低时，水体则向外放出热量，使周围气温升高。前面介绍的江苏东山北面的柑橘每年不发生冻害的另一个原因是山北面临太湖。而1976年冬天东山北面的柑橘比山南面的柑橘受冻害还严重，是北面的太湖结冰之故。

④ 种植的时间和养护管理水平与冻害的发生有密切关系　不耐寒的种类如果秋季栽植，栽植时技术又不到位，冬季很容易遭受冻害。所以不耐寒的树种在北方应该春季栽植，冬季还应该做好防寒工作。

12.4.1.3　冻害的防治

冻害在我国发生较普遍。冻害对树木威胁很大，严重时常导致数十年生的大枝或大树冻伤或冻死。树木局部受冻以后，常常引起溃疡性寄生菌寄生的病害，使树势大大衰弱，从而造成这类病害与冻害恶性循环。据调查，苹果的腐烂病、柿园的柿斑病和角斑病等发生与冻害有关。有些树种虽然抗寒力较强，但花期如遇低温则容易受冻害，致使花不能开放，非常影响园林观赏效果。因此，对这类树木冬季必须防寒，早春还应特别预防低温对花芽的伤害。预防冻害不仅对树木功能的发挥有重要的意义，而且对于通过引种增加园林植物种类及树木延年益寿也有很大意义。例如，在北京地区的冬季，有些园林树种在栽植1~3年内需要采取防寒措施，如雪松、千头柏、玉兰、梧桐、竹类、木瓜、樱花水杉、凌霄、日本冷杉、迎春等；少数种类需要每年冬季进行越冬防寒，如葡萄、月季某些品种、翠柏等。

12.4.2　霜害

在生长季，由于急剧降温，水汽凝结成霜而使枝条幼嫩部分受冻，称为霜害。根据霜冻发生的时间及其对树木生长的伤害，可分为早霜危害与晚霜危害。早霜又称秋霜，由于某种原因使树木枝条在秋季不能及时成熟和停止生长，其木质化程度低，往往会遭受秋季异常寒潮的袭击，导致严重的早霜危害。晚霜又称春霜，指在春季树木萌动以后，气温突然下降而对树木造成的伤害。我国幅员广阔，各地发生晚霜的时间不同，有的地区晚霜可在6~7月份发生。

12.4.2.1　霜冻为害的表现

树木在休眠季抵抗低温的能力较强，而在解除休眠后抗低温的能力大大减弱，短时间的低温（零上或零下）都可能造成霜害，特别是在花期，发生霜害后会严重影响观赏效果，果树则会影响产量。由于霜冻发生时的气温逆转现象，越近地面气温越低，所以树木下部受害程度较上部重。发生霜冻时，阔叶树的嫩枝、叶片萎蔫、变黑甚至死亡，针叶树的叶片则变红和脱落。在北方，晚霜较早霜具有更大的危害性。因为从萌芽至开花期，其抗低温的能力越来越弱，甚至极短暂的低温也会给幼嫩组织带来致命的伤害。在早春萌芽时受霜冻后，嫩芽和嫩枝变为褐色，鳞片松散而枯在枝上。花期受霜冻，由于雌蕊最不耐寒，轻者雌蕊冻死（有的在此种情况下花可以照常开放）；稍重的霜冻会使雌蕊与雄蕊都冻死；严重时，花瓣受冻变枯、脱落。幼果受冻较轻时，其胚变褐色，果实仍保持绿色，以后逐渐脱落；受冻严重时，则全果变褐色，很快脱落。

12.4.2.2　造成霜害的有关因素

(1) 霜害与霜冻类型有关　根据霜冻发生的时间与持续时间，可将霜冻分为辐射霜冻、平流霜冻和混合霜冻三种类型。辐射霜冻指在晴朗无风的夜晚，地表辐射降温造成的霜冻，通常为－2～－1℃，延续时间短，较易预防。平流霜冻是寒流直接危害的结果，涉及范围广，延续时间长，有时可达数夜之久，降温剧烈，可降至－5～－3℃，甚至达－10℃。一般的防霜措施效果不佳，但不同小气候之间差异很大。有时平流霜冻和辐射霜冻同时混合发生，称为混合霜冻，其危害非常严重。

(2) **霜冻与地理位置、地形和地势有关**　由于秋冬季节寒潮的反复侵袭，我国除台湾与海南的部分地区外，均会出现0℃以下的低温。在早秋及晚春寒潮侵袭时，常使气温急剧下降，容易发生霜害。一般来说，纬度越高，无霜期越短。在同一纬度上，我国西部大陆性气候明显，无霜期较东部短，受霜害的威胁也较大；在同地区，海拔越高，无霜期越短。霜冻的发生与地形、地势及湿度也有密切关系，因为霜冻是冷空气集聚的结果，所以小地形对霜冻的发生有很大的影响，在冷空气易于集聚的地方霜冻重，而在空气流通处则霜冻轻，在不透风林带之间易聚集冷空气，形成霜穴，使霜冻加重。一般坡地较洼地、南坡较北坡受霜冻轻。湿度对霜冻有一定影响，湿度大可缓和温度变化，故靠近大水面的较无大水面的地区无霜期长，受霜冻较轻。在生长期较短、晚霜迟的地区，遭受霜害更为严重，在此期间，霜冻来临得越晚，则受害越重。

(3) **霜害与树种、品种、引种地有关**　不同树种抗霜能力不同，热带树木，如橡胶、可可、椰子等，当温度在2～5℃时就受到伤害；而原产于东北的山荆子却能抗－40℃的低温。不同的品种抗霜能力也不同，如同为柑橘属的树木，柠檬抗低温能力最弱，－3℃即受害；甜橙在－6℃，温州蜜柑在－9℃受冻；而金柑的抗性最强，在－11℃时才会受冻。南方树种引种到北方，由于在南方生长季长，引到北方后，树木在秋季不能适时停止生长，易受到早霜的威胁；北方树木引种到南方，由于南方气候转暖早，树木开始萌动也早，在气温多变的地区，易遭晚霜危害。

(4) **霜害与组织的成熟度、部位、花期及养护管理有关**　如果秋季树木枝条停止生长较晚，其组织生长得不充实，容易遭受霜害，所以生产中应特别注意后期的施肥与灌水养护，避免树木枝条贪青徒长，应使其适时停长，进入休眠。特别是对从南方地区引进的树种和品种，应及早进行越冬防寒。生殖阶段较营养生长阶段敏感。春季萌芽开花越早的树木，抗霜的能力弱，花比叶容易受危害，叶比茎对低温更敏感，受威胁的可能性也越大，北方的杏及桃花中的'白花山碧'开得较早，易遭受霜害，'白花山碧'桃发生霜冻时，其花瓣边缘或全朵花变为褐色，失去观赏价值。春季刚刚萌动的芽，很容易遭受霜冻，如果温度下降的幅度过大也能冻坏未萌动的芽。调查发现，树木的芽对霜冻的敏感性与芽萌动的程度有关芽，越膨大，树木受霜冻死亡的可能性越大。

(5) **霜害与霜冻出现的时间、持续时间的长短、温变幅度的大小、低温程度及温度回升快慢等气象因素有关**　树木尚未进入休眠或春天气温转暖过早时，树木均易受到威胁。低温持续时间越长，温变幅度越大，温度越低则受害越重。温度回升慢，受害轻的还可以恢复，如温度骤然回升，则会加重受害。在春天，当霜冻出现推迟时，新梢生长量已经较大，受害最严重。早春的温暖天气，使树木过早萌芽，生长最易遭受寒潮和夜间低温的伤害。黄杨、火棘和朴树等对这类霜害比较敏感，当幼嫩的新叶被冻死以后，母枝的潜伏芽或不定芽发出许多新枝叶，但若反复受冻，终因贮藏的糖类物质耗尽而引起整株树木死亡。

12.4.2.3　防霜的措施

防霜的措施应包括推迟树木的萌芽与开花物候期，以增加对霜冻的抵抗能力；增加或保持树木周围的热量，促使上下层空气对流，避免冷空气积聚等。

(1) **推迟萌动期，避免霜害**　如果树木芽萌动和开花期较晚，则可以躲避早春回寒的霜冻，所以人们利用药剂和激素或其他方法使树木萌动推迟，延长植株的休眠期。或在早春灌返浆水，可以降低地温，在萌芽后至开花前灌水2～3次，一般可推迟开花2～3天。树干涂白也有防霜的作用。据实验，桃树树干涂白后较对照树花期推迟5天，一般的树木可延迟萌芽开花2～3天。因此在日照强烈，温度变化剧烈的大陆性气候地区，可利用涂白减少树木地上部分吸收太阳辐射热，温度升高较慢，延迟芽的萌动期。涂白不仅可以反射阳光，减少枝干温度局部增高，又可以预防日灼危害。

(2) **改变小气候条件以防霜护树**　根据气象台的霜冻预报及时采取防霜冻措施，对保护树木具有重要作用，主要有以下几种方法：

① 喷水法　利用人工降雨与喷雾设备在将发生霜冻的黎明，向树冠上喷水，对防止霜冻有良好的效果。喷到树上的水温比树冠周围的气温要高，能放出很多热量，提高树冠周围空气的温度，同时也能提高近地表层的空气湿度，减少地面辐射热的散失，因而起到了提高气温防霜的作用。

② 熏烟法　根据天气预报，事先在园内每隔一定距离，设置发烟堆。发烟堆的材料是用易燃的干草、刨花、秫秸等与潮湿的落叶、草、锯末等分层交互堆起，外面覆上一层土，中间插上木棒，以利点火和出烟。发烟堆应分布均匀，风的上方烟堆应密些，烟堆大小一般不高于1m。在有霜冻危险的夜晚，温度降至5℃时即可点火发烟。熏烟能减少土壤热量的辐射散发，同时烟粒吸收湿气，使水汽凝成水滴而放出潜热，提高地表温度，保护树木，进而可以防霜保湿。但在多风或降温到−3℃以下时，效果不好。

③ 遮盖法　在南方为了防止珍贵树种的幼苗遭受霜冻多采用遮盖法，即用蒿草、芦苇、苦布等覆盖树冠，既可保温阻挡外来寒流袭击，又可保留散发的湿气增加湿度。但此法需要人力物力较多，所以只有珍贵的幼树采用。在广西南宁，用破布、塑料薄膜、稻草等保护芒果的幼苗，效果很好。在北京，2003年春季倒春寒时间较长，不少树木因此受到伤害，特别是雪松。据调查，凡是树冠用稻草覆盖或用风障顶部封严成为大棚保护雪松的地区，雪松均无受害。

④ 吹风法　霜害是在空气静止的情况下发生的，利用大型吹风机增加空气流动，将冷空气吹散，可以起到防霜效果。欧美等一些国家和地区有的果园采用这种方法，隔一定距离放一个旋风机，在霜冻前开动，可起到一定效果。

⑤ 加热法　加热法是现代防霜的有效方法。美国等许多国家在果园每隔一定距离放置加热器，在霜降来临时通电加温，下层空气变暖而上升，上层原来温度比较高的空气下降，在果园周围形成一个暖气层。园中放置加热器数量多、而每个加热器放出热量小为好。这样既可起到防霜作用，又不会浪费太大。加热法适用于大的园林或果园，面积太小，微风即可将暖气吹走。

12.4.3　旱涝害

水分是树木生长不可缺少的条件。水分过多或不足，都会影响树木生长发育。我国各地都存在降雨不均的问题，南方地区降雨多集中在4～8月份，北方地区多集中在6～8月份。在雨季，低洼地以及地下水位高的地段易排水不良，造成积水成灾，影响树木生长。树木受到涝渍危害时，早期呈现黄叶、落叶落果、树木根系呼吸受阻的现象；严重时还会使根系窒息，腐烂死亡。如果涝渍时间长，皮层易剥落，木质变色，树冠出现枯枝，叶片失绿，甚至导致全株枯死。因此，在园林树木养护中，要做好排水防涝工作。常用的排涝方法有明沟排水和暗沟排水。在雨季，需注意检查绿地排涝设施，确保排水系统畅通，绿地和树池内积水不得超过24小时，防止树木涝害。在地势低洼、排水不良的地段，选用耐涝性能强的绿化树种。

由于降雨分配不均，常出现树木生长季干旱缺水的情况。树木在短期水分亏缺时，会出现临时性萎蔫，表现为枝梢、树叶下垂、萎蔫等现象。如果及时补充水分，树叶就会恢复过来，而长期缺水，超过树木所能忍耐的限度，就会造成永久性萎蔫，即缺水死亡。因此在养护管理中应根据天气状况，注意观察土壤水分变化，及时灌溉，保持土壤湿润，以确保树木尤其是新植树木成活必需水分条件，必要时可采用树干、叶面喷水等措施进行抗旱养护。

12.4.4　热害

热害是指高温对植物的危害，由太阳辐射热引起的一种气象灾害，表现为日灼和干旱。

日灼是植物受高温危害的一种生理性病害，在我国各地均有发生。树木的日灼因发生时期不同，可分为冬春日灼和夏秋日灼。

冬春日灼实质上是冻害的一种，多发生在寒冷地区的树木主干和大枝上，而且常发生在昼夜温差较大的树干的向阳面。在冬天白天太阳照射枝干的向阳面，使其温度升高，而夜间的温度又急剧下降，冻融交错使树木皮层细胞受破坏而造成日灼。

夏秋日灼与干旱和高温有关。由于温度高，水分不足，蒸腾作用减弱，致使树体温度难以调节，造成枝干的皮层或果实的表面局部温度过高而灼伤，严重者造成局部组织溃疡腐烂、死亡，枝梢和树叶出现烧焦变褐现象。

热害的防治措施：首先夏季天气干旱时，应适时灌水，保证叶片正常进行蒸腾作用，可防日灼，灌水宜在清晨或傍晚进行。其次是遮阳保护，为防止树体过度失水，在夏季高温时间应用遮阳网遮阳（尤其是新植树木），定期给树木喷水，补水降温。再者，还可给树木喷洒抗蒸腾剂，抑制蒸腾失水，维持树木水分平衡。另外，树木枝干涂白，以缓和树皮温度骤变，也是防止日灼的有效措施。

发生日灼时，为防止病菌侵染危害，可喷2%石灰乳，也可在喷波尔多液时，增加石灰量。

12.4.5 风害

风害是重要的自然灾害之一。强风吹袭可引起树木非正常落叶、折枝，更有甚者则造成树干折断、树木倒伏，从而给城市设施、财产造成损失，甚至给居民人身安全带来危害。近年来，我国沿海地区频繁遭遇强台风影响，城市树木受到严重破坏。因此，在城市树木管理中，对风害应予以足够的重视。

在风害严重的地区，要注意在风口、风道等易遭受风害的立地环境选择抗风力强的绿化树种，并适当密植，采用低干矮冠整形。还要根据当地特点，设防护林（带），降低风速，免受损失。

在管理措施上，应根据当地实际情况采取相应防风措施，如排除积水、改善绿地土壤、适当深植、合理修枝控制树形、设立支柱、设置风障等。特别是频繁受到暴风影响的地区，需要强化树木支撑，保证树木在强风吹袭时少受害或不受害。

对于遭受大风危害，折枝、伤害树冠或被吹倒的树木要根据受害情况及时维护。要对风倒树及时顺势扶正、培土，修去树冠中部分或大部分枝条，并立支柱。对难以补救者应加以淘汰，随后重新换植新株。

12.5　园林植物的病虫害防治

12.5.1 园林植物病害及其发生规律

园林植物在生长发育过程中，或在种苗球根、鲜切花和成株的运输、贮藏中，因受到环境中非生物或生物致病因素的侵害，使植株在生理、解剖结构和形态上产生局部或整体的反常变化，导致植物生长不良、品质降低、产量下降，甚至死亡，严重影响观赏价值和园林景观的现象，称为园林植物病害。园林植物病害的出现有一个渐进的过程，即病理程序，它与一般在瞬时形成的损伤有本质的不同。但是损伤后的植物比较容易受到病原微生物的侵袭，从而诱发病害。

植物侵染性病害的发生过程称为病程，即病原体与寄主植物可侵染部位接触，并侵入寄主植物，在其体内繁殖和扩展，并产生致病作用，使其出现病害症状的过程。为了分析和认识病害，将这一过程分为接触期、侵入期、潜育期和发病期4个阶段。

植物病害的侵染循环是指从前一个生长季节开始发病，到下一个生长季节再度发病的过程。侵染循环一般包括3个基本环节：病原体的越冬或越夏；病原体的传播；病原体的初侵染和再侵染。侵染循环是研究植物病害发生发展规律的基础，也是制定植物病害防治措施的依据。

12.5.1.1 病原体越冬的场所

病原体的越冬是侵染循环中最薄弱的环节，越冬的场所比较固定集中，主要的越冬场所有以下几种。

（1）感病植物及病残体　植物感染病害后，病原体在寄主植物体内定植，成为侵染循环中初侵染的重要来源，如根癌病、干锈病、溃疡病等。病原体也可在病落叶、落果及枯枝上越冬，以次年产生的孢子侵染寄主植物。

(2) **种子及其他繁殖材料** 一些病原物如真菌、细菌可在种子表面或内部存在，成为苗期病害的侵染来源。病毒和支原体可在苗木、块根、插穗、接穗和砧木上越冬而成为园林植物病害初侵染的主要来源。

(3) **土壤** 对根部病害和土壤传播的病害而言，土壤是最重要的也可能是唯一的侵染来源。病原物在土壤中休眠越冬，有的可存活数年之久，也有一些在土壤中以腐生方式存活。

(4) **介体** 许多病毒靠介体昆虫传播，昆虫就成为这些病毒的越冬场所。

12.5.1.2 越冬的方式

(1) **腐生** 许多病原物在植物病残体或土壤中以腐生方式度过病害的休止期，在环境条件合适时进行侵染。

(2) **休眠** 有些病原物可以产生各种休眠器官和结构，如菌核、分生孢子器、厚垣孢子等进行越冬或越夏，以度过不良的环境条件。

(3) **寄生** 一些专性寄生物如病毒等，需要在活的寄主体内或介体昆虫体内寄生。在从病原物的越冬、越夏的场所和方式可以得知，病原物越冬越夏的时间是进行病害防治的特别重要时机。

12.5.1.3 病原物的传播

病原物必须经过一定的传播途径才能与寄主接触，进行侵染。病原物从越冬或越夏的场所向寄主植物感病部位的空间移动，称为病原物的传播。病原物的传播是侵染循环各个环节联系的纽带。病原物的传播包括从感病植株到无病植株，从有病区域到无病区域的传播。传播途径主要有人为因素和自然因素。自然因素中主要通过风、雨水、土壤、昆虫和其他动物（线虫、螨类）等传播。人为因素主要指通过带病的种苗或种子的调拨、园艺操作、包装材料或机械等途径的传播。通过传播，植物病害才有可能扩展蔓延和流行。因此，了解植物病害的传播途径对于病害防治是非常重要的。

12.5.1.4 病原物的初侵染和再侵染

病原物越冬后传播到植物上所引起的第一次侵染为初侵染。在同一个生长季节中，初侵染之后发生的侵染均为再侵染。再侵染的次数与病原的种类和环境条件有关。只有初侵染没有再侵染的病害比较容易防治，主要通过控制初侵染的来源或切断侵入途径来控制。有再侵染的病害，必须根据再侵染的次数和特点进行防治。

12.5.2 园林植物虫害及其发生规律

在任何生长期，树上都可能有几种昆虫，尽管只有少数昆虫可能有害。然而，几乎每种树木都至少有一种害虫，可能会引起一些问题。一些昆虫（日本甲虫、蚜虫、许多鳞片虫、吉普赛蛾）以多种寄主植物为食，而其他昆虫（白蜡绢须野螟和冬青潜叶虫）则特定于某些寄主。许多昆虫是有害昆虫的食肉动物或寄生虫。昆虫具有复杂的生命周期，一个发展阶段可能会出现问题，而下一个阶段可能不会。了解害虫的生命周期对虫害的识别和治疗很重要。树木种植者必须能够识别有害昆虫和有益昆虫，并且在进行任何控制之前必须知道植物能够承受的损害程度。大多数昆虫对树木的损害是由取食或产卵活动造成的。例如周期性蝉可以通过在树皮下长线产卵来破坏小树枝。由于蝉的数量可能很多，在主要蝉巢出现的年份，这种伤害可能是一个重大问题。

昆虫取食损伤的特点是昆虫的口器类型。咀嚼昆虫吃植物组织，如叶子、花、芽和嫩枝。一些昆虫，如舞毒蛾、东部帐篷毛虫和腐烂虫，会吃掉整片叶子。黑藤象甲以叶缘为食，这种昆虫的损害迹象是边缘不平或断裂，或叶子上有凹痕。其他昆虫，如日本甲虫和榆叶甲虫，只吃脉间组织，形成骨骼化的叶子。潜叶虫在叶片表面之间觅食，在叶片内部挖出通道。受蛀虫侵扰的树木通常表现出树冠稀疏和树木生长活力下降。诊断依据是树干或树枝上有许多小孔，带有半消化木材或木屑。蛀虫能够啃食树皮、韧皮部、形成层和/或木质部，从而破坏树木在树根和树冠之间运输水分和养分的能力。一些蛀虫，如亚洲长角甲虫，会钻入植物的木材，造成结构破坏。

其他昆虫通过刺穿植物组织并吸出液体来进食。如蚜虫、鳞片（一种昆虫）、叶蝉、木虱和真臭虫通过刺穿植物细胞并吸出内含物来进食。这种进食的症状为黄化、枝条下垂和扭曲。其中一些昆虫在取食时分泌的化学物质也会引起植物毒性作用。某些鳞片（一种昆虫）会导致树木严重衰退，原因是这些鳞片往往多年未被发现。此外，许多吸吮昆虫，如蚜虫、粉蚧，会产生被称为蜜露的液体排泄物。蜜露是一种难看但无致病性的真菌——黑霉生长的基质。有些昆虫是植物病原体的载体。这意味着它们在树与树之间传播或传播病原体或致病生物体。例如荷兰榆树病是一种真菌病原体通过昆虫媒介小蠹虫传播的疾病。

12.5.3 病虫害的防治原则与措施

园林植物病虫害防治要贯彻"预防为主，综合治理"的原则。要掌握病虫害发生的规律和特点，抓住其薄弱环节，要了解病虫害发生的原因、发展特点、与环境的关系，掌握病虫为害的时间、部位、范围等规律，制订切实可行的防治措施。园林树木病虫害防治的方法多种多样，归纳起来有以下几类。

12.5.3.1 植物检疫

植物检疫又称法规防治，是以立法手段防止植物及其产品在流通过程中传播有害生物的措施。植物检疫分为对外检疫（出入境检疫）和对内检疫（国内检疫）。植物检疫的基本环节包括检疫许可、检疫申报、现场检验与实验室检测、检疫处理与出证等。根据国家及各省（区、市）颁布的检疫性有害生物名单，对引进或输出的植物材料及其产品或包装材料进行全面检疫，发现有检疫性有害生物的植物及其产品要采取相应的措施，如就地销毁、消毒处理、禁止调用或限制使用地点等。

12.5.3.2 园林技术措施

园林植物病虫害的发生是园林植物、病虫害和环境三者相互作用的结果。通过改进园林植物栽培技术措施，可以使环境条件有利于植物的生长发育而不利于病虫害的发生，从而直接或间接地控制病虫害的发生和危害。园林技术措施是园林植物病虫害防治最基本的方法，主要措施有：培育无病虫的健康种苗，适地适树、合理进行植物配置，圃地轮作，注意圃地卫生、加强水肥管理、改善植物生长的环境条件。

12.5.3.3 抗性育种

选育抗病虫品种是一种防治园林植物病虫害经济有效的措施，特别是对那些没有有效防治措施的毁灭性病虫害。抗性育种措施与环境及其他植物保护措施有良好的相容性。

抗病虫育种的方法主要有传统的育种方法（引种、系统选育或利用具有抗病虫性状的优良品种资源的杂交和回交选育新的抗性品种）、诱变技术（如在 X 射线、γ 射线及激素作用下，诱导植物产生变异，再从变异个体中筛选抗病虫个体，但是这种方法随机性很大，无定向性）、组织培养技术和分子生物学技术等。成功培育抗病虫品种一般需要比较长的时间。无论是新品种还是原有的抗性品种，其抗性在栽培过程中有可能由于环境的变化或病虫害产生变异而丧失或减弱。

12.5.3.4 化学防治

用化学农药防治园林植物病虫害的方法称为化学防治。在生产实践中，因为化学防治使用方法简单、见效快，适用范围广，不受季节和地区的限制，所以在园林植物病虫害的防治中占有重要地位。

在化学防治中，使用的化学药剂种类很多，根据防治对象的不同可分为杀虫剂和杀菌剂两大类。

用于防治园林植物害虫的化学农药称为杀虫剂（pesticide）。杀虫剂根据性质和作用方式分为胃毒剂、触杀剂、熏蒸剂和内吸剂等；根据化学成分，杀虫剂可分为有机氯、有机磷、有机氮（氨基甲酸酯类）和拟除虫菊酯类、生长抑制剂等。杀虫剂的剂型有粉剂、可湿性粉剂、水溶剂（可溶性粉剂）、片剂、颗粒剂、晶体、乳油、油雾剂、烟雾剂、微胶囊剂、胶悬剂、超低容量制剂、可分散性微粒剂、速溶乳粉等。杀虫剂的使用方法有喷粉、喷雾、熏烟等。

用于防治园林植物病害的化学农药称为杀菌剂（fungicide）。杀菌剂一般分为保护剂和内吸剂。常用的杀菌剂有波尔多液、石硫合剂、多菌灵、硫菌灵、百菌清等。杀菌剂的使用方法主要有种苗消毒、土壤消毒、喷雾、淋灌或注射及烟雾法等。

药剂的使用浓度以最低的有效浓度获得最好的防治效果为原则，不要盲目增加浓度以免对植物产生药害。

由于化学农药在环境中释放存在 3R 问题，即农药残留（pesticide residue）、有害生物再猖獗（resurgence）和有害生物抗药性（resistance），因此在生产实践中一定要合理、安全、科学地使用化学农药，并与其他防治措施相互配合，才能获得理想的防治效果。

12.5.3.5　物理防治

物理防治是利用简单工具和各种物理因素如光、热、电、温度、湿度和放射、声波等防治病虫害的措施。物理防治的主要措施有土壤热处理（火烧、太阳能、蒸汽热处理等）、繁殖材料热处理（如温汤浸种、湿热处理、干热处理）、繁殖材料冷处理、覆膜等机械阻隔和射线处理等。例如利用昆虫趋光性灭虫自古就有，近年来黑光灯和高压电网灭虫器应用广泛，用仿声学原理和超声波防治害虫等均在研究、实践中。

12.5.3.6　生物防治

生物防治（biological control）指用生物制剂（生物及其代谢物质）来防治植物病虫害的方法。生物防治具有对人、畜和植物安全的特点，不存在残留和环境污染问题。从环境保护和可持续发展的观点出发，特别是对于在公园、风景区的园林植物病虫害而言，生物防治是最好的防治措施之一。但就目前状况而言，生物防治在生产实践中的应用有较大的局限性，如生物制剂种类比化学农药少，而且生物防治的作用效果缓慢，在短期内达不到理想的防治效果等，限制了生物防治的广泛应用。随着科学技术的发展，生物制剂种类的增多，生物防治措施将会在今后发挥越来越重要的作用。

第13章
现代园林植物管理信息系统

目前，随着城市园林绿化事业的发展及生态城市建设的需要，园林植物管理任务越来越复杂，要求也越来越高，传统的园林植物管理模式已经不适合现代城市园林绿化管理的需要。因此，建立园林植物信息管理系统已成为提高管理水平和管理效率的必要技术手段。

13.1　园林植物养护管理标准

国内的一些城市在城市绿地与园林植物的养护、管理方面，已采用招标方式，吸收社会力量参与，因此城市园林主管部门应制定相应的管理办法。例如北京市园林绿化局根据绿地类型的区域位势轻重和财政状况，对绿地植物制定分级管理与养护的标准，不失为现阶段行之有效的措施之一。

国家住房和城乡建设部批准《园林绿化养护标准》（CJJ/T 287—2018）为行业标准，规定了城镇规划区内绿地养护及管理质量要求，根据园林绿化养护管理水平，将绿地养护质量分为三个等级，对含古树名木的树木、花卉、草坪、地被植物、水生植物、竹类的分级养护管理等级进行了规范。另外，古树名木的养护应符合现行国家标准《城市古树名木养护和复壮工程技术规范》（GB/T 51168—2016）的有关规定。下面以树木、花卉和草坪养护质量等级介绍该标准的主要内容。

13.1.1　树木养护质量等级

13.1.1.1　一级管理

（1）**整体效果**　整体效果应达到：①树林、树丛群落结构合理，植株疏密得当，层次分明，林冠线和林缘线饱满；②孤植树树形完美，树冠饱满；③行道树树冠完整，规格整齐、一致，分枝点高度一致，缺株≤3%，树干挺直；④绿篱无缺株，修剪面平整饱满，直线处正直，曲线处弧度圆润。

（2）**生长势**　枝叶生长旺盛，观花、观果树种正常开花结实，彩色树种季相特征明显，无枯枝。

（3）**排灌**

① 暴雨后 0.5 天内无积水；

② 植株未出现失水萎蔫和沥涝现象。

（4）**病虫害情况**

① 基本无有害生物危害状；

② 整体枝叶受害率≤8%，树干受害率≤5%。

（5）**补植完成时间**　补植应在 3 天内完成。

（6）**清理保洁**　绿地整体环境干净、整洁，垃圾及杂物随产随清。

13.1.1.2　二级管理

（1）**整体效果**　整体效果应达到：①树木、树丛群落结构基本合理，林冠线和林缘线基本整齐；②孤植树树形基本完美，树冠基本饱满；③行道树树冠基本完整，规格基本整齐，无死树，缺株≤5%，树干基本挺直；④绿篱基本无缺株，修剪面平整饱满，直线处平直，曲线处弧度圆润。

（2）生长势 枝叶生长正常，观花、观果树种正常开花结果，无明显枯枝。

（3）排灌

① 暴雨后 0.5 天内无积水；

② 植株基本无失水萎蔫和沥涝现象。

（4）有害生物防治

① 无明显的有害生物危害状；

② 整体枝叶受害率≤10%，树干受害率≤8%。

（5）补植完成时间 补植应在 7 天内完成。

（6）清理保洁 绿地整体环境基本干净、整洁，垃圾及杂物日产日清。

13.1.1.3 三级管理

（1）整体效果 整体效果应达到：①树林、树丛具有基本完整的外貌，有一定的群落结构；②孤植树树形基本完美，树冠基本饱满；③行道树无死树，缺株≤8%，树冠基本统一，树干基本挺直；④绿篱基本无缺株，修剪面平整饱满，直线处正直，曲线处弧度圆润。

（2）生长势 植株生长量和色泽基本正常，观花、观果树种基本正常开花结果，无大型枯枝。

（3）排灌

① 暴雨后 1 天内无积水；

② 植株失水或积水现象 1～2 天内消除。

（4）有害生物防治

① 无严重有害生物危害状；

② 整体枝叶受害率≤15%，树干受害率≤10%。

（5）补植 补植应在 20 天内完成。

（6）清洁 绿地整体环境较干净、整洁，垃圾及杂物日产日清。

13.1.2 花卉养护质量等级

13.1.2.1 一级管理

（1）整体效果 整体效果应达到：①缺株倒伏的花苗≤3%；②基本无枯叶、残花。

（2）生长势

① 植株生长健壮；

② 茎干粗壮，基部分枝强健，蓬径饱满；

③ 花形美观，花色鲜艳，株高一致。

（3）排灌

① 暴雨后 0.5 天内无积水；

② 植株未出现失水萎蔫现象。

（4）病虫害情况

① 基本无有害生物危害状；

② 植株受害率≤5%。

（5）杂草覆盖率 杂草覆盖率≤2%。

（6）补植完成时间 补植应在 3 天内完成。

13.1.2.2 二级管理

（1）整体效果 整体效果应达到：①缺株倒伏的花苗≤7%；②枯叶、残花量≤5%。

（2）生长势

① 植株生长基本健壮；

② 茎干粗壮，基部分枝强健，蓬径基本饱满；

③ 株高一致。

（3）**排灌**

① 暴雨后 0.5 天内无积水；

② 植株基本无失水萎蔫现象。

（4）**有害生物防治**

① 无明显的有害生物危害状；

② 植株受害率≤8％。

（5）**杂草覆盖率**　杂草覆盖率≤5％。

（6）**补植完成时间**　补植应在 7 天内完成。

13.1.2.3　三级管理

（1）**整体效果**　整体效果应达到：①缺株倒伏的花苗≤10％；②枯叶、残花量≤8％。

（2）**生长势**

① 植株生长基本健壮；

② 茎干粗壮，基部分枝强健，蓬径基本饱满；

③ 株高基本一致。

（3）**排灌**

① 暴雨后 0.5 天内无积水；

② 植株无明显失水萎蔫现象。

（4）**有害生物防治**

① 无严重有害生物危害状；

② 植株受害率≤10％。

（5）**杂草覆盖率**　杂草覆盖率≤10％。

（6）**补植完成时间**　补植应在 10 天内完成。

13.1.3　草坪养护质量等级

13.1.3.1　一级管理

（1）**整体效果**　整体效果应达到：①成坪高度应≤4cm；②叶片生长整齐一致，每个草种在草坪中出现频率≥90％；③颜色均匀一致，色墨绿或深绿；④修剪后无残留草屑，剪口无焦枯、撕裂现象。

（2）**生长势**　生长茂盛。

（3）**排灌**

① 暴雨后 0.5 天内无积水；

② 草坪无失水萎蔫现象。

（4）**有害生物防治**

① 草坪草受害度应≤2％；

② 杂草率≤2％。

（5）**草坪覆盖率**　草坪覆盖率应达到90％以上。

（6）**补植完成时间**　补植应在 3 天内完成。

13.1.3.2　二级管理

（1）**整体效果**　整体效果应达到：①成坪高度应≤7cm；②叶片生长基本整齐一致，每个草种在草坪中出现频率≥80％；③颜色均匀一致，色浅绿或淡绿；④修剪后基本无残留草屑，剪口基本无撕裂现象。

(2) **生长势** 生长良好。

(3) **排灌**

① 暴雨后 0.5 天内无积水；

② 草坪基本无失水萎蔫现象。

(4) **有害生物防治**

① 草坪草受害度≤5%；

② 杂草率≤5%。

(5) **草坪覆盖率** 草坪覆盖率应达到80%以上。

(6) **补植完成时间** 补植应在7天内完成。

13.1.3.3 三级管理

(1) **整体效果** 整体效果应达到：①成坪高度应≤10cm；②有少数叶片生长不齐，每个草种在草坪中出现频率≥70%；③颜色不均匀，色黄绿，黄色<20%；④修剪后无明显残留草屑，剪口无明显撕裂现象。

(2) **生长势** 生长基本正常。

(3) **排灌**

① 暴雨后 0.5 天内无积水；

② 植株无明显失水萎蔫现象。

(4) **有害生物防治**

① 草坪草受害度≤10%；

② 杂草率≤10%。

(5) **杂草覆盖率** 草坪覆盖率应达到70%以上。

(6) **补植完成时间** 补植应在20天内完成。

13.2 园林植物养护管理年月历制

园林植物养护管理工作要顺应植物的生长发育规律、生物学特性以及当地的环境气候条件。在季节性比较明显的地区，养护管理工作可依四季而行。

13.2.1 园林植物养护管理年历制

13.2.1.1 冬季 (12 月至翌年 2 月份)

亚热带、暖温带及温带地区冬季有降雪和冰冻现象，露地栽植的植物处于休眠期。主要进行冬季整形修剪、深施基肥、涂白防寒和防治病虫害等工作。冬季，在植株根部堆叠积雪，既可防寒，又可补充土壤内的水分，缓解春旱。

13.2.1.2 春季 (3~5 月份)

春季气温逐渐回升，植物解除休眠，进入萌芽生长阶段。对园林植物应逐步解除防寒措施，适时进行灌溉与施肥，防治病虫害等。春季是防治病虫害的关键时期，消灭越冬成虫，为全年的病虫害防治工作打下基础。另外，常绿树篱和春花植物要及时进行花后修剪。

13.2.1.3 夏季 (6~8 月份)

夏季气温高，光照时间长且光量大，南北雨水都较充沛，是园林植物生长发育的最旺盛时期，也是肥水需求最多的时期。此期应继续做好园林植物管理工作，中耕除草及追肥，后期增施磷肥、钾肥，保证树木花草安全越夏。修剪树木、绿篱和地被植物，抽稀树冠防风，并及时扶正被吹歪的树木，及时防治病虫害。夏季植物蒸腾量大，要及时进行灌水，雨水过多时，对低洼地带应加强排水防涝工作。花灌木开花后，要及时剪除残存花枝，促使新梢萌发。南方亚热带地区抓紧雨季进行常绿树及竹类带土球补植。

13.2.1.4 秋季（9～11月）

秋季气温开始下降，雨量减少，园林植物的生长已趋缓慢，生理活动减弱，逐渐向休眠期过渡。这时要全面整理绿地，剪除干枯枝，防治病虫害，刨除死树，补植草坪，干旱时浇水，做好秋季植树计划，加强植后的养护管理工作。秋季是花灌木修剪的关键时期，对绿篱进行整形修剪。植株落叶后至封冻前，应做好抗旱防冻保苗工作，并对树木进行涂白。

13.2.2 园林植物养护管理月历制

因我国南北季节变化比较明显，各地气候相差悬殊，养护工作应根据本地情况而定。为了增强养护工作的计划性、针对性，不误时机，各地应根据实际情况建立养护工作月历。表13-1为我国不同地区（东北地区、华北地区和华东地区）的园林植物养护管理工作月历。

表 13-1　我国不同地区养护管理工作月历

月份	东北地区	华北地区	华东地区
1月	①冬季修剪；②对冬季积肥，准备绿化所需的肥料、农药、器材和材料；③做好绿地植物防寒工作；④清理草坪杂物；⑤防治病虫害，清除越冬害虫卵、蛹；⑥加强温室花卉管理，保证春节开花的花卉生长良好	①冬季修剪，剪去枯枝、病虫枝、伤残枝及与架空线有矛盾的枝条，但对有伤流和易枯梢的树种，暂时不剪，推迟到发芽前；②检查巡视防寒设施的完好程度，发现破损立即补修；③在树木根部堆积不含杂质的雪；④防治病虫害，在树根下挖越冬虫蛹、虫茧，剪除树上虫包	①抗寒性强的树种冬季栽植，但寒潮、雨雪、冰冻天应暂停树木的挖、移、种；②翻地冬耕，施足基肥；③冬季修剪整形，剪除病虫枝、伤残枝及不需要的枝条，挖掘死树，进行冬耕；④做好防冻工作，遇有大雪，对常绿树、古名木，竹类要进行打雪；⑤防治越冬害虫；⑥大量积肥、沤制堆肥，配制培养土；⑦经常检查巡视抗寒设备、设施及苗木防寒包扎物，随时注意温室、温床的管理
2月	①继续修剪行道树及其他园林树木，做好落叶绿篱的整形修剪工作；②继续做好绿地植物的防寒工作；③整理绿地场地，清除杂物，修整绿化养护工具、机械；④继续对温室进行防寒等管理，防治病虫害；⑤播种温室针叶树	①继续进行冬季修剪；②利用木本花卉修剪下来的枝条进行扦插繁殖；③检查巡视防寒设施情况；④积肥和沤制堆肥；⑤防治病虫害；⑥春节绿化准备工作	①继续进行园林树木的冬季整形修剪；②继续进行一般树木的移栽工作，本月上旬开始竹类的栽植；③继续积肥和沤制堆肥，配制培养土，继续对各种落叶园林树木施冬肥；④对春花树木施花前肥；⑤防治病虫害；⑥继续做好防寒工作
3月	①进行整地、翻、耙、施底肥等工作；②继续修剪园林树木；③下旬开始陆续拆除防寒设施；④防治病虫害；⑤做好春季植树准备工作；⑥进行温室花卉播种，继续做好温室管理；⑦清除草坪枯黄草叶	①土地解冻后，进行部分园林树木的春季移栽工作；②春季灌水，缓解春旱；③对树木进行施肥；④根据树木耐寒能力，分批撤除防寒设施、扒开埋土；⑤防治病虫害；⑥加强"五一"用盆花的管理，应控制适当的温度、适当施肥水	①春季植树，随挖、随运、随栽、随养护；②对原有树木进行浇水和施肥；③清除树下杂物、废土；④撤除防寒设施，扒开埋土；⑤防治病虫害
4月	①进行播种、扦插、树木移栽、草坪铺种等工作；②继续拆除防寒设备；③进行绿地植物中耕松土、灌水、防除灾害等工作；④喷洒石硫合剂，对苗木进行防病处理；⑤进行花卉露地搭棚、播种工作	①在春季发芽前完成植树工程；②春季灌水施肥，特别是春花植物；③对冬和早春易干梢的树木进行修剪；④防治病虫害；拆除防寒设施	①本月不再移栽落叶树木，要抓紧常绿树木的移栽工作；②加强新栽树木的养护管理工作；③修剪常绿绿篱，做好树木的剥芽、除蘖工作；④对各类树木进行松土除草、灌水抗旱；⑤防治病虫害，做好蛴螬、螨虫、地老虎、蚜蟲、蝼蛄等害虫及白粉病、锈病的防治工作
5月	①继续做好苗圃地间种、松土、灌水等管理工作；②对园林绿地植物施追肥；③对无性繁殖的大苗进行摘芽处理；④加强对新移栽树木的养护管理，对乔木进行剥芽、去蘖、修剪、洗尘等工作；⑤防治病虫害；⑥铺栽草坪，对行道树进行洗尘；⑦栽植露地草花，播种"十一"使用的花卉	①及时灌水，保证树木抽枝长叶；②春花植物进行花后修剪、更新；③新植树木进行抹芽和除蘖；④进行中耕除草和及时追肥；⑤防治病虫害	①对春季开花的灌木进行花后修剪和绿篱修剪，对行道树、庭园树进行剥芽修剪，对发生萌蘖的小苗根部随时修剪剥除；②继续加强新栽树木的养护管理工作，做好补苗、间苗、定苗工作，增施追肥、勤施薄肥；③灌水抗旱；④进行草坪轧除工作，继续除去草坪中的杂草；⑤防治病虫害，做好预防预报工作

月份	东北地区	华北地区	华东地区
6月	①继续进行中耕、除草、灌水、抹芽、间苗及追肥等工作；②调查各种树木的开花结实情况，安排采种计划；③检查和修整排水系统；④继续管护新移栽树木，清除枯死枝，检查成活情况；⑤防治病虫害；⑥继续铺栽草坪，补植草花并进行追肥；⑦修剪绿篱，对行道树进行洗尘	①做好防风工作，防止暴风雨造成折枝、倒枝及伤人事故，对全面排涝措施进行检查检修，做好雨季排水的准备工作；②树木灌水与施肥，保证水肥供应；③疏剪树冠，剪除与架空线有矛盾的枝条，特别是行道树；④中耕除草；⑤防治病虫害；⑥修剪草坪及进行铺、栽草工作	①抓紧进行补植和嫩枝扦插；②对花灌木进行花后修剪、施肥，对一些春播草花进行摘心，加强行道树的修剪，解决树木与架空线及建筑物之间的矛盾；③做好抗旱排涝工作，确保新植树木的成活率和保存率；④晴天中耕除草和追肥，对草坪进行轧剪；⑤防治病虫害，着重防治袋蛾、刺蛾、毒蛾、尺蛾等害虫和叶斑病、炭疽病、煤污病等病害
7月	①加强绿地中耕除草、灌水、追肥等工作；②加强病虫害的防治，并注意排水；③进行雨季树木的移栽；④进行修剪工作，清除枯枝、死枝；⑤清除草坪杂草并修剪草坪；⑥于雨季压绿肥并积肥	①移植常绿树和竹类植物，最好入伏后降过一次透雨后进行；②做好排水防涝工作，特别是要及时注意新移栽树木的排涝工作，对倒伏的树木应及时扶正、加固；③继续铺、栽草坪；④修剪树木，适当稀疏树冠；⑤防治病虫害；⑥中耕除草及追肥；⑦高温时喷水防日灼	①排水防涝，暴风雨后及时处理倒伏树木；②新栽树木抗旱；③中耕除草、疏松土壤；④防治病虫害，清晨捕捉天牛，杀灭袋蛾、刺蛾等害虫；⑤高温时喷水防日灼
8月	①继续除草及防治病虫害；②做好排水防涝工作；③进行各种苗木的修枝工作；④修剪草坪	①继续做好排水防涝工作；②抓住合适的栽植时间，继续移栽常绿树木；③进行园林树木及草坪的修剪，做好绿篱的造型修剪工作；④继续进行中耕除草，及时修补、平整新植草坪，挑除杂草，保持草坪的高质量；⑤防治病虫害；⑥开始播种秋播草花，修整过高的草花；⑦加强行道树管理，及时剪除与架空线有矛盾的枝条	①继续做好抗旱排涝工作，保证苗木的正常生长；②继续做好防台风和防汛工作，及时扶正被风吹倒吹歪的树木；③进行夏季修剪，及时修剪徒长枝、过密枝，增加通风透光度；④排除积水，做好防涝工作；⑤中耕除草施肥；⑥继续做好病虫害防治工作
9月	①开始采收种子，准备秋季育苗地；②防治树木病虫害，树木涂白；③修剪树木下垂枝、枯死枝；④修剪草坪，清除草坪杂物；⑤检查、验收新栽树木的成活率；⑥进行"十一"花卉布置，准备花展	①迎国庆，全面整理绿地，挖掘死树，剪除干枯枝、病虫枝；②绿篱的整形修剪工作结束；③中耕除草，停止施氮肥，对生长较弱、枝条不够充实的树，施适量磷、钾肥；④防治病虫害；⑤完成秋播花卉及宿根花卉的播种工作；⑥雨水少时应浇秋水	①继续进行中耕除草和整形修剪工作，除去草坪杂草，进行草坪轧剪；②播种秋播花卉，扦插月季、蔷薇等；③防治病虫害，特别是蛀干害虫；④对单位庭院、道路旁及公园绿地等处配置露地花卉，准备迎接"十一"国庆
10月	①做好苗木出圃、假植等工作；②做好不抗寒树种的防寒工作；③继续做好采收种子工作；④进行园林树木移栽；⑤进行越冬前的病虫害防治	①做好秋季植树准备工作，对一些耐寒性较强的乡土树种进行移栽；②收集落叶积肥；③对冷季型草坪加强肥水管理；④对一些园林树木，于下旬灌冻水后，结合封堰进行树冠下松土，以利于保墒和树木过冬；⑤防治病虫害；⑥继续进行秋播露地草花的播种工作；⑦清扫圃地及花场、花境	①对新植树木全面检查，确定全年植树成活率；②继续中耕除草；③防治病虫害
11月	①进行园林树木冬季移栽；②继续采收种子，进行采条、采根、种条和种根的贮藏；③深翻绿化用地，促使土壤风化；④做好秋栽园林树木灌冻水、培土等防寒工作	①秋季移栽；②继续灌冻水，上冻之前灌完；③对不耐寒的树木做好防寒工作，时间不宜过早；④给树木深翻施基肥；⑤调查新植树木的成活率，进行秋季补植；⑥防治病虫害，做好冬季除虫工作，消灭越冬虫卵、虫茧、蛹等	①秋季植树或补植，适合多数常绿树木和少数落叶树木；②进行冬季修剪，剪除病虫枝、徒长枝、过密枝，结合修剪储备插条；③冬耕竹林，耕后施肥；④冬翻，改良土壤；⑤做好防寒工作，对抗寒性差或引进的树种要进行抗寒处理（如涂白、包扎、搭暖棚、设防障等）；⑥继续做好除害灭菌工作
12月	①做好防寒工作；②结合全年绿化施工养护工作情况，做好明年绿化施工养护的准备工作；③冬季树木整形修剪；④继续进行常绿树的冬季移栽；⑤加强机具维修与养护；⑥进行全年工作总结，制定来年工作月历	①防寒；②冬季树木整形修剪；③冬季除虫；④冬季积肥；⑤加强机具维修与养护；⑥进行全年工作总结，制定来年工作月历	①除雨、雪、冰冻天气外，可挖掘种植大部分落叶树；②继续进行冬季整形修剪；③大量积肥，冬耕翻地，改良土壤；④消灭越冬害虫；⑤做好防寒保暖工作；⑥进行全年工作总结，制定来年工作月历

13.3　园林植物管理信息系统概述

建立园林植物管理信息系统能够对城市绿地资源实行动态管理，准确地检测和预测城市绿地资源的动态变化，也为城市绿地养护管理提供便利，避免盲目性，提高经济效益、生态效益和社会效益。

13.3.1　相关概念

13.3.1.1　管理信息

管理信息（management information）是指反映实体管理对象特征或属性与管理活动有关的信息，管理信息是通过信号、声音、图形、图像、数字、文字、符号等多种形式表现出来的数据。

13.3.1.2　管理信息系统

管理信息系统（management information system，MIS）是对管理信息进行处理加工，为管理工作提供技术支撑和服务的信息系统。随着数据库技术和各类通用数据库软件的开发与普及，数据库的管理、维护、数据、通信等功能越来越强大，能够进行数据自动更新、定义数据库功能，能不同程度地进行数据分析，输出较为完整的信息。管理信息系统的主要目的并不局限于提高信息处理效率，而是为提高管理水平服务，与管理中的决策活动结合起来，提高决策的科学性。MIS 的开发必须具有一定的科学管理工作基础。只有在合理的管理体制、完善的规章制度、稳定的生产秩序、科学的管理方法和准确的原始数据的基础上，才能进行 MIS 的开发。

13.3.2　园林植物管理信息

园林植物管理信息是与园林植物管理活动有关，经过加工的，能反映园林植物资源现状、动态及管理指令、效果、效益等管理活动的一切数据。它们是管理的基础，是管理部门计划、核算、调度、统计、定额和经济活动分析等工作的依据，是构成园林植物信息管理系统的最主要因素和管理对象。园林植物管理信息是园林植物管理单位的重要资源，是园林植物管理者对园林绿化建设活动和工作过程进行调节和控制的有效工具，是保证园林植物管理单位内部各部门有秩序活动和密切联系的纽带，是园林植物管理者制订计划、规划、措施等决策活动的依据。

园林植物管理信息具有一定的特殊性，如信息类型丰富、来源广泛、数量庞大和动态变化等特点。

（1）**类型丰富**　园林植物管理信息类型丰富，包括园林植物的生物学特性，园林植物所处的社会经济环境、生态环境，园林植物的管理活动及其影响。这些信息可以表现为多种类型的数据，主要有图像数据和图形数据等几何属性数据，定性描述和定量数据，以及社会、经济、自然等多方面的文字或其他形式的数据和知识，如经验总结、规程规范、技术标准和规划方案等非几何属性的数据。

（2）**来源广泛**　多种类型的园林植物管理信息决定了其信息来源的广泛性。可以通过多种形式、多种方法和多个途径收集。如可以通过测绘部门收集航空航天遥感图像、地形图和其他图面资料，可以通过气象和水利部门收集气象、水文方面的信息，可以通过林业专业调查部门进行一、二、三类调查，采集各级森林区划单位的森林资源信息，可以通过生产经营活动及其检查验收，采集经营活动的相关数据。

（3）**数量庞大**　由于园林植物管理信息类型多样，来源广泛，而且涉及园林植物管理有关的多方面情况。如前所述，每一个园林植物经营管理基本单位，其资源调查项目可多达几十项，一个较大的调查管理对象的园林植物斑块可达几千个，加上城市和园林地区社会、经济、环境等方面的数据，其数量非常大，而反映园林植物空间特征和关系的图像、图形数据，其数量更加庞大。

（4）**动态变化**　园林植物生长发育及其所处的社会经济和生态环境随时发生变化，园林植物管理者及其管理活动也在不断变化，都对园林植物产生深刻影响，使园林植物管理信息处于动态变化中。这就要求园林植物管理信息系统能及时反映其动态变化过程和趋势。

13.3.3　园林植物管理信息系统

13.3.3.1　园林植物管理信息系统的结构设计

园林植物管理信息系统的建设是在植物数据库建立、日常人员管理和植物养护中，把网络、地理信息系统、计算机等技术综合运用其中。系统由管理者、信息源、信息处理器和信息用户四部分组成。其中信息处理器主要是由计算机硬件和软件及其外部设备构成。

13.3.3.2　园林植物管理信息系统的类型

根据建立部门不同，可将园林植物管理信息系统分为各级城市园林和绿化管理部门建立的园林植物资源管理信息系统、以基层经营管理单位为主建立的园林植物经营管理系统两类。

城市园林和绿化管理部门的职能主要是制定计划、下达任务、检查和监督基层单位的园林绿化与园林植物经营管理情况，不直接组织经营管理活动。因此，这些主管部门建立的园林植物管理信息系统主要是管理园林植物资源的动态变化情况，为制定城市绿化和园林建设目标和发展规划、确定发展战略方针、编制中期规划方案等提供充分的信息，又称为园林植物资源管理信息系统。

基层经营管理单位的主要任务是开展园林植物的栽培、管理、保护等经营管理活动。因此，其建立的园林植物管理信息系统主要与园林植物经营管理活动有关，记录园林植物资源的现状及其变化，以及与园林植物经营管理有关的技术经济活动情况，为制定短期计划（年度计划）、项目施工设计（作业设计）以及计划和设计执行过程检查、监督、控制和评价提供所需要的信息，又称为园林植物经营管理系统。

13.3.3.3　园林植物管理信息系统的功能

不同类型的园林植物管理信息系统都应具备以下功能：

① 针对园林植物管理和城市园林绿化建设事业的特点，进行数据采集、信息提取和数据快速输入。

② 对数据进行规范化处理、初步整理、统计和结果输出。

③ 根据数据和统计结果进行初步分析、整理输出统计报表、提出初步经营管理意见。

④ 对现有数据进行修改、查询、编辑、批量更新。

13.3.3.4　建立园林植物管理信息系统的意义

不同城市绿地的园林植物管理信息系统的建立对于城市绿化事业的发展具有重要意义，主要体现在：

① 掌握城市绿地及园林植物资源现状，预测城市绿化发展方向和园林植物资源动态变化。园林植物管理信息系统可以为掌握园林植物资源现状，制定园林绿化建设规划、方针、政策、措施等提供可靠依据。

② 分析评价园林植物的经济、生态和社会文化效益。总结园林植物经营管理工作经验和规律，检查城市绿化和建设计划、规划和目标的落实完成情况，直观有效全面地掌握园林植物资源的所有关键信息，为今后进一步规划管理城市绿化提供技术指导。

③ 记录园林植物经营管理活动，完善计划和规划管理体制，分析经营管理活动和其他因素对园林植物资源及园林绿化工作的影响。对计划落实情况进行详细和完整的记录，对设计项目的施工过程进行记录，是检查项目设计执行情况的重要依据。

④ 完善劳动和财务管理制度，提高管理效率。通过对项目施工过程记录的分析，了解在不同自然条件下，采取不同经营措施的劳动力安排、资金耗费以及经济效果等，作为正确制定劳动、财务计划和定额的依据。

⑤ 为科研和教学提供大量丰富的原始数据与资料，促进风景园林学的综合研究和教学水平的提高。

13.3.3.5　园林植物管理信息系统的主要内容

园林植物管理信息系统的主要内容应包括：①园林植物资源数据，包括园林植物资源种类、生物学特性、栽植位置、栽植年龄、数量、状况特征，个性建立的区域植物情况数据，植物资源逐年变化数据和分析资料等；②古树名木管理数据，包括树木的名称、高度、直径、特性、生长环境、园林用途、药用价值等，照片和分布图，在城市绿地的数量、病虫害情况、种植和迁移日期等；③园林植物养护作业和养护质量数据，包括日常养护的作业项目，如浇水、排水、松土、施肥、整形修剪、防病虫害等以及园林植物养护质量评分等级；④园林植物景观，包括基本图、园林植物分布图、经营管理规划图及资源变化图等各类专题图；⑤绿地资料，包括区位图、规划设计相关资料、面积等；⑥园林植物权属和各类涉及园林植物的纠纷及案件处理结论、结果的有关文件与资料；⑦园林植物经营管理科研、试验和经验总结等资料以及其他与园林植物档案管理有关的文件。

13.3.3.6　园林植物管理信息系统的构建原则

园林植物管理信息系统的构建须遵循以下原则：

(1) **科学性**　系统是在具有一定的理论基础和实际需要的情况下构建的，须经过多次的调研。系统不仅要符合城市绿化发展的目标需要，而且要符合植物学、植物分类学、园林植物花卉学等自然学科专业的理论要求。

(2) **实用性**　构建园林植物管理信息系统必须根据当地的自然地理、人文社会等实际情况，尽可能地减少人为主观因素的影响。同时系统建设一定要考虑在现有的条件下，采集规范的、有可操作性的数据，能够为园林植物的管理、城市园林的规划设计等实际应用服务。另外，为满足城市绿化园林植物养护管理的需要，系统要以方便实用为目的，在减轻管理人员劳动强度的情况下，保证系统信息全面有效。

(3) **可操作性**　系统的设计需针对不同用户需求进行，要求具有可操作性。用户可根据需要进入相应数据库，查询某一方面或多方面的详细内容，查询过程中系统可显示字段名（项目）的查询内容，供查询者确认。同时，可使用多种模式和途径查询，即具有智能性。

(4) **容错性**　系统要求具有较强的容错能力，数据出错时具有相应提示信息及处理能力，并且每个处理环节具有高度的可靠性及安全性。

另外，系统还须具有实时的数据维护功能，方便对繁多的数据库记录的修改、增加和删除等操作。

13.3.3.7　园林植物管理信息系统结构

建立城市园林植物管理信息系统，需要收集大量的信息，综合应用多学科的专业技术，如网络技术、多媒体技术、数据库技术、地理信息系统技术（GIS）、遥感技术（RS）等。

(1) **软件开发平台**　20世纪90年代初，主流的开发工具为基于DOS的BASIC、PASCAL、FOR-TRAN和TurboC等高级语言。然而，20世纪90年代中晚期开始，基于Windows的可视化编程深受广大程序员的喜爱，Microsoft公司的Visual Studio可视化编程系列Visual C++ 6.0和Visual Basic 6.0最具代表性。

Visual C++ 6.0是一种非常成功的软件编程集成环境，然而其需要从底层构建自己的程序，开发管理系统软件不如Visual Basic 6.0方便。

Visual Basic 6.0属于快速建模开发工具，其支持Windows操作系统的几乎所有特性，提供了强大、健全的开发工具，能开发出完全符合Windows标准和习惯的应用软件，界面友好、方便，开发效率高，而且源代码管理有序、易于维护。如赵丹利用Visual Basic 6.0建立园林植物管理及信息系统，能够直观分析系统数据库中的数据，提升园林信息系统的应用效率。

Visual FoxPro 6.0简称VFP 6.0，是Microsoft公司推出的32位数据库开发软件，具有良好的数据管理功能，报表生成、打印都快捷方便，易于使用面向对象和可视化编程的方法，在进行系统数据维护时更显示出其优点，编程的难度较低，易于学习和掌握，是当前适合在中国推广使用的工具软件。王良睦、唐乐尘等实现了复杂报表的简便操作管理，结合了可视化编程技术，应用面向对象编程技术VFP 6.0，广泛收集资料，设计出了界面美观、操作简单，维护方便的系统。系统可以实现园林信息的全范围覆盖，例如可以查询园区园林植物养护人员资料、道路绿化信息、植物知识、病虫害信息和普查信息等。

(2) **空间信息技术**　目前构建园林植物管理信息系统常用的空间信息技术主要包括全球定位系统

（GPS）、遥感技术（RS）和地理信息系统技术（GIS）。

全球定位系统（global positioning system，GPS）是美国于1994年全面建成，具有在海、陆、空进行全方位实时三维导航与定位能力的新一代卫星导航与定位系统。系统由空间部分、地面监控部分及用户端组成。GPS的定位原理是使用四颗空中高速运行卫星的瞬时空间坐标信息作为基本数据，利用空间距离后方交会，计算出定位点的时间及坐标信息。

遥感技术（remote sensing，RS），是从高空或外层空间接收来自地球表层植物的反射、辐射或散射的电磁波信息，并通过对这些信息进行扫描、摄影、传输和处理，从而对植物进行远距离探测和识别。在园林绿化管理中，可用于植被分布调查、绿化面积统计、作物产量估测、病虫害预测等方面。

地理信息系统技术（geographic information system，GIS），具有管理信息系统（MIS）的特点，是以地理空间为基础，采用地理模型分析方法，实时提供多种空间和动态的地理信息，是在计算机图形学和计算机制图、航空摄影测量与遥感技术、数字图像处理技术和数据库管理系统技术基础上，通过技术综合而发展起来的一类信息系统。园林植物管理者面对收集到的各种数据，如城市绿化面积、林地使用状况、植被分布特征、栽植条件、病虫害情况、保养条件、经济用途等许多数据，这些数据既有空间数据又有属性数据，对这些数据进行综合分析并及时找出解决问题的合理方案。在园林规划中，GIS的数据表示植物的几何定位，以坐标数据的方式表示，通过影像图形，采集公园绿地、草地、林地等专业要素。

相比RS技术，地理信息系统是一种特殊的空间信息系统，具备对空间信息的查询和分析功能。它在计算机硬件和软件的支持下，运用系统工程和信息科学的理论，对地理数据进行采集、处理、管理和分析，编制内容丰富、信息量大的图件，为规划、管理、决策和研究提供信息支持。随着科学技术的发展、计算机应用的普及，地理信息系统技术在园林植物管理中的应用也会越来越普遍。地理信息系统在园林植物管理中的应用主要反映在5个方面：①数据输入管理。地理信息系统软件都提供了空间数据和属性数据的输入、编辑和存储功能。常用的空间数据输入方法一般包括数字化仪直接跟踪矢量化、扫描仪图像识别监督矢量化、遥感图像处理系统矢量化等。属性数据的输入主要以键盘直接输入为主，有些类型的数据也可以借助图像处理系统的判别直接输入到属性数据库中。②建立园林植物交互式查询系统。一些通用型地理信息系统软件具有图形和数据库交互式查询功能，如ARCVIEV、MAPINFO、TITAN等，也可以在通用地理信息系统软件平台上进行几次开发，建立具有交互查询功能的专用地理信息系统软件，但目前还没有专用软件，是一个亟待开发的软件领域。③园林植物空间分析。园林植物管理信息整理成数据输入地理信息系统后，在其对应的数据库中就建立了包括位置、斑块面积、斑块周长、相邻关系等内容的基本数据项，并可以在这些数据项的基础上进一步分析整合出新的分析指标。如斑块形状、廊道和斑块的连接度或连通性，斑块的聚集度等，通过这些指标分析一定地区或范围内各类园林植物空间格局的合理性，提出园林绿化调整方案和措施。④园林植物管理辅助决策。利用地理信息系统建立园林植物管理效果分析模型，借助模型分析手段对各种不同管理方案的效果进行多情境研究，反复优化、改进和完善，为最后的决策提供依据。⑤园林植物管理及规划设计制图。以图纸的形式输出现状的、规划的或预测的景观图是地理信息系统的主要优势之一。利用地理信息系统可以很方便地将各种规划成果编辑成图，形象地提供给管理者和决策者，便于对规划成果进行评价和修改，也便于规划的执行。与传统的成图方法相比，出图的质量和效率都非常高，而且可以随时根据需要分解成不同的专题规划设计图输出，如把规划设计总图分解成分区分幅图、行道树绿化规划图、古树名木维护措施图等专题图，使用十分方便。也可以将调查规划地区现状的各种专题属性选择性地单独制图，还可以将空间格局分析结果以图的形式反映出来，如果需要还可将上述内容用三维动画形式在计算机上显示，或者制成多媒体，丰富规划成果的表现形式。

（3）数据库管理系统及其访问技术 数据库是按照数据结构来组织、管理、存储数据的仓库。数据存储独立于使用它的程序，用户对文件中的数据可按一种公用的和可控制的方法进行插入新数据、修改、更新、删除等操作。数据库是系统的核心，关系着系统运行的成功与否。数据库管理系统软件的种类有很多，但是针对不同人群的不同需求，现在常用的大型数据库有Oracle、MySQL、ACCESS、Sybase以及微软的MS SQL Server＆IBM DB2等。

MySQL是瑞典的MySQLAB公司开发的一个可用于各种流行操作系统平台的关系数据系统。它具有客户机/服务器体系结构的分布式数据库管理系统，可以和网络上任何地方的任何人共享数据库。MySQL具有功能强、使用简单、管理方便、运行速度快、可靠性高、安全保密性强等优点。另外，Windows系统上，MySQL客户机程序和客户机程序库是免费的。王金麟选用Windows NT/XP作为系统平台，采用MySQL为后台数据库、Apache作为服务器、PHP语言编写程序等开发工具建立了东北地区园林树木网络信息管理系统。该系通过虚拟现实技术，在计算机上重现园林树木，为用户提供形象直观的操作环境，并集中管理园林树木的各种信息，为园林树木的树种管理提供一个准确、高效、方便的综合管理平台，更好地为园林设计、科研科普、生产管理等服务。

微软ACCESS是数据库引擎的图形用户界面和软件开发工具结合在一起的一种关系数据库管理系统，既可以开发应用软件，又可以构建软件应用程序。王凤萍采用C♯（C Sharp）、PHP（PHP：Hypertext Preprocessor）以及结构化查询语言SQL和微软ACCESS 2003数据库构建了"基于网络的草坪建植管理智能决策系统"，能够科学地指导人们选择适宜草种在不同的地域建植、管理不同用途的草坪，还可以挖掘现有草坪领域的研究成果，实现草坪信息资源共享。

SQL Server（structured query language server，结构化查询语言数据库）数据库是一个可扩展的、高性能的、为分布式客户机/服务器计算所设计的数据库管理系统，能够与WindowsNT有机结合，提供了基于事务的企业级信息管理系统方案。贾琳运用SQL语言设计了能够实现有效管理绿植的图像、图形以及绿植属性等，能够及时动态更新园林植物管理数据的园林绿植管理系统。何丽文采用SSH技术框架、Java开发语言、粒子群算法以及SQL Server数据库等，建立了园林绿植养护调度系统。宋思贤以Virtual Studio 2015为开发环境，SQL Server 2014为系统数据库，使用C♯语言，结合高德地图，开发构建了西北农林科技大学的校园行道树信息管理系统。

13.3.3.8　园林植物管理信息系统构建步骤

建立园林植物管理信息系统一般包括外业调查、内业整理分析和归档输入3个基本步骤。在确定信息管理系统主要内容的基础上，根据收集资料的情况，确定是否进行补充调查。

① 外业调查或补充调查　对于初次建立系统的单位来说，外业调查或补充调查是第一步。通过专门的园林植物调查掌握详实的资料和数据，作为系统核心内容的基础。

② 内业整理分析　在对调查资料数据进行初步整理的基础上，编制园林植物资源统计表，编绘各种图面材料，并对资料进行分析、归类和整理。

③ 归档输入　将上述有关资料进行整理、归类、装订和编目，按不同项目和要求分类分项输入计算机。

13.3.3.9　园林植物管理信息系统的更新

（1）园林植物管理信息系统更新的依据　园林植物管理信息系统建立后必须不间断地、及时地将资源变动情况反映出来，随着园林植物资源的变化，及时更新是建立和运用管理信息系统的一个重要环节。对各类变化情况，应及时准确地输入、更改，并将变动情况标注在相应的图面材料上，到年终时要进行统计汇总和绘制变化图。园林植物的变化主要有以下几方面：①园林植物的栽培、营造和更新引起的地类变化和园林植物数量变化；②病虫害、火灾、兽害、其他自然灾害以及人为破坏引起的变化；③调整区划境界引起的变化；④植物经营管理活动及新造林地成长为林地引起的变化；⑤由林木自身生长引起的变化；⑥开垦、筑路、基本建设等建设项目占用绿地引起的变化；⑦其他原因引起的变化等。

（2）园林植物管理信息系统数据更新的要求　为了保证园林植物统计数据更新准确、及时、可靠，要注意做到以下几点：①对于各种经营管理活动或非经营性活动所引起的土地类别变化，必须深入现场，调查核实其位置和数量，随时修正管理系统的数据和图面材料；②对因病虫害、火灾、兽害、其他自然灾害以及人为破坏引起的变化，要经过样地、标准地调查和现场勾绘或测量确定其受害程度和面积等，及时更新系统数据；③基层经营管理单位的园林植物管理信息系统的数据应每年更新1次，除了用定期的园林植物调查成果进行数据更新外，也要根据园林植物经营管理活动记录和变更记录，每年及时更新数据；④园林管理技术力量强和经济条件较好的地区，应建立定期进行园林植物调查的技术体系，随时掌握资源状况，保证园林植物管理信息系统的质量。

13.4 城市行道树管理系统

行道树是城市绿地系统的重要组成部分。它以"线"的形式联系着城市中分散的"点"和"面",构成完整的城市绿地系统。行道树不仅能够丰富城市景观,美化城市环境,还发挥着巨大的生态价值。研究表明,行道树产生的生态效益远远大于灌木及草坪等产生的生态效益。建立城市行道树管理信息系统能够直观有效、全面地掌握行道树信息,并有效评估行道树的生态效益,为今后进一步规划管理城市行道树提供技术指导。

13.4.1 行道树管理信息系统构建研究进展

行道树作为林业的一个重要分支,其信息管理也开始逐步由人工作业转向计算机信息系统构建。北美城市从 20 世纪 70 年代起就开始运用计算机手段对树木进行管理,对城市中行道树的树种名称、地理位置、树木类型、种植年龄、生长状况等进行精细化管理。我国香港地区于 2002 年开始运用 GIS 技术为区域内 80 万棵城市树木提供信息展示,由于电子地图上能够清晰地显示每棵树木的位置与基本属性信息,极大地提高了相关人员整合数据、掌握信息的能力,提升了树木管理与服务效率。新加坡政府也于 21 世纪初对其管辖范围内的城市树木建立电子地图数据档案,通过网上检索就可以在地图上全面了解国内各地树木的分布、品种以及生长情况。

国内对城市树木的现代化信息管理开始时间较晚,但发展很快,总体上分为三个阶段。

① 第一阶段是基本属性数据信息化阶段。1997 年,孔旭辉等以沈阳现有城市树木引种、驯化及物候调研资料为基础,利用计算机技术实现了树木文字、图像等信息的快速记录与查询,信息系统具备了初级管理功能。

② 第二阶段是空间数据可视化阶段。20 世纪初广州、上海、深圳等城市采用国内最新引进的 GIS 技术实现了树木空间数据的可视化,并结合基本属性数据开发了空间属性交互查询功能,加强了系统的实用性。

③ 第三阶段是互联网技术引入阶段。2014 年陈林川等在互联网飞速发展的大背景下通过网页系统的开发使得用户可以在浏览器上便捷地获取植物信息,并进一步实现在线查询和交流。总之,目前城市树木的管理信息系统主要是针对树木的位置、数量、生长状况、养护措施等信息进行管理,缺乏行道树的生态效益评估信息。行道树树体结构多样性较高且分布较为均匀,有利于维持稳定的生态结构。不同树种的生态效益差别与树体、树龄、冠幅、冠层密度等息息相关,种植大树形、大冠幅且枝繁叶茂的树种往往能发挥更大的生态效益。2019 年,宋思贤以西北农林科技大学南校区为例,在获取实地数据的基础上,运用 i-Tree 模型对研究区内 4268 棵行道树的组成结构及生态效益进行比较分析,并应用 GIS 技术构建校园行道树信息管理系统。从生态效益角度分析发现校园不同区域生态效益的分布差别明显。其中运动区的各项生态效益均最高,其次是生态休闲区,生活区在截留雨水效益上表现较差,而教学科研区各项生态效益均最低。在节约能源、吸收二氧化碳、净化空气、截留雨水 4 个方面效益值最高的均为悬铃木,单株年生态效益总价值高的树种还有朴树、臭椿、苦楝、枫杨、紫荆等,建议效益高的树种可以在城市道路的种植计划中加以推广。

13.4.2 城市行道树管理信息系统建立

13.4.2.1 需求分析

需求分析是构建系统的第一步,也是正确设计与开发系统的基础。需求分析主要解决的是系统"做什么"的问题,即对系统功能的要求。城市行道树管理信息系统主要实现以下 3 项功能:

① 系统具有对行道树进行编辑的功能，即对行道树进行添加、修改以及删除的操作，用户可以根据城市行道树实际情况对系统进行动态更新，保证系统的实时性。

② 系统具有空间信息查询的功能，通过选取空间对象获取该对象的基本属性信息、生态效益信息以及养护管理信息。

③ 系统具有信息展示的功能，通过空间对象样式的变化直观地展示出行道树在基本属性、生态效益、树木健康评估、养护管理等方面的关键信息，还可以依据空间对象外观特征所展示的信息定位到符合要求的行道树。

13.4.2.2　功能设计

城市行道树管理信息系统的功能主要依据需求分析进行设计，一般包括空间对象编辑、空间信息查询、信息展示等功能模块。各功能模块具体功能如下。

(1) 空间对象编辑模块　城市行道树管理信息系统可分为系统管理员和系统用户两种用户类型，其中系统管理员类型的用户具有录入、维护绿地植物信息等功能，以便更新行道树的空间位置信息、基本属性数据、养护管理数据、生态效益评估等；而系统用户类型的用户能够查询统计、显示图形和打印行道树信息及健康状况，以辅助行道树的养护管理工作。

(2) 空间信息查询模块　该模块主要是通过在电子地图上选取空间对象从而获得该对象的基本属性信息、生态效益信息以及养护管理信息。其中基本属性信息包括道路名、路段名、树种、科属、学名、别名、胸径、健康状况。生态效益信息包括节约能源量及效益值、吸收二氧化碳量及效益值、净化空气量及效益值、截留雨水量及效益值、总效益值。养护管理信息包括是否需要修剪、浇水、施肥、病虫害防治等。

(3) 信息展示模块　该模块既可以通过空间对象样式的变化来直观地展示出行道树在基本属性、生态效益、养护管理3个方面的关键信息，如具有较高生态效益的行道树图元直径更大，可以更加清晰直接地观察到区域行道树生态效益情况；也可以根据空间对象外观特征所展示的信息定位到符合要求的行道树，如可以根据行道树图元颜色特征定位到某个树种的所有行道树。

13.4.2.3　数据库设计

数据库设计遵循优化的原则，对于重复的道路绿地植物信息，采用多个数据表存储，以精简、优化数据库，同时也方便系统管理员管理行道树信息，减少系统管理员的工作量。数据库应包括道路表、路段表、路段绿地表、行道树信息表等五个数据表。

(1) 道路表　道路表主要存储道路的相关信息，包括道路ID、国家名称、省/市/自治区名称、城市名称、街区名称、道路名称、行道树种植平面图等。

(2) 路段表　路段表主要存储路段的相关信息，包括路段ID、道路ID、是否交叉口、路段名、路段中上空架空线的高度（如电信明线、电信架空线、电力线等高度）、土壤的酸碱程度、土壤质地分类、路段中地下管线的外缘与行道树基干中心的最小水平距离、路段行道树种植平面图等。

(3) 路段绿地表　路段绿地表主要存储路段绿地的相关信息，包括路段ID、路段绿地ID、城市道路绿地类型（如人行道绿化带、防护绿带、基础绿带、分车绿带、立交桥绿化、各种林荫路、停车场绿化、街头休闲绿地和交通岛等）、某一路段某种绿地类型中草花总面积、行道树生态效益评估等。

(4) 行道树信息表　行道树信息表是记录与行道树相关的信息，包括行道树ID，路段绿地ID，行道树编号，行道树学名、中文名、胸径、生长状况、栽植时间、冠幅、高度、记录更新时间，树木修枝时间，行道树属性（植物习性、物候、常见病虫害、防治方法、观赏特性、园林用途）等信息。

13.4.3　城市行道树管理系统建设的意义

城市行道树管理系统建设对于城市绿化管理具有重要意义。主要体现在以下方面：

① 城市行道树管理系统为系统管理员提供可视化、智能化和网络化的行道树管理信息，评估行道树生态效益及健康状况，时刻追踪行道树栽植情况，提供详细且准确的氧化管理措施。

② 管理系统为系统用户提供了详尽的行道树信息和路段信息，减少了行道树养护管理的人力消耗，降低成本，充分发挥行道树的生态效益。

13.5 城市森林公园植物管理系统

城市森林公园（urban forest park）是位于城市中具有数公顷面积以上，通过保留、模拟和修复地域森林景观以构建主要环境，保护和构建具有地域性、物种多样性以及自我演替能力的森林生态系统，从而在改善城市生态系统的同时，提供与森林生态过程和谐发展的人类活动的公共园林。城市公园绿地作为城市森林体系中最重要组成部分，担负着维持和改善城市生态环境的重任，在城市发展和生态环境建设中具有不可替代的地位和作用。而要形成并维持良好的城市生态系统，营造节约型的园林绿化，同时又满足公众不断提高的物质生活和精神文化需求，则必须重视城市公园绿化的管理与维护。

13.5.1 城市森林公园植物管理系统研究进展

目前，我国各城市针对城市园林绿化的管理已出台了相关管理标准。以北京市为例，相关标准有《城市绿地规划标准》（GB/T 51346—2019）等。因此可参照相关管理标准以及植物不同的生长需要和特定环境要求安排合理的植物养护和园务管理工作。另外，公园的植物管理还会受游客行为和旅游活动影响。孟家松认为，游客在公园中的游览行为对公园植物管理维护造成的负面影响主要有两方面：一是因设计失误导致游人的游园行为对管理维护的破坏，如道路的设计、绿篱的阻碍、场地的限制、休息设施的不完善等；二是故意破坏性行为，如攀折花枝、推摇树干、在树干上刻字等。可将游客对植物的影响从游客对环境的影响中分离出来，把游客对植物的影响控制在一个合理的水平，从而实现对植物管理的控制。旅游活动对植物造成的不良影响表现为对植物的直接影响和对土壤的践踏。研究表明，游客的旅游活动强度与植被破坏程度呈正相关，而游客的集中程度和频度是造成这种影响的主要原因。旅游对植被的影响与景区实际旅游开发强度紧密相关。因此，游客的素质及自身的行为会在游览公园的活动中体现出来，游客的不良行为必然会对公园环境造成影响。通过研究了解游客行为特征，不仅有助于管理人员制定应对措施，同时也间接降低了植物管理的成本。

目前国内外多利用 GIS 系统由计算机将调查数据进行汇总和分析，通过计算机解译从而获取森林公园的植被类型和面积，从而建立森林公园植物管理系统。2011 年，廖圣晓等通过北京奥林匹克森林公园的资料查询和实地调查研究，获取构建植物信息系统的数字资料，以 GIS 技术为框架，结合游客行为研究，建设为管理者及科研工作者服务的北京奥林匹克森林公园植物信息系统。2016 年，邓楠以组件 GIS 二次开发技术在张家界国家森林公园旅游资源和森林资源管理中的应用研究为指导，结合森林公园管理者需求，构建了一套基于 GIS 的森林风景资源管理系统。

13.5.2 管理系统建立

13.5.2.1 需求分析

（1）用户需求 对于管理者而言，能满足日常工作需要，具有数据的查询、导入导出、更新等功能；能对公园内的植物情况得到最充分、最方便、最及时的了解和资源共享；能迅速掌握游客信息，以便对旅游数据进行科学的分析管理。

对于科研工作者来说，能利用植物数据的记录，通过分析，结合实际观测和计量，达到对植物本身景观格局（如群落情况、布局、演变、景观效果）和效益（如生态效益、经济效益和社会效益）的研究。

（2）**数据需求** 数据信息主要包括植物分类信息、植物地理信息、植物物候观测信息、植物栽培养护信息、植物的园林应用信息、植物图像信息、古树名木信息等。

(3) **功能需求** 根据管理中的需求层次，系统的功能主要有以下方面。

① 数据支持 即数据存储和管理功能。通过对森林公园现状的调查，以及对种植规划设计资料的整理，根据GIS建立数据库的基本原理，按照规范化的信息分类标准和统一的地理空间关系，对数据进行科学存储与处理，建立相应的空间和属性数据库。

② 管理支持 即数据的查询、检索、专题表达等功能。数据库建立后，用户可进行信息查询、检索、统计，并以图像、表格等形式表达。此外，通过建立基于数字化地图的信息搜索，以空间数据为核心，进行空间数据、属性数据和图像数据的查询与管理，为用户提供直观的效果，实现文字、图、表管理的一体化。

③ 数据变更功能 随着时间的推移和建设的开展，森林公园环境发生变化，用户可随时增删各类属性数据或进行图形数据的变更。

13.5.2.2 系统数据库设计

(1) **空间数据库** 空间数据包括可用点、线、面来表达的矢量数据和航拍影像、规划图等栅格数据，其中以矢量结构的数据为主。根据系统建立的基础要求，系统的空间数据库共包括一些矢量数据格式文件：植被、建筑、道路、水系、假山、边界等要素及部分专题现状信息。将这些文件统一建到一个公共目录下，组合成空间数据库。

(2) **属性数据库** 建立的属性数据是在GIS中建立空间数据文件时对应产生的属性数据，它与一般数据库中的文本数据的主要区别是它具有空间标识，即每一个属性数据总是与某一空间实体相对应。森林公园植物管理系统中的属性数据库包括森林公园群落代码、乔灌草类别、树种名称、绿化长度、绿化面积、公园面积等信息。植物属性数据库主要包括植物名称、学名、科属、种类、习性（温湿要求、光照要求、土壤要求、水肥要求、生长速度等）、抗性、高度、胸径、冠幅、物候、图片、种植空间位置、生长状况，病虫害防治、植物群落以及植物景观等信息。除此之外，古树名木的属性数据还需记录每年树木数量的增长，及时更新古树名木信息。将含有植物分布点的数字化地形图转换成GIS数据格式，全部导入GIS软件，对图层进行编辑处理。

(3) **影像数据库** 管理系统还把图件文字报告、照片等按照一定的数据格式存储在计算机中。例如古树名木或重点保护植物等，除了记录其地理位置和生物学特征外，还在该库中存储其照片、保护情况等属性信息。

13.5.2.3 系统结构设计

一般是在GIS平台和计算机技术基础上建立森林公园空间数据库（包括面状、线状、点状等小班信息和区域分界线）、属性数据库（包括面状、线状、点状等小班信息的属性数据）以及园林管理专用数据库。系统的主要功能可以涉及园林植物信息管理、园林养护管理、在线服务管理、统计报表与条件查询、专题图查询与输出等功能，可以实现园林植物的查询、园林养护的定时记录、提醒等全过程计算机自动化管理。

(1) **园林植物信息管理** 本模块的基本功能是对整个森林公园的园林植物（包括古树名木）进行管理。通过建立一个完整的数字化园林植物数据库和古树名木数据库，使管理人员、科研人员和群众可以及时浏览或查询管理人员或科研人员所需要的资料，如植物花期、果期、叶期等信息，更新公园内某种树木位置、分布范围、新栽和移走树木的记录等，方便管理人员进行植物养护。该模块可以实现信息的录入、存储、整理、检索等功能。

(2) **园林养护管理** 该模块主要包括园林植物养护登记、养护记录检索、养护定时提醒、养护统计等。

首先根据公园中植物信息查询，自动提供的养护方案，确定养护对象、位置、需要实施的养护内容、实施养护的时间等，然后将养护工作发送给具体实施的养护人员。

养护工作实施完后，需将养护的结果和情况登记回系统。同时，提示用户，根据此次养护情况，结合养护知识，评估该养护对象并估计今后的养护工作实施计划。

养护记录检索功能，主要是根据养护人员、养护时间、养护内容、养护打印出来的内容表上唯一编码来搜索。一个是便于历史数据的翻查和确认，一个是方便定位指定养护工作后，查看养护工作的进行情况。

养护统计功能，是根据时间（如年、季、月、周以及指定时间段）、养护对象、养护人员、养护类型进行养护工作数据统计。

（3）**在线服务管理**　本模块包括在线投诉和在线咨询，可以方便市民准确而快速地获取帮助。通过与大众互动，对法规的执行和选出、对城市居民护林意识的提高和园林知识的增长都会起很大的作用。同时通过在线服务可以让上级主管部门尽快获取信息，采取相应措施，从多渠道获取建议，也有利于园林的管理工作。

（4）**统计报表和条件查询**　统计打印报表模块主要用于同时对各统计报表进行打印输出和上传。

（5）**专题图查询和输出**　专题图主要包括数字化地形图、林相图、航片等。园林专题图主要体现园林道绿化、园路、假山、水景、植物等分布及区域划分。该模块主要功能为根据用户要求快速对园林专题图进行查询和输出。

（6）**系统管理**　系统管理的主要功能包括增加和删除用户、用户权限的设置与修改、用户密码的设置与修改、系统数据库的备份和恢复、系统数据库的年度更新等。

13.5.3　管理系统建设的意义

城市森林公园植物管理系统开发建立具有良好的前景和社会效益。

（1）**整合数据，降低管理成本**　将多年实际调查工作中积累的植物信息数据进行全面整理和完善，通过数据库管理有效整合数据资源，方便工作人员管理和快速查询。同时，通过信息管理系统，能够优化资源配置，充分共享各种植物资源的信息，追踪养护管理过程，减少人力和资源的投入。

（2）**拓展宣传途径，提升森林公园科普性、趣味性**　通过管理系统提高了森林公园的宣传效率，让公众共享到更多的公园植物信息，了解森林植物资源现状及保护信息，为公众提供一个直观的科普、教育平台。另外，通过该系统能够让游客进一步了解植物的基本信息，激发游客的兴趣，使得游客能够更好地了解林业行业。

（3）**为森林资源保护提供依据**　森林公园植物管理系统的建立，能够为林业管理部门提供本地资源数据，为森林生物多样性检测、制定保护对策等提供重要依据。

13.6　草坪建植养护管理系统

草坪指以禾本科等多年生低矮草本植物为主体，经过人工建植与养护管理后形成的相对均匀、平整的草地。草坪作为城市景观的重要组成部分，能够绿化、美化城市环境，为人类娱乐或体育活动（如足球、高尔夫）提供场所。同时，草坪还兼具防风固沙、护坡固岸、调节气候等作用，给人们带来了良好的生态效益和社会经济效益。

目前，草坪养护管理手段开始由传统管理向利用计算机信息技术构建管理系统发展。

13.6.1　草坪管理系统国内外研究进展

国外草坪管理系统的研究相对较早，当前国外的草坪管理系统主要分为灌溉管理系统、草坪建植和管理系统、病虫害管理系统、肥料管理系统等几大类。20 世纪 90 年代 McCarty 开发了"草坪草信息和病虫害监控软件"，该软件具有大量的病虫害信息和诊断方法，配合相关仪器设备，对草坪病害情况进行监控，结合图像分析技术和数据分析预测病虫害的发生时间和趋势。2006 年 Simmons Willie 开发了"草坪养护系统"，该系统包括草坪养护相关知识、草坪养护计划、草坪养护跟踪和后期数据分析。

近年来，随着我国计算机技术的迅速发展，传统草坪学与现代信息技术学相互结合，国内许多学者在草坪管理系统的开发领域进行了尝试，并取得了不少成果。2003 年，方玉东构建了 WEB 支持下"草坪管理信息系统"，实现了草坪相关研究资料的在线查询，建立了比较完善的知识库与数据库，但是该系统缺少完善的养护管理技术。2010 年，方恩强构建的"甘肃草坪地被植物数据库管理系统"，提供草坪地被植物资源信息、图像信息、鉴定评价数据的查询和服务，解决了数据的有效存储和共享利用问题，但该系统只具有基础查询功能，且对数据信息的综合分析功能还有待完善。2014 年，王凤萍设计了"草坪建植管理智能决策系统"，该系统为草坪管理者提供不同气候区、不同用途的草坪建植方案，并专业地解答相关养护管理技术问题，给草坪工作人员提供决策支持，为草坪建植提供了极大便利。2017 年，岳晓霞构建了"草坪有害生物诊断系统"，利用计算机技术将草坪病、虫、草害知识进行集成和整合，为草坪管理者提供草坪有害生物的浏览查询、诊断与防治功能，系统实现信息共享，对病虫害的识别和防治具有重要意义。

纵观以上国内外草坪建植养护管理信息系统的研究工作，目前的管理系统存在功能单一、覆盖面窄、数据不够完善等问题，同时也缺乏对数据信息的综合分析，只能为草坪管理者提供部分功能。

13.6.2 草坪管理系统建立

13.6.2.1 需求分析

我国地域辽阔，不同地区的自然环境差异性较大，各地区适宜生长的草坪草种类不同，其建植方法也有所差异，因此，各地区需要因地制宜地进行草坪建植，但这就需要草坪工作者对草坪草种、草坪建植、草坪管理、草坪机械等有一定的知识积累。

目前，随着草坪业的迅速发展，越来越多的草坪草品种被培育出来，但现有的研究资料分散、查阅费时，对于非专业人士更是存在知识过于概念化、使用困难等问题。当家庭或一般单位需要进行草坪建植时，往往因缺乏相关技术和知识，造成草坪建植失败或无法长期维持，造成了不必要的人力、物力消耗。

因此，我们需要一个管理系统，整理并归纳现有研究资料和成果，通过便捷的操作进行资料查阅和使用，实现草坪管理的轻盈化、便捷化，帮助草坪管理者做出科学决策，根据草坪种植地的实际情况提出合理的草坪建植与养护管理方案，指导工作人员进行草坪建植以及日常养护管理等活动，实现管理过程信息化、智能化、移动化。

13.6.2.2 系统结构

目前常见的草坪建植养护管理系统大多由知识库、数据库、模型库、推理机及人机交互界面等组成（图 13-1）。用户通过人机交互界面操作系统完成草坪相关信息的查询并获得相应的建植与养护智能决策。推理机是能将用户输入的信息与知识库、数据库、模型库中的数据或规则进行匹配、比较、分析，并完成数据的调用和推理，最终获得相关问题解决结果的计算机程序。

(1) **知识库**　知识库是管理系统的核心组成部分，是系统中相关研究资料与研究成果的存储空间，存储知识的数量与质量将会直接影响系统的好坏。因此，在管理系统建立之初，需要进行大量的资料收集和整理。草坪养护管理系统的知识库一般包括常见草坪草品种、草坪建植、草坪养护管理、草坪病害诊断及防治、草坪机械等方面的研究资料。

① 常见草坪草品种　根据适宜生长温度不同，常见草坪草被分为冷季型草坪草和暖季型草坪草。为了保证草坪的观赏质量，一般会采用冷、暖季型草坪草草种混播的方式建坪。其中冷季型草坪草通常包括黑麦草、早熟禾、剪股颖等，暖季型草坪草通常包括结缕草、野牛草、狗牙根等。一般来说各个草种的贮存方式、繁殖特点、管理方法等存在差异。将常见草坪草研究资料入库，有利于对其进行更好的知识管理及实践运用。

② 草坪建植　草坪建植坪床通常需要做到疏松、平整且土壤结构应适宜草坪草的生长，通常草坪床

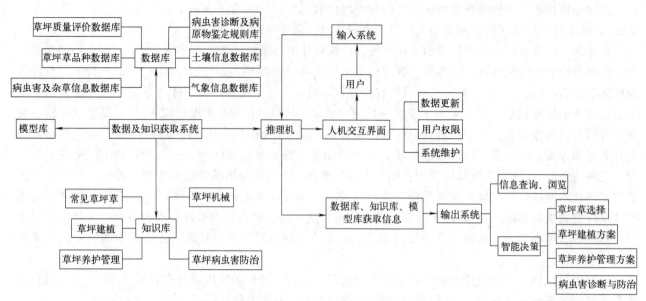

图 13-1　草坪建植养护管理系统结构图

往往需要进行清理、平整、土壤改良等步骤才能达到建植草坪的标准。在建植草坪过程中，既要考虑到建植地原有的土壤水文条件及坡度，又要考虑建植工程中的挖方填方计算、建植时的气候条件以及植物材料的贮藏和运输等。如果单纯依靠人力的规划便难以做到协调完美，系统中的建植数据库囊括了相关的气象信息库、土壤信息库等，增加草坪建植的科学性。

③ 草坪养护管理　草坪建植后要维持长时间的观赏外观，需要科学的养护管理，涉及的养护管理措施主要包括修剪、灌溉、施肥、表施土壤及病虫害防治等。这些管理措施不是在同一时间进行的，并且草坪养护需要结合当地的天气状况进行时间上的协调。草坪管理系统可通过知识库及数据库，结合使用者输入单一或多个草坪的地理基本信息，输出个性化的草坪养护管理方案。

④ 草坪病虫害防治　病虫害防治的关键在预防，尤其是在湿热天气下，需要提前做好预防工作。草坪管理系统知识库在对当地常见的病虫害有一定了解的基础上，可以提供病虫害识别、草坪病虫害防治措施等资料。

(2) 数据库

① 草坪质量评价数据库　草坪质量评价数据库包括草坪外观质量、草坪生态质量、草坪使用质量、草坪基况质量 4 个方面的综合评价指标体系。其中草坪外观质量包括草坪色泽、草坪密度、草坪均一度、草坪质地、草坪高度、草坪盖度的测定；草坪生态质量包括草坪绿期、草坪草抗逆性、草坪草抗病性、草坪植物生物量的测定；草坪使用质量包括草坪成坪速度、草坪耐践踏性、草坪弹性、草坪强度、草坪光滑度、草坪养护管理费的测定；草坪基况质量包括土壤养分、土壤质地、土壤水分、土壤酸碱度的测定。草坪综合评价方法包括指标层指标数值的计算、分目标层指标数值的计算、草坪综合指数的计算以及指标权重的确立。

② 草坪草品种信息数据库　草坪草品种信息库包括常见草坪草的形态特征、生态习性、地理分布、栽培技术、繁殖方式、图片等信息数据（表 13-2），为草坪草的品种选择提供参考。

表 13-2　草坪草品种信息数据库

字段名称	类型	字段说明
名称	文本	品种的中文名
拉丁名	文本	品种的拉丁名
科	文本	品种分类所在的科
属	文本	品种分类所在的属
形态特征	文本	品种的主要形态识别特征
生物学及其生态习性	文本	品种生长发育及生态适应性等特征

字段名称	类型	字段说明
地理分布	文本	品种的原产地及分布地区
气候分布	文本	草坪草的气候生态区(寒带、寒温带、温带、亚热带、热带)及冷暖季型
栽培技术	文本	品种的主要栽培技术
繁殖方式	文本	品种的常见繁殖方式
图片	文本	展示草坪草形态特征的照片

③ 气象信息数据库　气象信息数据库对国内气象站点多年的气象资料和数据进行存储，包括站点名称、经度、纬度、海拔高度、降水量、平均气温、相对湿度、日照时数、0cm 地温、无霜期等方面的数据资料。

④ 土壤信息数据库　土壤信息数据库包括国内不同地区的土壤状况资料，即土壤名称、土壤质地分类、土壤酸碱度、土壤有效含水量、土壤容重等方面的数据资料。

⑤ 病虫害及杂草信息数据库　病虫害及杂草信息数据库包括常见病害（表 13-3）、常见虫害（表 13-4）及常见杂草（表 13-5）的相关知识及主要防治措施，同时包括病虫害及杂草的图片信息。

表 13-3　常见病害信息数据库

字段名称	类型	字段说明
名称	文本	病害的中文名称
拉丁名	文本	病害的拉丁名
病原物	文本	引起病害发生的病原物
主要寄主	文本	易发生该病害的草坪草
病症	文本	—
病状	文本	—
发病时期	文本	病害常发生的时间
为害部位	文本	病原物侵染后发病的部位
传播途径	文本	—
发病条件	文本	—
防治措施	文本	—
图片	文本	—

表 13-4　常见虫害信息数据库

字段名称	类型	字段说明
名称	文本	害虫的中文名称
拉丁名	文本	害虫的拉丁名
科	文本	—
属	文本	—
为害形态	文本	成虫/幼虫
为害症状	文本	—
成虫	文本	成虫的主要形态特征
幼虫/若虫	文本	幼虫/若虫的主要形态特征
防治措施	文本	—
图片	文本	—

表 13-5　常见杂草信息数据库

字段名称	类型	字段说明
名称	文本	杂草的中文名称
拉丁名	文本	杂草的拉丁名
科	文本	—
属	文本	—
形态特征	文本	杂草的主要形态识别特征
生物学及其生态习性	文本	—
分布	文本	—
防治措施	文本	—
图片	文本	—

⑥ 病虫害诊断规则库及病原物鉴定规则库 规则库是进行病虫害类型推理的依据和规则，储存病害诊断的规则和病原物鉴定的分类规则，从而实现对草坪病害的诊断和病原物的鉴定。

（3）**模型库** 模型是对现实按照一定规则的抽象表达形式，可用于模拟过程、分析问题和预测结果。系统常通过规则和模型的建立对问题进行求解。模型的建立和选择对系统进行智能决策具有重要助推作用。

13.6.3　系统功能

13.6.3.1　信息查询、浏览

知识库依托计算机存储量大的特点，长期持续积累和整理草坪建植和养护的相关资料，统一格式并入知识库。用户可通过精确查找或模糊查找等功能，更好提取及浏览知识库相关信息，解决相应的草坪建植养护问题。

13.6.3.2　智能决策

使用者在人机互动界面输入相应的数据信息，例如气候条件、地理位置、草坪使用功能等，经由系统通过推理机进行综合推理、判断，最终为使用者提供相应的决策。

（1）**草坪建植** 计算机对使用者相关决策进行归纳分析，主要包括结合草坪草品种数据库、当地气候数据库等知识库信息及使用者对草坪建植的个人要求，并运用计算机的归纳、推理能力，为用户制定合理的草坪建植方案。

（2）**草坪养护管理** 草坪建植后，需要科学的养护管理才能保持草坪的观赏质量。结合草坪质量评价数据库，对建植草坪的外观质量、生态质量等进行评价分析，并制定相关的草坪养护管理方案。

（3）**病虫害诊断与防治** 通过对草坪病害资料（包括病害名称、症状、病原、寄主范围、发生规律、防治方法）、草坪虫害资料及草坪常见杂草资料等的收集，对草坪的病虫害进行分析，利用计算机的推断能力对该草坪的病虫害程度进行诊断，从而完善该草坪的养护管理方案。

13.6.3.3　信息输出

使用者可就个人需要的部分或全部信息进行自定义选择，以在线储存或打印等方式进行信息输出。同时应提高对使用者的服务性，为使用者提供专业化、定制化的信息内容，从而更好解决使用者的难题。

13.6.3.4　系统管理

使用过程要注重对信息库进行持续性的更新和完善，并对系统进行定期维护，保证数据的时效性和专业性；同时提高信息库的安全性能，降低数据被窃取、篡改的风险，保证数据的安全性。

13.6.4　草坪管理信息系统建设的意义

管理系统能够实现智能化、科学化的管理，具有信息量大、功能全面、操作简单便捷、科学高效的特点，同时能够节省人力和生产成本，对草坪建植养护管理具有重要意义。

① 管理系统能将分散于各类书籍、期刊中与草坪有关的科学成果进行分类、整理和归纳，实现信息整合及共享。依托计算机的检索功能，减少信息查询过程中的工作量和复杂性，使得资料查询更加便捷，从而为草坪工作者提供便利。

② 系统利用现代计算机信息技术，通过对用户输入信息和知识库已有数据的分析和推理，为草坪工作者提供科学合理的决策方案。根据实际情况为使用者筛选适宜草坪草品种，提供合适的建植、养护管理方案，并提供病虫害、杂草的鉴别及相关解决措施。即使非专业草坪工作者，也能迅速地掌握相关建植技术，避免人力、物力的浪费，打造具有较强实用性的系统。

13.7 高速公路园林植物管理系统

高速公路绿化建设是高速公路工程建设中的重要组成部分，很大程度上影响高速公路建设的整体效果。高速公路绿化主要包含中央分隔带绿化、路侧绿化、交通枢纽绿化、收费站及高速公路附属单位绿化等方面，具有绿化标准高、绿化区域长、气候差异大的特点。这些特点决定了以往高速公路绿化主要通过人工操作的方式来进行管理与相应的养护工作，且绿化管理仍以手工记录、分散文档的形式为主，其存在统计繁琐、不易保存、耗时过长、实时性不强等缺陷。随着时代发展，我们迫切需要寻找一种更系统、更高效、更全面的方式来实现高速公路绿地管理与养护的现代化、信息化。

13.7.1 高速公路园林植物管理系统研究现状

20世纪以来，随着计算机技术与通信技术的快速发展，人们开始思考如何利用信息技术来进行高速公路管理，并研发了路面管理系统（pavement management system，PMS）、智能交通系统（intelligent traffic system，ITS）等各种用于开发利用公路相关资源的信息系统。近些年来，人们愈发注重高速公路的生态效益，有关高速公路园林植物的养护管理系统逐渐走入管理者视线，我国也在高速公路产生之后逐渐开始关注高速公路沿线的生态环境状况。2003年，赵利清开发了城市道路绿地植物管理系统。基于GIS技术，刘恩先于2006年采用数据库管理技术和组件式地理信息系统开发平台设计开发了高速公路路域绿化管理系统。之后的十几年内，高速公路绿化管理系统的功能不断完善，可用性也不断提高，其中各类管理系统的架构不再满足于小范围局域网的C/S架构（Client/Server Structs），而是形成了基于大范围局域网的B/S架构（Browser/Server）的互联网模式，这也进一步提高了系统的安全性。2020年，李迅利用互联网、云技术、大数据处理等技术设计出一套能够生成养护决策、实现业务监督等功能的综合管理信息系统。

目前，GIS应用已基本涵盖了高速公路管理的各个方面，但是高速公路绿化的养护管理方面仍是一个相对薄弱的环节，基于GIS技术构建高速公路园林植物养护管理系统迫在眉睫。

13.7.2 高速公路园林植物管理系统建立

高速公路园林植物养护管理系统可以通过输入地理数据，动态显示出某个特定地区的绿化养护管理情况，包括水分管理情况、病虫害管理情况、植物生长管理情况等。通过综合数据分析、图像、表格等方面，实现属性信息与空间信息查询的双向性，并解决统计繁琐、实时性不强、不易保存等缺陷。此外，系统还能够提供苗木生长发育对应的植物管理知识，使得未经过专业培训的工作人员也能够适时调整养护管理方案，从而大幅度提高了高速公路园林植物养护管理的效率。

13.7.2.1 高速公路园林植物养护及管理中存在问题

(1) 人员素质参差不齐　在高速公路园林植物养护管理的过程中缺乏专业团队，相关人员的综合素质较低，缺乏专业培训，在工作过程中难以根据实际情况适当调整，且对植物的生长发育习性了解不完全，难以满足工作的实际要求，这对园林植物养护管理的效率产生了一定影响。

(2) 选用的树种不当　在树种的选择上，有些设计师未根据当地的气候、水土条件等选择合适的种类，从而降低了苗木的存活率，不利于后期的养护管理。例如有些设计师在进行设计时，会相对增加月季、紫叶小檗等灌木栽植的比例。这些苗木在冬季容易掉叶，从而使得塑料袋等垃圾在风吹时会缠绕在枝干上，不仅影响美观，且增加了绿化管理的难度。

(3) 回填土的土质难以保证植物正常生长发育　很多施工单位在道路施工时为了提高企业利润、节约施工成本，大多使用淤泥土、道路施工时多余的石灰土和腐殖土等作为回填土。这些土质根本无法保证植物的正常生长发育，因此间接导致了在后期养护管理过程中大量人力、物力和财力的消耗，而且也增加了工作难度。

(4) **园林植物养护管理方面的资金不足**　高速公路通车后，车流量大，车速快，雨雪天气等情况会加速路面使用寿命的消耗，因此，高速公路养护资金大多投入在土地路面的维护方面，使得园林植物养护管理方面的资金不足，难以保证养护工作正常有序地开展。

13.7.2.2　需求分析

目前高速公路的绿化管理多采用纸质版人工记录，再汇编成册的方式。这种记录方式存在着无法对绿化现状进行横向对比、实用性不强、查找不便等缺点，对于管理人员的检测以及养护工人的工作都造成了一定的阻碍。因此，基于目前高速公路植物养护管理中存在的问题，对养护管理系统有以下几点需求。

(1) **便捷性**　按照养护工作者对计算机的掌握程度，在系统中应降低操作难度并给予文件模板，同时增强与不同格式文件的兼容性，确保高速公路中不同分段、里程中的植被分布情况（如名称、数量、规格等）便捷可查，并且对于高速公路中植被数量或品种的变动也易于更改，便于工作人员进行信息更新。

(2) **精确性**　系统应具备可实时更新的能力，准确反映该条高速公路中不同辖区的绿化情况、植被的管理情况；同时应设置最小单位，提供该路段的植被实景照片与植物生长情况表格。

(3) **安全性**　在系统设计中对数据进行密码管理，防止其他人员进行操作导致数据错误。设置隔离在安全防护区域内的备份系统，保证系统安全。

13.7.2.3　高速公路园林植物养护管理系统数据的收集与处理

(1) **数据源分类**　高速公路园林植物养护管理系统选择数据库时应注意其数据格式、可信度等信息，确保与系统适配。目前国内高速公路绿化养护系统设计所选择的数据库多样。江西杭瑞高速—九景高速分段绿化管理系统以 Geodatabase 为数据库，北京高速公路绿化管理系统以北京市高速公路基础数据库为基础实现，2005 年山东大学硕士石强以山东省济青高绿化养护管理系统为例进行设计，选择 Sybase SQL Anywhere 为数据库。

(2) **数据收集方式**　除对已有地图数据、共享数据的合理运用，针对高速公路面广、沿线长、绿化地域不集中的绿化特点，还应考虑测区的实际情况与测量任务的要求，合理制定测量方案，选取测量工具。对于实测数据的获得，常用 GPS 或全站仪进行数据采集。

全站仪主要通过测取两点之间的平距和方位角来确定坐标，因此对测量范围有一定的限制，当超过最大测量范围后，需要进行搬站，而搬站过程有可能会对测量精准度造成一定的误差。并且，利用全站仪进行测量对测量范围内的视线通畅情况也有一定的要求，具有通视限制。测量中，当通视条件不佳时，需要工作人员变更棱镜位置，这对工作效率也造成了一定的影响。

利用 GPS 进行测量时，对环境条件与人为因素没有过多的限制，但建筑密集的地段可能会对信号有一定的干扰，造成测量连续性的中断，进而影响成图精度，对工作效率同样造成影响。此外，由于 GPS 测量所得为大地高程，因而还需将所得数据转换为我国常用的正常高程。

选择测量方式时应综合考虑不同方式的优缺点，结合测量路段情况与测量数据要求，综合选择测量方案，确保精准的数据与良好的工作效率。如北京高速公路绿化管理系统的信息收集中，选择在现有的控制点与坐标系统的基础上，应用 GPS 作为控制测量，并利用全站仪进行碎部测量。

(3) **数据处理**　在收集数据过程中，对于部分高速公路绿地信息已有的实测数据（高速公路植物信息等）或 CAD 数据（绿化施工图数据等）应及时进行数据转换，以确保其符合系统的建设要求。

北京高速公路绿化管理系统的数据库选择便是在北京市高速公路基础数据库上实现的，数据库中利用 GPS 所采集的信息，其坐标系为 WGS84 坐标系，但现有绿地数据的来源为全站仪采集和 CAD 数据转换，其采用的为北京 54 高斯—克吕格投影坐标系，因此在北京市高速公路绿化管理系统建设前首要解决利用 ArcGIS 中的 Project 工具将北京 54 高斯投影坐标系转换到 WGS84 坐标系，以及现有 CAD 数据转换成 shapefile 格式，并对信息进行删减修改。

海南西线高速公路绿化管理信息系统通过数据转换、数据导入、数据编辑修改此三步骤的处理路径，得到 Geodatabase 数据。其借助 Arctoolbox 中的转换工具将 CAD 数据转换为 shapfile 交换格式数据，然后利用 Arctoolbox 数据转换工具将 raster 栅格数据和 shap 矢量数据导入 Geodatabase，最后进行数据编辑修改，按照具体需求划分图层，对图层进行检查，并完善线性库、填充库以及符号库等。

13.7.2.4　高速公路园林植物养护管理系统模块功能设计

经过系统需求分析，在明确开发环境与体系结构的基础上，对系统进行开发与设计，不同环境下各高速公路园林植物养护管理系统的功能模块略有不同，但是基本上包括以下功能模块。

（1）**路段概况**　高速公路路线的显示以及绿化用地范围、形状等信息内容的展示。

（2）**植物数据**　对栽植植物的科属、生理特性等进行标注，并与高速公路相近区域内的病虫害防治、植物养护管理等信息系统进行资源共享。

（3）**绿化维护**　实时更新植物修剪与整形、水肥管理与生长状况监测的相关信息，兼可上传补栽申请。配合高速公路里程桩号等构筑物，录入苗木规格表、现场照片、不同区域（中央分隔带、左右侧边坡、站区等区域）绿化面积与现状等道路绿化数据。实现实时管理现场植物、保证高速公路绿化效果，并建立好道路绿化基础档案。

（4）**查询与分析**　通过对入库的数据进行条件检索，可提供苗木种类、栽植区域、种植面积等信息，并且可对录入信息进行对比，以供工作人员进行苗木成活率分析、种植金额分析等工作，为高速公路的绿化管理决策提供有力的数据对比。

通过对现有各高速公路绿化管理系统的分析，综合其功能模块，主要参考九景高速绿化养护管理信息系统与河南省高速绿化养护管理系统，绘制功能模块图（图 13-2）。

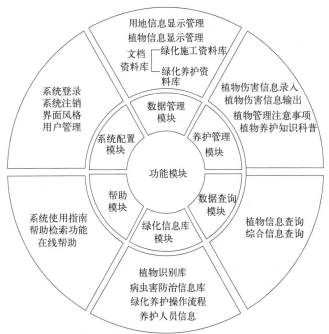

图 13-2　高速公路园林植物养护管理系统功能模块

13.7.3　高速公路园林植物养护管理系统建设意义

高速公路绿化管理养护系统通过对绿化信息的实时数据储存，对日常绿化维护周期、频率等数据的分析，提高了绿化质量与养护效率，为高速公路的信息化绿化管理提供了数字化分析与科学依据。作为高速公路绿化植物养护方面的一条新兴高水平管理途径，高速公路园林植物养护管理系统应具有以下几个意义。

（1）**可视化**　结合地理信息系统技术实现二维与三维模型的交互性查看、漫游。将数据实景化，提供更科学、全面、广泛的系统分析功能。

（2）**智能化**　将互联网与 GIS 技术融合形成了一种新的技术，称之为 WebGIS（网络地理信息技术），该技术可以在网络上发布和出版空间数据，为相关用户提供空间数据的查询浏览和分析等功能。

（3）**功能全面化**　在 GIS 系统中加入景观评价模型、噪声分析模型、除尘分析模型、污染分析模型等来获得高速公路绿化产生的景观、防噪、抗污等方面的数据支持。即使是非专业人员也能够根据数据适时调整绿化管理方案，选择合适的植物种类、栽种位置、灌溉时间等。

（4）**网络化**　利用 WebGIS 系统能够扩大访问范围、减少人力消耗、降低系统成本、平衡计算负载、实现数据共享等。任何一个可以连接互联网的用户都可以对网站上发布的空间数据进行查看，并制作有关的专题图，还可以进行多样的空间分析和空间检索，真正实现 GIS 系统的社会化与公众化。

第14章
园林植物栽培养护工具

园林工具范围较广，通常是指用于园林绿化及其栽培养护的机械与装备，包括草坪建植与养护机械、绿地建植与养护机械、花卉栽培设施与装备、园林工程设备、运动场地建设装备以及各种手动工具等。而园林机械的概念则较为具体，是指用于园林绿化、园林建设以及园林养护的机械，包括链锯、割边机、修边机、绿篱机、割灌机、梳草机、高枝机、吸叶机、割草机、草坪修整机等。

14.1　栽植工具

园林绿化工程分为植物种植和养护管理两部分。植物种植是工程中的第一步，苗木栽植时要提前做好准备，包括栽植前整地和土壤处理、定点放线和挖种植穴，然后苗木在修剪后即可栽植，栽植工具主要有铁锹、平铲、镐、锄头、手锯等；对于大树移植，还需要用到推土机、运输车、吊车等。

传统的操作方式需要大量的人工进行施工，但进度慢，效率低，通过引用机械来代替部分人工，提高了效率并且节省了成本。园林施工领域，挖掘机和苗木移植机使用较为频繁，挖掘机是用来挖坑运土的机械设备，以树木栽种为例，一般在园林中，树木的栽种量非常大，单靠工人徒手挖坑，不仅工作效率低，而且费时费力。苗木移植机用于苗木移植，而移植需要经过挖土球、打包、起苗、运输、栽植等一系列工作，通过使用苗木移植机能够一次性完成大部分作业，同时能应对复杂地形，在成活率和安全性上有了明显的提高。

常见栽植工具包括铁锹、镐、锄头和带土球挖树机等（图14-1、图14-2）。

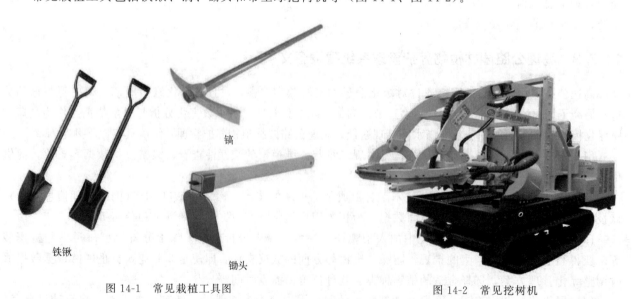

铁锹　　　镐　　　锄头

图14-1　常见栽植工具图　　　　　图14-2　常见挖树机

（1）铁锹　又称铲子，是一种常见的挖掘工具，常用的有尖头铁锹和方头铁锹，在园林施工中一般尖头铁锹用于开沟刨土，方头铁锹用于修土球以及掏底。

（2）**镐** 又称镐头，镐头是刨土用的工具，在园林施工中一般用于刨硬土和掏底。

（3）**锄头** 一种传统长柄工具，其刀身平薄而横装，专用于种耕、除草、疏松植株周围的土壤。

（4）**带土球挖树机** 本机是一种在园林苗木移植过程中带土球连根挖取苗木的工具，能极大提高人工挖苗的效率及提高苗木的成活率。它可轻松地切入泥土，锯断泥土中的树根及泥土中夹杂的石块，并可同时用于苗木整枝修剪，主要用于苗木移栽过程中带土球的挖取、装桶或淘汰林木的采伐更新，具有独特的便利性和优越的功能。

14.2 整形修剪工具

园林树木种类繁多，其整形修剪的方式和培育用途各有不同。为提高园林工作者的效率以达到预期的整形修剪效果，需要正确地使用相应的工具。整形修剪常用的工具可以分为手工工具和机械工具。手工工具包括剪、锯、刀、斧，机械工具包括绿篱修剪机、电动锯、梯子和升降工具等。

14.2.1 修枝剪

修枝剪主要包括粗枝剪、圆口弹簧剪、小型直口弹簧剪、绿篱剪、高枝剪、残枝剪等（图14-3）。

（1）**粗枝剪** 一般用于修剪木质坚硬、枝条粗壮的树木。手柄较长，一般在60～80cm，不安装弹簧，所以剪口需要手力拉动才能张开。粗枝剪虽然能够剪断较粗的枝条，但是双手操作降低了其工作效率，一般在2～3年生的枝条回缩或直径3～4cm的枝条疏除时采用。

（2）**圆口弹簧剪** 又称手剪，剪身短小，适合单手握持操作，适合修剪小型花木及果树直径3cm以下的枝条。在剪断枝条时，一只手握剪，另一只手向剪刀方向用力猛推，即可剪断枝条。圆口弹簧剪使用灵活，修剪效率高，适用范围广，主要用于新枝的短截和疏剪，以及二年生枝的缩剪。

（3）**小型直口弹簧剪** 一般用于夏季摘心、剪梢以及修剪小型盆栽。

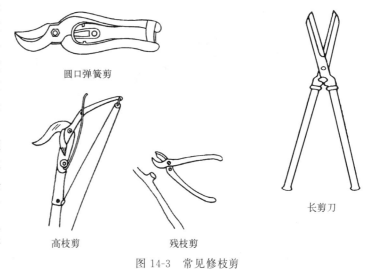

图14-3　常见修枝剪

（4）**绿篱剪** 一般可以分为手动绿篱修枝剪和机动绿篱修枝剪两种。手动绿篱修枝剪主要用于直径较小的嫩枝的修剪，侧重于对树体和绿篱的外部轮廓的精细修剪。无弹簧的装配，使用方便。

（5）**高枝剪** 一般用于行道树、庭园造景树等高干树的修剪。当树木枝条所处位置过高，普通修枝剪无法完成修剪时，高枝剪可以避免高空作业。

（6）**残枝剪** 一般用于从树木基部剪掉残枝，残枝剪刀刃在外侧，可使切口整齐。使用时要避免刀间的螺丝钉不要拧得太紧或者太松，从而影响工作。尽量保证一次修剪整齐干净，不要留下毛糙切痕。

（7）**其他修枝剪** 以上修枝剪均是使用比较广泛的种类，另外还有一些修枝剪，如球结剪，剪片从水平面向下凹陷成半圆形，被修剪的部位平整，有利于剪口恢复；破干剪，是一种纵向大开口剪刀，可以将树干纵向切开，从而促进树干增粗。

14.2.2 修枝锯

一般用于锯比较粗大的树枝或树干，使用方法是用一只手握树枝，另一只手握锯，将其锯断。主要包括单面修枝锯、双面修枝锯、电动锯、高枝锯等（图 14-4）。

（1）**单面修枝锯** 锯片一侧有锯齿，适用于锯断尺寸中等粗度的枝条。此锯的锯片很窄，可以伸入到树丛当中去锯截，因此使用起来非常自由。

（2）**双面修枝锯** 锯片两侧都有锯齿，一侧是细齿，另一侧是由深浅两层组成的粗齿，适用于锯除较粗大的树干和树枝。修枝时，在锯截活枝时使用细齿，而在锯除枯死的大枝时使用粗齿，以保持锯面的平滑。此种修枝锯的锯柄上有一个很大的椭圆形孔洞，因此可以用双手握住来增加锯的拉力。

（3）**电动锯** 电动锯刃面锋利，反弹性好，适用于较粗树干和枝条的快速锯除。

（4）**高枝锯** 高枝锯可以分为手动高枝锯、汽油机高枝锯和电动高枝锯，适用于锯除位置较高的粗壮枝条。手动高枝锯虽安全系数高，但效率较低；汽油机高枝锯和电动高枝锯虽然锯截效率高，但操作困难，危险系数高。

（5）**链锯** 小型的链锯可以用来切除更粗大的枝干。在使用链锯时，操作者必须穿着防护衣，而且小心谨慎，切忌在梯子上或者是切除过肩膀高度的枝条时使用链锯。

（6）**其他修枝锯** 除了以上提到的几种常用的修枝锯，还有如折叠锯、竹锯、枝锯、砍打锯、汽油链锯等。

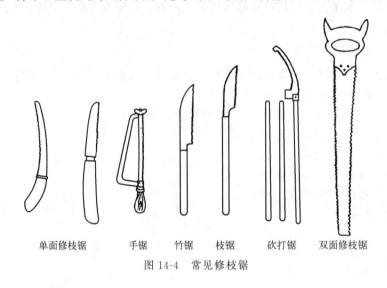

| 单面修枝锯 | 手锯 | 竹锯 | 枝锯 | 砍打锯 | 双面修枝锯 |

图 14-4 常见修枝锯

14.2.3 修枝刀

一般用于花木修剪的刻伤，或者用于修整锯口和伤口。种类主要有芽接刀、电工刀、刃口锋刀。

14.2.4 梯子及升降工具

在修剪高大树木上部或顶端时，需要用到梯子（图 14-5）或者升降机（图 14-6）将工作人员送到指

图 14-5 梯子

图 14-6 升降机

定高度。在使用前需检查各个部件的情况，同时给工作人员做好安全防护措施。

14.2.5 其他工具和材料

绳子主要用于大树或者粗枝的截锯时的牵引以及作为高空工作人员的安全绳。

14.2.6 涂补剂及涂抹工具

在大枝截锯后通常会对其锯口进行涂补保护，涂抹粗放保护剂时一般用高粱刷；涂抹油亮保护剂时可以用棕榈丝等材料制作的小型毛刷，既节约用料又方便涂抹。

14.3 灌溉工具

园林灌溉是园林植物养护的主要手段之一，相对于园林领域所追求的景观效果，园林灌溉处于附属地位，园林灌水器不仅要满足景观植物的配水要求，而且要突出景观效果的整体美，不能喧宾夺主。因而园林灌水器的开发，要优先考虑隐藏技术，如果暴露在外，要追求暴露面积最小且与周围景观协调。

园林植物采用的是"乔、灌、草"结合、以艺术曲线分割种植的模式，追求的是艺术效果和生态效益，由此引起喷灌区域的形状多变，进而要求喷灌灌水器的射程必须多变，同时必须能够调节喷洒扇形，避免喷洒在路上，尽量不影响游人兴致，以适应园林植物配水的要求。

园林灌溉系统是市政给水系统的一个组成部分，其工作方式受到市政给水系统功能和城市绿地休闲功能的制约。园林绿地基本都是人群活动的密集区，不允许在人群密集活动时进行灌溉作业，同时又要避开市政用水的高峰期，不能和城市生活生产"争"水，没有农业灌溉的那样全天候工作的"窗口"，因此留给园林灌溉的作业时间非常有限，这是和农业灌溉的最大区别。这就要求园林灌水器，尤其园林微灌灌水器的流量明显比农业的要大，必须在有限的作业时间内，保证完成园林植物的养护配水。

城市园林灌水器按照出流量的大小分为喷灌和微灌两大类别。喷灌主要用于解决草坪和大面积修剪的灌木、绿篱的灌水和洗尘。微灌主要应用于窄条绿篱、丛状灌木和树木的灌溉。常见园林灌溉工具介绍如下。

14.3.1 水泵

水泵是园林灌溉系统的重要机械，水泵可以成为独立的灌溉机械，如园林苗木间的直接灌溉与蓄水池提水等，也可与其他机械组合运行，如组合成喷灌系统，为喷灌系统从水源提水并加压。水泵有多种类型，园林灌溉与喷灌系统中常用的水泵有离心泵（图14-7）、轴流泵、深井泵、潜水泵、螺旋泵、真空泵（气压泵）及微型泵等。园林灌溉中使用最多的是离心泵。由于各种泵的特性不同，因此必须根据实际需要进行选用和配套。

图 14-7　离心式水泵示意图

14.3.2 喷头

14.3.2.1 地上喷头

水平摇臂式喷头主要由喷头体、喷嘴、喷管、整流器、摇臂、偏流板、导流片、打击块、摇臂弹簧、换向机构和反转拨块等组成（图14-8）。

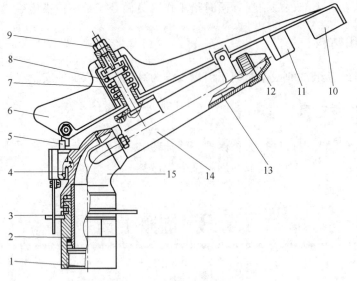

图 14-8 摇臂式喷头结构图

1—轴套；2—空心轴；3—限位环；4—换向机构；5—反转器；6—摇臂；7—摇臂轴；8—摇臂弹簧；
9—调整螺钉；10—导流片　11—偏流板　12—喷嘴；13—稳流器；14—喷管；15—弯头

14.3.2.2　埋藏式散射喷头

埋藏式散射喷头具有结构简单，无旋转驱动的机构，工作压力在 0.2MPa 左右，射程 3～6m，喷嘴系列达几十种，适应园林造景的各种形状（图 14-9）。升降高度有 5cm、10cm、12cm、15cm、24cm、40cm 多种规格，用于解决小型草坪、屋顶花园和不同高度绿篱的灌溉。不同喷嘴和不同升降高度又有很多组合方案，已经满足园林造景的灌溉要求。

但是，这种喷头组合喷灌强度大，灌水时间短，需要频繁使用，因此，喷头的密封止水和弹簧的寿命是关键技术。

图 14-9　埋藏式散射喷头示意图

14.3.2.3　埋藏式旋转喷头

埋藏式旋转喷头已经发展成 7～24m 射程的一系列产品（图 14-10）。其旋转驱动机构经历摇臂驱动、球驱动到塑料齿轮驱动的三大跨越式发展，目前市场的主流产品为塑料齿轮驱动旋转喷头。摇臂驱动埋藏式旋转喷头还有一定的市场份额，主要用于水质比较差的区域，而球驱动正在逐步退出市场。主导国内市场的塑料齿轮驱动旋转喷头均为进口产品。

塑料齿轮驱动的埋藏式旋转喷头，7～15m 射程的喷头主要用于城市草坪灌溉，16～24m 射程的喷头主要用于运动场自然草坪的灌溉。

近几年出现运动场人造草坪的专用喷头，用途是人造草坪的喷淋，减少运动员和人造草坪的摩擦，延长人造草坪的寿命；人造草坪的运动场不允许在场地里面布置喷头，喷头必须布置在运动场的四边，如曲棍球场、马术场等，因此，喷头的射程要达到40m以上，也是埋藏式旋转喷头，但为水力活塞驱动旋转，实现了埋藏、旋转和喷枪功能的结合，而且可以调节旋转速度，完全不同于塑料齿轮驱动的埋藏式旋转喷头。此喷头的出现，把埋藏式旋转喷头的射程范围扩展到一个空前的水平，而且也可以用于运动场自然草坪的养护灌溉，传统的运动场喷头受到了挑战。

14.3.2.4 园林微灌灌水器

园林微灌灌水器用来解决灌木、绿篱和树木的灌溉，主要有滴灌管、滴头、微喷、涌泉灌、树木根部灌水器等一系列产品，除了涌泉灌，其他产品都具有压力补偿功能，这是园林灌溉的特殊要求决定的（图14-11）。

图 14-10　埋藏式旋转喷头示意图　　　　图 14-11　微灌示意图

14.4　施肥工具

施肥是园林植物养护过程中的重要环节，通常是将化肥用撒播、条播、穴施等方式施入园林种植场地，以满足园林植物不同生长期对化肥的需求。使用机械施肥可减轻劳动强度，提高工作效率。

园林施肥工具按施肥方式不同可分为撒施机、条施机和穴施机。按施用肥料类型不同可分为固态化施肥机、液态化施肥机、厩肥撒施机和厩液撒施机。按园林植物不同生长期所需的施肥要求可分为专用基肥撒施机、施肥播种联合作业机、球肥深施机和中耕追肥机等。常见的园林施肥工具罗列如下。

14.4.1　化肥撒肥机

根据工作原理不同，化肥撒肥机有离心圆盘式撒肥机、气力式撒肥机和摆管式撒肥机3种。

（1）离心圆盘式撒肥机　离心圆盘式撒肥机的主要工作部件是一个由拖拉机动力输出轴带动旋转的撒肥圆盘，盘上一般装有2～6个叶片。

工作时，肥料箱中的肥料在振动板作用下流到快速旋转的撒肥盘上，利用离心力将化肥撒出。排肥量通过排肥口活门调节。单圆盘撒肥机肥料在圆盘上的抛出位置可以改变，以便在地边左、右单面撒肥，或在有侧向风时调节抛撒面。双圆盘式撒肥机两撒肥盘转向相反，能有选择地关闭左边或右边撒肥盘，以便单边撒肥，如图14-12所示。

（2）气力式撒肥机　气力式撒肥机的排肥器从肥料箱中定量排出肥料至气流输肥管中，由动力输出轴驱动的风机产生的高速气流把肥料输送到分布头或凸轮分配器，肥料以很高的速度碰到反射盘上，以锥形覆盖面分布在地表，如图14-13所示。

图 14-12 双圆盘式撒肥机

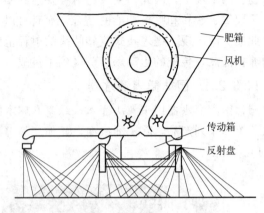

图 14-13 气力式撒肥机结构

（3）**摆管式撒肥机** 摆管式撒肥机用一个可摆动的喷管代替转盘，其喷洒的宽度大于机器本身的宽度。这种撒肥机有一个锥形料斗，在料斗的底部有孔，可让肥料进入到摆动的喷管中。有一个具有数个长三角形孔的调节圆盘安装在料斗底部出料孔的上部，并可相对转动。调节圆盘上的长三角形孔与料斗底部出料孔相对应，通过转动调节圆盘，使调节圆盘上的长三角形孔与料斗出料孔相重合面积的变化来调节进入摆动喷管的肥料量，即两者重合的面积越大，施肥量也越大，反之则小，直至完全关闭。为防止肥料堵塞而不能顺利出料，在料斗中安装有搅拌装置。摆动喷管与一个由拖拉机动力输出轴驱动的偏心装置相连接而摆动。这种撒肥机料斗的容量从小型的 250kg 到大型的 2.5t 不等，施肥幅宽根据其规格、型号不同从 6m 至 12m 不等。

14.4.2 氨肥施洒机

根据氨肥的特点，氨肥施洒机有施液氨机和施氨水机两种。

（1）**施液氨机** 施液氨机主要由液氨罐、排液分配器、液肥开沟器及操纵控制装置组成，如图 14-14 所示。液氨通过加液阀注入罐内。排液分配器的作用是将液氨分送至各个液肥开沟器。排液分配器内的液氨压力由调节阀控制。液肥开沟器为圆盘-凿铲式，其后部装有直径为 10mm 左右的输液管，管的下部有两个出液孔。镇压轮用来及时压密施肥后的土壤，以防氨的挥发损失。

（2）**施氨水机** 施氨水机主要部件有液肥箱、输液管和开沟覆土装置等，如图 14-15 所示。工作时，液肥箱中的氨水靠自流经输液管施入开沟器所开的沟中，覆土器随后覆盖，氨水施用量由开关控制。

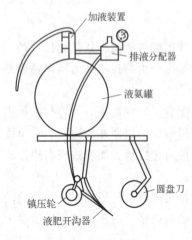

图 14-14 施液氨机的结构原理

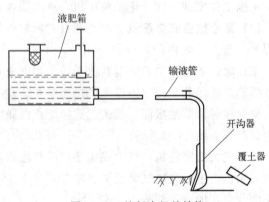

图 14-15 施氨水机的结构

14.4.3 厩肥撒布机

根据施厩肥的方法不同，厩肥撒布机有螺旋式厩肥撒布机、链耙式撒布机、甩链式厩肥撒布机、自吸式厩液施洒机、手推式播种施肥机、外槽轮式施肥机、传动带-刷式施肥机7种。

（1）**螺旋式厩肥撒布机**　螺旋式厩肥撒布机在车厢式肥料箱的底部装有输肥链，输肥链使整车厩肥缓慢向后移动，撒肥滚筒将肥料击碎并喂送给撒布螺旋。击肥轮击碎表层厩肥，并将剩余的厩肥抛向肥料箱，使排施的厩肥层保持一定厚度，撒布螺旋高速旋转将肥料向后和向左右两侧均匀地抛撒。螺旋式厩肥撒布机的结构如图14-16所示。

（2）**链耙式撒布机**　装肥时，撒肥器位于下方，将厩肥上抛，由挡板导入肥料箱内。这时，输肥链反向传动，将肥料运向肥料箱前部并逐渐装满。撒肥时，撒肥器由油缸升到靠近肥料箱的位置，同时更换传动轴接头，改变输肥链和撒肥器的转动方向，进行撒肥。链耙式撒布机的结构如图14-17所示。

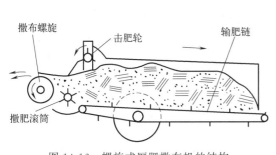

图 14-16　螺旋式厩肥撒布机的结构

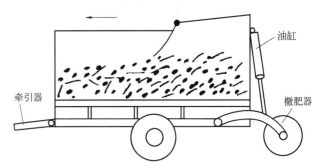

图 14-17　链耙式撒布机的结构

（3）**甩链式厩肥撒布机**　在圆筒形的肥料箱内有一根纵轴，轴上交错地固定着若干端部装有甩锤的甩锤链。动力输出轴驱动纵轴旋转，甩链破碎厩肥，并将其甩出，如图14-18所示。

甩链式撒布机除撒布固态厩肥外，还能施粪浆。采用侧向撒肥方式可以将肥料撒到机组难以通过的地方。但侧向撒肥均匀度较差，近处撒得多，远处撒得少。

（4）**自吸式厩液施洒机**　在吸液时，将液肥罐尾端的吸液管放在厩液池内，打开引射器终端的气门，发动机排出的废气流经引射器的工作喷嘴，内流速增大，压力降低，从而使吸气室内的真空度增加并通过吸气室接口所装的吸气管与液肥罐接通，使液肥罐内处于负压状态，池内液肥在大气压力作用下不断流入罐内。坪床施肥时，关闭气门，打开排液口，发动机排出的废气经压气管（与吸气管共用）进入液肥罐，对液肥罐内增压，加压液肥从排液管流出，并压送到一定高度喷出。自吸式厩液施洒机的结构如图14-19所示。

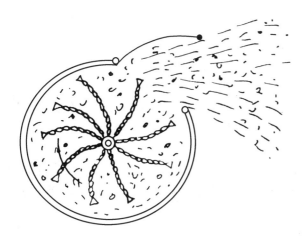

图 14-18　甩链式厩肥撒布机的结构

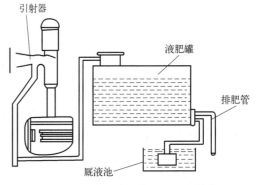

图 14-19　自吸式厩液施洒机的结构

自吸式厩液施洒机结构简单、使用可靠,不仅可以提高效率,节省劳力,而且有利于环境卫生。

(5) 手推式播种施肥机　手推式播种施肥机主要用于小面积草坪地的施肥作业,由安装在轮子上的料斗、排料装置、轮子和手推把组成,如图14-20所示。

(6) 外槽轮式施肥机　用一个木制或塑料制的、带有"V"形槽或半圆形槽或其他形状槽的排料辊安装在料斗的底部,用于从料斗中排出肥料或草种,其两端直接与两边地轮连接,施肥量或排种量的多少通过更换不同宽度槽的排料辊而实现。作业时,由人力推动机器前进,地轮带动排辊一起转动,装在肥料斗内的草种、颗粒状或粉状肥料随排料辊上的槽排出料斗而撒落到草坪地面上,完成施肥或播种作业,如图14-21所示。

图 14-20　手推式播种施肥机

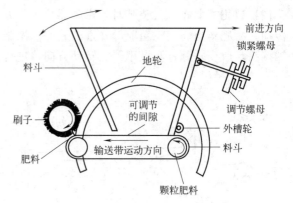

图 14-21　外槽轮式施肥机的结构

(7) 传动带-刷式施肥机　该机由肥料斗、橡胶传送带、刷子等组成。橡胶传送带位于料斗的底部,在传送带运动方向与料斗之间有一间隙,该间隙的大小通过料斗调节螺栓调节,以控制施肥量,传送带和刷子由地轮驱动。作业时,颗粒状或粉状肥料通过料斗与传送带之间的间隙排出料斗,再由刷子将排出的肥料刷到草坪上。

14.5　喷药工具

喷药机是将水与药液混合后通过压力将液体喷洒到物体表面的一种园林工具,通常与拖拉机配套完成喷洒作业。园林喷药机主要包括自走式喷杆喷雾机、牵引式喷药机、悬挂式喷药机、喷杆式喷药机。喷药机属于植物保护机械,作为植物"耕、种、管、收"四大作业环节中不可或缺的重要一环。近年来伴随农业机械化程度的逐步提升,喷药机的应用更加广泛。先进的农药施用机械能够精准喷雾作业,避免施药过程中的"跑、冒、滴、漏"现象,提高农药利用率,减少农药用量。

常见的喷药工具介绍如下。

(1) 自走式喷杆喷雾机　自走式喷杆喷雾机是一种将喷头装在横向喷杆或竖立喷杆上自身可以提供驱动动力、行走动力,不需要其他动力提供就能完成自身工作的一种植保机械。该类喷雾机的作业效率高,喷洒质量好,喷液量分布均匀,适合大面积喷洒各种农药、肥料和植物生产调节剂等液态制剂,可用于农作物、草坪、城市消毒等。

自走式喷杆喷雾机分为三轮自走式喷杆喷雾机和四轮自走式喷杆喷雾机(图14-22)。其中三轮自走式喷杆喷雾机分为前驱和后驱两种自走式喷杆喷雾机基本类别;四轮自走式喷杆喷雾机分为两驱和四驱。

自走式喷杆喷雾机主要特点:

① 药液箱容量大,喷药时间长,作业效率高。

② 喷药机的液泵,采用多缸隔膜泵,排量大,工作可靠。

③ 喷杆采用单点吊挂平衡机构，平衡效果好。

④ 喷杆采用拉杆转盘式折叠机构，喷杆的升降、展开及折叠，可在驾驶室内通过操作液压油缸进行控制，操作方便、省力。

⑤ 可直接利用机具上的喷雾液泵给药液箱加水，加水管路与喷雾机采用快速接头连接，装拆方便、快捷。

⑥ 喷药管路系统具有多级过滤，确保作业过程中不会堵塞喷嘴。

⑦ 药液箱中的药液采用回水射流搅拌，可保证喷雾作业过程中药液浓度均匀一致。

（2）牵引式喷药机 牵引式喷药机是与拖拉机配套完成喷洒作业的一种喷药机器（图14-23）。牵引式喷药机是与22.05kW以上拖拉机配套的大型宽幅喷杆喷药机，用于喷洒灭虫剂、矮草剂、杀菌剂，亦可用于喷洒液体肥料等，喷雾性能好，作业效率高，广泛适用于草地、旱田等。牵引式喷药机具有药液箱容量大、喷药时间长、作业效率高、操作方便、省力等特点。

图14-22 自走式喷杆喷雾机

（3）悬挂式喷药机 悬挂式喷药机是与拖拉机配套工作的喷药机，喷洒农药防治病虫害，作业效率高，省时，省力（图14-24）。悬挂式喷药机主要是利用拖拉机后悬挂系统三点式固定，利用拖拉机后动力输出轴传给液泵动力。喷药臂展开方式有手动展开、液压自动展开两种形式。喷药臂有自动平衡和减震系统，自动喷药臂可实现单臂升降。药箱的大小需要和拖拉机马力和悬挂能力配套，切莫配备过大药箱以免损坏拖拉机。

图14-23 牵引式喷药机

图14-24 悬挂式喷药机

（4）喷杆式喷药机 喷杆式喷药机是一种将喷头装在横向喷杆或竖立喷杆上的机动喷雾机（图14-25）。

该类喷药机的作业效率高，喷洒质量好，喷液量分布均匀，适合大面积喷洒各种农药、肥料和植物生产调节剂等的液态制剂，广泛用于大田作物、草坪、苗圃、墙式葡萄园及特定场合（如机场、道路融雪、公路边除草等）。

近年来，喷杆式喷药机作业面积已占到中国病虫草害防治面积的5%以上。随着农业种植结构的调整和规模化程度的提高以及大中型拖拉机市场占有率的快速增长，喷杆式喷药机将会发挥越来越重要的作用。

（5）无人机喷药装置 园林喷药无人机以动力输出作为区分点可以分为油动型、电动型和油电混合型无人机（图14-26）。油动型无人机具有载荷较大，运行时间较长，燃料获取较为方便的优点；但是以汽油作为燃料时，机器不完全燃烧产生的废弃物会残留在农作物上，致使农作物受到污染。电动植保无人机采用电力作为机器运行动力，不排放废气，不会对环境造成污染；机器操作简单，维修保养方便；价格相对较低；电机的使用寿命长，但是载荷较小，续航能力差，单次作业时间较短。油电混合型无人机动力模式选择更多，兼具油动型和电动型的特点；但工艺更为复杂，成本更高。

图 14-25　喷杆式喷药机

图 14-26　油电混合型无人机

以部件机构作为区分点，可以划分为固定翼型和旋翼型。固定翼型园林喷药无人机容量大、速度快、效率高，主要用于野外大规模地块喷药工作；旋翼型园林喷药无人机相比较固定翼型园林喷药无人机容量小、操作灵敏、工作效益更高，完美适配我国土地分布不整齐、地形高低不平的土地现状。

园林喷药无人机主要由 3 大操控系统组成，分别是飞行控制、任务载荷、地面控制。农田植保无人机的建立是以执行农药、化肥喷洒等特殊农业任务的无人机为基础，目的是用于农田作物病虫草害防治及农田作物生长监测，结合相关仪器及先进的数据处理方法实现作物参数的描述与产量评估。现在市面上大量流转使用的农田植保无人机主要由 5 种任务载荷组成，即 GPS 导航、喷洒载荷、图像识别、气力授粉、伸缩增稳装置。

园林喷药无人机的优势有以下几点。

① 高效安全　植保无人机日工作量可达到 23.3hm² 以上，比传统喷药机械作业效率高出几十倍。植保无人机采用自动导航定位，可以避免人体与施用药的接触，从而可以很好地保护作业人员的身体健康。

② 节约资源，降低成本　植保无人机的喷药多是喷雾状态，雾滴状态的喷洒可以高效率地节约施药量，减少浪费，节约农户经济成本。另外，由于植保无人机为新上市的技术，其保价率高、能耗低，其中电动型符合社会绿色环保的发展趋势。

③ 作业自动化程度高　植保无人机的农药喷洒作业，无论地形或海拔高度，其作业高度如果能满足在可控范围内，即可接收各种控制命令，即使超出可控范围，也能够迅速完成失控保护，等待控制信号，重新完成工作准备。当药箱内容量不足时，可以自动落回起飞点等待补药，补药完成后可根据智能记忆重回喷药位置，衔接继续作业。

④ 适应性好　植保无人机能够实现竖直方向的直接升降，一方面可以满足多种地形与地貌，不论是在平原地区或者丘陵山地，都不影响其正常工作，可以顺利完成农业喷药工作与病虫害防治工作；另一方面该机的工作环境不会受到空间环境的影响，可以很好地适应不同地形的多种作物，如旱田、水田、果园等，可顺利完成相关农业生产工作。

⑤ 防治效果好　植保无人机可以控制实现在低空微喷与精准药物喷洒，提高药液的喷洒能力，在螺旋桨高速旋转产生下沉气流时，沉降雾滴精准喷洒在作物表层，防止喷雾飘移，提高喷雾的覆盖面积与均匀施药，在有效增加了施药面积的同时能够大幅度降低农药落入农田进而造成农业生态环境的污染。

园林喷药无人机应用领域的研究正在不断进步，已成为农户防治病虫害的首选机械，为了保证园林喷药无人机在喷药阶段完成稳定环保、高效安全的作业，未来应该加强精准施药技术及植保静电超低容量施药技术的发展，完善农用无人机技术使用的法律法规，加大科研力度与资金投入，加强具有高载质量、高效率、长航时的中、大型无人机的研发，加强农用无人机与高效航空遥感系统相结合，提升农业现代化与智能化发展（图 14-27）。

图 14-27　无人机在喷洒农药

14.6　未来智能装备

智慧农业是以信息、知识与装备为核心要素的现代农业生产方式，是现代农业科技竞争的制高点，也是现代农业发展的重要方向。一般根据智慧农业的实质内容或应用场景，将其描述为以信息和知识为核心要素，通过现代信息技术和智能装备等与农业深度跨界融合，实现农业生产全过程的信息感知、定量决策、智能控制、精准投入、个性化服务的全新农业生产方式，并且认为智慧农业是农业信息化发展从数字化到网络化再到智能化的高级阶段（图 14-28）。

美国、德国、英国、日本等国家的农业智能装备研究与应用发展迅速，主要农业生产作业环节（包括果蔬嫁接、移栽、施药、采摘，农产品在线分级、标识、包装等）已经或正在实现"机器换人"或"无人作业"，大幅度提高了劳动生产效率和农业资源利用效率（图 14-29）。

图 14-28　未来智慧农业概念图　　　　　图 14-29　西红柿采摘机器人

如我国西北农林科技大学杨福增教授团队研发的苹果双臂采摘机器人，识别成熟的苹果仅需 0.015s，并且可以连续工作 24h；瑞士 EcoRobotix 公司开发的田间除草机器人，可以准确识别杂草并通过机械手臂对杂草进行除草剂喷洒，农药使用量可降低 20 倍，农业相关成本节约 30％；爱尔兰 MagGrow 开发的农药喷洒机器人使用永久性稀土磁体产生电磁荷，可解决农药飘移问题，农药的使用量减少了65％～75％。

又如虚拟样机技术在农业机械工程中利用相关的动力学和静力学技术，发挥计算机的优势对机械设备的工作流程和原理进行实时模拟，对相关的参数进行分析，观察参数的变化情况，通过有效准确的计算，对机械设备的质量状态进行实时监测，从而制定出最科学最合理的机械生产方案，在一定程度上简化了传统农业机械生产作业中复杂的流程，有助于机械生产效率的提升，而且还提高了资源的利用率，为农业机械生产节省了一定的成本，起到了保护环境的目的，实现了绿色生产技术理念的有效落实。不过由于模拟样机技术在应用的过程中结合了多种技术，其在实际实施的过程中具有一定的难度，这就需要根据模拟样机的需求进一步提升网络技术水平，这样才能最大限度地发挥出模拟样机技术的应用效果。

近年来，我国智慧机械及配套技术取得长足进步，主要表现在：

① 一般性环境类农业传感器（光、温、水、气）基本实现国内生产（图14-30）；

② 农业遥感技术广泛应用于农情监测、估产以及灾害定量化评损定级；

③ 农业无人机应用技术达到国际领先，广泛用于农业信息获取、病虫害精准防控；

④ 肥水一体化技术、侧深精准施肥技术、智能灌溉技术、精准施药技术广泛应用于规模化生产；

⑤ 农机北斗导航在农业耕种管收全程得到广泛应用，自主产权技术产品成为市场主导，对国外产品实现了全替代；

⑥ 设施园艺超大型智能温室技术、植物工厂技术等取得了很大进步，基本上可以实现自主技术自主生产。

此外，我国在农业大数据技术和农业人工智能应用方面，在大数据挖掘、智能算法、知识图谱、知识模型决策等方面也进行了广泛的研究。

图14-30　农业传感器

未来，智慧园林将以提高生产率、资源利用率和产出率为目标，重点突破传感器、大数据和人工智能、智能控制与机器人等智慧园林关键核心技术和产品，实现技术产品自主化；集成建立"信息感知、定量决策、智能控制、精准投入、个性化服务"的智慧园林产业技术体系，建成更多智慧园林模板，建立花卉产品智慧供应链，实现花卉生产智能化、管理数字化、服务网络化、流通智慧化、信息服务个性化，推进知识替代经验、机器替代人工，培育园林智能装备、园林信息服务、园林产品可信流通等新产业。

参 考 文 献

[1] Chen S Q, Su H. Design of a developing platform of superviser and management for industrial process in DCS based on client/server architecture [J]. Journal Central South University Technology, 2000, 7 (2): 97-910.

[2] Claus Mattheck. Design in Nature [M]. Springer Berlin, Heidelberg, GER, 1998.

[3] Neumann F G, Smith I W, Collett N G, et al. Diseases and insect pests [J]. New Forests Wood Production & Environmental Services, 2005 (4): 157-183. Simmons W. Lawn maintenance system: US. US6994302B1 [P]. 2006.

[4] Richard W, Harris et al. Arboriculture (fourth edition) [M], USA: Prentice Hall, 2004.

[5] Sharon J. Lilly. Arborists' Certification Study Guide [M]. USA: Internaitonal Society of Arboriculture, 2010.

[6] Su S J, Liu J F, He Z S, et al. Ecological species groups and interspecific association of dominant tree species in Daiyun Mountain National Nature Reserve [J]. Journal of Mountain Science, 2015, 12 (3): 637-646.

[7] 安旭, 陶联侦. 城市园林植物后期养护管理学 [M]. 杭州: 浙江大学出版社, 2013.

[8] 薄一览, 王龙, 姚庆智, 等. 云杉大树移植新技术应用研究 [J]. 内蒙古农业大学学报 (自然科学版), 2010, 31 (2): 310-312.

[9] 蔡冬元. 苗木生产技术 [M]. 北京: 机械工业出版社, 2012.

[10] 陈波. 杭州西湖园林植物配置研究 [D]. 杭州: 浙江大学, 2006.

[11] 陈飞平, 孙科辉, 郭起荣. 城镇绿化大树移植常见问题及定植保育技术 [J]. 安徽农业科学, 2005 (12): 2300-2301.

[12] 陈莉, 李佩武, 李贵才, 等. 应用 CITYgreen 模型评估深圳市绿地净化空气与固碳释氧效益 [J]. 生态学报, 2009, 29 (1): 272-282.

[13] 陈林川, 林百波. Web 模式下海南常见园林花卉信息管理系统的设计与开发 [J]. 林业资源管理, 2014 (5): 132-136.

[14] 陈永生, 吴诗华. 竹类植物在园林中的应用研究 [J]. 西北林学院学报, 2005 (3): 176-179.

[15] 陈有民. 园林树木学 [M]. 北京: 中国林业出版社, 2011.

[16] 成仿云. 园林苗圃学 [M]. 北京: 中国林业出版社, 2012.

[17] 程丽芬, 刘捷, 刘英翠. TCP 植物蒸腾抑制剂对荒山造林成活率的影响 [J]. 山西林业科技, 2004, 3: 19-20, 32.

[18] 邓建红. 一、二年生花卉播种繁殖技术 [J]. 安徽农学通报, 2020, 26 (23): 48-49.

[19] 邓楠. 基于 GIS 的森林风景资源管理系统构建——以张家界国家森林公园为例 [D]. 长沙: 中南林业科技大学, 2016.

[20] 丁华侨. 杭州地区水生植物适应性与基质栽培研究 [D]. 长沙: 湖南农业大学, 2008.

[21] 丁言峰. 生态价值评估方法研究及实例分析——以六安市舒城县为例 [D]. 合肥: 合肥工业大学, 2010.

[22] 董丽. 园林花卉应用设计 [M]. 北京: 中国林业出版社, 2015.

[23] 杜喜春, 赵银萍, 何祥博, 等. 竹类植物开花生理研究现状 [J]. 竹子学报, 2018, 37 (3): 7-11.

[24] 段新霞, 侯金萍. 古树名木的保护措施与复壮技术探讨 [J]. 农业与技术, 2015 (05): 118-119.

[25] 范广生, 何小弟. 园林树木的容器栽植技术 [J]. 技术与市场 (园林工程), 2006 (05): 24-27.

[26] 范海荣, 华珞, 王洪海. 草坪质量评价指标体系与评价方法探讨 [J]. 草业科学, 2006 (10): 101-105.

[27] 范善华. 大树移植及保活技术措施初探 [J]. 北京林业大学学报, 2001, 23 (S2): 4-9.

[28] 方强恩, 李强, 白小明, 等. 甘肃草坪地被植物数据库管理系统的构建 [J]. 草原与草坪, 2010, 30 (02): 79-82, 85.

[29] 方玉东. WEB 支持下草坪管理信息系统的构建 [D]. 泰安: 山东农业大学, 2003.

[30] 付晖, 付广. 高速公路绿化管理信息系统构建研究 [J]. 中国园艺文摘, 2015, 31 (02): 86-87, 156.

[31] 付晖. 高速公路绿化管理信息系统研究进展 [J]. 中国园艺文摘, 2012, 28 (06): 92-93.

[32] 付敏. 宿根花卉栽培管理及应用分析 [J]. 现代园艺, 2020, 43 (24): 25-26.

[33] 耿勃阳. 园林机械在公园绿化工程中的应用 [J]. 园林建设与城市规划, 2022 (4): 2.

[34] 耿增超, 李新平. 园林土壤肥料学 [M]. 西安: 西安地图出版社, 2002.

[35] 龚洁. 高速公路绿化养护管理模式和管养技术研究 [J]. 四川水泥, 2017 (08): 77.

[36] 顾永华, 李丕睿, 陈梅香, 等. 多肉多浆植物繁殖栽培技术研究进展 [J]. 现代园艺, 2017 (23): 6-8.

[37] 顾正平, 沈瑞珍, 刘毅. 园林绿化机械与设备 [M]. 北京: 机械工业出版社, 2002.

[38] 关文灵. 园林植物造景 [M]. 北京: 中国水利水电出版社, 2017.

[39] 郭学望, 包满珠. 园林树木栽植养护学 [M]. 2 版. 北京: 中国林业出版社, 2004.

[40] 海泓. 垂直绿化施工技术 [J]. 现代农业科技, 2016 (23): 163-165.

[41] 韩同福, 于建敏, 刘彦涛, 等. 信息化管理系统在高速公路绿化中的应用 [J]. 山东林业科技, 2005 (01): 46-47.

[42] 何丽文. 基于粒子群优化算法的园林绿植养护调度系统研究 [D]. 长沙: 中南林业科技大学, 2011.

[43] 胡赫. 基于 CITYgreen 模型的北京市建成区绿地生态效益分析 [D]. 北京: 北京林业大学, 2008.

[44] 胡阔雷. 基于 GIS 的九景高速公路绿化管理信息系统 [D]. 南京: 南京林业大学, 2010.

[45] 胡小京, 韦朝妹, 杜忠友, 等. 多肉植物的栽培技术 [J]. 绿色科技, 2019 (01): 154-156.

[46] 黄成林. 园林树木栽培学 [M]. 北京：中国农业出版社，2017.

[47] 黄冠颖. 棕榈科植物在城市绿地中的应用 [D]. 杭州：浙江农林大学，2018.

[48] 黄秀珍. 基于 WebGIS 的北京市高速公路绿化管理系统研究 [D]. 北京：北京林业大学，2013.

[49] 黄云玲，张君超. 园林植物栽培养护 [M]. 北京：中国林业出版社，2014.

[50] 姬丽丽. 古树名木的养护管理与复壮措施 [J]. 北京农业，2010 (12)：67-69.

[51] 吉文丽，吉鑫森. 园林树木学 [M]. 杨凌：西北农林科技大学出版社，2016.

[52] 贾琳. 基于 SQL 语言的园林植物管理系统的设计与研究 [J]. 电子设计工程，2017，25 (10)：38-40.

[53] 贾雅娟. 城市园林绿化植物的配置和养护管理分析 [J]. 花卉，2019 (18)：98-910.

[54] 姜在民，贺学礼. 植物学 [M]. 杨凌：西北农林科技大学出版社，2009.

[55] 金雅琴，张祖荣. 园林植物栽培学 [M]. 上海：上海交通大学出版社，2015.

[56] 康克功，程建国. 棕榈类植物及其在园林绿化上的应用 [J]. 陕西林业科技，2004 (2)：53-55，87.

[57] 孔庆霞. 农业机械自动化工程中绿色技术的应用及展望 [J]. 农业工程技术，2022，42 (03)：49-50.

[58] 孔旭辉. 园林植物图文数据库管理系统的研究 [J]. 中国园林，1997 (5)：57-58.

[59] 况太忠. 古树名木衰败的原因及保护措施 [J]. 现代园艺，2011 (07)：136.

[60] 冷平生. 园林生态学 [M]. 2 版. 北京：中国农业出版社，2016.

[61] 李博文. 微生物肥料研发与应用 [M]. 北京：中国农业出版社. 2016.

[62] 李红星，王飞，巩雪峰. 西北地区大树移植的技术研究 [J]. 西北林学院学报，2011，26 (3)：112-115.

[63] 李俊美. 浅谈行道树对城市生态环境的影响 [J]. 山西林业，2001 (3)：22-23.

[64] 李潞滨，卢思聪. 仙人掌与多浆植物 [M]. 沈阳：辽宁科学技术出版社，2000.

[65] 李庆卫. 园林树木整形修剪学 [M]. 北京：中国林业出版社，2011.

[66] 李霞，朱万泽，舒树淼，等. 大渡河中游干暖河谷植被种间关系与稳定性 [J]. 应用与环境生物学报，2021，27 (2)：325-333.

[67] 李迅，宋粉丽. 河南高速公路绿化管理系统的建设 [J]. 河南科技，2020 (05)：20-23.

[68] 李友. 树木整形修剪技术图解 [M]. 北京：化学工业出版社，2016.

[69] 廖飞勇，黄琛斐，等. 基于园林用途的园林树木分类 [J]. 黑龙江农业科学，2016，10：112-116.

[70] 廖圣晓. 北京奥林匹克森林公园植物管理及信息系统研究 [D]. 北京：北京林业大学，2011.

[71] 林颖静. 垂直绿化在城市园林中的作用 [J]. 现代园艺，2015 (22)：1510.

[72] 刘恩先，李丽，吴晓星，等. GIS 技术在高速公路路域绿化管理系统中的应用 [J]. 山东林业科技，2006 (03)：55-56.

[73] 刘繁艳. 株洲市园林管理信息系统研建 [D]. 长沙：中南林学院，2005.

[74] 刘红，胡光辉，杨晋. 宿根花卉栽培管理技术要点 [J]. 南方农业，2021，15 (15)：50-51.

[75] 刘丽娟. 仙人掌类及多浆植物的栽培管理 [J]. 河北林业科技，2014.

[76] 刘铁冬，李允雪. 关于高速公路绿化信息管理系统建立的探讨 [J]. 森林工程，2003 (06)：25-26，35.

[77] 刘兴东，董文渊，赵敏燕，等. 竹类植物园林应用研究现状与发展趋势 [J]. 世界竹藤通讯，2005 (4)：1-4.

[78] 刘燕. 园林花卉学 [M]. 2 版. 北京：中国林业出版社，2009.

[79] 龙雅宜. 园林植物栽培手册 [M]. 北京：中国农业出版社，2003.

[80] 芦建国，胡阁雷，刘高峰. 基于 GIS 的高速公路绿化管理信息系统 [J]. 现代农业科技，2010 (06)：22-24.

[81] 陆家珍. 怎样进行垂直绿化 [M]. 上海：上海文化出版社，1984.

[82] 陆强，杨红瑶. 园林垂直绿化中藤蔓植物的应用分析 [J]. 皮革制作与环保科技，2021，2 (05)：130-131.

[83] 陆欣. 土壤肥料学 [M]. 2 版. 北京：中国农业大学出版社，2002.

[84] 罗锱. 园林植物栽培养护 [M]. 沈阳：白山农业出版社，2003.

[85] 吕露. 园林灌溉设备的发展现状 [J]. 节水灌溉，2009 (01)：54-56，59.

[86] 马宁，何兴元，石险峰. 基于 i-Tree 模型的城市森林经济效益评估 [J]. 生态学杂志，2011，30 (4)：810-817.

[87] 马少梅. 草坪建植技术在城市园林绿化工程中的应用 [J]. 现代园艺，2017 (14)：43.

[88] 马学强. 具有生长特征的虚拟植物模型研究 [D]. 济南：山东师范大学，2015.

[89] 孟家松，岳桦. 公园植物管理影响因素初探 [J]. 河北林业科技，2009，5 (5)：52-54.

[90] 倪润璐. 园林绿化中的大树移植技术及移后养护管理措施探析 [J]. 种子科技，2021，39 (23)：69-70.

[91] 倪叶丹，田峰秀，王启忠，等. 球根花卉的栽培与应用 [J]. 陕西农业科学，2020，66 (06)：96-99.

[92] 欧阳修等著，顾宏义. 洛阳牡丹记（外十三种） [M]. 上海：上海书店出版社，2017.

[93] 欧阳志云，王如松，赵景柱. 生态系统服务功能及其生态经济价值评价应用 [J]. 生态学报，1999，10 (5)：635-640.

[94] 彭丽芬，李新贵. 大树移植技术研究与应用进展综述 [J]. 内蒙古林业调查设计，2015，38 (3)：56-58，65.

[95] 彭毓. 屋顶绿化植物配置与养护技术分析 [J]. 南方农业，2021，15 (27)：71-72.

[96] 普春红. 露地 1～2 年生园林花卉栽培要点 [J]. 农技服务，2018，035 (007)：18-19.

[97] 乔峙，周曦. 屋顶绿化的技术、类型与设计特点 [J]. 滁州学院学报，2022，24 (02)：81-85.

[98] 秦永建，曹帮华，魏蕾，等. I-107 杨苗水分状况对造林效果的影响 [J]. 山西农业大学学报，2002，29 (1)：46-49.

[99] 尚雁鸿. 园林植物栽培养护 [M]. 银川：宁夏人民教育出版社，2010.

[100] 邵永法. 风景园林施工中大树移植技术及养护措施研究 [J]. 中国住宅设施，2021 (12)：15-16.

[101] 申振士，程国兵. 古树复壮保护技术创新——以北京市劳动人民文化宫古树复壮工程为例 [J]. 吉林农业，2010 (11)：177.

[102] 宋思贤. 校园行道树生态效益分析及信息管理系统构建 [D]. 杨凌：西北农林科技大学，2021.

[103] 苏雪痕. 植物景观规划设计 [M]. 北京：中国林业出版社，2012.

[104] 苏永侠. 竹类植物引种及其生物学特性研究 [D]. 泰安：山东农业大学，2008.

[105] 孙会兵，邱新民. 园林植物栽培与养护 [M]. 北京：化学工业出版社，2017.

[106] 孙吉雄，烈韩保. 草坪学 [M]. 北京：中国农业出版社，2015.

[107] 唐金琨. 球根花卉栽培管理要点 [J]. 农业知识，2008 (02)：36-37.

[108] 唐运海. 城市园林绿化综合管理信息系统研建 [D]. 北京：北京林业大学，2010.

[109] 田英翠，杨柳青. 竹类植物在园林造景中的应用 [J]. 北方园艺，2007 (3)：139-140.

[110] 仝婷婷. 容器植物的园林应用研究 [D]. 长沙：中南林业科技大学，2012.

[111] 王蓓. 园林植物分类及其在绿化中的作用 [J]. 现代园艺，2014，1：84.

[112] 王凤萍. 基于网络的草坪建植管理智能决策系统的设计与构建 [D]. 兰州：甘肃农业大学，2014.

[113] 王富平，贾德祥. 绿化技术在生态建筑设计中的集成应用 [J]. 建筑学报，2007：10.

[114] 王金鳞. 东北地区园林树木网络信息管理系统的建立 [D]. 哈尔滨：东北林业大学，2008.

[115] 王举斌. 常用园林机械设备介绍及操作要点 [J]. 现代农业科技，2010 (04)：290-291.

[116] 王丽. 城市园林绿化中草坪建植技术 [J]. 乡村科技，2021 (32)：100-102.

[117] 王丽娟. 佛山市千灯湖公园典型景点植物配置研究 [D]. 广州：华南理工大学，2020.

[118] 王莉芳. 桂林植物园棕榈植物及其绿化应用前景 [J]. 广西热带农业，2008 (4)：50-53.

[119] 王良睦，唐乐尘，王瑾. 城市园林绿化生产调度管理系统 [J]. 中国园林，2000，16 (6)：88-91.

[120] 王龙，薄一览，姚庆智，等. 油松大树移植新技术的研究 [J]. 内蒙古农业大学学报（自然科学版），2010，31 (2)：100-103.

[121] 王晓青. 棕榈植物在园林中的应用 [J]. 农业与技术，2013，33 (6)：152，154.

[122] 王雪，梁钊雄. 佛山市园林植物管理信息系统建设 [J]，佛山科学技术学院学报（自然科学版），2011，29 (6)：15-17.

[123] 王占英. 草坪建植及养护管理应注意事项 [J]. 现代园艺，2020 (24)：229-230.

[124] 韦䶮. 草坪建植及管理养护应注意事项 [J]. 农业与技术，2020 (10)：157-158.

[125] 魏霖静. 基于云计算的草坪草引种决策系统研究与应用 [D]. 兰州：甘肃农业大学，2015.

[126] 温卫民. 风景园林施工中大树移植技术及养护探讨 [J]. 南方农业，2021，15 (27)：69-70.

[127] 吴泽民，何小弟. 园林树木栽培学 [M]. 2 版. 北京：中国农业出版社，2010.

[128] 肖洪臣. 长春市住宅小区的植物生态配置 [D]. 长春：东北师范大学，2006.

[129] 熊炜. 试论草坪生态系统的结构与功能 [J]. 草业科学，2002，19 (6)：5.

[130] 熊文全，张治清. 基于 RS 和 GIS 的重庆市都市区绿地系统 [J]. 地理空间信息，2012，10 (1)：39-43.

[131] 徐明宏，康喜信. 园林绿化中大树移植的关键技术及措施 [J]. 林业科技开发，2012，26 (4)：116-120.

[132] 徐秋生. 园林土壤与岩石 [M]. 北京：中国林业出版社，2008.

[133] 徐士岐. 历史与文化的守望者——颐和园古树名木 [J]. 国土绿化，2018 (01)：42-43.

[134] 闫剑平. 几种主要水生植物的引种及栽培管理 [J]. 农业科技与信息（现代园林），2007 (08)：60-62.

[135] 严贤春. 园林植物栽培养护 [M]. 北京：中国农业出版社，2013.

[136] 杨赍丽. 城市园林绿地规划 [M]. 北京：中国林业出版社，2019.

[137] 杨鹏，张瑞来. 浅析高速公路的绿化养护管理 [J]. 技术与市场，2019，26 (11)：193-194.

[138] 叶要妹，包满珠. 园林树木栽植养护学 [M]. 北京：中国林业出版社，2017.

[139] 叶要妹. 园林树木栽培学实验实习指导书 [M]. 北京：中国林业出版社，2012.

[140] 尹大志. 园林机械 [M]. 北京：中国农业出版社，2007.

[141] 余金金. 公园植物景观视觉特征研究——以玄武湖公园植物质感为例 [D]. 南京：东南大学，2019.

[142] 余伟增. 屋顶绿化技术与设计 [D]. 北京：北京林业大学，2006.

[143] 岳晓霞，柳小妮，李毅. 草坪有害生物诊断系统的设计与构建 [J]. 草原与草坪，2017，37 (01)：99-104.

[144] 臧德奎. 竹类植物的园林造景 [J]. 风景园林，2006 (2)：14-18.

[145] 臧德奎. 园林树木学 [M]. 北京：中国建筑工业出版社，2012.

[146] 张冬冬. 文化遗产类历史园林植物景观保护与修复：以国际公约及国内外实践为切入点 [J]. 风景园林，2019，26 (5)：109-114.

[147] 张静涵. 海绵城市技术影响下的城市屋顶绿化植物配置 [J]. 风景名胜，2019 (8)：15-17.

[148] 张科临，杜鹏，穆娟. 多肉植物栽培管理技术初探 [J]. 现代园艺，2018 (23)：80-81.

[149] 张四七. 影响油茶栽植成活率的主要因素及其机理研究 [D]. 合肥：安徽农业大学，2011.

［150］ 张希祥，慈维顺，王国雨. 常见水生植物栽培技术措施 ［J］. 天津农林科技，2012 （03）：17-18.

［151］ 张小康. 建筑立面垂直绿化设计策略研究 ［D］. 重庆：重庆大学，2012.

［152］ 张小雨，张喜英. 抗蒸腾剂研究及其在农业中的应用 ［J］. 中国生态农业学报，2014，22 （8）：938-944.

［153］ 张秀英. 园林树木栽培养护学 ［M］. 北京：高代教育出版社，2012.

［154］ 张延龙，牛立新，张博通，等. 康养景观与园林植物 ［J］. 园林，2019，2：2.

［155］ 赵春江. 智慧农业的发展现状与未来展望 ［J］. 中国农业文摘-农业工程，2021，33 （06）：4-8.

［156］ 赵丹. 基于 VB6 界面的园林植物管理及信息系统设计与研究 ［J］. 2017，25 （8）：151-154.

［157］ 赵利清. 城市道路绿地植物管理系统 ［D］. 哈尔滨：东北林业大学，2003.

［158］ 郑中霖. 基于 CITYgreen 模型的城市森林生态效益评价研究 ［D］. 上海：上海师范大学，2006.

［159］ 周晓楠. 一二年生花卉繁殖和栽培要点 ［J］. 北京农业，2008 （10）：14-15.

［160］ 周兴元，刘粉莲. 园林植物栽培 ［M］. 北京：高等教育出版社. 2006.

［161］ 朱梅，吕志. 草坪草与地被植物的特性及类型研究 ［J］. 现代园艺，2015 （11）：11-12.

［162］ 朱双营. 重庆主城区居住区绿地植物配置特点研究 ［D］. 重庆：西南师范大学，2007.

［163］ 祝遵凌. 园林树木栽培学 ［D］. 南京：东南大学出版社，2015.

［164］ 祝遵凌. 园林植物景观设计 ［D］. 北京：中国林业出版社，2012.